室內裝修工程實務
（乙級學術科）

徐炳欽 著

全華圖書股份有限公司

推薦序

徐炳欽先生是本校102年(第六屆)的傑出校友，他在1979年開始成為木工裝潢與家具的學徒，在那個年代，室內設計還不是那麼受人注意，很多住家內部的裝潢是靠木工師傅的訓練與經驗直接進行，在有了多年的實務經驗後，有感突破與創新的重要性，因此在2006年進入素以設計知名的大葉大學碩士在職專班攻讀碩士，並且以《台灣裝潢木工技術變遷之研究》做為他的碩士論文，之後被延攬為本校的兼任講師，讓他在業界長期以來的經驗，能夠在以德國式師徒制為教學特色的大葉大學繼續傳承與分享。

與徐師傅的工作經歷一樣，《室內裝修工程實務》一書的重點在於「實務」，與時下許多年輕的設計師，在經過幾十個，頂多一百多個小時，號稱經過3D繪圖集訓出來的設計師不同，徐先生三十多年的實作經歷是他最寶貴的資產；很多年輕人在室內設計的模擬繪圖十分拿手，然而他們並沒有同步進入現場，與工班師傅合作，有些比較隨便的設計師，甚至不知道木作的原理或者材料的差異！裝修日久，便能看出品質的差異，而設計師與工班最重要的，便是客戶間的口碑。

徐炳欽講師的室內裝修，從建築製圖說明、拆除工序、丈量；室內裝修的法規、泥作，到隔間、木作、地板、櫥櫃、水電、空調、浴室到各種電器線路的配接，電氣危害的預防，到玻璃或壓克力的安裝，壁紙的選貼，窗簾的施做，完完整整，一應俱全的告訴所有讀者，不僅是未來有志於踏入室內設計或修繕行業應試工具書，更是所有現在初入室內設計領域的學徒們最好的參考書，因此我很樂意、也很鄭重的將此書推薦給各位！

台灣有句話說：「師父領進門，修行在個人！」徐師傅透過此書領著各位後輩入門了，其他的還得要靠自己的領悟與努力才行。也祝各位在設計與裝修的路上都能夠有自己的一片天空。

大葉大學校長

武東星 謹誌

2015年8月26日

作者的話

本書自發行以來佳評不斷持續更新再版，感謝全華圖書出版公司支持與各大學、科技大學、專科學校、職業訓練中心老師、學生與讀者支持採用本書，無限感激。本書適用於專科大學院校相關課程教科用書，亦可做為室內裝修從業者自行修習工程實務參考書籍。在裝修工程技術領域與其施作工法不盡相同，本書內容所述，讀者若發現內容有疏漏或誤植之處，敬請不吝惠於勘誤指正。

自1979年投入裝潢木工與美式家具，至現今蓬勃發展的空間設計與系統櫥櫃領域，從不間斷已45年。早期臺灣室內裝潢裝修工法多為師傅口耳相傳，不立文字的學習階段，發展至今全方位數位學習。本書整理室內裝修實務工法，施作過程以文字敘述表達與照片對照，使裝修工程人員或是想要進入室內裝修職場者，提供實務施工內容參考，讓技術工法與工程管理可快速彙整理解。本書內容對於裝修人員、材料、工法、工具設備及成本各有敘述，使能了解本業與社會變遷的互動關係。

臺灣室內裝修型態從早期本土文化，明顯的區域性風格與時代的演進，至今之國際化，而國際交流明顯改變室內裝修進步重要的因素，因此本書架構編輯，是以室內裝修工程的拆除、丈量、放樣、裝修泥作、輕鋼架天花板、合金高架地板、輕隔間、裝修木作、水電工程、衛浴設備、空調作業、裝修金屬、裝修塗裝刷漆、玻璃及壓克力安裝作業、壁紙、壁布、地毯、塑膠PVC地板與窗簾施工作業等敘述。作者目前在裝修工程與設計實務還是持續工作中，並在各大學的教學、學術研究同時進行，更能對於裝修材料的認知與施工者的安全維護有更多的參考依據。

本書依國家標準(CNS)、行政院公共工程委員會施工規範與業界實際工法為主要編輯依據，對於建築物室內裝修工程管理乙級技術士的學科與術科考試，有實質上的幫助。撰寫本書過程可說是信心與意志力的大考驗，在忙碌中找出時間的秩序來蒐集整理每年更新的各項法規，並真誠感謝讀者與全華出版公司對本書的肯定與持續再版。

作者　徐炳欽
2024年1月於台中市

目　錄

目　錄

目　錄

概論

人類居住的空間，在生活水準提升之下，周邊環境品質、穿透空間運用、居室機能展開、造型層次交錯與感性工學融入等目標，均可迅速達成。自1980年代至今的空間規劃、室內設計、裝潢木工與室內裝潢工程施作，歷經數十年，可說是蓬勃發展，在這發展過程中的國家法令，與產業對應關係息息相關，歷經數次修改，發展成今日的室內裝修行為。

1-1 何謂室內裝修

何謂室內裝修？在建築物室內裝修管理辦法第三條所述：

本辦法所稱室內裝修，指除壁紙、壁布、窗簾、家具、活動隔屏、地氈等之黏貼及擺設外之下列行為：

一、固著於建築物構造體之天花板裝修。

二、內部牆面裝修。

三、高度超過地板面以上一點二公尺固定之隔屏，或兼作櫥櫃使用之隔屏裝修。

四、分間牆變更。

由上述的何謂室內裝修就可知道，以前的業主需求、設計者的規劃與師傅工匠的經驗認知，皆須符合上述定義方可為之。

1-2 室內裝修各式工項

當不同空間與不同用途的規劃完成後，進入裝修工程，各種相關施工作業的施工順序進行中，大都會與其他工程介面有所關聯，除了本身應有專精技術之外，對其他工程施工的常識也應有所了解。裝修常見的各式工作項目如:丈量、放樣、拆除作業、地坪與設備保護、泥作、鋁門窗、大理石、磁磚、木作、水電、弱電、輕鋼架天花板、防火板隔間、金屬鐵件、油漆塗裝、冷氣空調、消防、玻璃、壓克力、廚具、電燈、窗簾、壁紙、地毯、清潔與家具。

在上述的各式工程中，其施作順序應該先濕後乾。所謂「先濕」是指濕的泥作工程、砌磚工程、泥作粉刷、防水工程、大理石工程與磁磚工程等；「後乾」是指裝修過程中不會使用水攪拌施作材料，才不致弄髒其他相關設施或比較細緻的裝修材料。

1-3 室內裝修空間構成內容

室內裝修工程的種類與型式非常多，多半在建築物完成後才開始施作，當建築物建造完成後，常以室內設計規劃與裝修材料的良否，作為建築價值評估的依據，所以裝修施工細緻度與否，常是決定的關鍵。

裝修工程是附著或固著於建築物，其構成內容如：天花板、地板、牆、樑、柱、室內樓梯、窗户、門組、表面裝飾材料或是其他附屬功能的設備。

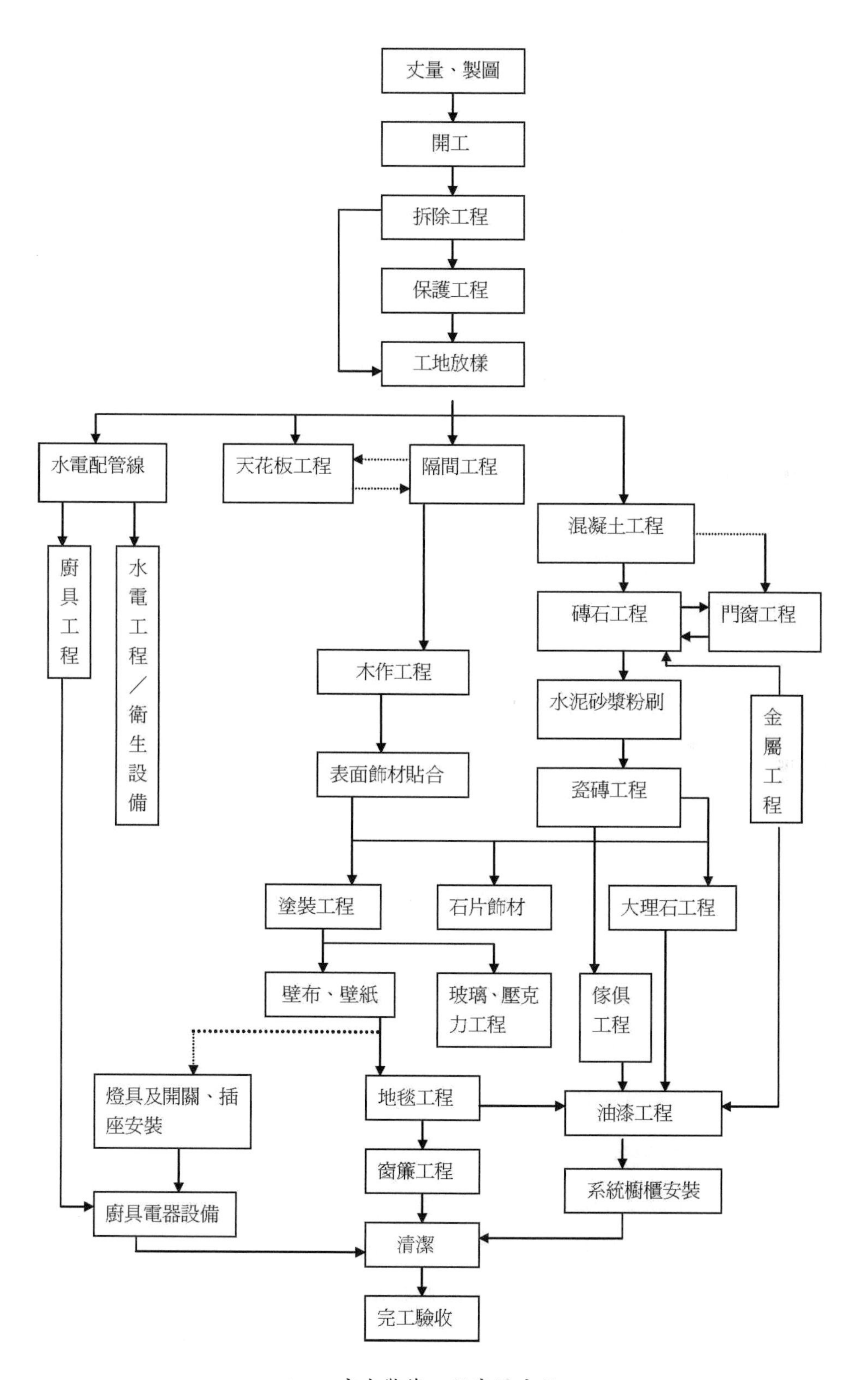

1-1　室內裝修工程應用流程

1-4 建築製圖

裝修工程多在建築完成後施作。現代建築講究結構安全、外觀雄偉、機能合理、動線流暢、造型典雅等，更需要結合專家的智慧與更多工匠的技藝才能達成此目標。在設計規劃、業主需求及專業技術人員工作者之間，更應藉由共通的語言才能方便溝通，而建築製圖的圖說就是重要的角色，所以在建築領域中，設計者爲了能夠快速、簡捷地傳達創作構想，並進一步和業主或專業技術人員溝通意見，從描述建築物的風格、造型與大小，甚至於營造的施工流程等，都需要彼此共通的製圖圖說。

1-4-1 學習建築工程圖學的目的

每位從事建築裝修工程的專業技術人員，對於規劃設計、繪製圖說或是現場監工等基本工作都要能勝任這些工作，除了要瞭解營造的各種施工方式和工程估價與工程管理外，更需要培養以下能力：

一、製圖與繪圖

就是設計者或繪圖者運用投影的原理，遵照CNS標準繪圖程序和表達方法，將設計意念與想法轉變爲圖畫語言。

二、讀圖與識圖

就是利用投影的原理，瞭解圖面上所繪製建築物的形狀、結構、尺寸與施工方法等，並能迅速正確地看懂設計規劃者所畫的圖，瞭解規劃設計者所要傳達的設計理念。

爲了讓圖面完整的傳達設計規劃者和繪圖者的理念，所繪的圖面都由以下兩個基本要素來組成：

1. 線條

   圖面是由各種線條構成，以完整表達目的物的邊、面及其外形。

2. 字法

   加註符號、數字與註解說明，以組成完整的圖面。所以繪圖者除了有效的運用這兩項技能外，繪出的圖面更要具備迅速、正確、清晰的條件，才能提供施作工程更專業與安全的保障。

1-4-2 建築工程圖的種類

一、依繪圖方式分類

1. 徒手畫：就以手工繪製完成，其筆觸中的線條有溫度的感覺。
2. 儀器畫：憑藉製圖儀器之輔助完成繪圖。
3. 電腦繪圖：結合電腦科技與繪圖軟體完成之繪圖，已經取代傳統之手繪製圖方式。

二、依用途分類

1. 構想圖：是建築師或規劃設計者爲表現其設計整體之初步發想意念而畫出的圖面。
2. 設計草圖：設計規劃構想以徒手勾畫方式表現圖形，仍經多次修正才可定案。
3. 設計圖：在多次縝密的考慮與分析條件後，將其構想以圖形具體表現之，可分爲用以表示設計者構想的圖面以及設計工作可藉以完成的圖樣。
4. 施工圖：又稱施工製造圖，是爲了工程發包或施工而繪製成建築或結構等的圖面，一般會依正確的比例使用儀器畫出，圖中標出建築物或結構之所有尺寸、材料、施工法等。
5. 請照圖：是申請建築執照必須具備的圖樣。

三、依內容分類

建築製圖所需要的圖面包括：

1. 建築圖：基地位置圖、配置圖、各層平面圖、屋頂平面圖、各向立面圖、剖面圖、剖面詳圖、大樣圖等。
2. 結構圖：基礎結構平面圖、各層結構平面圖、基礎配筋圖、柱配筋圖、樑配筋圖、樓板配筋圖、牆配筋圖、配筋大樣圖。
3. 給排水衛生設備圖：各層給水平面圖、各層排水平面圖、給水系統圖、排水系統圖。
4. 電氣設備圖：各層電氣配線圖(照明、供電)、配電箱結線圖、弱電(電話、電視、對講機、警報)系統圖、避雷系統圖等。
5. 消防設備圖：警報系統、化學系統、水系統、避難系統等。
6. 瓦斯供應設備圖
7. 機械設備圖：空調、電梯、鍋爐等。
8. 景觀植栽圖
9. 室內設計圖

1-5 建築製圖符號

符號是建築的共同語言，使業主與建築師、從業人員能很清晰的由圖面上的材料、施工、家具、設備等符號，瞭解建築製圖的內容、結構的形式、施工的方法等。

中華民國國家標準National Standards of the Republic of China,CNS標準(standard)係指由特定機構針對產品、過程及服務等主題，經由共識，並經公認機關(構)審定，提供一般且重複使用之規則、指導綱要或特性之文件。中華民國國家標準(National Standards of the Republic of China,代號CNS)，係基於保護國民生命財產安全，維護自然環境衛生，維護自由公平交易以促進國內產業發展等需要，由標準專責機構經透明化程序獲致共識所公布，現在的標準專責機構爲經濟部標準檢驗局，提供國內相關產業、機關、機構及一般消費大眾參考依循；主要目的在謀求改善產品、程序及服務之品質，增進生產效率，維持生產及消費之合理化，以增進公共福祉。

1-5-1 建築製圖符號中圖號之英文代號

1. A代表建築圖
2. S代表結構圖
3. F代表消防設備圖
4. E代表電氣設備圖
5. P代表給水、排水及衛生設備圖
6. M代表空調及機械設備圖
7. L代表環境景觀植栽圖
8. W代表汙水處理設施圖
9. G代表瓦斯設備圖
10. I代表室內裝修圖

1-5-2 建築圖符號及圖例

一、常用文字簡寫符號如圖 1-2

用途	符號	說明	用途	符號	說明
尺度及位置	D，d	直徑	門窗	D	門
	R，r	半徑		W	窗
	W	寬度		DW	門連窗
	L	長度	材料	W	寬緣 I 型鋼
	D	深度		S	標準 I 型鋼
	H	高度		H	H 型鋼
	t	厚度		Z	Z 型鋼
	@	間隔		T	T 型鋼
	C.C.	中心間隔		⊏	槽型鋼
	℄	中心線		⊏	C 輕型鋼
	BM	水準點		∟	角鋼
	HL	水平線		B	螺栓
	VL	垂直線		R	鉚釘
	GL	地盤線		FB	扁鋼
	WL	牆面線		PL	鋼板
	CL	天花板線		GIP	鍍鋅鋼管
	1F	一樓地板面		CIP	鑄鐵管
	2F	二樓地板面		SSP	不銹鋼管
	B1	地下一層		RCP	鋼筋混凝土管
	B2	地下二層		PVCP	聚氯乙烯管
	FL	地板面線		GIS	鍍鋅鋼板
	FFL	地板裝飾面線		#	規格號碼
	PH	屋頂突出物		Ø	直徑
	RF	屋頂			
垂直交通	UP	上(樓梯、坡道)	—		
	DN	下(樓梯、坡道)			
	R	樓梯級高			
	T	樓梯級深			
	ELEV	昇降機			
	ESCA	自動樓梯(電扶梯)			

1-2 常用符號

二、 門窗、樓梯、升降機及坡道之圖例如圖 1-3

名稱	圖例	名稱	圖例
出入口		單開窗	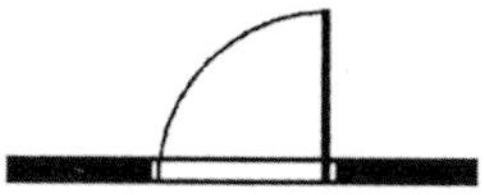
雙向門	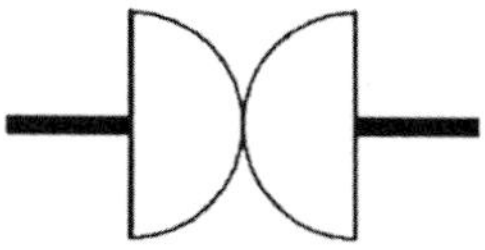	雙開窗	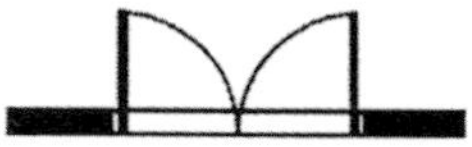
折疊門		單拉門	
旋轉門	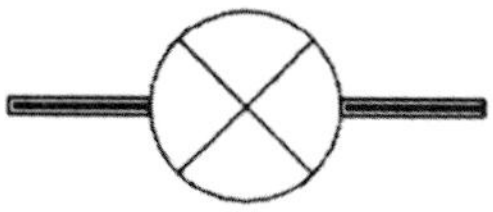	雙拉門	
捲門		單開門	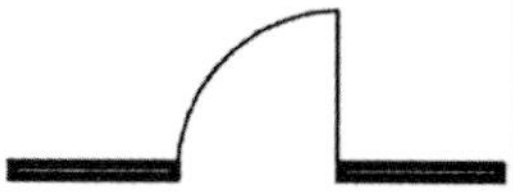
橫拉窗		雙開門	
紗窗		樓梯	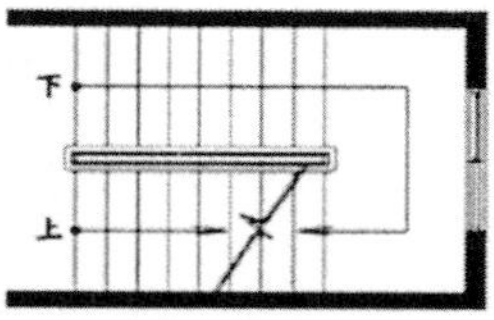 下 上
固定窗		昇降機	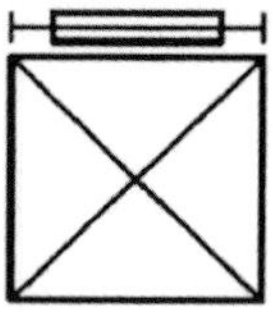
上下拉窗		坡道	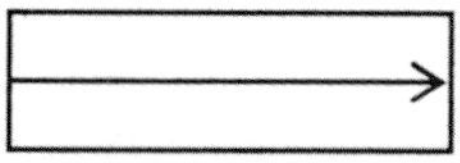

1-3　門窗、樓梯、升降機及坡道圖例

三、 材料、構造圖例如圖 1-4

名稱	圖例	名稱	圖例
磚牆		級配	材料名稱
混凝土		鋼筋混凝土	
石材	材料名稱	輕質牆	材料名稱
粉刷類	材料名稱	空心磚牆	材料名稱
實硬之保溫吸音材		鬆軟之保溫吸音材疊蓆類	材料名稱
鋼骨		網	
木材	裝修材 構材 補助構材	玻璃	
合板	材料名稱	卵石	
土壤、地面		—	—

1-4 材料、構造圖例

備考：各種材料之牆身均須註明厚度

1-5-3 建築結構圖表示法

一、基本符號如圖 1-5

用途	符號	說明	備考
構材	C	柱	–
	F	基腳	
	FG、FB	地梁	
	G、B	構架梁	
	b	非構架梁	
	TG、TB	構架繫梁	
	Tb	非構架繫梁	
	CG、CB	構架懸臂梁	
	Cb	非構架懸臂梁	
	S	板	
	CS	懸臂板	
	W	牆	
	WB	牆梁	
	SS	樓梯梯板	
	FS	基礎板	
	BW	承重牆	
	SW	剪力牆	
	T	桁架	
	P	桁條	
	J	欄柵	
	UU	上弦構材	
	LL	下弦構材	
	UL	腹構材	
層別	R	屋頂	與柱、梁、板配合使用，例如 RS 表示屋頂板。
	P	屋頂突出物	與柱、梁、板配合使用，例如 PS 表示屋頂突出物板。
	B	地下室	與柱、梁、板配合使用，例如 B1C 表示地下一層柱 B2G 表示地下二層梁。
	M	夾層	與柱、梁、板配合使用，例如 MS 表示夾層板。
構造	RC	鋼筋混凝土造	–
	S	鋼構造	
	SRC	鋼骨鋼筋混凝土造	
	B	磚構造	
	RB	加強磚造	
	W	木構造	

1-5 結構圖基本符號

二、各層結構平面基本切視法如圖 1-6

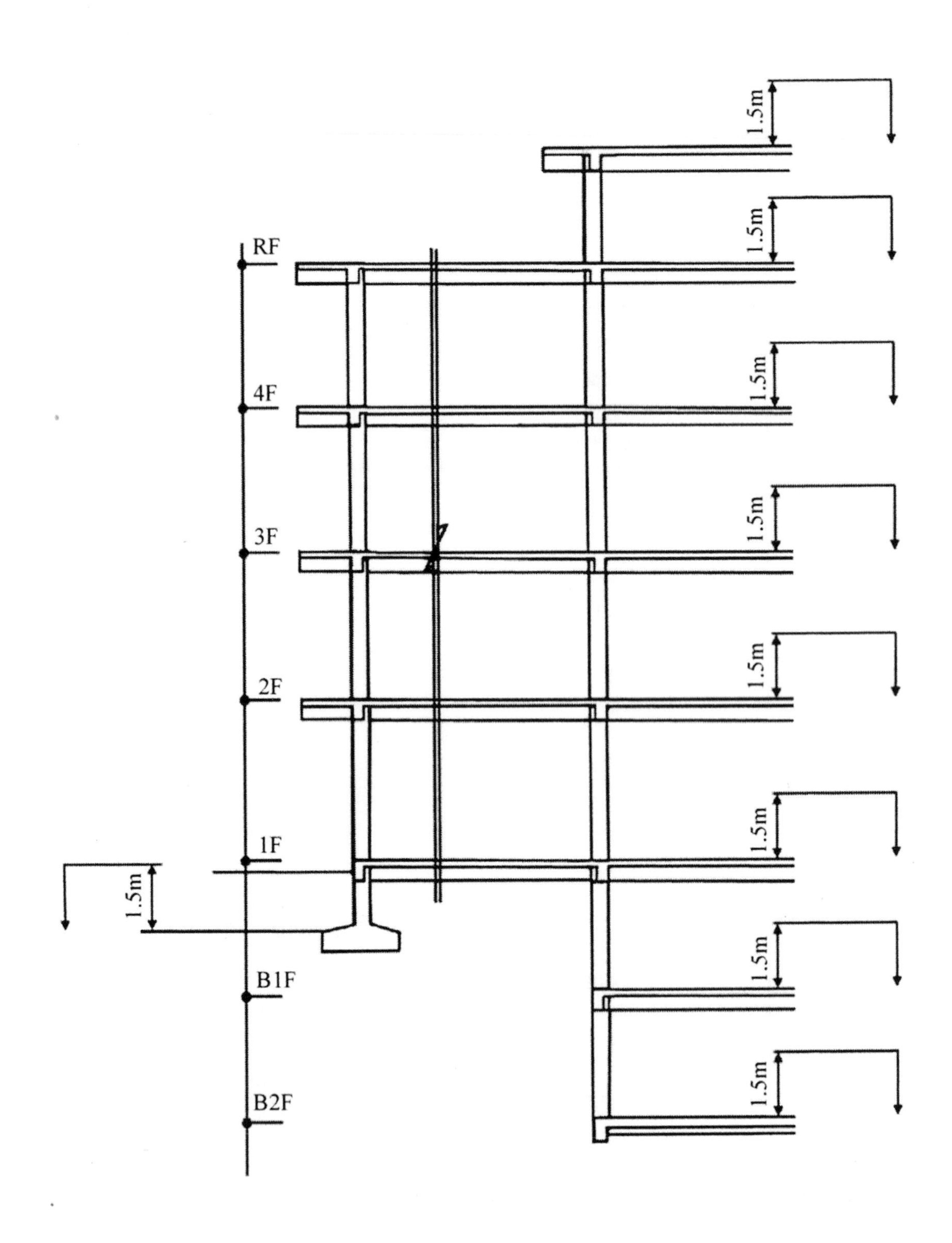

1-6　架構剖面圖例

1-5-4 建築設備圖表示法

一、消防設備圖符號如圖 1-7

名稱	符號	備考	名稱	符號	備考
消防水管[a]	— F —	–	綜合盤	(P)(B)(L) / P·B L	–
消防栓箱	FHC	–	定溫型火警探測器		–
消防送水口		–	差動型火警探測器		–
測試出水口		–	偵煙型火警探測器	S	–
自動警報逆止閥		–	緊急電源插座		–
查驗管		–	火警系統管線[b]	— FA —	可加註線類、線數、管徑、管質等
自動灑水頭感應灑水頭	直立型 / 下垂型	–	警報發信器	S	–
水霧自動灑水頭		–	揚聲器	S	–
泡沫自動灑水頭		–	播音管線[b]	— Sp —	–
自動灑水水管	— AS —	–	出口標示燈		–
自動灑水送水口		–	避難方向指標		–
自動灑水受信總機		–	緊急照明燈	E	–
火警受信總機		–	排煙設備排煙口	S	–
手動報警機	P	–	排煙設備進風口		–
火警警鈴	B	–	滅火器	C	–
報警標示燈	L	–	–		

註[a] 消防水管及自動灑水水管採用中實線表示。
[b] 火警系統管線及播音設備系統管線採用細實線表示。

1-7 消防設備圖符號

註：

1. 消防水管及自動灑水水管採用中實線表示
2. 火警系統管線及播音設備系統管線採用細實線表示

二、電氣設備符號如圖 1-8~1-9

名稱	符號	備考	名稱	符號	備考
單極開關	●	可加註控制碼	電燈分電盤		可加註編號
雙極開關	$\bullet_2$	可加註控制碼	電燈動力混合配電盤		可加註編號
三路開關	$\bullet_3$	可加註控制碼	電力總配電盤		可加註編號
四路開關	$\bullet_4$	可加註控制碼	電力分電盤		可加註編號
鑰匙操作開關	$\bullet_K$	可加註控制碼	人孔	M	可加註編號
開關及標示燈	$\bullet_P$	可加註控制碼	手孔	H	可加註編號
屋外型開關防水型	$\bullet_{WP}$	可加註控制碼	發電機	G	可加註電壓容量等
時控開關	$\bullet_T$	可加註控制碼	電動機	M	可加註電壓容量等
埋設於平頂混凝土內或牆內管線	$8.0\ mm^2$ 22 mm	可加註導線管代號	電熱器	H	可加註電壓容量等
埋設於地坪混凝土內或牆內線管	$5.5\ mm^2$ 16 mm	可加註導線管代號	電風扇	∞	可加註電壓容量等
接戶點		可加註供電方式與電壓	白熾燈	吸頂 嵌頂 R 壁式	－
接地		可加註接地電阻	T-BAR日光燈	長形 T 方形 T	可加註說明容量及管數
電纜頭		可加註接地線限	接線盒及出線口	J	可加註文字表示各類用途
電燈總配電盤		可加註編號	長形日光燈	吸頂 S 嵌頂 R 壁式 吊頂	可加註說明容量及管數如$S_1,S_2,\ldots$
單連插座	$\ominus$ $\ominus_G$	加註G者為接地型	方形	吸頂 S 嵌頂 R 壁式 吊頂	可加註說明容量及管數如$S_1,.S_2\ldots$

1-8 電氣設備符號

名稱	符號	備考	名稱	符號		備考
雙連插座	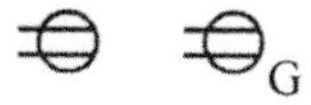	加註 G 者為接地型	出口標示燈	吸頂	壁式 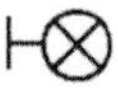	—
三連插座	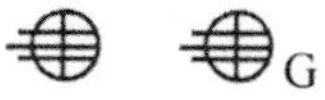	加註 G 者為接地型	冷氣機	A C		—
四連插座		加註 G 者為接地型	避雷針			—
專用單插座		加註 G 者為接地型	避雷器			—
專用雙插座		加註 G 者為接地型	單地板插座	G		加註G者為接地型
電灶插座	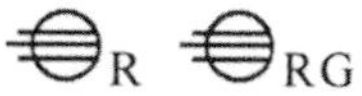 R RG	加註 G 者為接地型	雙地板插座	G		加註G者為接地型
電鐘出線口	 J C	—	地板線槽地線盒			—
風扇出線口	J F	—	—			

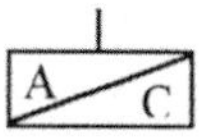

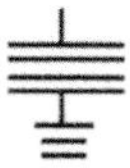

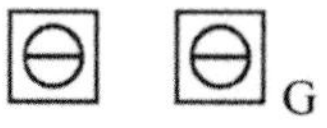

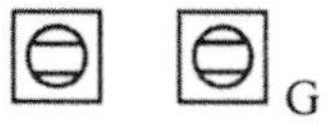

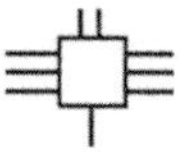

1-9　電氣設備符號(續)

三、給排水及衛生設備符號如圖 1-10~1-11

名稱	符號	備考	名稱	符號	備考
清潔口(地板下)	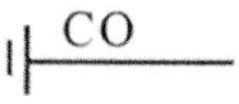 CO	—	蹲式馬桶		—
洗臉盆	 掛牆式　嵌台式	—	坐式馬桶		—
浴缸	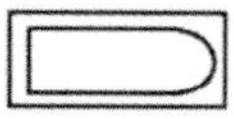	—	小便斗		—
拖布盆		—	蓮蓬頭		—
人孔陰井	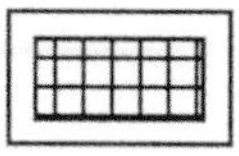	—	排污管	—SW—	—

1-10　給排水及衛生設備符號

名稱	符號	備考	名稱	符號	備考
排　水　管	—— D ——	–	氮　氣　管	—— N ——	–
通　氣　管	- - - - - -	–	逆　止　閥		–
雨水排水管	—— RD ——	–	球　型　閥	常開型 常閉型	–
飲　水　管	—— DWS ——	–	蝶　　　閥		–
飲水回水管	—— DWR ——	–	閘　　　閥		–
冷　水　管	—— · ——	–	過　濾　器		–
熱　水　管	—— ·· ——	–	壓　力　錶		–
熱水回水管	—— ··· ——	–	溫　度　計	T	–
蒸　氣　管	—— S ——	可註明壓力	控　制　閥		–
蒸氣凝水管	—— SC ——	–	立　　　管	○	–
瓦　斯　管	—— G ——	–	下　　　彎		–
壓縮空氣管	—— A ——	–	上　　　彎		–
真空吸氣管	—— V ——	–	地板落水頭	FD	附存水灣
氧　氣　管	—— O ——	–	清　潔　口（地板面）	FCO	–

1-11　給排水及衛生設備符號（續）

四、電信、電鈴、電視設備符號如圖 1-12~1-14

名稱	符號	備考
總配線箱	 (符號)	–
主配線箱	(符號)	–
支配線箱	(符號)	–
地板型暗式出線匣或拖線匣	 T	1. 電信管線使用英文字母 T 符號。 2. 內部自用通信設備(如 PBX、LAN、...等)使用英文字母 t 符號。
壁型暗式出線匣或拖線匣	 T	
壁型暗式公用電話出線匣	 PT	–
扁型管連接匣	 T	–
電信管線暗式	—— T ——	–
電信管線明式	—·—T—·—	–
電信管線扁型管	----T----	–
電信管線上行	 (符號)	–
電信管線下行	 (符號)	–
電信管線上下行	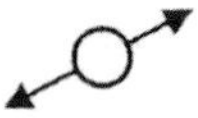 (符號)	–
總(主)配線架	MDF	–

1-12 電信、電鈴、電視設備符號

名稱	符號	備考
拖線箱	PB	–
電話機		–
公用電話機	PT	–
插座		–
手孔	HH	–
接地		–
總接地箱	E	–
接地導線	-----	–
人孔		–
電信室	TR	–
電桿	○	–
拉線		–
RA箱		–
CCP-LAP自持型電纜	0.4–100–CLS / 300	線徑–對數–種類 / 長度
FS-JF-LAP電纜	0.5–200–JF / 400	線徑–對數–種類 / 長度

1-13　電信、電鈴、電視設備符號(續)

名稱	符號	備考
對講機出線口	(IC)	—
按扭開關	⊡	—
蜂鳴器		—
電鈴		—
電視天線出線口	(TV)	—
電視天線用管線	—TV—	—
共同天線		—
電視天線		—

1-14 電信、電鈴、電視設備符號(續)

五、空調及機械設備圖例

名稱	圖例	名稱	圖例
冷卻送水管	—— CWS ——	順風片	
冷卻回水管	—— CWR ——	導風片	
冰水送水管	—— CHS ——	風管剖面正壓	
冰水回水管	—— CHR ——	風管剖面負壓	
冷媒送出管	—— RD ——	電動閘門	M
冷媒吸入管	—— RS ——	防火閘門	F
冷媒液管	—— RL ——	分歧閘門	
排水管	—— D ——	手動閘門	
風管	300×200	平頂出風口	
風管上彎	R	牆上出風口	
風管下彎	D	回風口或排風口	
風管內貼消音層		門上百葉	
伸縮接頭		軟管	

1-15　空調及機械設備圖例

1-6 比例尺

在室內設計施工製造圖說中，因空間尺度與圖紙的大小比例相差極大，所以需要以縮小的比例繪製圖面，比例尺在放樣的過程中是重要的工具，其形狀爲菱形，有三個面向，六種刻度，分別是：1/100、1/200、1/300、1/400、1/500與1/600。

三個面向的凹槽顏色有三種，分別是：

1. 紅色：代表1/100及1/200
2. 藍色：代表1/300及1/400
3. 黑色：代表1/500及1/600

在室內裝修的圖面採用1/10、1/20、1/30、1/50、1/60與1/100比例居多。

1-6-1 比例尺的三種表示法

1. 應用文字與數字表示法：

   例：1公分=1公里，即表示圖上一公分等於一公里，但並不常用。

2. 圖示法：

   以適當長度單位，分一線段爲若干等分表示圖上距離，其上註明與實地距離相應的數字。

3. 分數表示法：

   是將繪於圖紙上的圖面尺寸置於前(分子)，物體的實際尺寸置於後(分母)，如：1：10即說明圖上之1公分代表實長10公分，此爲縮小比例，可註記爲比例尺Scale＝圖面上尺寸/物體實際尺寸＝1/10，亦可寫爲1：l0，也就是1：10縮尺的意義，乃將物體尺寸縮小10倍畫於圖上。

1-6-2 比例尺習慣上的表示法

1/10、1：10，但是CNS規定，建築製圖宜寫成1：10，一般在製圖常用的比例尺有：

1. 配置圖1：50、1：100
2. 平、立、剖面圖1：50、1：100
3. 剖面詳圖1：20、1：30
4. 施工大樣圖1：5、1：10

1-6-3 比例尺的使用方法

1. 依圖面所標示的比例找到比例尺上相對應的比例。例如圖面上是1：50，則先找到比例尺上1/500的刻度。
2. 要找刻度1/500的方法，可以先找到中間凹槽是黑色的尺面。
3. 再看左右兩邊就可以找到需要的比例尺。
4. 量取施工圖面上的長度所得數字是1/500的實際尺寸再乘10倍，就是1：50 的實際尺寸，其餘的比例以此類推。
5. 如果在裝修工地中如果沒有比例尺，在比例 1：50的圖面上，施作人員以捲尺量得長度爲10公分的牆面，其實際長度爲50×10＝500公分，也就是5公尺。
6. 例如在1 ：200的圖面上，以捲尺量得長度爲5公分的牆面，實際上其長度爲200×5＝1000公分，也就是10公尺。

1-7 施工圖判讀

學習室內設計施工圖前，必須要先學會圖說的判讀，以免造成施工錯誤。而在經過和業主多次討論定案後開始繪製的圖，有包含平面圖、立面圖、主要剖面圖，並決定構造型式及主要構造材料等，如何把設計理念有系統的呈現出來，製作成施工人員能據以施作之施工圖，是必須學會的基本功。

一、 平面配置圖

是指從由各層地面以上距離1.5公尺平切下視，將景物投影並描繪在圖上。在工程平面圖中會標示各空間運用、動線、生活機能，及各主要部份之構造，並註明尺寸、建築線、與牆中心線等。如圖1-16。

1-16
平面配置圖

二、 天花板照明配置圖

採用反射法繪製，也就是把地板當做一片鏡子，天花板鏡子反射後的俯視正投影圖。繪製應標明天花板各平面的高度，以了解空間不同高低層次的感覺，樑的位置以虛線表示，天花板圖和照明配置繪製在一起可看出天花板與照明燈具位置及型式的關係。如圖1-17。

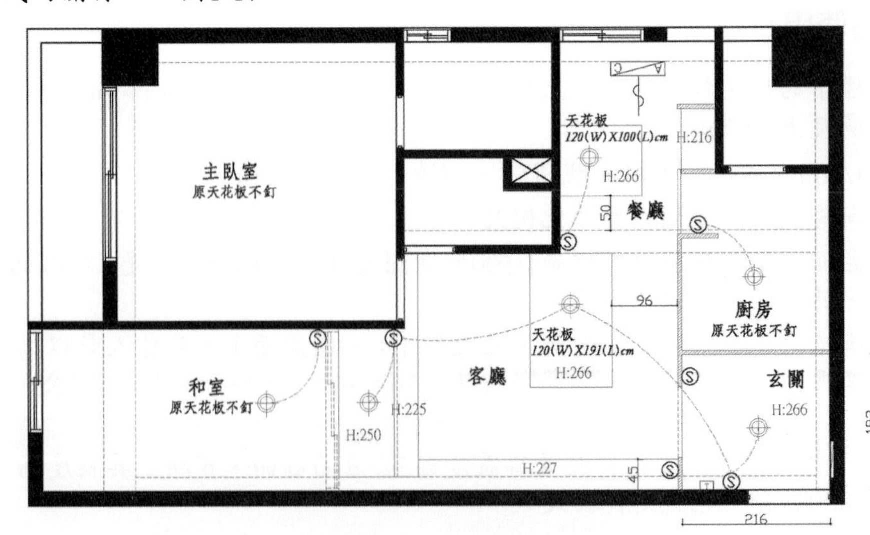

1-17
天花板照明配置圖

三、 水電配置圖

在圖面上標示包含插座、電話、網路、電視出線口的位置及出線口的高度，還有數量，可確定主開關位置，依照各空間使用的機能、電壓不同，並且和家電、家具配置作爲施工參考依據，如圖1-18。

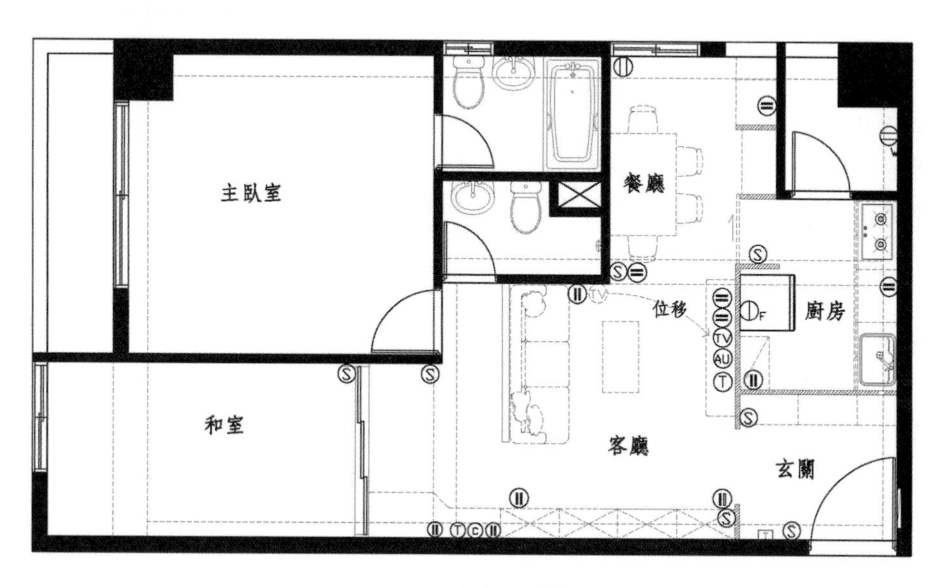

1-18　水電配置圖

四、 立面圖

是指從正面觀看壁面造型、櫃體，將所看到的描繪在紙上，用以了解壁板造型和收納空間的尺寸位置運用。在立面圖中通常會標示外觀的形狀、開口位置、各層高度、工程總高度及附屬材料等，處理得宜，能增加整體空間美感。如圖1-19。

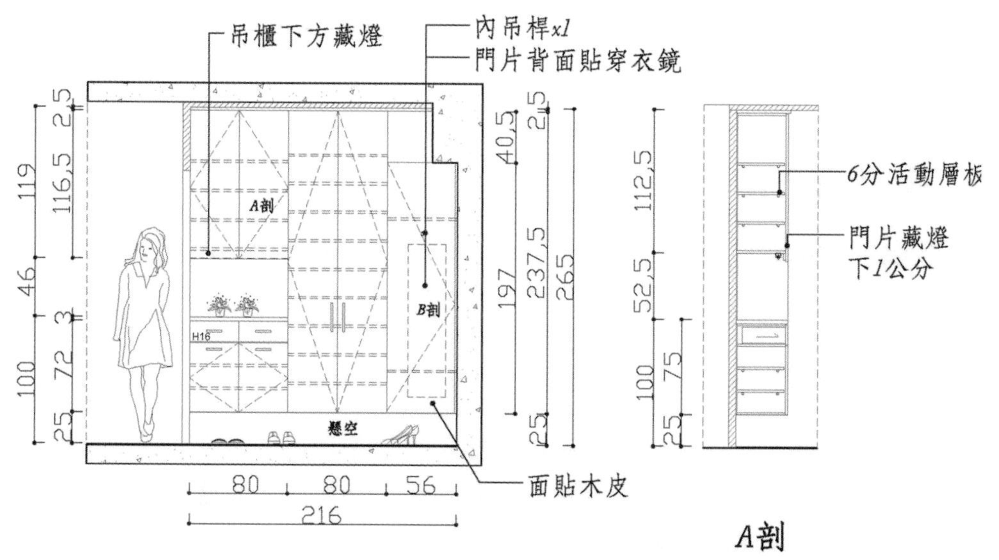

1-19　立面圖

除了以上圖面，其他設計圖還包括：拆除圖、新作隔間圖、空調圖、剖面圖、細部詳圖、消防圖及立體圖等，依照施工項目的需求，所提供的圖面也有所不同。

1-8 室內裝修拆除工程

拆除工程，所做的就是敲打、拆、卸、切割、清運等。最普遍使用的工具，就是電動打鑿機，用以擊碎鋼筋混凝土或砌磚牆、石材等。其次則是大型鐵鎚，做爲打擊的工具，大型鐵撬用於拆卸木作天花板、壁板、櫥櫃等。如遇到鋼筋鐵窗等鐵件則使用燒、鋸、磨切等方法處理，如燒銲工具、鐵鋸、電動砂輪機等。牆面切割機爲泥作使用型式，用於不全部打除的牆面，在預留不拆除的地方，先鋸割一條縫，讓拆除線較爲平整。如果切割的目的是要切牆壁的窗户孔位，可以將所要的框線直接切割完整，直接裝上窗户，可省去後續的泥作修飾。

1-8-1 拆除工具

在工程中大概只有拆除工程，僅有工具而幾乎沒有材料，其使用的工具除部分與木工、泥作、鐵工相同外，其基本工具如下列：

一、 敲、打、切割工具

1. 手提電動圓鋸機
2. 手提電動切石機
3. 手提電動破碎機
4. 手提電動砂輪機
5. 牆面切割機
6. 大型鐵撬
7. 燒銲器材
8. 鐵鋸、鐵剪
9. 大、小鐵鎚
10. 鑿子

二、 清運工具、清掃工具

1. 吊車
2. 打鑿機
3. 推土機
4. 怪手
5. 捲揚機
6. 方鐵鏟
7. 手推車
8. 垃圾袋
9. 其他特殊工具

1-8-2 拆除施工作業

一、 結構物的牆與柱拆除

雇主對於前條構造物之拆除，應選任專人於現場指揮監督，勞工應使其佩帶適當之個人防護具。

1. 應自上至下，逐次拆除。
2. 無支撐之牆、柱等之拆除，應以支撐、繩索等控制，避免其任意倒塌。
3. 以拉倒方式進行拆除時，應使勞工站立於安全區外，並防範破片之飛擊。
4. 無法設置安全區時，應設置承受臺、施工架或採取適當防範措施。
5. 以人工方式切割牆、柱等時，應採取防止粉塵之適當措施。
6. 雇主對構造物拆除區，應設置勞工安全出入通路，如使用樓梯者，應設置扶手。
7. 勞工出入之通路、階梯等，應有適當之採光照明。

二、拆除作業的倒塌災害

室內裝修拆除作業現場，經常會有倒塌的災害，相關的主要項目有以下幾種：

1. 施工架組裝與拆除時的倒塌
2. 合梯、A字梯拆除作業中的倒塌
3. 鐵窗或鐵件拆除的倒塌
4. 泥作分間牆切割的倒塌
5. 天花板拆除工程的倒塌
6. 櫥櫃拆除工程的倒塌
7. 牆面大理石工程拆除的倒塌

1-8-3 拆除工程注意事項

1. 檢查預定拆除各部份構件，對不穩定部份應加支撐。
2. 拆除配電設備及線路，並應切斷電源。
3. 拆除可燃性體或蒸氣管線，對管中殘留應注意安全釋放方式。
4. 如須保留電線、可燃性氣體、蒸氣、水管使用，應有安全措施。
5. 拆除區應設置圍柵與標示，禁止非相關人員進入拆除區域。
6. 於鄰近通行道之人員保護設施完成前，不得進行拆除工程。
7. 拆除順序由上而下、由內而外，現場可依照情況彈性調整順序。
8. 拆除由櫃子、天花板、牆壁、地面，避免拆除時的意外塌陷。
9. 拆除後地面要做好防水工程，避免滲水到樓下的情況發生。
10. 門窗拆除要把周邊填充層清理乾淨，並注意新的防水處理。
11. 管道間壁面拆除注意石塊或鐵件掉入管道間內，而打破管線。
12. 拆除要見底，地面的釘子要確實拔除，避免施作人員刺傷。
13. 牆面切割如是大面積，則須分成多個小區塊分次切除較爲安全。
14. 冷媒管、排油煙機等管線需要穿孔時，鑽孔避免穿過樑及結構。
15. 拆除輕鋼架天花板與招牌時需注意漏電問題，並謹愼週遭電線。
16. 集合式住宅需注意裝修時間規定，各社區管理委員會訂定不同。
17. 壁紙拆除要避免使用過強的鹽酸而破壞水泥粉光面層。
18. 拆除廢棄物與垃圾必須在當天處理完畢，不得堆放在公共空間。

1-8-4 合梯使用規定

「職業安全衛生設施規則」中對於裝修工程使用頻繁的合梯、移動梯、A字梯、馬椅第230條雇主對於使用之合梯，應符合下列規定：

一、具有堅固之構造。

二、其材質不得有顯著之損傷、腐蝕等。

三、梯腳與地面之角度應在七十五度以內，且兩梯腳間有金屬等硬質繫材扣牢，腳部有防滑絕緣腳座套，如圖1-20。

四、有安全之防滑梯面。

雇主不得使勞工以合梯當作二工作面之上下設備使用，並應禁止勞工站立於頂板作業。

1-20　梯腳與地面之角度應在七十五度以內

1-9　丈量與放樣工程

製圖與繪圖前的空間丈量以居室內居多，當設計圖說完成時，根據裝修圖說現場放樣，能正確以劃線工具放樣標示符號。並在相關知識中能對丈量及放樣工具之應用方法、室內裝修放樣符號有所認識。

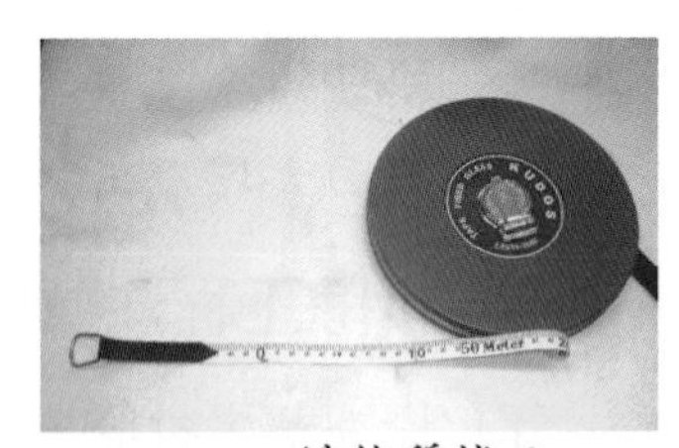
1-21　纖維質捲尺

1-9-1　丈量與放樣工具

1. 捲尺

   捲尺是使用在量距測定尺寸。材質一般分爲鋼質及纖維質等製品，長度有3m、5m至100m均有。纖維質製品因放樣時拉力不均勻時比較容易產生誤差，所以通常室內裝修丈量及放樣時，使用5.5m或7.5m長度的鋼捲尺較多。若量測時，所得結果較實際小，這種誤差我們稱之爲常差，圖1-21、圖1-22。

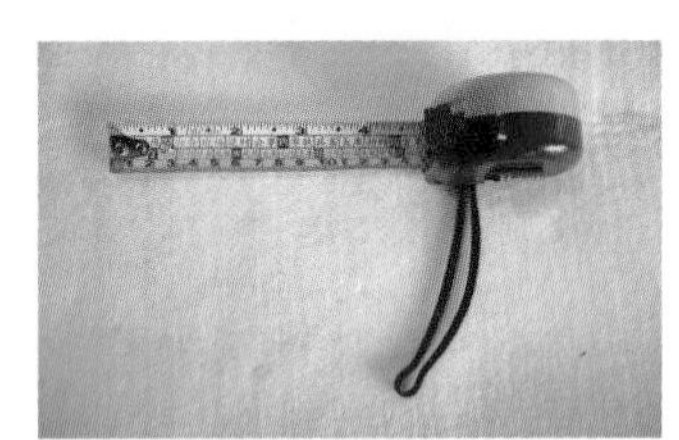
1-22　鋼捲尺

2. 雷射測距儀

   測量上所稱距離，係指兩點間之水平直線距離。目前雷射測距儀在室內裝修產業的使用上多半採用掌上型測距儀，以直接量測被測物體表面方式，而不需反射稜鏡即可獲得尺寸數據。室內裝修使用的測量距離範圍可從30公分至50公尺之間，非常快速且精準，且測距的數據可採取累積的方式記錄，以算出其量測範圍的周長、面積與體積等多種方式與功能，尤其在丈量空間時可提高量測的速度，圖1-23。

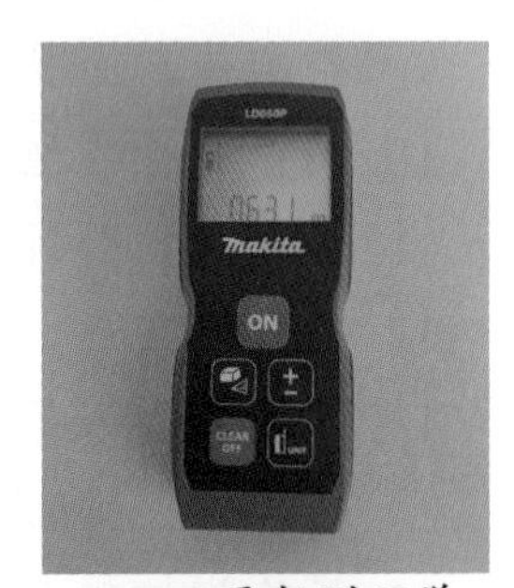

1-23　雷射測距儀

3. 雷射水準墨線儀

   1998年開始在室內裝修工地測定垂直水平的儀器，發出線條強光，可以在牆上打出水平和垂直的紅線或綠線，施工時只須照著色線施工即可，快速且精確度高。最高具360°水平墨線投射。圖1-24。

1-24　雷射水準墨線儀

4. 經緯儀

主要是測量角度，以測水平及垂直角度爲主之測角儀器。有上下俯仰及左右迴轉之望遠鏡，以照準目標觀測之。在室內裝修工程上，多使用在放樣時定出地墨及豎墨線，圖1-25。

1-25　經緯儀

5. 角尺

又名曲尺，早期有銅製的所以又名銅尺，現以不銹鋼製品爲主，有長短兩臂互成直角，上面刻度有公分與台寸用於量度、測量直角和劃垂直線等用。

圖1-26。

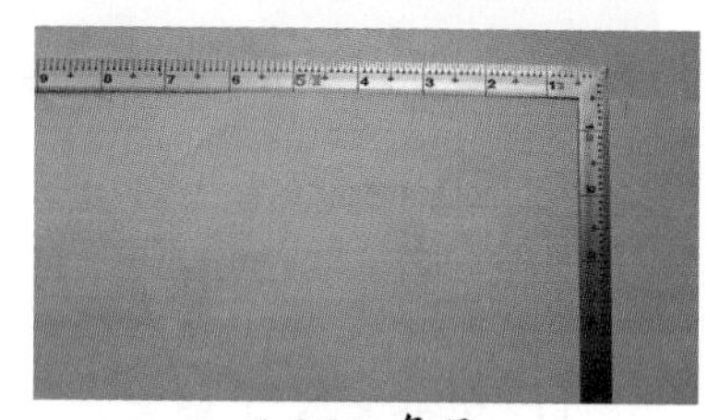

1-26　角尺

6. 墨斗

放樣作業時，劃樣線使用的工具，包括墨斗、墨斗線、斗棉線、劃墨尺及墨汁等成爲一組。墨斗線是棉線，有細、中、粗之分，基準墨線及建築模板採用中線或粗線，室內裝修墨線採細線或中線，比較精細，如圖1-27。

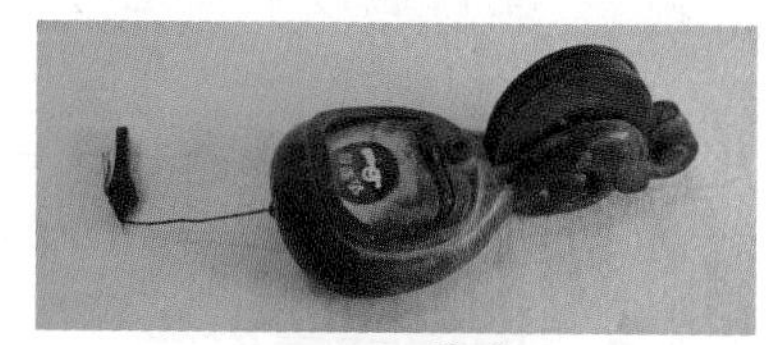

1-27　墨斗

7. 鉛錘

鉛錘又稱爲錘球，是垂直點放樣的工具，錘球由球體及專用棉吊線組成，長度有10公尺與15公尺之兩種。建議不使用會回轉的尼龍製水線，錘球使用時要注意球體之尖端與吊線必須在一直線上，不可有偏心之情況，才能精準放樣，如圖1-28。

1-28　錘球

8. 水平尺

安置物體欲保持水平，最簡便的方法採用水平尺，又稱氣泡水準器，中間有一水平氣泡，如沒有水平時氣泡會往高處。材質分鋁製、鋼製與木製，有30至120公分多種長度選擇，圖1-29。

1-29　氣泡水準器

9. 水準管

水準管又稱爲連通式水準管、水平連通管或水秤管，早期未有水準儀前，高程放樣最基本的工具是使用一條裝滿水的透明水管，放樣人員利用水管內的水位爲一定水平的原理，將基準高程一點一點的引到需要放樣的地方，這樣的方式就是所謂的連通管原理，圖1-30。

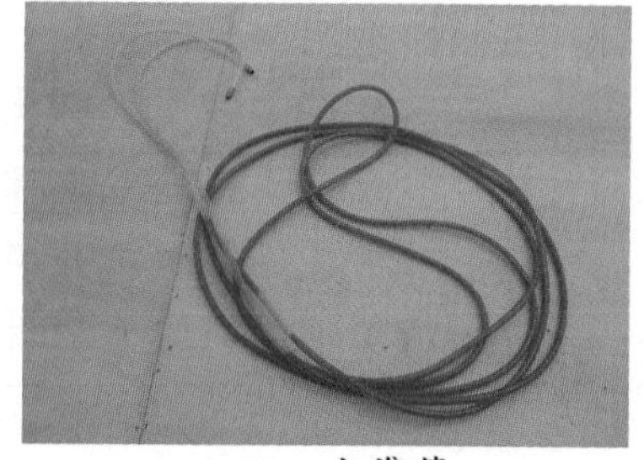

1-30　水準管

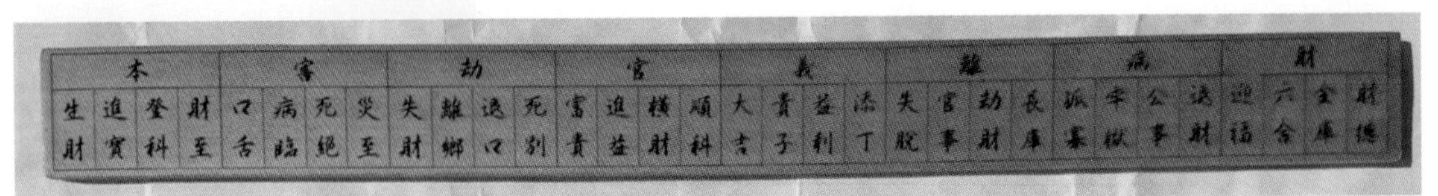

1-31　文公尺

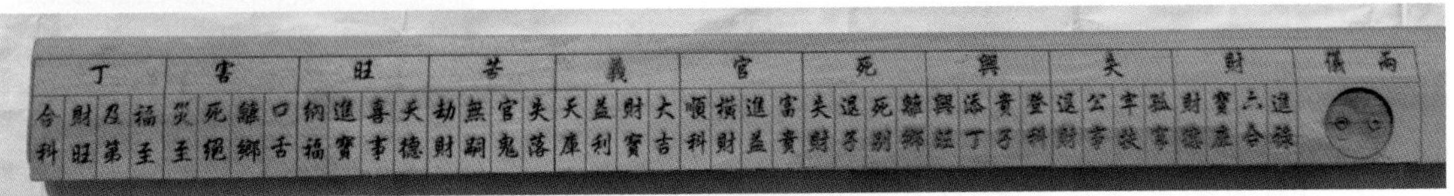

1-32　丁蘭尺

10. 水線

用於砌磚工程、裝修木作天花板、隔間之垂線水平二點間的依據。

11. 文公尺、丁蘭尺

室內裝修中常見的魯班尺上半部爲文公尺，財、病、離、義、官、劫、害、本，共八字。用於陽宅、供桌或佛具尺寸之吉凶的參卓文字，如圖1-31。下半部爲丁蘭尺：主要用途爲建造墳墓、祖先公媽桌位，共有十個字，分爲丁、害、旺、苦、義、官、死、興、失、財，如圖1-32。

1-9-2　現場丈量作業

1. 先畫出現況成屋平面圖：請業主提供建設公司售屋平面圖以方便測量，若無再依照屋況徒手畫出平面圖。
2. 需標示座向、外圍環境、門、窗、樑、柱與設備的相關位置。
3. 標出十字線：量出室內空間總長度尺寸與總寬度尺寸。
4. 丈量樓板與天花板之間的淨高。
5. 雷射測距儀或捲尺量測時需保持水平與垂直，記錄的數字需工整。
6. 順時針方向測量：從入口大門開始丈量，依順時針方向測量，量測時每個空間均需仔細量測與紀錄，如：客廳、餐廳、主臥室、書房等。
7. 丈量現況柱、梁尺寸的目的，是爲了判斷建築物結構配置情形，及控制其影響空間設計的因素，爲空間分間牆配置的參考依據 。
8. 樑寬與樑下對地面淨高丈量：要丈量樑寬與樑下地面對應高度的尺寸，樑的部份可用虛線表示。
9. 標示門、窗高度、寬度與台度：門框丈量寬度及高度。窗要標示高度、寬度以及窗的台度，以便日後定製收納櫃與書桌尺寸之用。
10. 各式電器相關位置標示：電源總開關位置、冷氣管路與排水、弱電箱位置、對講機位置與燈具出線口的尺寸標示需完整。
11. 標註地面與牆面的材質，如：大理石、拋光石英磚、木地板或鋼筋混凝土、砌磚或木隔間。

12. 衛浴設備位置標示清楚：衛浴擺設以及水龍頭的位置要清楚標示，管線的位置也關係到日後遷移的方便性。
13. 灑水頭標示：有消防灑水頭位置及總數量要標示清楚。
14. 電錶、自來水表、瓦斯表、熱水器的位置都需丈量。
15. 量測完畢再次檢查，未能以平面圖表示之處，可再用立面圖或立體圖來加強示意。
16. 丈量現場拍照，依順時鐘方式拍照，每個空間與角度不得遺漏，方便對照丈量尺寸。

1-9-3 放樣工程

放樣工程是根據裝修圖說現場放樣，能正確以劃線工具放樣標示符號。在相關知識中能對放樣工具之應用方法、室內裝修放樣符號有所認識。在裝修現場重要的放樣包括水平線的放樣、鉛垂線的放樣與曲線造型的放樣。

「放樣」隸屬建築業的「假設工程」需付出成本，施工完成後則見不到這些工程。因爲建築屬於大型工程，在建造過程中難免有樓板、牆壁、樑柱沒有水平及垂直的情形發生，所以爲了室內裝修工程品質的完美，現場的放樣工作就顯的更重要。

在室內裝修進場施工前需要再複丈現況柱樑尺寸的相對位，了解建築物結構配置情況；了解施工空間與設計圖說是否相符，並確認各分間牆與櫥櫃放樣無誤。例如：固定性的家具設備的水平線、鉛錘線及曲線造型的準確性與各室隔間的垂直精準度，都會影響著整體裝修的品質及施工的順暢與否，所以不論是設計者或是施工者，對於現場放樣的學習都必須要認眞的體認。

在室內裝修需要水平線放樣，是因建築物營建樓板完成面的水平較不精準，其室內裝修精準的需求較高，所以才需水平線放樣。

水平線放樣的功用：室內裝修工程大多由天花板先行施作，完成後施作地板，再利用這牆面上的兩個水平線作爲櫥櫃組裝、各式門扇的安裝與抽屜的製作，其尺寸才能精準，提高施工效率，整體工程成本才能降低。所以放樣後的施作順序常爲：天花板的裝修、地板的裝修、隔間牆的裝修、門窗的開口、櫥櫃的製作與各式門扇安裝等，但也有因爲其他因素而略做調整其先後順序。

當天花板和地板底板完成後，就可以開始放樣立面上的施作項目。如：隔間、壁腰牆、壁板、櫥櫃等家具和設備。一般的作法是如同畫平面圖一樣，依平面、立面的尺寸將家具設備的位置1：1放樣於地面和牆面上。地板的面材最好等到油漆塗裝與燈具安裝完成，再行施作。

1-9-4 放樣種類

1. 基地基樁定點方向放樣，如：建築物起造線、公共防火巷道。
2. 放樣現場分割尺寸，位置標點定位放樣，如：空間分割。
3. 訂製物放樣，如：櫥櫃、衛浴、廚房給排水配電路管定點標示。
4. 原型放樣，如：特殊藝品、鍛造欄杆、門扇窗花與景觀飾物等。

1-9-5 鉛錘放樣取得垂直線的方法

1. 依施工圖說的要求，在牆面的上方定出基準點。
2. 把鉛錘的線頭拉到上方需要垂直地方的固定。
3. 取得鉛錘棉線的適當長度，鉛錘的錐尖微離地面。
4. 讓鉛錘球的擺動慢慢停止，不可與地面接觸，方能準確。
5. 待鉛錘靜止不動，使用直角尺在鉛錘錐尖以木工筆做上記號。
6. 利用墨斗在上下兩點上彈出一直墨線，就是我們要的鉛錘線。

1-9-6 連通式水準管水平線放樣的步驟

1. 打開水平管兩端的銅蓋，檢查管內的色水是否有氣泡，因爲氣泡會影響水平線放樣精準度，如果水管內有氣泡、管內堵塞、管內水位未靜止時，對其測定結果將造成影響。
2. 將水準管的兩端靠在一起，水平面須在同一高度，如不在同一高度時把二端拉高並錯開爲上下，此時管內氣泡會慢慢上升至管頭，直到兩端水平面在同一高度爲止。
3. 依施工圖說標示高度，在牆角面上畫出基準點，並將水準管的一端附在基準點，再將水準管的另一頭依附到另一個牆面上。
4. 調整管內水面與基準點同之時，在另一端的水面位置用筆畫出。
5. 完成四周牆角的水平點，以墨斗彈出四周墨線，此線就是水平線。
6. 決定基準點必須注意材料的寬度、厚度與結構的施作順序。
7. 水準管完成須將兩端銅蓋栓緊，以免液體流出使管內產生氣泡。

1-9-7 墨線的認識

一、 依放樣作業墨線區分為：

1. 基準墨線：

   預先設定基準點B.M高程以及基準線位置來進行施測，依設計圖或施工圖所訂之X（水平）；Y（垂直）方向各位置記號，在建築物地坪或地面上標記放樣線，這個時候也可將地板上的墨線按照圖面的通視芯線做退縮100公分位置的作法。高度關係放樣線就標記在牆面（垂直面）上，一般皆取自基準地板面高起，提升100公分之高度作爲橫向水平樣線之記號。

2. 小墨線：

   基準墨線完成後，再由基準墨線量出細部相關部位之位置及形狀大小之放樣線。

二、 依放樣作業過程標記分為：

1. 地墨：標記在地面（水平面）的記號墨汁及放樣線。
2. 陸墨：標記在垂直牆面上的水平放樣線，顯示高程關係。
3. 豎墨：標記在垂直牆面上的垂直放樣線，顯示垂直關係。

1-33 雷射水準墨線儀放樣

1-34 雷射水準墨線儀放樣天花板高度

三、墨斗放樣施作程序

定點 → 引線 → 彈線 → 註記

四、裝修放樣相關名詞的定義

1. 水平線：在牆面上與水平面成平行的線條。
2. 鉛垂線：在牆面上與水平面成垂直的線條。
3. 垂直度：在天花板或地板面上與牆面成90度者稱之。
4. 曲線造型：圓弧形或自由彎曲的造型線條。

五、鉛垂線放樣的功用

1. 裝修牆面壁板上整體垂直及牆面造型垂直。
2. 裝修半腰牆的垂直。
3. 室內隔間牆的垂直。
4. 隔間牆門窗的開口位置。
5. 裝飾物的安裝，如：羅馬柱等。

六、直角放樣法 3:4:5

直角度放樣的功用：

1. 隔間牆與牆面的直角。
2. 隔間家具的直角。

直角度放樣的方法：

1. 短距離時可以用角尺靠牆直接量取。
2. 距離較長時可用垂直平分線的方法求得。

距離較長時可用幾何原理3：4：5的比例求得。

檢查三角形是否爲直角，常用三邊的比爲3：4：5。如圖1-35

求法：

1. 已知P點，由P點做3等分，得E號點。
2. 以P點爲圓心，取4等分爲半徑畫弧F。
3. 以E號點爲圓心，取5等分爲半徑畫弧G，相交得H點。
4. 連接P、H兩點，可得AB牆面的垂直線。

七、直角T字放樣

求法：

1. 已知P點，以P點爲圓心任一長度爲半徑畫圓得E、F兩點。
2. 以E、F兩點爲圓心任一長度爲半徑畫弧，相交得G點。
3. 連接P、G兩點就可得與牆面AB垂直的垂直線。如圖1-36

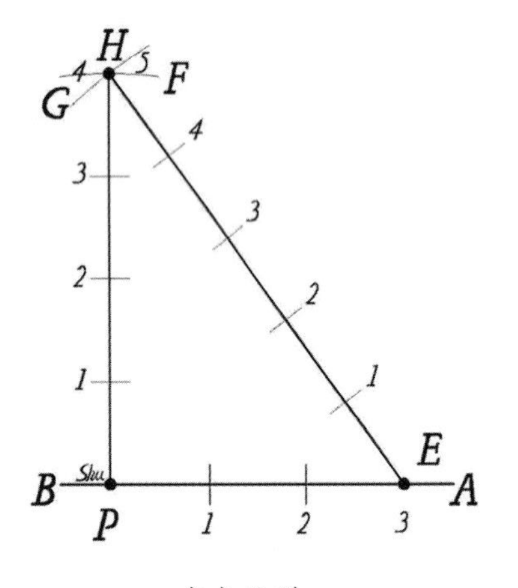

1-35　直角放樣 3:4:5

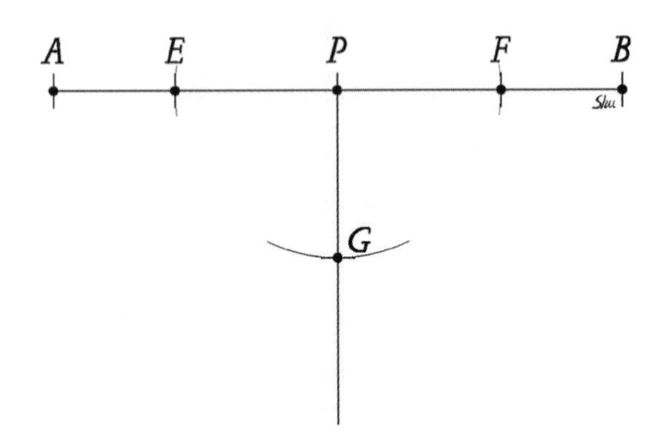

1-36　直角 T 字放樣

八、曲線造型放樣

曲線造型在室內裝修放樣的精確度會影響整個施工品質。室內裝修會用到曲線造型的部份有，天花板、地板、曲線隔間、圓柱、拱門及家具的面板等。

幾何曲線、自由曲線的放樣使用格子法，格子法的格子愈小，放樣後的精確度愈準。把圖與現場的相對位置找出後，再連接就可得自由曲線的造型。如圖1-37、圖1-38。

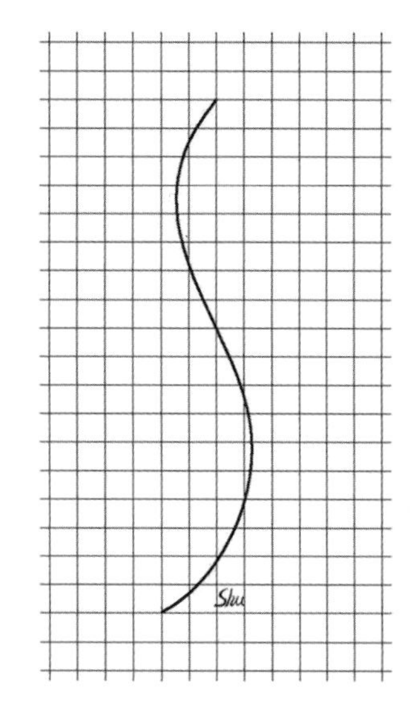

1-37 曲線放樣

1-38 曲線放樣

1-9-8 放樣注意事項

1. 施工放樣基地、門牌號碼或樓層居室空間，須確認無誤。
2. 放樣人員詳讀施工圖說內容、高度、位置、材料與註記等。
3. 選擇精度儀器輔助放樣，並架設在不易震動位置，快速精準。
4. 放樣場所應清理乾淨，以便彈墨線作業能正確清晰。
5. 放樣人員二人作業應有合作默契，避免產生誤差。
6. 使用建築物內原座標基準墨線及高程水準點，避免放樣重複施測。
7. 建立放樣墨線符號：確定標示顏色及尺寸，避免墨線混淆不清。
8. 小墨線或細部大樣放樣，應以基準墨線引線放樣避免累計誤差。
9. 避免磚牆墨線被砂漿遮蔽，放樣時使墨線延伸至壁體外，以便校核。
10. 特殊配件預埋，設備業者配合現場專責人員放樣施工。
11. 放樣墨線及開口部分位置之尺寸，工地現場負責人應核對無誤。

1-10 重點整理

一、何謂室內裝修？

二、學會施工圖識圖與判讀。

三、拆除施工安全的維護。

四、了解現場丈量的作業程序及注意事項。

五、了解現場放樣作業程序及注意事項。

1-11 習題練習

一、請簡述建築物室內裝修木作工程中，3 種需要放樣之工程項目及其放樣內容，並就各放樣內容寫出其 2 種應用之放樣工具。

二、建築物室內裝修牆面磁磚常因貼面之面積、排列之形式及勾(填)縫寬度等不同，請說明基準放樣中，橫線基準法放樣方式。

貳 室內裝修相關法規條款摘要

本章討論在營造法規及室內裝修的相關法令規定中，能正確依照建築法、建築物室內裝修管理辦法、建築物使用分類、營造安全衛生設施標準、消防法及環保法系中有關安全規定進行裝修施工，有更深層的認識。

室內裝修工程中常使用的法規如下：

2-1 建築物室內裝修管理辦法（內政部111.06.09修正）

第1條

本辦法依建築法（以下簡稱本法）第七十七條之二第四項規定訂定之。

第2條

供公眾使用建築物及經內政部認定有必要之非供公眾使用建築物，其室內裝修應依本辦法之規定辦理。

第3條

本辦法所稱室內裝修，指除壁紙、壁布、窗簾、家具、活動隔屏、地氈等之黏貼及擺設外之下列行為：

一、 固著於建築物構造體之天花板裝修。

二、 內部牆面裝修。

三、 高度超過地板面以上一點二公尺固定之隔屏或兼作櫥櫃使用之隔屏裝修。

四、 分間牆變更。

第4條

本辦法所稱室內裝修從業者，指開業建築師、營造業及室內裝修業。

第5條

室內裝修從業者業務範圍如下：

一、 依法登記開業之建築師得從事室內裝修設計業務

二、 依法登記開業之營造業得從事室內裝修施工業務

三、 室內裝修業得從事室內裝修設計或施工之業務

第6條

本辦法所稱之審查機構，指經內政部指定置有審查人員執行室內裝修審核及查驗業務之直轄市建築師公會、縣（市）建築師公會辦事處或專業技術團體。

第7條

1 審查機構執行室內裝修審核及查驗業務，應擬訂作業事項並載明工作內容、收費基準與應負之責任及義務，報請直轄市、縣（市）主管建築機關核備。

2 前項作業事項由直轄市、縣（市）主管建築機關訂定規範。

第 8 條

1 本辦法所稱審查人員，指下列辦理審核圖說及竣工查驗之人員：

一、 經內政部指定之專業工業技師。

二、 直轄市、縣（市）主管建築機關指派之人員。

三、 審查機構指派所屬具建築師、專業技術人員資格之人員。

2 前項人員應先參加內政部主辦之審查人員講習合格，並領有結業證書者，始得擔任。但於主管建築機關從事建築管理工作二年以上並領有建築師證書者，得免參加講習。

第 9 條

1 室內裝修業應依下列規定置專任專業技術人員：

一、 從事室內裝修設計業務者：專業設計技術人員一人以上。

二、 從事室內裝修施工業務者：專業施工技術人員一人以上。

三、 從事室內裝修設計及施工業務者：專業設計及專業施工技術人員各一人以上，或兼具專業設計及專業施工技術人員身分一人以上。

2 室內裝修業申請公司或商業登記時，其名稱應標示室內裝修字樣。

第 10 條

1 室內裝修業應於辦理公司或商業登記後，檢附下列文件，向內政部申請室內裝修業登記許可並領得登記證，未領得登記證者，不得執行室內裝修業務：

一、 申請書

二、 公司或商業登記證明文件

三、 專業技術人員登記證

2 室內裝修業變更登記事項時，應申請換發登記證。

第 11 條

1 室內裝修業登記證有效期限為五年，逾期未換發登記證者，不得執行室內裝修業務。但本辦法中華民國一百零八年六月十七日修正施行前已核發之登記證，其有效期限適用修正前之規定。

2 室內裝修業申請換發登記證，應檢附下列文件：

一、 申請書

二、 原登記證正本

三、 公司或商業登記證明文件

四、 專業技術人員登記證

3 室內裝修業逾期未換發登記證者，得依前項規定申請換發。

4 已領得室內裝修業登記證且未於公司或商業登記名稱標示室內裝修字樣者，應於換證前完成辦理變更公司或商業登記名稱，於其名稱標示室內裝修字樣。但其公司或商業登記於中華民國八十九年九月二日前完成者，換證時得免於其名稱標示室內裝修字樣。

第 12 條

1 專業技術人員離職或死亡時，室內裝修業應於一個月內報請內政部備查。

2 前項人員因離職或死亡致不足第九條規定人數時，室內裝修業應於二個月內依規定補足之。

第 13 條

1 室內裝修業停業時，應將其登記證送繳內政部存查，於申請復業核准後發還之。

2 室內裝修業歇業時，應將其登記證送繳內政部並辦理註銷登記；其未送繳者，由內政部逕為廢止登記許可並註銷登記證。

第 14 條

直轄市、縣（市）主管建築機關得隨時派員查核所轄區域內室內裝修業之業務，必要時並得命其提出與業務有關文件及說明。

第 15 條

本辦法所稱專業技術人員，指向內政部辦理登記，從事室內裝修設計或施工之人員；依其執業範圍可分為專業設計技術人員及專業施工技術人員。

第 16 條

專業設計技術人員，應具下列資格之一：

一、 領有建築師證書者。

二、 領有建築物室內設計乙級以上技術士證，並於申請日前五年內參加內政部主辦或委託專業機構、團體辦理之建築物室內設計訓練達二十一小時以上領有講習結業證書者。

第 17 條

專業施工技術人員，應具下列資格之一：

一、 領有建築師、土木、結構工程技師證書者。

二、 領有建築物室內裝修工程管理、建築工程管理、裝潢木工或家具木工乙級以上技術士證，並於申請日前五年內參加內政部主辦或委託專業機構、團體辦理之建築物室內裝修工程管理訓練達二十一小時以上領有講習結業證書者。其為領得裝潢木工或家具木工技術士證者，應分別增加四十小時及六十小時以上，有關混凝土、金屬工程、疊砌、粉刷、防水隔熱、面材舖貼、玻璃與壓克力按裝、油漆塗裝、水電工程及工程管理等訓練課程。

第 18 條

1 專業技術人員向內政部申領登記證時，應檢附下列文件：

一、 申請書

二、 建築師、土木、結構工程技師證書；或前二條規定之技術士證及講習結業證書。

2 本辦法中華民國九十二年六月二十四日修正施行前，曾參加由內政部舉辦之建築物室內裝修設計或施工講習，並測驗合格經檢附講習結業證書者，得免檢附前項第二款規定之技術士證及講習結業證書。

第 19 條

專業技術人員登記證不得供他人使用。

第 20 條 (111.06.09 修正)

1 專業技術人員登記證有效期限爲五年，逾期未換發登記證者，不得從事室內裝修設計或施工業務。但本辦法中華民國一百零八年六月十七日修正施行前已核發之登記證，其有效期限適用修正前之規定。

2 專業技術人員於換發登記證前五年內參加內政部主辦或委託專業機構、團體辦理之回訓訓練達十六小時以上並取得證明文件者，由內政部換發登記證。但符合第十六條第一款或第十七條第一款資格者，免回訓訓練。

3 專業技術人員逾期未換發登記證者，得依前項規定申請換發。

第 21 條（108.06.17 刪除）

第 22 條

1 供公眾使用建築物或經內政部認定之非供公眾使用建築物之室內裝修，建築物起造人、所有權人或使用人應向直轄市、縣（市）主管建築機關或審查機構申請審核圖說，審核合格並領得直轄市、縣（市）主管建築機關發給之許可文件後，始得施工。

2 非供公眾使用建築物變更爲供公眾使用或原供公眾使用建築物變更爲他種供公眾使用，應辦理變更使用執照涉室內裝修者，室內裝修部分應併同變更使用執照辦理。

第 23 條

1 申請室內裝修審核時，應檢附下列圖說文件：

一、 申請書

二、 建築物權利證明文件

三、 前次核准使用執照平面圖、室內裝修平面圖或申請建築執照之平面圖。但經直轄市、縣（市）主管建築機關查明檔案資料確無前次核准使用執照平面圖或室內裝修平面圖屬實者，得以經開業建築師簽證符合規定之現況圖替代之。

四、 室內裝修圖說

2 前項第三款所稱現況圖爲載明裝修樓層現況之防火避難設施、消防安全設備、防火區劃、主要構造位置之圖說，其比例尺不得小於二百分之一。

第 24 條

室內裝修圖說包括下列各款：

一、 位置圖：註明裝修地址、樓層及所在位置。

二、 裝修平面圖：註明各部分之用途、尺寸及材料使用，其比例尺不得小於一百分之一。但經直轄市、(縣)市主管建築機關同意者，比例尺得放寬至二百分之一。

三、 裝修立面圖：比例尺不得小於一百分之一。

四、 裝修剖面圖：註明裝修各部分高度、內部設施及各部分之材料，其比例尺不得小於一百分之一。

五、 裝修詳細圖：各部分之尺寸構造及材料，其比例尺不得小於三十分之一。

第 25 條

室內裝修圖說應由開業建築師或專業設計技術人員署名負責。但建築物之分間牆位置變更、增加或減少經審查機構認定涉及公共安全時，應經開業建築師簽證負責。

第 26 條

直轄市、縣（市）主管建築機關或審查機構應就下列項目加以審核：

一、 申請圖說文件應齊全。

二、 裝修材料及分間牆構造應符合建築技術規則之規定。

三、 不得妨害或破壞防火避難設施、防火區劃及主要構造。

第 27 條

直轄市、縣（市）主管建築機關或審查機構受理室內裝修圖說文件之審核，應於收件之日起七日內指派審查人員審核完畢。審核合格者於申請圖說簽章；不合格者，應將不合規定之處詳爲列舉，一次通知建築物起造人、所有權人或使用人限期改正，逾期未改正或復審仍不合規定者，得將申請案件予以駁回。

第 28 條

室內裝修不得妨害或破壞消防安全設備，其申請審核之圖說涉及消防安全設備變更者，應依消防法規規定辦理，並應於施工前取得當地消防主管機關審核合格之文件。

第 29 條

1 室內裝修圖說經審核合格，領得許可文件後，建築物起造人、所有權人或使用人應將許可文件張貼於施工地點明顯處，並於規定期限內施工完竣後申請竣工查驗；因故未能於規定期限內完工時，得申請展期，未依規定申請展期，或已逾展期期限仍未完工者，其許可文件自規定得展期之期限屆滿之日起，失其效力。

2 前項之施工及展期期限，由直轄市、縣（市）主管建築機關定之。

第 30 條

室內裝修施工從業者應依照核定之室內裝修圖說施工；如於施工前或施工中變更設計時，仍應依本辦法申請辦理審核。但不變更防火避難設施、防火區劃，不降低原使用裝修材料耐燃等級或分間牆構造之防火時效者，得於竣工後，備具第三十四條規定圖說，一次報驗。

第 31 條

1 室內裝修施工中，直轄市、縣（市）主管建築機關認有必要時，得隨時派員查驗，發現與核定裝修圖說不符者，應以書面通知起造人、所有權人、使用人或室內裝修從業者停工或修改；必要時依建築法有關規定處理。

2 直轄市、縣（市）主管建築機關派員查驗時，所派人員應出示其身分證明文件；其未出示身分證明文件者，起造人、所有權人、使用人及室內裝修從業者得拒絕查驗。

第 32 條

1 室內裝修工程完竣後，應由建築物起造人、所有權人或使用人會同室內裝修從業者向原申請審查機關或機構申請竣工查驗合格後，向直轄市、縣（市）主管建築機關申請核發室內裝修合格證明。

2 新建建築物於領得使用執照前申請室內裝修許可者，應於領得使用執照及室內裝修合格證明後，始得使用；其室內裝修涉及原建造執照核定圖樣及說明書之變更者，並應依本法第三十九條規定辦理。

3 直轄市、縣（市）主管建築機關或審查機構受理室內裝修竣工查驗之申請，應於七日內指派查驗人員至現場檢查。經查核與驗章圖說相符者，檢查表經查驗人員簽證後，應於五日內核發合格證明，對於不合格者，應通知建築物起造人、所有權人或使用人限期修改，逾期未修改者，審查機構應報請當地主管建築機關查明處理。

4 室內裝修涉及消防安全設備者，應由消防主管機關於核發室內裝修合格證明前完成消防安全設備竣工查驗。

第 33 條

1 申請室內裝修之建築物，其申請範圍用途爲住宅或申請樓層之樓地板面積符合下列規定之一，且在裝修範圍內以一小時以上防火時效之防火牆、防火門窗區劃分隔，其未變更防火避難設施、消防安全設備、防火區劃及主要構造者，得檢附經依法登記開業之建築師或室內裝修業專業設計技術人員簽章負責之室內裝修圖說向當地主管建築機關或審查機構申報施工，經主管建築機關核給期限後，准予進行施工。工程完竣後，檢附申請書、建築物權利證明文件及經營造業專任工程人員或室內裝修業專業施工技術人員竣工查驗合格簽章負責之檢查表，向當地主管建築機關或審查機構申請審查許可，經審核其申請文件齊全後，發給室內裝修合格證明：

一、 十層以下樓層及地下室各層，室內裝修之樓地板面積在三百平方公尺以下者。

二、 十一層以上樓層，室內裝修之樓地板面積在一百平方公尺以下者。

2 前項裝修範圍貫通二層以上者，應累加合計，且合計值不得超過任一樓層之最小允許值。

3 當地主管建築機關對於第一項之簽章負責項目得視實際需要抽查之。

第 34 條

申請竣工查驗時，應檢附下列圖說文件：

一、 申請書

二、 原領室內裝修審核合格文件

三、 室內裝修竣工圖說

四、 其他經內政部指定之文件

第 35 條

室內裝修從業者有下列情事之一者，當地主管建築機關應查明屬實後，報請內政部視其情節輕重，予以警告、六個月以上一年以下停止室內裝修業務處分或一年以上三年以下停止換發登記證處分：

一、 變更登記事項時，未依規定申請換發登記證。

二、 施工材料與規定不符或未依圖說施工，經當地主管建築機關通知限期修改逾期未修改。

三、 規避、妨礙或拒絕主管機關業務督導。

四、 受委託設計之圖樣、說明書、竣工查驗合格簽章之檢查表或其他書件經抽查結果與相關法令規定不符。

五、 由非專業技術人員從事室內裝修設計或施工業務。

六、 僱用專業技術人員人數不足，未依規定補足。

第 36 條

室內裝修業有下列情事之一者，經當地主管建築機關查明屬實後，報請內政部廢止室內裝修業登記許可並註銷登記證：

一、 登記證供他人從事室內裝修業務

二、 受停業處分累計滿三年

三、 受停止換發登記證處分累計三次

第 37 條

室內裝修業申請登記證所檢附之文件不實者，當地主管建築機關應查明屬實後，報請內政部撤銷室內裝修業登記證。

第 38 條

專業技術人員有下列情事之一者，當地主管建築機關應查明屬實後，報請內政部視其情節輕重，予以警告、六個月以上一年以下停止執行職務處分或一年以上三年以下停止換發登記證處分：

一、受委託設計之圖樣、說明書、竣工查驗合格簽章之檢查表或其他書件經抽查結果與相關法令規定不符。

二、未依審核合格圖說施工。

第 39 條

專業技術人員有下列情事之一者，當地主管建築機關應查明屬實後，報請內政部廢止登記許可並註銷登記證：

一、專業技術人員登記證供所受聘室內裝修業以外使用

二、十年內受停止執行職務處分累計滿二年

三、受停止換發登記證處分累計三次

第 40 條

1 經依第三十六條、第三十七條或前條規定廢止或撤銷登記證未滿三年者，不得重新申請登記。

2 前項期限屆滿後，重新依第十八條第一項規定申請登記證者，應重新取得講習結業證書。

第 41 條

本辦法所需書表格式，除第三十三條所需書表格式由當地主管建築機關定之外，由內政部定之。

第 42 條

1 本辦法自中華民國一百年四月一日施行。

2 本辦法修正條文自發布日施行。

2-2 建築法（內政部111.05.11修正）

第 1 條

爲實施建築管理，以維護公共安全、公共交通、公共衛生及增進市容觀瞻，特制定本法；本法未規定者，適用其他法律之規定。

第 2 條

1 主管建築機關，在中央爲內政部；在直轄市爲直轄市政府；在縣(市)爲縣(市)政府。

2 在第三條規定之地區，如以特設之管理機關爲主管建築機關者，應經內政部之核定。

第3條

1 本法適用地區如左：
 一、 實施都市計畫地區。
 二、 實施區域計畫地區。
 三、 經內政部指定地區。

2 前項地區外供公眾使用及公有建築物，本法亦適用之。

3 第一項第二款之適用範圍、申請建築之審查許可、施工管理及使用管理等事項之辦法，由中央主管建築機關定之。

第4條

本法所稱建築物，為定著於土地上或地面下具有頂蓋、樑柱或牆壁，供個人或公眾使用之構造物或雜項工作物。

第5條

本法所稱供公眾使用之建築物，為供公眾工作、營業、居住、遊覽、娛樂及其他供公眾使用之建築物。

第6條

本法所稱公有建築物，為政府機關、公營事業機構、自治團體及具有紀念性之建築物。

第7條

本法所稱雜項工作物，為營業爐灶、水塔、瞭望臺、招牌廣告、樹立廣告、散裝倉、廣播塔、煙囪、圍牆、機械遊樂設施、游泳池、地下儲藏庫、建築所需駁崁、挖填土石方等工程及建築物興建完成後增設之中央系統空氣調節設備、昇降設備、機械停車設備、防空避難設備、污物處理設施等。

第8條

本法所稱建築物之主要構造，為基礎、主要樑柱、承重牆壁、樓地板及屋頂之構造。

第9條

本法所稱建造，係指下列行為：
 一、 新建：為新建造之建築物或將原建築物全部拆除而重行建築者。
 二、 增建：於原建築物增加其面積或高度者。但以過廊與原建築物連接者，應視為新建。
 三、 改建：將建築物之一部份拆除，於原建築基地範圍內改造，而不增高或擴大面積者。
 四、 修建：建築物之基礎、樑柱、承重牆壁、樓地板、屋架或屋頂，其中任何一種有過半之修理或變更者。

第 10 條

本法所稱建築物設備，爲敷設於建築物之電力、電信、煤氣、給水、污水、排水、空氣調節、昇降、消防、消雷、防空避難、污物處理及保護民眾隱私權等設備。

第 11 條

1 本法所稱建築基地，爲供建築物本身所占之地面及其所應留設之法定空地。建築基地原爲數宗者，於申請建築前應合併爲一宗。

2 前項法定空地之留設，應包括建築物與其前後左右之道路或其他建築物間之距離，其寬度於建築管理規則中定之。

3 應留設之法定空地，非依規定不得分割、移轉，並不得重複使用；其分割要件及申請核發程序等事項之辦法，由中央主管建築機關定之。

第 25 條

1 建築物非經申請直轄市、縣（市）（局）主管建築機關之審查許可並發給執照，不得擅自建造或使用或拆除。但合於第七十八條及第九十八條規定者，不在此限。

2 直轄市、縣（市）（局）主管建築機關爲處理擅自建造或使用或拆除之建築物，得派員攜帶證明文件，進入公私有土地或建築物內勘查。

第 28 條

建築執照分左列四種：

一、 建造執照：建築物之新建、增建、改建及修建，應請領建造執照。

二、 雜項執照：雜項工作物之建築，應請領雜項執照。

三、 使用執照：建築物建造完成後之使用或變更使用，應請領使用執照。

四、 拆除執照：建築物之拆除，應請領拆除執照。

第 70 條

1 建築工程完竣後，應由起造人會同承造人及監造人申請使用執照。直轄市、縣（市）（局）主管建築機關應自接到申請之日起，十日內派員查驗完竣。其主要構造、室內隔間及建築物主要設備等與設計圖樣相符者，發給使用執照，並得核發謄本；不相符者，一次通知其修改後，再報請查驗。但供公眾使用建築物之查驗期限，得展延爲二十日。

2 建築物無承造人或監造人，或承造人、監造人無正當理由，經建築爭議事件評審委員會評審後而拒不會同或無法會同者，由起造人單獨申請之。

3 第一項主要設備之認定，於建築管理規則中定之。

第 70-1 條

建築工程部分完竣後可供獨立使用者，得核發部分使用執照；其效力、適用範圍、申請程序及查驗規定等事項之辦法，由中央主管建築機關定之。

第 71 條

1 申請使用執照，應備具申請書，並檢附左列各件：

一、 原領之建造執照或雜項執照。

二、 建築物竣工平面圖及立面圖。

2 建築物與核定工程圖樣完全相符者，免附竣工平面圖及立面圖。

第 72 條

供公眾使用之建築物，依第七十條之規定申請使用執照時，直轄市、縣（市）（局）主管建築機關應會同消防主管機關檢查其消防設備，合格後方得發給使用執照。

第 74 條

申請變更使用執照，應備具申請書並檢附左列各件：

一、 建築物之原使用執照或謄本。

二、 變更用途之説明書。

三、 變更供公眾使用者，其結構計算書及建築物室內裝修及設備圖説。

第 75 條

直轄市、縣（市）（局）主管建築機關對於申請變更使用之檢查及發照期限，依第七十條之規定辦理。

第 76 條

非供公眾使用建築物變更爲供公眾使用，或原供公眾使用建築物變更爲他種公眾使用時，直轄市、縣（市）（局）主管建築機關應檢查其構造、設備及室內裝修。其有關消防安全設備部分應會同消防主管機關檢查。

第 77-1 條（111.05.11. 修正）

爲維護公共安全，供公眾使用或經中央主管建築機關認有必要之非供公眾使用之原有合法建築物防火避難設施及消防設備不符現行規定者，應視其實際情形，令其改善或改變其他用途；其申請改善程序、項目、內容及方式等事項之辦法，由中央主管建築機關定之。

第 77-2 條

1 建築物室內裝修應遵守左列規定：

一、 供公眾使用建築物之室內裝修應申請審查許可，非供公眾使用建築物，經內政部認有必要時，亦同。但中央主管機關得授權建築師公會或其他相關專業技術團體審查。

二、 裝修材料應合於建築技術規則之規定。

三、 不得妨害或破壞防火避難設施、消防設備、防火區劃及主要構造。

四、 不得妨害或破壞保護民眾隱私權設施。

2 前項建築物室內裝修應由經內政部登記許可之室內裝修從業者辦理。

3 室內裝修從業者應經內政部登記許可，並依其業務範圍及責任執行業務。

4 前三項室內裝修申請審查許可程序、室內裝修從業者資格、申請登記許可程序、業務範圍及責任，由內政部定之。

第 86 條

違反第二十五條之規定者，依左列規定，分別處罰：

一、 擅自建造者，處以建築物造價千分之五十以下罰鍰，並勒令停工補辦手續；必要時得強制拆除其建築物。

二、 擅自使用者，處以建築物造價千分之五十以下罰鍰，並勒令停止使用補辦手續；其有第五十八條情事之一者，並得封閉其建築物，限期修改或強制拆除之。

三、 擅自拆除者，處一萬元以下罰鍰，並勒令停止拆除補辦手續。

第 95-1 條

1 違反第七十七條之二第一項或第二項規定者，處建築物所有權人、使用人或室內裝修從業者新臺幣六萬元以上三十萬元以下罰鍰，並限期改善或補辦，逾期仍未改善或補辦者得連續處罰；必要時強制拆除其室內裝修違規部分。

2 室內裝修從業者違反第七十七條之二第三項規定者，處新臺幣六萬元以上三十萬元以下罰鍰，並得勒令其停止業務，必要時並撤銷其登記；其爲公司組織者，通知該管主管機關撤銷其登記。

3 經依前項規定勒令停止業務，不遵從而繼續執業者，處一年以下有期徒刑、拘役或科或併科新臺幣三十萬元以下罰金，其爲公司組織者，處罰其負責人及行爲人。

2-3 建築技術規則建築設計施工編（內政部110.10.07修正）

第一章 用語定義

第 1 條

本編建築技術用語，其他各編得適用，其定義如下：

一、 一宗土地：本法第十一條所稱一宗土地，指一幢或二幢以上有連帶使用性之建築物所使用之建築基地。但建築基地爲道路、鐵路或永久性空地等分隔者，不視爲同一宗土地。

二、 建築基地面積：建築基地（以下簡稱基地）之水平投影面積。

三、 建築面積：建築物外牆中心線或其代替柱中心線以內之最大水平投影面積。但電業單位規定之配電設備及其防護設施、地下層突出基地地面未超過一點二公尺或遮陽板有二分之一以上爲透空，且其深度在二點零公尺以下者，不計入建築面積；陽臺、屋簷及建築物出入口雨遮突出建築物外牆中心線或其代替柱中心線超過二點零公尺，或雨遮、花臺突出超過一點零公尺者，應自其外緣分別扣除二點零公尺或一點零公尺作為中心線；每層陽臺面積之和，以不超過建築面積八分之一為限，其未達八平方公尺者，得建築八平方公尺。

四、 建蔽率：建築面積占基地面積之比率。

五、 樓地板面積：建築物各層樓地板或其一部分，在該區劃中心線以內之水平投影面積。但不包括第三款不計入建築面積之部分。

六、 觀眾席樓地板面積：觀眾席位及縱、橫通道之樓地板面積。但不包括吸煙室、放映室、舞臺及觀眾席外面二側及後側之走廊面積。

七、 總樓地板面積：建築物各層包括地下層、屋頂突出物及夾層等樓地板面積之總和。

八、 基地地面：基地整地完竣後，建築物外牆與地面接觸最低一側之水平面；基地地面高低相差超過三公尺，以每相差三公尺之水平面為該部分基地地面。

九、 建築物高度：自基地地面計量至建築物最高部分之垂直高度。但屋頂突出物或非平屋頂建築物之屋頂，自其頂點往下垂直計量之高度應依下列規定，且不計入建築物高度：

（一） 第十款第一目之屋頂突出物高度在六公尺以內或有昇降機設備通達屋頂之屋頂突出物高度在九公尺以內，且屋頂突出物水平投影面積之和，除高層建築物以不超過建築面積百分之十五外，其餘以不超過建築面積百分之十二點五為限，其未達二十五平方公尺者，得建築二十五平方公尺。

（二） 水箱、水塔設於屋頂突出物上高度合計在六公尺以內或設於有昇降機設備通達屋頂之屋頂突出物高度在九公尺以內或設於屋頂面上高度在二點五公尺以內。

（三） 女兒牆高度在一點五公尺以內。

（四） 第十款第三目至第五目之屋頂突出物。

（五） 非平屋頂建築物之屋頂斜率（高度與水平距離之比）在二分之一以下者。

（六） 非平屋頂建築物之屋頂斜率（高度與水平距離之比）超過二分之一者，應經中央主管建築機關核可。

十、 屋頂突出物：突出於屋面之附屬建築物及雜項工作物：

（一） 樓梯間、昇降機間、無線電塔及機械房。

（二） 水塔、水箱、女兒牆、防火牆。

（三） 雨水貯留利用系統設備、淨水設備、露天機電設備、煙囪、避雷針、風向器、旗竿、無線電桿及屋脊裝飾物。

（四） 突出屋面之管道間、採光換氣或再生能源使用等節能設施。

（五） 突出屋面之三分之一以上透空遮牆、三分之二以上透空立體構架供景觀造型、屋頂綠化等公益及綠建築設施，其投影面積不計入第九款第一目屋頂突出物水平投影面積之和。但本目與第一目及第六目之屋頂突出物水平投影面積之和，以不超過建築面積百分之三十爲限。

（六）其他經中央主管建築機關認可者。

十一、簷高：自基地地面起至建築物簷口底面或平屋頂底面之高度。

十二、地板面高度：自基地地面至地板面之垂直距離。

十三、樓層高度：自室內地板面至其直上層地板面之高度；最上層之高度，爲至其天花板高度。但同一樓層之高度不同者，以其室內樓地板面積除該樓層容積之商，視爲樓層高度。

十四、天花板高度：自室內地板面至天花板之高度，同一室內之天花板高度不同時，以其室內樓地板面積除室內容積之商作天花板高度。

十五、建築物層數：基地地面以上樓層數之和。但合於第九款第一目之規定者，不作爲層數計算；建築物內層數不同者，以最多之層數作爲該建築物層數。

十六、地下層：地板面在基地地面以下之樓層。但天花板高度有三分之二以上在基地地面上者，視爲地面層。

十七、閣樓：在屋頂內之樓層，樓地板面積在該建築物建築面積三分之一以上時，視爲另一樓層。

十八、夾層：夾於樓地板與天花板間之樓層；同一樓層內夾層面積之和，超過該層樓地板面積三分之一或一百平方公尺者，視爲另一樓層。

十九、居室：供居住、工作、集會、娛樂、烹飪等使用之房間，均稱居室。門廳、走廊、樓梯間、衣帽間、廁所盥洗室、浴室、儲藏室、機械室、車庫等不視爲居室。但旅館、住宅、集合住宅、寄宿舍等建築物其衣帽間與儲藏室面積之合計以不超過該層樓地板面積八分之一爲原則。

二十、露臺及陽臺：直上方無任何頂遮蓋物之平臺稱爲露臺，直上方有遮蓋物者稱爲陽臺。

二十一、集合住宅：具有共同基地及共同空間或設備。並有三個住宅單位以上之建築物。

二十二、外牆：建築物外圍之牆壁。

二十三、分間牆：分隔建築物內部空間之牆壁。

二十四、分户牆：分隔住宅單位與住宅單位或住户與住户或不同用途區劃間之牆壁。

二十五、承重牆：承受本身重量及本身所受地震、風力外並承載及傳導其他外壓力及載重之牆壁。

二十六、帷幕牆：構架構造建築物之外牆，除承載本身重量及其所受之地震、風力外，不再承載或傳導其他載重之牆壁。

二十七、耐水材料：磚、石料、人造石、混凝土、柏油及其製品、陶瓷品、玻璃、金屬材料、塑膠製品及其他具有類似耐水性之材料。

二十八、不燃材料：混凝土、磚或空心磚、瓦、石料、鋼鐵、鋁、玻璃、玻璃纖維、礦棉、陶瓷品、砂漿、石灰及其他經中央主管建築機關認定符合耐燃一級之不因火熱引起燃燒、熔化、破裂變形及產生有害氣體之材料。

二十九、耐火板：木絲水泥板、耐燃石膏板及其他經中央主管建築機關認定符合耐燃二級之材料。

三十、耐燃材料：耐燃合板、耐燃纖維板、耐燃塑膠板、石膏板及其他經中央主管建築機關認定符合耐燃三級之材料。

三十一、防火時效：建築物主要結構構件、防火設備及防火區劃構造遭受火災時可耐火之時間。

三十二、阻熱性：在標準耐火試驗條件下，建築構造當其一面受火時，能在一定時間內，其非加熱面溫度不超過規定值之能力。

三十三、防火構造：具有本編第三章第三節所定防火性能與時效之構造。

三十四、避難層：具有出入口通達基地地面或道路之樓層。

三十五、無窗戶居室：具有下列情形之一之居室：

（一）依本編第四十二條規定有效採光面積未達該居室樓地板面積百分之五者。

（二）可直接開向戶外或可通達戶外之有效防火避難構造開口，其高度未達一點二公尺，寬度未達七十五公分；如爲圓型時直徑未達一公尺者。

（三）樓地板面積超過五十平方公尺之居室，其天花板或天花板下方八十公分範圍以內之有效通風面積未達樓地板面積百分之二。

三十六、道路：指依都市計畫法或其他法律公布之道路（得包括人行道及沿道路邊綠帶）或經指定建築線之現有巷道。除另有規定外，不包括私設通路及類似通路。

三十七、類似通路：基地內具有二幢以上連帶使用性之建築物（包括機關、學校、醫院及同屬一事業體之工廠或其他類似建築物），各幢建築物間及建築物至建築線間之通路；類似通路視爲法定空地，其寬度不限制。

三十八、私設通路：基地內建築物之主要出入口或共同出入口（共用樓梯出入口）至建築線間之通路；主要出入口不包括本編第九十條規定增設之出入口；共同出入口不包括本編第九十五條規定增設之樓梯出入口。私設通路與道路之交叉口，免截角。

三十九、直通樓梯：建築物地面以上或以下任一樓層可直接通達避難層或地面之樓梯（包括坡道）。

四十、永久性空地：指下列依法不得建築或因實際天然地形不能建築之土地（不包括道路）：

（一）都市計畫法或其他法律劃定並已開闢之公園、廣場、體育場、兒童遊戲場、河川、綠地、綠帶及其他類似之空地。

（二）海洋、湖泊、水堰、河川等。

（三）前二目之河川、綠帶等除夾於道路或二條道路中間者外，其寬度或寬度之和應達四公尺。

四十一、退縮建築深度：建築物外牆面自建築線退縮之深度；外牆面退縮之深度不等，以最小之深度為退縮建築深度。但第三款規定，免計入建築面積之陽臺、屋簷、雨遮及遮陽板，不在此限。

四十二、幢：建築物地面層以上結構獨立不與其他建築物相連，地面層以上其使用機能可獨立分開者。

四十三、棟：以具有單獨或共同之出入口並以無開口之防火牆及防火樓板區劃分開者。

四十四、特別安全梯：自室內經由陽臺或排煙室始得進入之安全梯。

四十五、遮煙性能：在常溫及中溫標準試驗條件下，建築物出入口裝設之一般門或區劃出入口裝設之防火設備，當其構造二側形成火災情境下之壓差時，具有漏煙通氣量不超過規定值之能力。

四十六、昇降機道：建築物供昇降機廂運行之垂直空間。

四十七、昇降機間：昇降機廂駐停於建築物各樓層時，供使用者進出及等待搭乘等之空間。

2-4 建築物使用類組及變更使用辦法（內政部111.03.02.修正）

在室內裝修工程進行中，會依照建築物使用類組與施工製造圖施工，建築物之使用類別、組別及其定義表分為A至I共九大類別，再細分為二十四個組別與使用項目舉例，詳細如建築物使用類組及變更使用辦法第2條建築物之使用類別、組別及其定義依序說明：

第2條　建築物之使用類別、組別及其定義

類別		類別定義	組別	組別定義	使用項目舉例
A類	公共集會類	供集會、觀賞、社交、等候運輸工具，且無法防火區劃之場所。	A-1	供集會、表演、社交，且具觀眾席之場所。	1. 戲（劇）院、電影院、演藝場、歌廳、觀覽場等類似場所。 2. 觀眾席面積在二百平方公尺以上之下列場所：體育館（場）及設施、音樂廳、文康中心、社教館、集會堂（場）、社區（村里）活動中心等類似場所。
			A-2	供旅客等候運輸工具之場所。	1. 車站（公路、鐵路、大眾捷運）。 2. 候船室、水運客站。 3. 航空站、飛機場大廈。

類別		類別定義	組別	組別定義	使用項目舉例
B類	商業類	供商業交易、陳列展售、娛樂、餐飲、消費之場所。	B-1	供娛樂消費，且處封閉或半封閉之場所。	1. 視聽歌唱場所（提供伴唱視聽設備，供人唱歌場所）、理髮（理容）場所（將場所加以區隔或包廂式為人理髮理容之場所）、按摩場所（將場所加以區隔或包廂式為人按摩之場所）、三溫暖場所（提供冷、熱水池、蒸烤設備，供人沐浴之場所）、舞廳（備有舞伴，供不特定人跳舞之場所）、舞場（不備舞伴，供不特定人跳舞之場所）、酒家（備有陪侍，供應酒、菜或其他飲食物之場所）、酒吧（備有陪侍，供應酒類或其他飲料之場所）、特種咖啡茶室（備有陪侍，供應飲料之場所）、夜店業、夜總會、遊藝場、俱樂部等類似場所。 2. 電子遊戲場（依電子遊戲場業管理條例定義）。 3. 錄影帶（節目帶）播映場所等類似場所。 4. B-3使用組別之場所，有提供表演節目等娛樂服務者。
			B-2	供商品批發、展售或商業交易，且使用人替換頻率高之場所。	1. 百貨公司（百貨商場）、市場（超級市場、零售市場、攤販集中場）、展覽場（館）、量販店、批發場所（倉儲批發、一般批發、農產品批發）等類似場所。 2. 樓地板面積在五百平方公尺以上之下列場所：店舖、當舖、一般零售場所、日常用品零售場所等類似場所。
			B-3	供不特定人餐飲，且直接使用燃具之場所。	1. 飲酒店（無陪侍，供應酒精飲料之餐飲服務場所，包括啤酒屋）、小吃街等類似場所。 2. 樓地板面積在三百平方公尺以上之下列場所：餐廳、飲食店、飲料店（無陪侍提供非酒精飲料服務之場所，包括茶藝館、咖啡店、冰果店及冷飲店等）等類似場所。
			B-4	供不特定人士休息住宿之場所。	1. 觀光旅館（飯店）、國際觀光旅館（飯店）等之客房部。 2. 旅社、旅館、賓館等類似場所。 3. 樓地板面積在五百平方公尺以上之下列場所：招待所、供香客住宿等類似場所。

類別		類別定義	組別	組別定義	使用項目舉例
C類	工業、倉儲類	供儲存、包裝、製造、檢驗、研發、組裝及修理物品之場所。	C-1	供儲存、包裝、製造、檢驗、研發、組裝及修理工業物品，且具公害之場所。	1. 變電所、飛機庫、汽車修理場（車輛修理場所、修車廠、修理場、車輛修配保管場、汽車站房）等類似場所。 2. 特殊工作場、工場、工廠（具公害）、自來水廠、屠（電）宰場、發電場、施工機料及廢料堆置或處理場、廢棄物處理場、污水（水肥）處理貯存場等類似場所。
			C-2	供儲存、包裝、製造、檢驗、研發、組裝及修理一般物品之場所。	1. 倉庫（倉儲場）、洗車場、汽車商場（出租汽車、計程車營業站）、書庫、貨物輸配所、電信機器室（電信機房）、電視（電影、廣播電台）之攝影場（攝影棚、播送室）、實驗室等類似場所。 2. 一般工場、工作場、工廠等類似場所。
D類	休閒、文教類	供運動、休閒、參觀、閱覽、教學之場所。	D-1	供低密度使用人口運動休閒之場所。	1. 保齡球館、室內溜冰場、室內游泳池、室內球類運動場、室內機械遊樂場、室內兒童樂園、保健館、健身房、健身服務場所（三溫暖除外）、公共浴室（包括溫泉泡湯池）、室內操練場、撞球場、室內體育場所、少年服務機構（供休閒、育樂之服務設施）、室內高爾夫球練習場、室內釣蝦（魚）場、健身休閒中心、美容瘦身中心等類似場所。 2. 資訊休閒服務場所（提供場所及電腦設備，供人透過電腦連線擷取網路上資源或利用電腦功能以磁碟、光碟供人使用之場所）。
			D-2	供參觀、閱覽、會議之場所。	1. 會議廳、展示廳、博物館、美術館、圖書館、水族館、科學館、陳列館、資料館、歷史文物館、天文臺、藝術館等類似場所。 2. 觀衆席面積未達二百平方公尺之下列場所：體育館（場）及設施、音樂廳、文康中心、社教館、集會堂（場）、社區（村里）活動中心等類似場所。 3. 觀衆席面積未達二百平方公尺之表演館（場）（不提供餐飲及飲酒服務）。

類別		類別定義	組別	組別定義	使用項目舉例
D類	休閒、文教類	供運動、休閒、參觀、閱覽、教學之場所。	D-3	供國小學童教學使用之相關場所。（宿舍除外）	小學教室、教學大樓等相關教學場所。
			D-4	供國中以上各級學校教學使用之相關場所。（宿舍除外）	國中、高中、專科學校、學院、大學等之教室、教學大樓等相關教學場所。
			D-5	供短期職業訓練、各類補習教育及課後輔導之場所。	1. 補習（訓練）班、文康機構等類似場所。 2. 兒童課後照顧服務中心、非學校型態團體實驗教育及機構實驗教育教學場地等類似場所。 3. 樓地板面積在三百平方公尺以下之運動訓練班，且無附設鍋爐、水療SPA、三溫暖、蒸氣浴、烤箱設備、按摩服務及設備（如屬運動訓練之需要時，限設置按摩床一張，僅得以防焰式拉簾或布幕區隔，且未置於包廂內）、明火設備及餐飲等。
E類	宗教、殯葬類	供宗教信徒聚會、殯葬之場所。	E	供宗教信徒聚會、殯葬之場所。	1. 寺（寺院）、廟（廟宇）、教堂（教會）、宗祠（家廟）、宗教設施、樓地板面積未達五百平方公尺供香客住宿等類似場所。 2. 殯儀館、禮廳、靈堂、供存放骨灰（骸）之納骨堂（塔）、火化場等類似場所。

類別		類別定義	組別	組別定義	使用項目舉例
F類	衛生、福利、更生類	供身體行動能力受到健康、年紀或其他因素影響，需特別照顧之使用場所。	F-1	供醫療照護之場所。	1. 設有十床病床以上之下列場所：醫院、療養院等類似場所。 2. 樓地板面積在一千平方公尺以上之診所。 3. 樓地板面積在五百平方公尺以上之下列場所：護理之家機構（一般護理之家、精神護理之家）、產後護理機構、屬於老人福利機構之長期照顧機構（長期照護型）、長期照顧機構（失智照顧型）等類似場所。 4. 依長期照顧服務法提供機構住宿式服務之長期照顧服務機構，樓地板面積在五百平方公尺以上。 5. 醫院內附設之長期照顧服務機構，樓地板面積未超過該醫院樓地板面積五分之二者。
			F-2	供身心障礙者教養、醫療、復健、重健、訓練、輔導、服務之場所。	1. 身心障礙福利機構（全日型住宿機構、日間服務機構、樓地板面積在五百平方公尺以上之福利中心）、身心障礙者職業訓練機構等類似場所。 2. 特殊教育學校。 3. 日間型精神復健機構。
			F-3	供兒童及少年照護之場所。	兒童及少年安置教養機構、幼兒園、幼兒園兼辦國民小學兒童課後照顧服務、托嬰中心、早期療育機構等類似場所。
			F-4	供限制個人活動之戒護場所。	精神病院、傳染病院、勒戒所、監獄、看守所、感化院、觀護所、收容中心等類似場所。

<table>
<tr><th colspan="2">類別</th><th>類別定義</th><th>組別</th><th>組別定義</th><th>使用項目舉例</th></tr>
<tr><td rowspan="3">G類</td><td rowspan="3">辦公、服務類</td><td rowspan="3">供商談、接洽、處理一般事務或一般門診、零售、日常服務之場所。</td><td>G-1</td><td>供商談、接洽、處理一般事務，且使用人替換頻率高之場所。</td><td>含營業廳之下列場所：金融機構、證券交易場所、金融保險機構、合作社、銀行、證券公司（證券經紀業、期貨經紀業）、票券金融機構、電信局（公司）郵局、自來水及電力公司之營業場所。</td></tr>
<tr><td>G-2</td><td>供商談、接洽、處理一般事務之場所。</td><td>1. 不含營業廳之下列場所：金融機構、證券交易場所、金融保險機構、合作社、銀行、證券公司（證券經紀業、期貨經紀業）、票券金融機構、電信局（公司）郵局、自來水及電力公司。
2. 政府機關（公務機關）、一般事務所、自由職業事務所、辦公室（廳）、員工文康室、旅遊及運輸業之辦公室、投資顧問業辦公室、未兼營提供電影攝影場（攝影棚）之動畫影片製作場所、有線電視及廣播電台除攝影棚外之其他用途場所、少年服務機構綜合之服務場所等類似場所。
3. 提供場地供人閱讀之下列場所：K書中心、小說漫畫出租中心。
4. 身心障礙者就業服務機構。
5. 依長期照顧服務法提供居家式服務之長期照顧服務機構。</td></tr>
<tr><td>G-3</td><td>供一般門診、零售、日常服務之場所。</td><td>1. 衛生所（健康服務中心）、健康中心、捐血中心、醫事技術機構、牙體技術所、理髮場所（未將場所加以區隔且非包廂式為人理髮之場所）、按摩場所（未將場所加以區隔且非包廂式為人按摩之場所）、美容院、洗衣店、公共廁所、動物收容、寵物繁殖或買賣場所等類似場所。
2. 設置病床未達十床之下列場所：醫院、療養院等類似場所。
3. 樓地板面積未達一千平方公尺之診所。
4. 樓地板面積未達五百平方公尺之下列場所：店舖、當舖、一般零售場所、日常用品零售場所、便利商店等類似場所。
5. 樓地板面積未達三百平方公尺之下列場所：餐廳、飲食店、飲料店（無陪侍提供非酒精飲料服務之場所，包括茶藝館、咖啡店、冰果店及冷飲店等）等類似場所。</td></tr>
</table>

<table>
<tr><th colspan="2">類別</th><th>類別定義</th><th>組別</th><th>組別定義</th><th>使用項目舉例</th></tr>
<tr><td rowspan="2">H類</td><td rowspan="2">住宿類</td><td rowspan="2">供特定人住宿之場所。</td><td>H-1</td><td>供特定人短期住宿之場所。</td><td>1. 民宿（客房數六間以上）、宿舍、樓地板面積未達五百平方公尺之招待所。
2. 樓地板面積未達五百平方公尺之下列場所：護理之家機構（一般護理之家、精神護理之家）、產後護理機構、屬於老人福利機構之長期照顧機構（長期照護型）、長期照顧機構（失智照顧型）、身心障礙福利服務中心等類似場所。
3. 老人福利機構之場所：長期照顧機構（養護型）、安養機構、其他老人福利機構。
4. 身心障礙福利機構（夜間型住宿機構）、居家護理機構。
5. 住宿型精神復健機構、社區式日間照顧及重建服務、社區式身心障礙者日間服務等類似場所。
6. 依長期照顧服務法提供機構住宿式服務之長期照顧服務機構，樓地板面積未達五百平方公尺。
7. 依長期照顧服務法提供社區式服務(日間照顧、團體家屋及小規模多機能服務)之長期照顧服務機構，H-2 使用組別之場所除外。
8. 集合住宅、住宅任一住宅單位(戶)之任一樓層分間為六個以上使用單元(含客廳及餐廳)或設置十個以上床位之居室者。</td></tr>
<tr><td>H-2</td><td>供特定人長期住宿之場所。</td><td>1. 集合住宅、住宅、民宿（客房數五間以下）。
2. 設於地面一層面積在五百平方公尺以下或設於二層至五層之任一層面積在三百平方公尺以下且樓梯寬度一點二公尺以上、分間牆及室內裝修材料符合建築技術規則現行規定之下列場所：小型安養機構、小型身心障礙者職業訓練機構、小型日間型復健機構、小型住宿型復健機構、小型社區式日間照顧及重建服務、小型社區式身心障礙者日間服務、依長期照顧服務法提供社區式服務（日間照顧、團體家屋及小規模多機能服務）之長期照顧服務機構等類似場所。
3. 農舍。
4. 依長期照顧服務法或身心障礙者權益保障法提供社區式家庭托顧服務、身心障礙者社區居住服務場所。</td></tr>
</table>

類別		類別定義	組別	組別定義	使用項目舉例
I類	危險物品類	供製造、分裝、販賣、儲存公共危險物品及可燃性高壓氣體之場所。	I	供製造、分裝、販賣、儲存公共危險物品及可燃性高壓氣體之場所。	1. 化工原料行、礦油行、瓦斯行、石油煉製廠、爆竹煙火製造儲存販賣場所、液化石油氣分裝場、液化石油氣容器儲存室、液化石油氣鋼瓶檢驗機構（場）等類似場所。 2. 加油（氣）站、儲存石油廠庫、天然氣加壓站、天然氣製造場等類似場所。

2-5 綠建築基準（內政部110.10.07修正）

本章節於 建築技術規則建築設計施工編 第 十七 章 綠建築基準

第一節　一般設計通則

第 298 條

本章規定之適用範圍如下：

一、 建築基地綠化：指促進植栽綠化品質之設計，其適用範圍爲新建建築物。但個別興建農舍及基地面積三百平方公尺以下者，不在此限。

二、 建築基地保水：指促進建築基地涵養、貯留、滲透雨水功能之設計，其適用範圍爲新建建築物。但本編第十三章山坡地建築、地下水位小於一公尺之建築基地、個別興建農舍及基地面積三百平方公尺以下者，不在此限。

三、 建築物節約能源：指以建築物外殼設計達成節約能源目的之方法，其適用範圍爲學校類、大型空間類、住宿類建築物，及同一幢或連棟建築物之新建或增建部分之地面層以上樓層（不含屋頂突出物）之樓地板面積合計超過一千平方公尺之其他各類建築物。但符合下列情形之一者，不在此限：

（一） 機房、作業廠房、非營業用倉庫。

（二） 地面層以上樓層（不含屋頂突出物）之樓地板面積在五百平方公尺以下之農舍。

（三） 經地方主管建築機關認可之農業或研究用溫室、園藝設施、構造特殊之建築物。

四、 建築物雨水或生活雜排水回收再利用：指將雨水或生活雜排水貯集、過濾、再利用之設計，其適用範圍爲總樓地板面積達一萬平方公尺以上之新建建築物。但衛生醫療類（F-1組）或經中央主管建築機關認可之建築物，不在此限。

五、 綠建材：指第二百九十九條第十二款之建材；其適用範圍爲供公眾使用建築物及經內政部認定有必要之非供公眾使用建築物。

第 299 條

1 本章用詞定義如下：

一、 綠化總固碳當量：指基地綠化栽植之各類植物固碳當量與其栽植面積乘積之總和。

二、 最小綠化面積：指基地面積扣除執行綠化有困難之面積後與基地內應保留法定空地比率之乘積。

三、 基地保水指標：指建築後之土地保水量與建築前自然土地之保水量之相對比值。

四、 建築物外殼耗能量：指爲維持室內熱環境之舒適性，建築物外周區之空調單位樓地板面積之全年冷房顯熱熱負荷。

五、 外周區：指空間之熱負荷受到建築外殼熱流進出影響之空間區域，以外牆中心線五公尺深度內之空間爲計算標準。

六、 外殼等價開窗率：指建築物各方位外殼透光部位，經標準化之日射、遮陽及通風修正計算後之開窗面積，對建築外殼總面積之比值。

七、 平均熱傳透率：指當室內外溫差在絕對溫度一度時，建築物外殼單位面積在單位時間內之平均傳透熱量。

八、 窗面平均日射取得量：指除屋頂外之建築物所有開窗面之平均日射取得量。

九、 平均立面開窗率：指除屋頂以外所有建築外殼之平均透光開口比率。

十、 雨水貯留利用率：指在建築基地內所設置之雨水貯留設施之雨水利用量與建築物總用水量之比例。

十一、 生活雜排水回收再利用率：指在建築基地內所設置之生活雜排水回收再利用設施之雜排水回收再利用量與建築物總生活雜排水量之比例。

十二、 綠建材：指經中央主管建築機關認可符合生態性、再生性、環保性、健康性及高性能之建材。

十三、 耗能特性分區：指建築物室內發熱量、營業時程較相近且由同一空調時程控制系統所控制之空間分區。

2 前項第二款執行綠化有困難之面積，包括消防車輛救災活動空間、户外預鑄式建築物污水處理設施、户外教育運動設施、工業區之户外消防水池及户外裝卸貨空間、住宅區及商業區依規定應留設之騎樓、迴廊、私設通路、基地內通路、現有巷道或既成道路。

第 300 條

適用本章之建築物，其容積樓地板面積、機電設備面積、屋頂突出物之計算，得依下列規定辦理：

一、 建築基地因設置雨水貯留利用系統及生活雜排水回收再利用系統，所增加之設備空間，於樓地板面積容積千分之五以內者，得不計入容積樓地板面積及不計入機電設備面積。

二、 建築物設置雨水貯留利用系統及生活雜排水回收再利用系統者，其屋頂突出物之高度得不受本編第一條第九款第一目之限制。但不超過九公尺。

第 321 條（本條文於 108.08.19 修正，自中華民國 110.01.01 施行）

建築物應使用綠建材，並符合下列規定：

一、 建築物室內裝修材料、樓地板面材料及窗，其綠建材使用率應達總面積百分之六十以上。但窗未使用綠建材者，得不計入總面積檢討。

二、 建築物戶外地面扣除車道、汽車出入緩衝空間、消防車輛救災活動空間、依其他法令規定不得鋪設地面材料之範圍及地面結構上無須再鋪設地面材料之範圍，其餘地面部分之綠建材使用率應達百分之二十以上。

2-6　消防法（内政部112.06.21修正）

第 1 條

1 爲預防火災、搶救災害及緊急救護，以維護公共安全，確保人民生命財產，特制定本法。

第 2 條

本法所稱管理權人係指依法令或契約對各該場所有實際支配管理權者；其屬法人者，爲其負責人。

第 3 條

本法所稱主管機關：在中央爲内政部；在直轄市爲直轄市政府；在縣（市）爲縣（市）政府。

第 4 條

直轄市、縣（市）消防車輛、裝備及其人力配置標準，由中央主管機關定之。

第 5 條

直轄市、縣（市）政府，應每年定期舉辦防火教育及宣導，並由機關、學校、團體及大眾傳播機構協助推行。

第 7 條

1 依各類場所消防安全設備設置標準設置之消防安全設備，其設計、監造應由消防設備師爲之；其測試、檢修應由消防設備師或消防設備士爲之

2 前項消防安全設備之設計、監造、測試及檢修，得由現有相關專門職業及技術人員或技術士暫行爲之；其期限至本法中華民國一百十二年五月三十日修正之條文施行之日起五年止。

3 開業建築師、電機技師得執行滅火器、標示設備或緊急照明燈等非系統式消防安全設備之設計、監造或測試、檢修，不受第一項規定之限制。

4 消防設備師之資格及管理，另以法律定之。

5 在前項法律未制定前，中央主管機關得訂定消防設備師及消防設備士管理辦法。

第 8 條

1 中華民國國民經消防設備師考試及格並依本法領有消防設備師證書者，得充消防設備師。

2 中華民國國民經消防設備士考試及格並依本法領有消防設備士證書者，得充消防設備士。

3 請領消防設備師或消防設備士證書，應具申請書及資格證明文件，送請中央主管機關核發之。

第 11 條

1 地面樓層達十一層以上建築物、地下建築物及中央主管機關指定之場所，其管理權人應使用附有防焰標示之地毯、窗簾、布幕、展示用廣告板及其他指定之防焰物品。

2 前項防焰物品或其材料非附有防焰標示，不得銷售及陳列。

第 11-1 條

1 從事防焰物品或其材料製造、輸入處理或施作業者，應向中央主管機關登錄之專業機構申請防焰性能認證，並取得認證證書後，始得向該專業機構申領防焰標示。

2 防焰物品或其材料，應經中央主管機關登錄之試驗機構試驗防焰性能合格，始得附加防焰標示；其防焰性能試驗項目、方法、設備、結果判定及其他相關事項之標準，由中央主管機關定之。

3 主管機關得就防焰物品或其材料，實施不定期抽樣試驗，業者不得規避、妨礙或拒絕。

4 第一項所定防焰性能認證之申請資格、程序、應備文件、審核方式、認證證書核（換）發、有效期間、變更、註銷、延展、防焰標示之規格、附加方式、申領之程序、應備文件、核發、註銷、停止核發及其他應遵行事項之辦法，由中央主管機關定之。

5 第一項所定專業機構辦理防焰性能認證、防焰標示製作及核（換）發、第二項所定試驗機構試驗防焰性能所需費用，由申請人負擔；其收費項目及費額，由各該機構擬訂，報請中央主管機關核定。

6 第一項、第二項所定專業機構及試驗機構，其申請登錄之資格、程序、應備文件、審核方式、登錄證書核（換）發、有效期間、變更、廢止、延展、執行業務之規範、資料之建置、保存與申報及其他應遵行事項之辦法，由中央主管機關定之。

第 13 條

1 一定規模以上供公眾使用建築物，應由管理權人遴用防火管理人，責其製定消防防護計畫。

2 前項一定規模以上之建築物，由中央主管機關公告之。

3 第一項建築物遇有增建、改建、修建、變更使用或室內裝修施工致影響原有系統式消防安全設備功能時，其管理權人應責由防火管理人另定施工中消防防護計畫。

4 第一項及前項消防防護計畫，均應由管理權人報請建築物所在地主管機關備查，並依各該計畫執行有關防火管理上必要之業務。

5 下列建築物之管理權有分屬情形者，各管理權人應協議遴用共同防火管理人，責其訂定共同消防防護計畫後，由各管理權人共同報請建築物所在地主管機關備查，並依該計畫執行建築物共有部分防火管理及整體避難訓練等有關共同防火管理上必要之業務：

一、 非屬集合住宅之地面樓層達十一層以上建築物。

二、 地下建築物。

三、 其他經中央主管機關公告之建築物。

6 前項建築物中有非屬第一項規定之場所者，各管理權人得協議該場所派員擔任共同防火管理人。

7 防火管理人或共同防火管理人，應爲第一項及第五項所定場所之管理或監督層次人員，並經主管機關或經中央主管機關登錄之專業機構施予一定時數之訓練，領有合格證書，始得充任；任職期間，並應定期接受複訓。

8 前項主管機關施予防火管理人或共同防火管理人訓練之項目、一定時數、講師資格、測驗方式、合格基準、合格證書核發、資料之建置與保存及其他應遵行事項之辦法，由中央主管機關定之。

9 第七項所定專業機構，其申請登錄之資格、程序、應備文件、審核方式、登錄證書核（換）發、有效期間、變更、廢止、延展、執行業務之規範、資料之建置、保存與申報、施予防火管理人或共同防火管理人訓練之項目、一定時數及其他應遵行事項之辦法，由中央主管機關定之。

10 管理權人應於防火管理人或共同防火管理人遴用之次日起十五日內，報請建築物所在地主管機關備查；異動時，亦同。

第 13-1 條

1 高層建築物之防災中心或地下建築物之中央管理室，應置服勤人員，並經主管機關或經中央主管機關登錄之專業機構施予一定時數之訓練，領有合格證書，始得充任；任職期間，並應定期接受複訓。

2 前項主管機關施予服勤人員訓練之項目、一定時數、講師資格、測驗方式、合格基準、合格證書核發、資料之建置與保存及其他應遵行事項之辦法，由中央主管機關定之。

3 第一項所定專業機構，其申請登錄之資格、程序、應備文件、審核方式、登錄證書核（換）發、有效期間、變更、廢止、延展、執行業務之規範、資料之建置、保存與申報、施予服勤人員訓練之項目、一定時數及其他應遵行事項之辦法，由中央主管機關定之。

4 管理權人應於服勤人員遴用之次日起十五日內，報請第一項建築物所在地主管機關備查；異動時，亦同。

第 32 條

1 受前條調度、運用之事業機構，得向該轄消防主管機關請求下列補償：

一、 車輛、船舶、航空器均以政府核定之交通運輸費率標準給付；無交通運輸費率標準者，由各該消防主管機關參照當地時價標準給付。

二、 調度運用之車輛、船舶、航空器、裝備於調度、運用期間遭受毀損，該轄消防主管機關應予修復；其無法修復時，應按時價並參酌已使用時間折舊後，給付毀損補償金；致裝備耗損者，應按時價給付。

三、 被調度、運用之消防、救災、救護人員於接受調度、運用期間，應按調度、運用時，其服務機構或僱用人所給付之報酬標準給付之；其因調度、運用致患病、受傷、身心障礙或死亡時，準用第三十條規定辦理。

2 人民應消防機關要求從事救災救護，致裝備耗損、患病、受傷、身心障礙或死亡者，準用前項規定。

第 36 條

有下列情形之一者，處新臺幣一萬元以上五萬元以下罰鍰：

一、 違反第十八條第二項規定，無故撥打主管機關報案電話，或謊報火警、災害、人命救助、緊急救護情事。

二、 不聽從消防機關依第十九條第一項、第二十條或第二十三條規定所爲之處置。

三、 拒絕主管機關依第三十一條規定所爲調度、運用。

四、 妨礙第三十四條第一項設備之使用。

第 40 條

1 一定規模以上之建築物且供營業使用場所，違反第十三條第一項規定未由管理權人遴用防火管理人訂定消防防護計畫，或違反同條第三項規定未訂定施工中消防防護計畫者，處其管理權人新臺幣二萬元以上三十萬元以下罰鍰；有發生火災致生重大損害之虞者，並得勒令管理權人停工，施工中消防防護計畫非經依同條第四項規定備查，不得擅自復工。

2 有下列情形之一，經通知限期改善，屆期未改善者，處其管理權人新臺幣二萬元以上十萬元以下罰鍰：

一、 一定規模以上之建築物且非供營業使用場所，違反第十三條第一項規定未由管理權人遴用防火管理人訂定消防防護計畫，或違反同條第三項規定未訂定施工中消防防護計畫。

二、 違反第十三條第四項規定，未由管理權人將同條第一項及第三項之消防防護計畫報請建築物所在地主管機關備查，或未依各該計畫執行有關防火管理上必要之業務。

三、 違反第十三條第五項規定，未由各管理權人協議遴用共同防火管理人訂定共同消防防護計畫，或未共同將消防防護計畫報建築物所在地主管機關備查，或未依備查之共同消防防護計畫執行有關共同防火管理上必要之業務。

四、 違反第十三條第七項規定，防火管理人或共同防火管理人非該場所之管理或監督層次人員，或任職期間未定期接受複訓。

五、 違反第十三條第十項規定，未於規定期限內將遴用或異動之防火管理人或共同防火管理人，報請建築物所在地主管機關備查。

六、 違反第十三條之一第一項規定，高層建築物之防災中心或地下建築物之中央管理室未置領有合格證書之服勤人員，或服勤人員任職期間未定期接受複訓。

七、 違反第十三條之一第四項規定，未於規定期限內將遴用或異動之服勤人員，報請同條第一項建築物所在地主管機關備查。

3 依前二項規定處罰鍰後，經通知限期改善，屆期仍未改善者，得按次處罰，並得予以三十日以下之停業或停止其使用之處分。

2-7 消防法施行細則（內政部108.09.30修正）

第 1 條

本細則依消防法（以下簡稱本法）第四十六條規定訂定之。

第 2 條

1 本法第三條所定消防主管機關，其業務在內政部，由消防署承辦；在直轄市、縣（市）政府，由消防局承辦。

2 在縣（市）消防局成立前，前項業務暫由縣（市）警察局承辦。

第 3 條

直轄市、縣（市）政府每年應訂定年度計畫經常舉辦防火教育及防火宣導。

第 7 條

1 依本法第十一條第三項規定申請防焰性能認證者，應檢具下列文件及繳納審查費，向中央主管機關提出，經審查合格後，始得使用防焰標示：

一、 申請書。

二、 營業概要說明書。

三、 公司登記或商業登記證明文件影本。

四、 防焰物品或材料進、出貨管理說明書。

五、 經中央主管機關評鑑合格之試驗機構出具之防焰性能試驗合格報告書。但防焰物品及其材料之裁剪、縫製、安裝業者，免予檢具。

六、 其他經中央主管機關指定之文件。

2 前項認證作業程序、防焰標示核發、防焰性能試驗基準及指定文件，由中央主管機關定之。

第13條

本法第十三條第一項所定一定規模以上供公眾使用建築物，其範圍如下：

一、 電影片映演場所（戲院、電影院）、演藝場、歌廳、舞廳、夜總會、俱樂部、保齡球館、三溫暖。

二、 理容院（觀光理髮、視聽理容等）、指壓按摩場所、錄影節目帶播映場所（MTV等）、視聽歌唱場所（KTV等）、酒家、酒吧、PUB、酒店（廊）。

三、 觀光旅館、旅館。

四、 總樓地板面積在五百平方公尺以上之百貨商場、超級市場及遊藝場等場所。

五、 總樓地板面積在三百平方公尺以上之餐廳。

六、 醫院、療養院、養老院。

七、 學校、總樓地板面積在二百平方公尺以上之補習班或訓練班。

八、 總樓地板面積在五百平方公尺以上，其員工在三十人以上之工廠或機關（構）。

九、 其他經中央主管機關指定之供公眾使用之場所。

第14條

1 本法第十三條所定防火管理人，應爲管理或監督層次人員，並經中央消防機關認可之訓練機構或直轄市、縣（市）消防機關講習訓練合格領有證書始得充任。

2 前項講習訓練分爲初訓及複訓。初訓合格後，每三年至少應接受複訓一次。

3 第一項講習訓練時數，初訓不得少於十二小時；複訓不得少於六小時。

第20條

1 依本法第十七條設置之消防栓，以採用地上雙口式爲原則，消防栓規格由中央主管機關定之。

2 當地自來水事業應依本法第十七條規定，負責保養、維護消防栓，並應配合直轄市、縣（市）消防機關實施測試，以保持堪用狀態。

2-8　室內空氣品質管理法（行政院100.11.23制定公布）

第一章　總則

第 1 條

爲改善室內空氣品質，以維護國民健康，特制定本法。

第 2 條

本法所稱主管機關：在中央爲行政院環境保護署；在直轄市爲直轄市政府；在縣（市）爲縣（市）政府。

第 3 條

本法用詞，定義如下：

一、 室內：指供公眾使用建築物之密閉或半密閉空間，及大眾運輸工具之搭乘空間。

二、 室內空氣污染物：指室內空氣中常態逸散，經長期性暴露足以直接或間接妨害國民健康或生活環境之物質，包括二氧化碳、一氧化碳、甲醛、總揮發性有機化合物、細菌、眞菌、粒徑小於等於十微米之懸浮微粒（PM10）、粒徑小於等於二·五微米之懸浮微粒（PM2.5）、臭氧及其他經中央主管機關指定公告之物質。

三、 室內空氣品質：指室內空氣污染物之濃度、空氣中之溼度及溫度。

第 4 條

1 中央主管機關應整合規劃及推動室內空氣品質管理相關工作，訂定、修正室內空氣品質管理法規與室內空氣品質標準及檢驗測定或監測方法。

2 各級目的事業主管機關之權責劃分如下：

一、 建築主管機關：建築物通風設施、建築物裝修管理及建築物裝修建材管理相關事項。

二、 經濟主管機關：裝修材料與商品逸散空氣污染物之國家標準及空氣清淨機（器）國家標準等相關事項。

三、 衛生主管機關：傳染性病原之防護與管理、醫療機構之空調標準及菸害防制等相關事項。

四、 交通主管機關：大眾運輸工具之空調設備通風量及通風設施維護管理相關事項。

3 各級目的事業主管機關應輔導其主管場所改善其室內空氣品質。

第 5 條

主管機關及各級目的事業主管機關得委託專業機構，辦理有關室內空氣品質調查、檢驗、教育、宣導、輔導、訓練及研究有關事宜。

第二章　管理

第6條

下列公私場所經中央主管機關依其場所之公眾聚集量、進出量、室內空氣污染物危害風險程度及場所之特殊需求，予以綜合考量後，經逐批公告者，其室內場所爲本法之公告場所：

一、高級中等以下學校及其他供兒童、少年教育或活動爲主要目的之場所。

二、大專校院、圖書館、博物館、美術館、補習班及其他文化或社會教育機構。

三、醫療機構、護理機構、其他醫事機構及社會福利機構所在場所。

四、政府機關及公民營企業辦公場所。

五、鐵路運輸業、民用航空運輸業、大眾捷運系統運輸業及客運業等之搭乘空間及車（場）站。

六、金融機構、郵局及電信事業之營業場所。

七、供體育、運動或健身之場所。

八、教室、圖書室、實驗室、表演廳、禮堂、展覽室、會議廳（室）。

九、歌劇院、電影院、視聽歌唱業或資訊休閒業及其他供公眾休閒娛樂之場所。

十、旅館、商場、市場、餐飲店或其他供公眾消費之場所。

十一、其他供公共使用之場所及大眾運輸工具。

第7條

1 前條公告場所之室內空氣品質，應符合室內空氣品質標準。但因不可歸責於公告場所所有人、管理人或使用人之事由，致室內空氣品質未符合室內空氣品質標準者，不在此限。

2 前項標準，由中央主管機關會商中央目的事業主管機關依公告場所之類別及其使用特性定之。

第8條

公告場所所有人、管理人或使用人應訂定室內空氣品質維護管理計畫，據以執行，公告場所之室內使用變更致影響其室內空氣品質時，該計畫內容應立即檢討修正。

第9條

1 公告場所所有人、管理人或使用人應置室內空氣品質維護管理專責人員（以下簡稱專責人員），依前條室內空氣品質維護管理計畫，執行管理維護。

2 前項專責人員應符合中央主管機關規定之資格，並經訓練取得合格證書。

3 前二項專責人員之設置、資格、訓練、合格證書之取得、撤銷、廢止及其他應遵行事項之辦法，由中央主管機關定之。

第 10 條

1 公告場所所有人、管理人或使用人應委託檢驗測定機構，定期實施室內空氣品質檢驗測定，並應定期公布檢驗測定結果，及作成紀錄。

2 經中央主管機關指定之公告場所應設置自動監測設施，以連續監測室內空氣品質，其自動監測最新結果，應即時公布於該場所內或入口明顯處，並應作成紀錄。

3 前二項檢驗測定項目、頻率、採樣數與採樣分布方式、監測項目、頻率、監測設施規範與結果公布方式、紀錄保存年限、保存方式及其他應遵行事項之辦法，由中央主管機關定之。

第 11 條

1 檢驗測定機構應取得中央主管機關核發許可證後，始得辦理本法規定之檢驗測定。

2 前項檢驗測定機構應具備之條件、設施、檢驗測定人員資格、許可證之申請、審查、許可證有效期限、核（換）發、撤銷、廢止、停業、復業、查核、評鑑程序及其他應遵行事項之辦法，由中央主管機關定之。

3 本法各項室內空氣污染物檢驗測定方法及品質管制事項，由中央主管機關公告之。

第 12 條

主管機關得派員出示有關執行職務之證明文件或顯示足資辨別之標誌，執行公告場所之現場檢查、室內空氣品質檢驗測定或查核檢（監）測紀錄，並得命提供有關資料，公告場所所有人、管理人或使用人不得規避、妨礙或拒絕。

第三章　罰則

第 13 條

公告場所所有人、管理人或使用人依本法第十條規定應作成之紀錄有虛偽記載者，處新臺幣十萬元以上五十萬元以下罰鍰。

第 14 條

規避、妨礙或拒絕依第十二條規定之檢查、檢驗測定、查核或命提供有關資料者，處公告場所所有人、管理人或使用人新臺幣十萬元以上五十萬元以下罰鍰，並得按次處罰。

第 15 條

1 公告場所不符合第七條第一項所定室內空氣品質標準，經主管機關命其限期改善，屆期未改善者，處所有人、管理人或使用人新臺幣五萬元以上二十五萬元以下罰鍰，並再命其限期改善；屆期仍未改善者，按次處罰；情節重大者，得限制或禁止其使用公告場所，必要時，並得命其停止營業。

2 前項改善期間，公告場所所有人、管理人或使用人應於場所入口明顯處標示室內空氣品質不合格，未依規定標示且繼續使用該公告場所者，處所有人、管理人或使用人新臺幣五千元以上二萬五千元以下罰鍰，並命其限期改善；屆期未改善者，按次處罰。

第 16 條

檢驗測定機構違反第十一條第一項或依第二項所定辦法中有關檢驗測定人員資格、查核、評鑑或檢驗測定業務執行之管理規定者，處新臺幣五萬元以上二十五萬元以下罰鍰，並命其限期改善，屆期未改善者，按次處罰；檢驗測定機構出具不實之文書者，主管機關得廢止其許可證。

第 17 條

公告場所所有人、管理人或使用人違反第八條、第九條第一項或第二項規定者，經命其限期改善，屆期未改善者，處新臺幣一萬元以上五萬元以下罰鍰，並再命其限期改善；屆期仍未改善者，按次處罰。

第 18 條

公告場所所有人、管理人或使用人違反第十條第一項、第二項或依第三項所定辦法中有關檢驗測定項目、頻率、採樣數與採樣分布方式、監測項目、頻率、監測設施規範、結果公布方式、紀錄保存年限、保存方式之管理規定者，經命其限期改善，屆期未改善者，處所有人、管理人或使用人新臺幣五千元以上二萬五千元以下罰鍰，並再命其限期改善；屆期仍未改善者，按次處罰。

第 19 條

1 依本法處罰鍰者，其額度應依違反室內空氣品質標準程度及特性裁處。

2 前項裁罰準則，由中央主管機關定之。

第 20 條

1 依本法命其限期改善者，其改善期間，以九十日爲限。因天災或其他不可抗力事由，致未能於改善期限內完成改善者，應於其事由消滅後十五日內，以書面敘明事由，檢具相關資料，向主管機關申請延長改善期限，主管機關應依實際狀況核定改善期限。

2 公告場所所有人、管理人或使用人未能於前項主管機關所定限期內改善者，得於接獲限期改善之日起三十日內，提出具體改善計畫，向主管機關申請延長改善期限，主管機關應依實際狀況核定改善期限，最長不得超過六個月；未切實依其所提之具體改善計畫執行，經查證屬實者，主管機關得立即終止其改善期限，並視爲屆期未改善。

第 21 條

第十五條第一項所稱情節重大，指有下列情形之一者：

一、 公告場所不符合第七條第一項所定室內空氣品質標準之日起，一年內經二次處罰，仍繼續違反本法規定。

二、 公告場所室內空氣品質嚴重惡化，而所有人、管理人或使用人未立即採取緊急應變措施，致有嚴重危害公眾健康之虞。

第四章　附則

第 22 條

未於限期改善之期限屆至前，檢具資料、符合室內空氣品質標準或其他符合本法規定之證明文件，向主管機關報請查驗者，視爲未改善。

第 23 條

本法施行細則，由中央主管機關定之。

第 24 條

本法自公布後一年施行。

2-9　職業安全衛生法（勞動部108.05.15修正）

第 6 條

1 雇主對下列事項應有符合規定之必要安全衛生設備及措施：

一、 防止機械、設備或器具等引起之危害。

二、 防止爆炸性或發火性等物質引起之危害。

三、 防止電、熱或其他之能引起之危害。

四、 防止採石、採掘、裝卸、搬運、堆積或採伐等作業中引起之危害。

五、 防止有墜落、物體飛落或崩塌等之虞之作業場所引起之危害。

六、 防止高壓氣體引起之危害。

七、 防止原料、材料、氣體、蒸氣、粉塵、溶劑、化學品、含毒性物質或缺氧空氣等引起之危害。

八、 防止輻射、高溫、低溫、超音波、噪音、振動或異常氣壓等引起之危害。

九、 防止監視儀表或精密作業等引起之危害。

十、 防止廢氣、廢液或殘渣等廢棄物引起之危害。

十一、 防止水患、風災或火災等引起之危害。

十二、 防止動物、植物或微生物等引起之危害。

十三、 防止通道、地板或階梯等引起之危害。

十四、 防止未採取充足通風、採光、照明、保溫或防濕等引起之危害。

2 雇主對下列事項，應妥爲規劃及採取必要之安全衛生措施：

一、 重複性作業等促發肌肉骨骼疾病之預防。

二、 輪班、夜間工作、長時間工作等異常工作負荷促發疾病之預防。

三、 執行職務因他人行為遭受身體或精神不法侵害之預防。

四、 避難、急救、休息或其他為保護勞工身心健康之事項。

3 前二項必要之安全衛生設備與措施之標準及規則，由中央主管機關定之。

第 23 條

1 雇主應依其事業單位之規模、性質，訂定職業安全衛生管理計畫；並設置安全衛生組織、人員，實施安全衛生管理及自動檢查。

2 前項之事業單位達一定規模以上或有第十五條第一項所定之工作場所者，應建置職業安全衛生管理系統。

3 中央主管機關對前項職業安全衛生管理系統得實施訪查，其管理績效良好並經認可者，得公開表揚之。

4 前三項之事業單位規模、性質、安全衛生組織、人員、管理、自動檢查、職業安全衛生管理系統建置、績效認可、表揚及其他應遵行事項之辦法，由中央主管機關定之。

第 24 條

經中央主管機關指定具有危險性機械或設備之操作人員，雇主應僱用經中央主管機關認可之訓練或經技能檢定之合格人員充任之。

第 25 條

1 事業單位以其事業招人承攬時，其承攬人就承攬部分負本法所定雇主之責任；原事業單位就職業災害補償仍應與承攬人負連帶責任。再承攬者亦同。

2 原事業單位違反本法或有關安全衛生規定，致承攬人所僱勞工發生職業災害時，與承攬人負連帶賠償責任。再承攬者亦同。

第 26 條

1 事業單位以其事業之全部或一部分交付承攬時，應於事前告知該承攬人有關其事業工作環境、危害因素暨本法及有關安全衛生規定應採取之措施。

2 承攬人就其承攬之全部或一部分交付再承攬時，承攬人亦應依前項規定告知再承攬人。

第 27 條

1 事業單位與承攬人、再承攬人分別僱用勞工共同作業時，為防止職業災害，原事業單位應採取下列必要措施：

一、 設置協議組織，並指定工作場所負責人，擔任指揮、監督及協調之工作。

二、 工作之連繫與調整。

三、 工作場所之巡視。

四、 相關承攬事業間之安全衛生教育之指導及協助。

五、 其他為防止職業災害之必要事項。

2 事業單位分別交付二個以上承攬人共同作業而未參與共同作業時應指定。

第 28 條

二個以上之事業單位分別出資共同承攬工程時，應互推一人爲代表人；該代表人視爲該工程之事業雇主，負本法雇主防止職業災害之責任。

第 32 條

1 雇主對勞工應施以從事工作與預防災變所必要之安全衛生教育及訓練。
2 前項必要之教育及訓練事項、訓練單位之資格條件與管理及其他應遵行事項之規則，由中央主管機關定之。
3 勞工對於第一項之安全衛生教育及訓練，有接受之義務。

第 33 條

雇主應負責宣導本法及有關安全衛生之規定，使勞工周知。

第 34 條

1 雇主應依本法及有關規定會同勞工代表訂定適合其需要之安全衛生工作守則，報經勞動檢查機構備查後，公告實施。
2 勞工對於前項安全衛生工作守則，應切實遵行。

2-10　職業安全衛生設施規則（勞動部111.08.12修正）

第 1 條

本規則依職業安全衛生法（以下簡稱本法）第六條第三項規定訂定之。

第 2 條

本規則爲雇主使勞工從事工作之安全衛生設備及措施之最低標準。

第 3 條

本規則所稱特高壓，係指超過二萬二千八百伏特之電壓；高壓，係指超過六百伏特至二萬二千八百伏特之電壓；低壓，係指六百伏特以下之電壓。

第 19-1 條

本規則所稱局限空間，指非供勞工在其內部從事經常性作業，勞工進出方法受限制，且無法以自然通風來維持充分、清淨空氣之空間。

第 20 條

雇主設置之安全衛生設備及措施，應依職業安全衛生法規及中央主管機關指定公告之國家標準、國際標準或團體標準之全部或部分內容規定辦理。

第 29-1 條

1 雇主使勞工於局限空間從事作業前，應先確認該侷限空間內有無可能引起勞工缺氧、中毒、感電、塌陷、被夾、被捲及火災、爆炸等危害，有危害之虞者，應訂定危害防止計畫，並使現場作業主管、監視人員、作業勞工及相關承攬人依循辦理。

2 前項危害防止計畫，應依作業可能引起之危害訂定下列事項：

一、 局限空間內危害之確認。

二、 局限空間內氧氣、危險物、有害物濃度之測定。

三、 通風換氣實施方式。

四、 電能、高溫、低溫及危害物質之隔離措施及缺氧、中毒、感電、塌陷、被夾、被捲等危害防止措施。

五、 作業方法及安全管制作法。

六、 進入作業許可程序。

七、 提供之防護設備之檢點及維護方法。

八、 作業控制設施及作業安全檢點方法。

九、 緊急應變處置措施。

第 31 條

雇主對於室內工作場所，應依下列規定設置足夠勞工使用之通道：

一、 應有適應其用途之寬度，其主要人行道不得小於一公尺。

二、 各機械間或其他設備間通道不得小於八十公分。

三、 自路面起算二公尺高度之範圍內，不得有障礙物。但因工作之必要，經採防護措施者，不在此限。

四、 主要人行道及有關安全門、安全梯應有明顯標示。

第 35 條

雇主對勞工於橫隔兩地之通行時，應設置扶手、踏板、梯等適當之通行設備。但已置有安全側踏梯者，不在此限。

第 155-1 條

雇主使勞工以捲揚機等吊運物料時，應依下列規定辦理：

一、 安裝前須核對並確認設計資料及強度計算書。

二、 吊掛之重量不得超過該設備所能承受之最高負荷，並應設有防止超過負荷裝置。但設置有困難者，得以標示代替之。

三、 不得供人員搭乘、吊升或降落。但臨時或緊急處理作業經採取足以防止人員墜落，且採專人監督等安全措施者，不在此限。

四、 吊鉤或吊具應有防止吊舉中所吊物體脱落之裝置。

五、 錨錠及吊掛用之吊鏈、鋼索、掛鉤、纖維索等吊具有異狀時應即修換。

六、 吊運作業中應嚴禁人員進入吊掛物下方及吊鏈、鋼索等內側角。

七、 捲揚吊索通路有與人員碰觸之虞之場所，應加防護或有其他安全設施。

八、 操作處應有適當防護設施，以防物體飛落傷害操作人員，如採坐姿操作者應設坐位。
九、 應設有防止過捲裝置，設置有困難者，得以標示代替之。
十、 吊運作業時，應設置信號指揮聯絡人員，並規定統一之指揮信號。
十一、 應避免鄰近電力線作業。
十二、 電源開關箱之設置，應有防護裝置。

第159條

雇主對物料之堆放，應依下列規定：

一、 不得超過堆放地最大安全負荷。
二、 不得影響照明。
三、 不得妨礙機械設備之操作。
四、 不得阻礙交通或出入口。
五、 不得減少自動灑水器及火警警報器有效功用。
六、 不得妨礙消防器具之緊急使用。
七、 以不倚靠牆壁或結構支柱堆放爲原則。並不得超過其安全負荷。

第216條

雇主對於以乙炔熔接裝置或氣體集合熔接裝置從事金屬之熔接、熔斷或加熱之作業，應指派經特殊安全衛生教育、訓練合格人員操作。

第217條

雇主對於使用乙炔熔接裝置從事金屬之熔接、熔斷或加熱作業時，應選任專人辦理下列事項：

一、 決定作業方法及指揮作業。
二、 對使用中之發生器，禁止使用有發生火花之虞之工具或予以撞擊。
三、 使用肥皂水等安全方法，測試乙炔熔接裝置是否漏洩。
四、 發生器之氣鐘上禁止置放任何物件。
五、 發生器室出入口之門，應注意關閉。
六、 再裝電石於移動式乙炔熔接裝置之發生器時，應於屋外之安全場所爲之。
七、 開啓電石桶或氣鐘時，應禁止撞擊或發生火花。
八、 作業時，應將乙炔熔接裝置發生器內存有空氣與乙炔之混合氣體排除。
九、 作業中，應查看安全器之水位是否保持安全狀態。
十、 應使用溫水或蒸汽等安全之方法加溫或保溫，以防止乙炔熔接裝置內水之凍結。
十一、 發生器停止使用時，應保持適當水位，不得使水與殘存之電石接觸。
十二、 發生器之修繕、加工、搬運、收藏，或繼續停止使用時，應完全除去乙炔及電石。
十三、 監督作業勞工戴用防護眼鏡、防護手套。

第 224 條

1 雇主對於高度在二公尺以上之工作場所邊緣及開口部分，勞工有遭受墜落危險之虞者，應設有適當強度之護欄、護蓋等防護設備。

2 雇主爲前項措施顯有困難，或作業之需要臨時將護欄、護蓋等拆除，應採取使勞工使用安全帶等防止因墜落而致勞工遭受危險之措施。

第 225 條

1 雇主對於在高度二公尺以上之處所進行作業，勞工有墜落之虞者，應以架設施工架或其他方法設置工作台。但工作台之邊緣及開口部分等，不在此限。

2 雇主依前項規定設置工作台有困難時，應採取張掛安全網或使勞工使用安全帶等防止勞工因墜落而遭致危險之措施，但無其他安全替代措施者，得採取繩索作業。使用安全帶時，應設置足夠強度之必要裝置或安全母索，供安全帶鉤掛。

3 前項繩索作業，應由受過訓練之人員爲之，並於高處採用符合國際標準ISO22846 系列或與其同等標準之作業規定及設備從事工作。

第 226 條

雇主對於高度在二公尺以上之作業場所，有遇強風、大雨等惡劣氣候致勞工有墜落危險時，應使勞工停止作業。

第 227 條

1 雇主對勞工於以石綿板、鐵皮板、瓦、木板、茅草、塑膠等易踏穿材料構築之屋頂及雨遮，或於以礦纖板、石膏板等易踏穿材料構築之夾層天花板從事作業時，爲防止勞工踏穿墜落，應採取下列設施：

一、 規劃安全通道，於屋架、雨遮或天花板支架上設置適當強度且寬度在三十公分以上之踏板。

二、 於屋架、雨遮或天花板下方可能墜落之範圍，裝設堅固格柵或安全網等防墜設施。

三、 指定屋頂作業主管指揮或監督該作業。

2 雇主對前項作業已採其他安全工法或設置踏板面積已覆蓋全部易踏穿屋頂、雨遮或天花板，致無墜落之虞者，得不受前項限制。

第 228 條

雇主對勞工於高差超過一·五公尺以上之場所作業時，應設置能使勞工安全上下之設備。

第 229 條

雇主對於使用之移動梯，應符合下列之規定：

一、 具有堅固之構造。

二、 其材質不得有顯著之損傷、腐蝕等現象。

三、 寬度應在三十公分以上。

四、 應採取防止滑溜或其他防止轉動之必要措施。

第230條

1 雇主對於使用之合梯，應符合下列規定：

一、 具有堅固之構造。

二、 其材質不得有顯著之損傷、腐蝕等。

三、 梯腳與地面之角度應在七十五度以內，且兩梯腳間有金屬等硬質繫材扣牢，腳部有防滑絕緣腳座套。

四、 有安全之防滑梯面。

2 雇主不得使勞工以合梯當作二工作面之上下設備使用，並應禁止勞工站立於頂板作業。

第231條

雇主對於使用之梯式施工架立木之梯子，應符合下列規定：

一、 具有適當之強度。

二、 置於座板或墊板之上，並視土壤之性質埋入地下至必要之深度，使每一梯子之二立木平穩落地，並將梯腳適當紮結。

三、 以一梯連接另一梯增加其長度時，該二梯至少應疊接一．五公尺以上，並紮結牢固。

第232條

雇主對於勞工有墜落危險之場所，應設置警告標示，並禁止與工作無關之人員進入。

第254條

1 雇主對於電路開路後從事該電路、該電路支持物、或接近該電路工作物之敷設、建造、檢查、修理、油漆等作業時，應於確認電路開路後，就該電路採取下列設施：

一、 開路之開關於作業中，應上鎖或標示「禁止送電」、「停電作業中」或設置監視人員監視之。

二、 開路後之電路如含有電力電纜、電力電容器等致電路有殘留電荷引起危害之虞，應以安全方法確實放電。

三、 開路後之電路藉放電消除殘留電荷後，應以檢電器具檢查，確認其已停電，且爲防止該停電電路與其他電路之混觸、或因其他電路之感應、或其他電源之逆送電引起感電之危害，應使用短路接地器具確實短路，並加接地。

四、 前款停電作業範圍如爲發電或變電設備或開關場之一部分時，應將該停電作業範圍以藍帶或網加圍，並懸掛「停電作業區」標誌；有電部分則以紅帶或網加圍，並懸掛「有電危險區」標誌，以資警示。

2 前項作業終了送電時，應事先確認從事作業等之勞工無感電之虞，並於拆除短路接地器具與紅藍帶或網及標誌後爲之。

第 255 條

雇主對於高壓或特高壓電路，非用於啓斷負載電流之空斷開關及分段開關（隔離開關），爲防止操作錯誤，應設置足以顯示該電路爲無負載之指示燈或指示器等，使操作勞工易於識別該電路確無負載。但已設置僅於無負載時方可啓斷之連鎖裝置者，不在此限。

第 256 條

雇主使勞工於低壓電路從事檢查、修理等活線作業時，應使該作業勞工戴用絕緣用防護具，或使用活線作業用器具或其他類似之器具。

第 257 條

雇主使勞工於接近低壓電路或其支持物從事敷設、檢查、修理、油漆等作業時，應於該電路裝置絕緣用防護裝備。但勞工戴用絕緣用防護具從事作業而無感電之虞者，不在此限。

第 258 條

雇主使勞工從事高壓電路之檢查、修理等活線作業時，應有下列設施之一：

一、 使作業勞工戴用絕緣用防護具，並於有接觸或接近該電路部分設置絕緣用防護裝備。

二、 使作業勞工使用活線作業用器具。

三、 使作業勞工使用活線作業用絕緣工作台及其他裝備，並不得使勞工之身體或其使用中之工具、材料等導電體接觸或接近有使勞工感電之虞之電路或帶電體。

第 262 條

雇主於勞工從事裝設、拆除或接近電路等之絕緣用防護裝備時，應使勞工戴用絕緣用防護具、或使用活線用器具、或其他類似器具。

第 265 條

雇主對於高壓以上之停電作業、活線作業及活線接近作業，應將作業期間、作業內容、作業之電路及接近於此電路之其他電路系統，告知作業之勞工，並應指定監督人員負責指揮。

第 276 條

雇主爲防止電氣災害，應依下列規定辦理：

一、 對於工廠、供公眾使用之建築物及受電電壓屬高壓以上之用電場所，電力設備之裝設及維護保養，非合格之電氣技術人員不得擔任。

二、 爲調整電動機械而停電，其開關切斷後，須立即上鎖或掛牌標示並簽章。復電時，應由原掛簽人取下鎖或掛牌後，始可復電，以確保安全。但原掛簽人因故無法執行職務者，雇主應指派適當職務代理人，處理復電、安全控管及聯繫等相關事宜。

三、發電室、變電室或受電室，非工作人員不得任意進入。

四、不得以肩負方式攜帶竹梯、鐵管或塑膠管等過長物體，接近或通過電氣設備。

五、開關之開閉動件應確實，有鎖扣設備者，應於操作後加鎖。

六、拔卸電氣插頭時，應確實自插頭處拉出。

七、切斷開關應迅速確實。

八、不得以濕手或濕操作棒操作開關。

九、非職權範圍，不得擅自操作各項設備。

十、遇電氣設備或電路著火者，應用不導電之滅火設備。

十一、對於廣告、招牌或其他工作物拆掛作業，應事先確認從事作業無感電之虞，始得施作。

十二、對於電氣設備及線路之敷設、建造、掃除、檢查、修理或調整等有導致感電之虞者，應停止送電，並為防止他人誤送電，應採上鎖或設置標示等措施。但採用活線作業及活線接近作業，符合第二百五十六條至第二百六十三條規定者，不在此限。

第 284 條

1 雇主對於勞工以電銲、氣銲從事熔接、熔斷等作業時，應置備安全面罩、防護眼鏡及防護手套等，並使勞工確實戴用。

2 雇主對於前項電銲熔接、熔斷作業產生電弧，而有散發強烈非游離輻射線致危害勞工之虞之場所，應予適當隔離。但工作場所採隔離措施顯有困難者，不在此限。

第 290 條

雇主對於從事電氣工作之勞工，應使其使用電工安全帽、絕緣防護具及其他必要之防護器具。

2-11 職業安全衛生管理辦法（勞動部111.01.05修正）

第 1 條

本辦法依職業安全衛生法（以下簡稱本法）第二十三條第四項規定訂定之。

第 1-1 條

雇主應依其事業之規模、性質，設置安全衛生組織及人員，建立職業安全衛生管理系統，透過規劃、實施、評估及改善措施等管理功能，實現安全衛生管理目標，提升安全衛生管理水準。

第 2-1 條

1 事業單位應依下列規定設職業安全衛生管理單位（以下簡稱管理單位）：

一、第一類事業之事業單位勞工人數在一百人以上者，應設直接隸屬雇主之專責一級管理單位。

二、第二類事業勞工人數在三百人以上者，應設直接隸屬雇主之一級管理單位。

2 前項第一款專責一級管理單位之設置，於勞工人數在三百人以上者，自中華民國九十九年一月九日施行；勞工人數在二百人至二百九十九人者，自一百年一月九日施行；勞工人數在一百人至一百九十九人者，自一百零一年一月九日施行。

第 3 條

1 第二條所定事業之雇主應依附表二之規模，置職業安全衛生業務主管及管理人員（以下簡稱管理人員）。

2 第一類事業之事業單位勞工人數在一百人以上者，所置管理人員應爲專職；第二類事業之事業單位勞工人數在三百人以上者，所置管理人員應至少一人爲專職。

3 依前項規定所置專職管理人員，應常駐廠場執行業務，不得兼任其他法令所定專責（任）人員或從事其他與職業安全衛生無關之工作。

第 3-1 條

1 前條第一類事業之事業單位對於所屬從事製造之一級單位，勞工人數在一百人以上未滿三百人者，應另置甲種職業安全衛生業務主管一人，勞工人數三百人以上者，應再至少增置專職職業安全衛生管理員一人。

2 營造業之事業單位對於橋樑、道路、隧道或輸配電等距離較長之工程，應於每十公里內增置營造業丙種職業安全衛生業務主管一人。

第 3-2 條

1 事業單位勞工人數之計算，包含原事業單位及其承攬人、再承攬人之勞工及其他受工作場所負責人指揮或監督從事勞動之人員，於同一期間、同一工作場所作業時之總人數。

2 事業設有總機構者，其勞工人數之計算，包含所屬各地區事業單位作業勞工之人數。

第 4 條

事業單位勞工人數未滿三十人者，雇主或其代理人經職業安全衛生業務主管安全衛生教育訓練合格，得擔任該事業單位職業安全衛生業務主管。但屬第二類及第三類事業之事業單位，且勞工人數在五人以下者，得由經職業安全衛生教育訓練規則第三條附表一所列丁種職業安全衛生業務主管教育訓練合格之雇主或其代理人擔任。

第 5-1 條

1 職業安全衛生組織、人員、工作場所負責人及各級主管之職責如下：

一、 職業安全衛生管理單位：擬訂、規劃、督導及推動安全衛生管理事項，並指導有關部門實施。

二、 職業安全衛生委員會：對雇主擬訂之安全衛生政策提出建議，並審議、協調及建議安全衛生相關事項。

三、 未置有職業安全（衛生）管理師、職業安全衛生管理員事業單位之職業安全衛生業務主管：擬訂、規劃及推動安全衛生管理事項。

四、 置有職業安全（衛生）管理師、職業安全衛生管理員事業單位之職業安全衛生業務主管：主管及督導安全衛生管理事項。

五、 職業安全（衛生）管理師、職業安全衛生管理員：擬訂、規劃及推動安全衛生管理事項，並指導有關部門實施。

六、 工作場所負責人及各級主管：依職權指揮、監督所屬執行安全衛生管理事項，並協調及指導有關人員實施。

七、 一級單位之職業安全衛生人員：協助一級單位主管擬訂、規劃及推動所屬部門安全衛生管理事項，並指導有關人員實施。

2 前項人員，雇主應使其接受安全衛生教育訓練。

3 前二項安全衛生管理、教育訓練之執行，應作成紀錄備查。

第 7 條

1 職業安全衛生業務主管除第四條規定者外，雇主應自該事業之相關主管或辦理職業安全衛生事務者選任之。但營造業之事業單位，應由曾受營造業職業安全衛生業務主管教育訓練者選任之。

2 下列職業安全衛生人員，雇主應自事業單位勞工中具備下列資格者選任之：

一、 職業安全管理師：

（一） 高等考試工業安全類科錄取或具有工業安全技師資格。

（二） 領有職業安全管理甲級技術士證照。

（三） 曾任勞動檢查員，具有勞工安全檢查工作經驗三年以上。

（四） 修畢工業安全相關科目十八學分以上，並具有國內外大專以上校院工業安全相關類科碩士以上學位。

二、 職業衛生管理師：

（一） 高等考試職業安全衛生類科錄取或具有職業衛生技師資格。

（二） 領有職業衛生管理甲級技術士證照。

（三） 曾任勞動檢查員，具有職業衛生檢查工作經驗三年以上。

（四） 修畢工業衛生相關科目十八學分以上，並具有國內外大專以上校院工業衛生相關類科碩士以上學位。

三、 職業安全衛生管理員：

（一）具有職業安全管理師或職業衛生管理師資格。

（二）領有職業安全衛生管理乙級技術士證照。

（三）曾任勞動檢查員，具有職業安全衛生檢查工作經驗二年以上。

（四）修畢工業安全衛生相關科目十八學分以上，並具有國內外大專以上校院工業安全衛生相關科系畢業。

（五）普通考試職業安全衛生類科錄取。

3 前項大專以上校院工業安全相關類科碩士、工業衛生相關類科碩士、工業安全衛生相關科系與工業安全、工業衛生及工業安全衛生相關科目由中央主管機關定之。地方主管機關依中央主管機關公告之科系及科目辦理。

4 第二項第一款第四目及第二款第四目，自中華民國一百零一年七月一日起不再適用；第二項第三款第四目，自一百零三年七月一日起不再適用。

第 8 條

1 職業安全衛生人員因故未能執行職務時，雇主應即指定適當代理人。其代理期間不得超過三個月。

2 勞工人數在三十人以上之事業單位，其職業安全衛生人員離職時，應即報當地勞動檢查機構備查。

第 10 條

適用第二條之一及第六條第二項規定之事業單位，應設職業安全衛生委員會（以下簡稱委員會）。

第 11 條

1 委員會置委員七人以上，除雇主爲當然委員及第五款規定者外，由雇主視該事業單位之實際需要指定下列人員組成：

一、 職業安全衛生人員。

二、 事業內各部門之主管、監督、指揮人員。

三、 與職業安全衛生有關之工程技術人員。

四、 從事勞工健康服務之醫護人員。

五、 勞工代表。

2 委員任期爲二年，並以雇主爲主任委員，綜理會務。

3 委員會由主任委員指定一人爲秘書，輔助其綜理會務。

4 第一項第五款之勞工代表，應佔委員人數三分之一以上；事業單位設有工會者，由工會推派之；無工會組織而有勞資會議者，由勞方代表推選之；無工會組織且無勞資會議者，由勞工共同推選之。

第 19 條

1 雇主對固定式起重機，應每年就該機械之整體定期實施檢查一次。

2 雇主對前項之固定式起重機，應每月依下列規定定期實施檢查一次。

一、 過捲預防裝置、警報裝置、制動器、離合器及其他安全裝置有無異常。

二、 鋼索及吊鏈有無損傷。

三、 吊鉤、抓斗等吊具有無損傷。

四、 配線、集電裝置、配電盤、開關及控制裝置有無異常。

五、 對於纜索固定式起重機之鋼纜等及絞車裝置有無異常。

3 前項檢查於輻射區及高溫區，停用超過一個月者得免實施。惟再度使用時，仍應爲之。

第20條

1 雇主對移動式起重機，應每年依下列規定定期實施檢查一次：

一、 伸臂、迴轉裝置（含螺栓、螺帽等）、外伸撐座、動力傳導裝置及其他結構項目有無損傷。

二、 過捲預防裝置、警報裝置、制動器、離合器及其他安全裝置有無異常。

三、 鋼索、吊鏈及吊具有無損傷。

四、 配線、集電裝置、配電盤、開關及其他機械電氣項目有無異常。

2 雇主對前項移動式起重機，應每月依下列規定定期實施檢查一次：

一、 過捲預防裝置、警報裝置、制動器、離合器及其他安全裝置有無異常。

二、 鋼索及吊鏈有無損傷。

三、 吊鉤、抓斗等吊具有無損傷。

四、 配線、集電裝置、配電盤、開關及控制裝置有無異常。

第21條

1 雇主對人字臂起重桿應每年就該機械之整體定期實施檢查一次。

2 雇主對前項人字臂起重桿，應每月依下列規定定期實施檢查一次：

一、 過捲預防裝置、制動器、離合器及其他安全裝置有無異常。

二、 捲揚機之安置狀況。

三、 鋼索有無損傷。

四、 導索之結頭部分有無異常。

五、 吊鉤、抓斗等吊具有無損傷。

六、 配線、開關及控制裝置有無異常。

第22條

1 雇主對升降機，應每年就該機械之整體定期實施檢查一次。

2 雇主對前項之升降機，應每月依下列規定定期實施檢查一次：

一、 終點極限開關、緊急停止裝置、制動器、控制裝置及其他安全裝置有無異常。

二、 鋼索或吊鏈有無損傷。

三、 導軌之狀況。

四、 設置於室外之升降機者，爲導索結頭部分有無異常。

第 23 條

雇主對營建用提升機，應每月依下列規定定期實施檢查一次：

一、 制動器及離合器有無異常。

二、 捲揚機之安裝狀況。

三、 鋼索有無損傷。

四、 導索之固定部位有無異常。

第 28 條

雇主對乙炔熔接裝置（除此等裝置之配管埋設於地下之部分外）應每年就裝置之損傷、變形、腐蝕等及其性能定期實施檢查一次。

第 29 條

雇主對氣體集合熔接裝置（除此等裝置之配管埋設於地下之部分外）應每年就裝置之損傷、變形、腐蝕等及其性能定期實施檢查一次。

第 30 條

雇主對高壓電氣設備，應於每年依下列規定定期實施檢查一次：

一、 高壓受電盤及分電盤（含各種電驛、儀表及其切換開關等）之動作試驗。

二、 高壓用電設備絕緣情形、接地電阻及其他安全設備狀況。

三、 自備屋外高壓配電線路情況。

第 31 條

雇主對於低壓電氣設備，應每年依下列規定定期實施檢查一次：

一、 低壓受電盤及分電盤（含各種電驛、儀表及其切換開關等）之動作試驗。

二、 低壓用電設備絕緣情形，接地電阻及其他安全設備狀況。

三、 自備屋外低壓配電線路情況。

第 43 條

1 雇主對營造工程之施工架及施工構台，應就下列事項，每週定期實施檢查一次：

一、 架材之損傷、安裝狀況。

二、 立柱、橫檔、踏腳桁等之固定部分，接觸部分及安裝部分之鬆弛狀況。

三、 固定材料與固定金屬配件之損傷及腐蝕狀況。

四、 扶手、護欄等之拆卸及脫落狀況。

五、 基腳之下沈及滑動狀況。

六、 斜撐材、索條、橫檔等補強材之狀況。

七、 立柱、踏腳桁、橫檔等之損傷狀況。

八、 懸臂樑與吊索之安裝狀況及懸吊裝置與阻檔裝置之性能。

2 強風大雨等惡劣氣候、四級以上之地震襲擊後及每次停工之復工前，亦應實施前項檢查。

第 44 條

1 雇主對營造工程之模板支撐架，應每週依下列規定實施檢查：

一、 架材之損傷、安裝狀況。

二、 支柱等之固定部分、接觸部分及搭接重疊部分之鬆弛狀況。

三、 固定材料與固定金屬配件之損傷及腐蝕狀況。

四、 基腳（礎）之沉陷及滑動狀況。

五、 斜撐材、水平繫條等補強材之狀況。

2 強風大雨等惡劣氣候、四級以上之地震襲擊後及每次停工之復工前，亦應實施前項檢查。

第 46 條

雇主對捲揚裝置於開始使用、拆卸、改裝或修理時，應依下列規定實施重點檢查：

一、 確認捲揚裝置安裝部位之強度，是否符合捲揚裝置之性能需求。

二、 確認安裝之結合元件是否結合良好，其強度是否合乎需求。

三、 其他保持性能之必要事項。

第 50 條

雇主對車輛機械，應每日作業前依下列各項實施檢點：

一、 制動器、連結裝置、各種儀器之有無異常。

二、 蓄電池、配線、控制裝置之有無異常。

第 50-1 條

雇主對高空工作車，應於每日作業前就其制動裝置、操作裝置及作業裝置之性能實施檢點。

第 51 條

雇主對捲揚裝置應於每日作業前就其制動裝置、安全裝置、控制裝置及鋼索通過部分狀況實施檢點。

第 52 條

雇主對固定式起重機，應於每日作業前依下列規定實施檢點，對置於瞬間風速可能超過每秒三十公尺或四級以上地震後之固定式起重機，應實施各部安全狀況之檢點：

一、 過捲預防裝置、制動器、離合器及控制裝置性能。

二、 直行軌道及吊運車橫行之導軌狀況。

三、 鋼索運行狀況。

第53條

雇主對移動式起重機，應於每日作業前對過捲預防裝置、過負荷警報裝置、制動器、離合器 、控制裝置及其他警報裝置之性能實施檢點。

第54條

雇主對人字臂起重桿，應於每日作業前依下列規定實施檢點，對置於瞬間風速可能超過每秒三十公尺（以設於室外者爲限）或四級以上地震後之人字臂起重桿，應就其安全狀況實施檢點：

一、 過捲預防裝置、制動器、離合器及控制裝置之性能。

二、 鋼索通過部分狀況。

第55條

雇主對營建用提升機，應於每日作業前，依下列規定實施檢點：

一、 制動器及離合器性能。

二、 鋼索通過部分狀況。

第56條

雇主對吊籠，應於每日作業前依下列規定實施檢點，如遇強風、大雨、大雪等惡劣氣候後，應實施第三款至第五款之檢點：

一、 鋼索及其緊結狀態有無異常。

二、 扶手等有無脱離。

三、 過捲預防裝置、制動器、控制裝置及其他安全裝置之機能有無異常。

四、 升降裝置之擋齒機能。

五、 鋼索通過部分狀況。

第57條

雇主對簡易提升機，應於每日作業前對制動性能實施檢點。

第63條

雇主對營建工程施工架設備、施工構台、支撐架設備、露天開挖擋土支撐設備、隧道或坑道開挖支撐設備、沉箱、圍堰及壓氣施工設備、打樁設備等，應於每日作業前及使用終了後，檢點該設備有無異常或變形。

第 67 條

雇主使勞工從事營造作業時，應就下列事項，使該勞工就其作業有關事項實施檢點：

一、打樁設備之組立及操作作業。
二、擋土支撐之組立及拆除作業。
三、露天開挖之作業。
四、隧道、坑道開挖作業。
五、混凝土作業。
六、鋼架施工作業。
七、施工構台之組立及拆除作業。
八、建築物之拆除作業。
九、施工架之組立及拆除作業。
十、模板支撐之組立及拆除作業。
十一、其他營建作業。

第 68 條

雇主使勞工從事缺氧危險或局限空間作業時，應使該勞工就其作業有關事項實施檢點。

第 69 條

雇主使勞工從事下列有害物作業時，應使該勞工就其作業有關事項實施檢點：

一、有機溶劑作業。
二、鉛作業。
三、四烷基鉛作業。
四、特定化學物質作業。
五、粉塵作業。

第 71 條

雇主使勞工從事金屬之熔接、熔斷或加熱作業時，應就下列事項，使該勞工就其作業有關事項實施檢點：

一、乙炔熔接裝置。
二、氣體集合熔接裝置。

2-12 職業安全衛生法施行細則（勞動部109.02.27修正）

第 1 條

本細則依職業安全衛生法（以下簡稱本法）第五十四條規定訂定之。

第 2 條

1 本法第二條第一款、第十條第二項及第五十一條第一項所稱自營作業者，指獨立從事勞動或技藝工作，獲致報酬，且未僱用有酬人員幫同工作者。

2 本法第二條第一款所稱其他受工作場所負責人指揮或監督從事勞動之人員，指與事業單位無僱傭關係，於其工作場所從事勞動或以學習技能、接受職業訓練爲目的從事勞動之工作者。

第 3 條

本法第二條第一款、第十八條第一項、第二十七條第一項第一款及第五十一條第二項所稱工作場所負責人，指雇主或於該工作場所代表雇主從事管理、指揮或監督工作者從事勞動之人。

第 11 條

1 本法第六條第二項第三款所定執行職務因他人行爲遭受身體或精神不法侵害之預防，爲雇主避免勞工因執行職務，於勞動場所遭受他人之不法侵害行爲，造成身體或精神之傷害，所採取預防之必要措施。

2 前項不法之侵害，由各該管主管機關或司法機關依規定調查或認定。

第 12 條

本法第七條第一項所稱中央主管機關指定之機械、設備或器具如下：

一、 動力衝剪機械。

二、 手推刨床。

三、 木材加工用圓盤鋸。

四、 動力堆高機。

五、 研磨機。

六、 研磨輪。

七、 防爆電氣設備。

八、 動力衝剪機械之光電式安全裝置。

九、 手推刨床之刃部接觸預防裝置。

十、 木材加工用圓盤鋸之反撥預防裝置及鋸齒接觸預防裝置。

十一、 其他經中央主管機關指定公告者。

第 22 條

本法第十六條第一項所稱具有危險性之機械，指符合中央主管機關所定一定容量以上之下列機械：

一、 固定式起重機。

二、 移動式起重機。

三、 人字臂起重桿。

四、 營建用升降機。

五、 營建用提升機。

六、 吊籠。

七、 其他經中央主管機關指定公告具有危險性之機械。

第 27 條

1 本法第二十條第一項所稱體格檢查，指於僱用勞工時，爲識別勞工工作適性，考量其是否有不適合作業之疾病所實施之身體檢查。

2 本法第二十條第一項所稱在職勞工應施行之健康檢查如下：

一、 一般健康檢查：指雇主對在職勞工，爲發現健康有無異常，以提供適當健康指導、適性配工等健康管理措施，依其年齡於一定期間或變更其工作時所實施者。

二、 特殊健康檢查：指對從事特別危害健康作業之勞工，爲發現健康有無異常，以提供適當健康指導、適性配工及實施分級管理等健康管理措施，依其作業危害性，於一定期間或變更其工作時所實施者。

三、 特定對象及特定項目之健康檢查：指對可能爲罹患職業病之高風險群勞工，或基於疑似職業病及本土流行病學調查之需要，經中央主管機關指定公告，要求其雇主對特定勞工施行必要項目之臨時性檢查。

第 29 條

1 本法第二十條第六項所稱勞工有接受檢查之義務，指勞工應依雇主安排於符合本法規定之醫療機構接受體格及健康檢查。

2 勞工自行於其他符合規定之醫療構接受相當種類及項目之檢查，並將檢查結果提供予雇主者，視爲已接受本法第二十條第一項之檢查。

第 30 條

1 事業單位依本法第二十二條規定僱用或特約醫護人員者，雇主應使其保存與管理勞工體格及健康檢查、健康指導、健康管理措施及健康服務等資料。

2 雇主、醫護人員於保存及管理勞工醫療之個人資料時，應遵守本法及個人資料保護法等相關規定。

第 31 條

本法第二十三條第一項所定職業安全衛生管理計畫，包括下列事項：

一、 工作環境或作業危害之辨識、評估及控制。

二、 機械、設備或器具之管理。

三、 危害性化學品之分類、標示、通識及管理。

四、 有害作業環境之採樣策略規劃及監測。

五、 危險性工作場所之製程或施工安全評估。

六、 採購管理、承攬管理及變更管理。

七、 安全衛生作業標準。
八、 定期檢查、重點檢查、作業檢點及現場巡視。
九、 安全衛生教育訓練。
十、 個人防護具之管理。
十一、 健康檢查、管理及促進。
十二、 安全衛生資訊之蒐集、分享及運用。
十三、 緊急應變措施。
十四、 職業災害、虛驚事故、影響身心健康事件之調查處理及統計分析。
十五、 安全衛生管理紀錄及績效評估措施。
十六、 其他安全衛生管理措施。

第 37 條

本法第二十七條所稱共同作業，指事業單位與承攬人、再承攬人所僱用之勞工於同一期間、同一工作場所從事工作。

第 41 條

本法第三十四條第一項所定安全衛生工作守則之內容，依下列事項定之：

一、 事業之安全衛生管理及各級之權責。
二、 機械、設備或器具之維護及檢查。
三、 工作安全及衛生標準。
四、 教育及訓練。
五、 健康指導及管理措施。
六、 急救及搶救。
七、 防護設備之準備、維持及使用。
八、 事故通報及報告。
九、 其他有關安全衛生事項。

第 42 條

1 前條之安全衛生工作守則，得依事業單位之實際需要，訂定適用於全部或一部分事業，並得依工作性質、規模分別訂定，報請勞動檢查機構備查。

2 事業單位訂定之安全衛生工作守則，其適用區域跨二以上勞動檢查機構轄區時，應報請中央主管機關指定之勞動檢查機構備查。

第 47 條

1 本法第三十七條第二項規定雇主應於八小時內通報勞動檢查機構，所稱雇主，指罹災勞工之雇主或受工作場所負責人指揮監督從事勞動之罹災工作者工作場所之雇主；所稱應於八小時內通報勞動檢查機構，指事業單位明知或可得而知已發生規定之職業災害事實起八小時內，應向其事業單位所在轄區之勞動檢查機構通報。

2 雇主因緊急應變或災害搶救而委託其他雇主或自然人，依規定向其所在轄區之勞動檢查機構通報者，視爲已依本法第三十七條第二項規定通報。

第 48 條

1 本法第三十七條第二項第二款所稱發生災害之罹災人數在三人以上者，指於勞動場所同一災害發生工作者永久全失能、永久部分失能及暫時全失能之總人數達三人以上者。

2 本法第三十七條第二項第三款所稱發生災害之罹災人數在一人以上，且需住院治療者，指於勞動場所發生工作者罹災在一人以上，且經醫療機構診斷需住院治療者。

第 49 條

1 勞動檢查機構應依本法第三十七條第三項規定，派員對事業單位工作場所發生死亡或重傷之災害，實施檢查，並調查災害原因及責任歸屬。但其他法律已有火災、爆炸、礦災、空難、海難、震災、毒性化學物質災害、輻射事故及陸上交通事故之相關檢查、調查或鑑定機制者，不在此限。

2 前項所稱重傷之災害，指造成罹災者肢體或器官嚴重受損，危及生命或造成其身體機能嚴重喪失，且須住院治療連續達二十四小時以上之災害者。

第 50 條

本法第三十七條第四項所稱雇主，指災害發生現場所有事業單位之雇主；所稱現場，指造成災害之機械、設備、器具、原料、材料等相關物件及其作業場所。

2-12-1　習題練習

一、依據建築物室內裝修管理辦法規定，申請竣工查驗時，應檢附哪些圖說文件？

二、依據「建築物室內裝修管理辦法」規定，室內裝修工程完竣後，應由哪些人申請竣工查驗合格，並向何單位申請室內裝修合格證明?

三、請列出4種內政部公告有關竣工查驗之「建築物室內裝修管理辦法相關書表」。

裝修泥作

在本章的裝修泥作中能瞭解泥作工具使用、疊砌作業、粉刷作業及面材處理作業之材料品質、施工步驟及工法，並能督導技術人員做好符合施工圖之規定。

 3-1 泥作工具

在泥作工具中可分爲手工具、電動工具、氣動工具等。

3-1-1 手工具

1. 角尺：又名曲尺，早期有銅製的所以又名銅尺，現以不銹鋼製品爲主，有長短兩臂互成直角，上面刻度有公分與台寸用於量度、測量直角和劃垂直線等用。
2. 捲尺：又名米尺，在量距測定尺寸，材質一般以鋼質居多，泥作工程使用5.5m或7.5m長度的鋼捲尺較多。
3. 墨斗：放樣的工具，棉線經過墨池裡的海綿，線的開端綁上插針，以便拉引與固定彈出二點間直線的施工依據。
4. 水準管：管內裝水又稱爲水秤管，利用連通管原理的水平基準點，將水平高程引到需求放樣點。
5. 錘球：又稱鉛錘，是放樣垂直線的工具，由球體及吊線組成，球體尖端與吊線須在同一直線上，不可有偏心之誤差。
6. 氣泡水準器：又稱水平尺，可輔助水準儀，其中間有一水平氣泡，測點如沒有水平，氣泡會往高處。材質分鋁製、鋼製與木製，有30至120公分多種長度選擇。
7. 泥工鎚：方扁形狀可做爲簡易磚鑿，一邊是鐵鎚使用。
8. 磚鑿：於磚塊切斷時使用，磚要良好的切面須使用磚鑿。
9. 網篩：由鐵網或鋼網加框釘製而成。其功用可篩出雜質與砂的粗細大小，作爲砌磚或粉光使用。
10. 方鏟：主要用以攪拌水泥砂漿和拌合混凝土使用。
11. 挑土鏟：可適時攪動砂漿，再挑土到粉光者的托泥板上。
12. 托泥板：又稱手拌板，有木材、塑膠製品兩種，盛放水泥砂漿供粉刷用。
13. 平土器：又稱刮尺，爲使牆面平整，在粉刷水泥砂漿未乾凝之前，配合已貼好的灰誌進行刮平。
14. 鋼絲平土器：功能和平土器一樣，爲了使牆面平整，在水泥砂漿未乾凝之前進行刮平。

3-1-2 各式鏝刀

1. 桃形鏝刀：狀如桃型，砌磚時拌漿、撥漿、刮漿、砌頭使用。
2. 菱形鏝刀：型爲菱狀，砌磚時拌漿、刮縫與砌頭時使用。
3. 船型鏝刀：狀如船型，打底塗抹 砂漿使用，有木製、塑膠製。

4. 木鏝刀：粉刷打底使用，讓底粗糙增加附著力。
5. 塑膠鏝刀：粉刷打底使用，讓底粗糙增加附著力。
6. 金屬鏝刀：粉刷純水泥漿打底使用，增加粉光層面附著力。
7. 修飾金屬鏝刀：面層水泥粉光，鏝過水泥密度高、細緻與光滑。
8. 小鏝刀：粉刷修飾、貼灰誌、修補裂縫時使用。
9. 內角鏝刀：柱牆內轉角處修飾使用。
10. 外角鏝刀：柱牆外轉角處修飾使用。
11. 勾縫鏝刀：修飾磚牆勾縫或水泥面企口修飾使用。
12. 弧形鏝刀：修飾各式弧形與砌磚勾縫使用。
13. 梳形鏝刀：貼地磚、壁磚時塗抹益膠泥使用。
14. 平齒鏝刀：貼地磚、壁磚時塗抹益膠泥使用。
15. 鋸齒鏝刀：貼地磚壁磚與粉刷打底時塗抹益膠泥使用。
16. 海綿鏝刀：磁磚鋪貼完成時，磁磚填縫使用。
17. 特殊鏝刀：於泥作特殊角度時使用。

3-1-3 電動工具

1. 手持電動切石機：可切割磁磚、石英磚、大理石與水泥牆。
2. 手持電動攪拌機：將砂漿桶裡少量的砂漿均勻拌合成所需稠度。
3. 手持電動砂輪機：可切竹節鋼筋或切割水泥粉刷牆面。
4. 電動砂漿攪拌器：用於均勻攪拌砂漿，攪拌質量好與省力方便。
5. 電動打鑿機：又稱破碎機，用以打除RC牆、磚牆、磁磚、粉光牆面。

3-1-4 氣動工具

1. 氣動打鑿機：用以打除磁磚面層、粉光牆面，輕巧方便。
2. 氣動噴塗槍：牆面粉光前噴塗純水泥漿打底使用。
3. 氣動鑽孔機：用來鑽拋光石英磚或大理石孔徑，不震動、不脆裂。

3-1-5 其他工具

1. 雷射水準墨線儀：可發出垂直與水平強光線條的測定儀器。
2. 地坪粉刷機：大面積整體粉光使用，在混凝土初凝後數小時到終凝前，灑純水泥或水泥砂漿再進行完成粉刷工作。
3. 磚縫尺：在平直的木板上，依每塊磚的厚度加上灰縫厚度，放樣劃線於皮數桿上，再垂直固定豎於砌牆的兩端。
4. 水桶：盛水或海棉清洗，給水或攪拌泥漿之用。
5. 砂漿桶：又稱土桶、拌合桶，盛裝水泥砂漿拌合之用。
6. 鐵鞋：貼溼式軟底地磚時方便使用。

7. 沉澱桶：盛裝清洗工具後的汙水，以避免沉澱物阻塞水管。
8. 水線：繫於磚縫尺上，因尼龍線不吸水，配合水線引張器拉直固定後可保持牆面的水平與垂直。
9. 磁磚切割器：使用切割直線及切割材質較硬的全磁化磁磚。
10. 磁磚整平器：插梢前端斜片設計，方便調整磁磚面誤差，斜面上齒距齒深爲0.3mm能快速整平磁磚，整平座凸點設計，斷點整齊，填縫簡單，可回收插梢。

3-2　疊砌作業

疊砌作業工程中所稱的皮，是指砌磚的層數，一層爲一皮。依CNS國家標準規定1B，是指磚牆厚度爲一塊磚之長度。當一道還沒有粉刷的半B磚牆，其牆厚度約爲9.5cm。

在磚構造所用材料，包括紅磚、矽灰磚、混凝土空心磚、填縫用砂漿材料、混凝土空心磚空心部分填充材料、混凝土及鋼筋等，都應符合規範規定。

3-2-1　CNS 標準磚概述

紅磚以粘土製成磚胚，陰乾後置於窯中烘燒，烘燒時間長約 10～20小時，溫度爲攝氏 800℃～1000℃，然後密閉窯門放置數日，使其徐徐冷卻即成紅磚，用於構築窯爐、土木、建築、造園等用途。於中華民國67年10月3日公布磚尺寸：23cm × 11cm × 6cm。

後由台灣區磚瓦工業同業公會建議經濟部標準檢驗局，修改磚塊標準尺寸，在參考日本標準及業界實際運作情況之後，於民國96年1月17日修訂CNS382磚塊標準尺寸：20cm × 9.5cm × 5.3cm。

整理對照如下：

民國67年10月3日公布CNS382磚塊尺寸：23cm × 11cm × 6cm。

民國96年01月17日修訂CNS382磚塊尺寸：20cm × 9.5cm × 5.3cm。

如圖3-1、圖3-2。

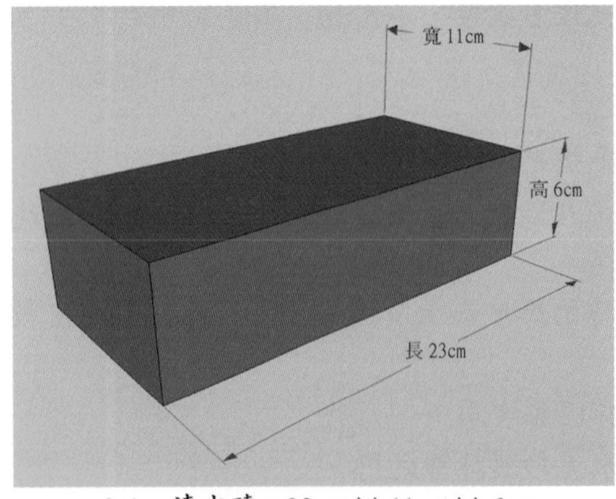

3-1　清水磚：23cm × 11cm × 6cm

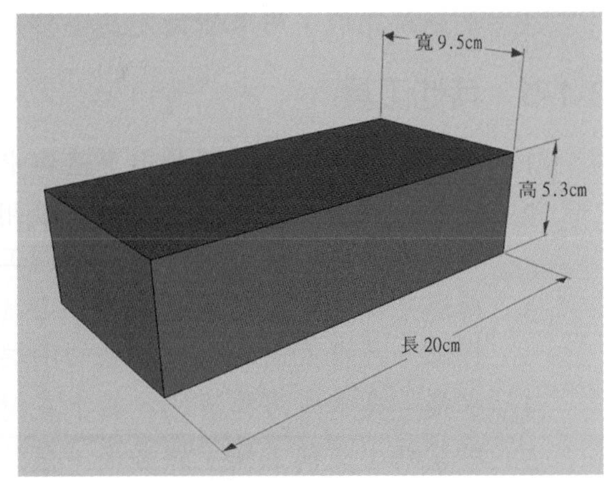

3-2　CNS382磚：20cm × 9.5cm × 5.3cm

3-2-2 磚牆的砌法

磚的標準尺寸如上節所述，但其磚牆砌法因爲磚塊的排列方式不同而有各種名稱，常見的有法國式砌法、英國式砌法、美國式砌法、荷蘭式砌法、順砌法、丁砌法、花式砌法與其他砌法。上述各種砌法是清水磚砌法，砌築完成後不粉刷，砌磚灰縫大小因考慮磚塊規格，以8~10mm爲宜，灰縫需經加工修飾，平縫是常見之灰縫修飾，凸縫與凹縫是兩大灰縫之分類。砌磚時其磚牆的接縫成一鉛垂線會導致載重集中，所以上下疊砌需交互搭扣，牆身的接縫以破縫爲原則。其各式砌法分別敘述如下：

一、法國式砌法

1. 本砌法是每層均以丁砌及順砌交互排列。
2. 會使用到整塊磚、半塊磚、半條磚、七五磚、二五磚。
3. 本砌法牆身部分構成口字形開縫，強度的傳遞效果較差。
4. 本砌法外觀美適合清水磚牆之砌造。
5. 牆身厚至少要一塊磚長以上。

如圖3-3、圖3-4、圖3-5。

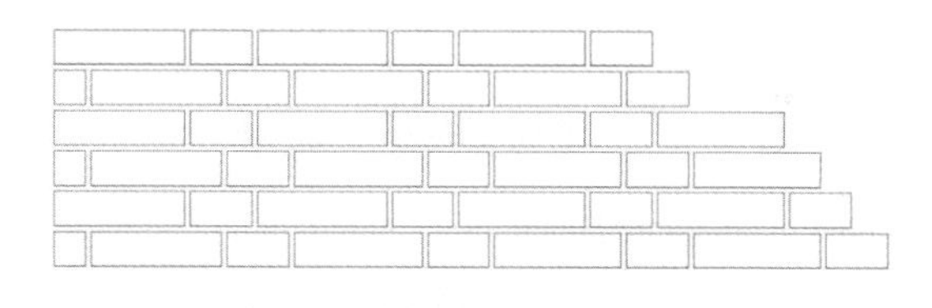

3-3　法國式砌法 立面圖

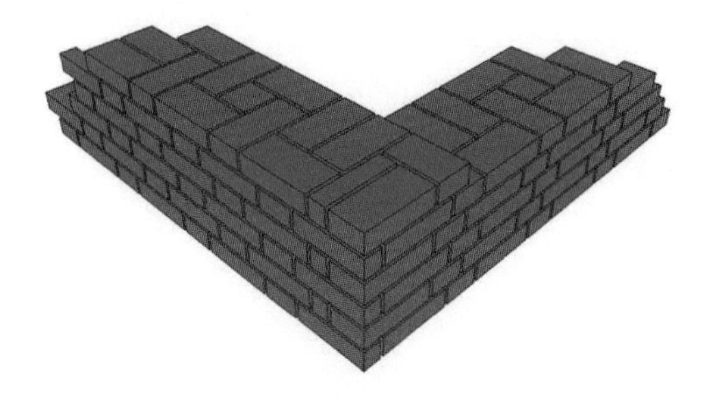

3-4　法國式砌法 俯視圖

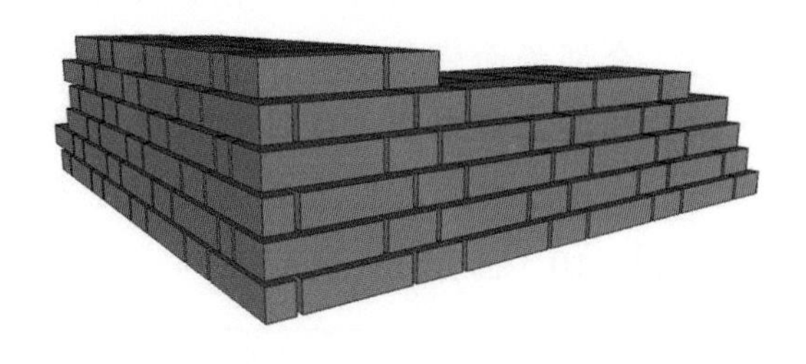

3-5　法國式砌法 立體圖

二、英國式砌法

1. 一層順砌，一層丁砌，交替排列。
2. 本砌法在轉角或牆端第一塊以丁砌，旁邊再砌半條磚爲出發點。
3. 砌法簡單合理，爲最普遍使用砌磚法式之一。
4. 本砌法牆面可得全部的破縫，牆身厚至少要一塊磚長以上。

如圖3-6、圖3-7。

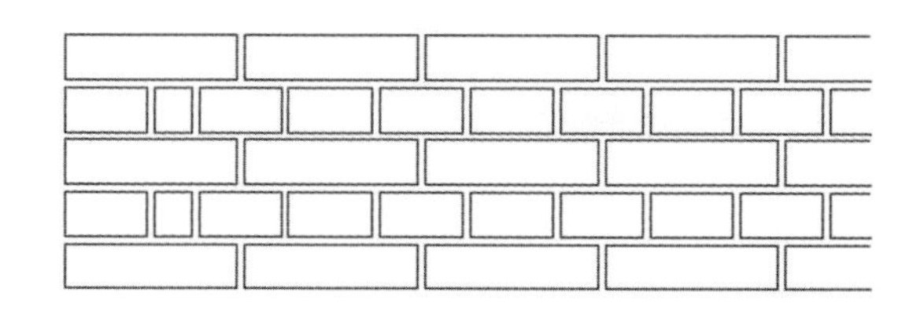

3-6　英國式砌法 立面圖

3-7　英國式砌法 立體圖

三、美國式砌法

1. 每隔3到5層採順砌夾1層丁砌，重複交疊。
2. 主要以順砌疊砌，會使用到整塊磚與半條磚。
3. 因其牆背不能完全破縫，構造上較不堅固。
4. 牆身厚至少要一塊磚長以上。

如圖3-8、圖3-9。

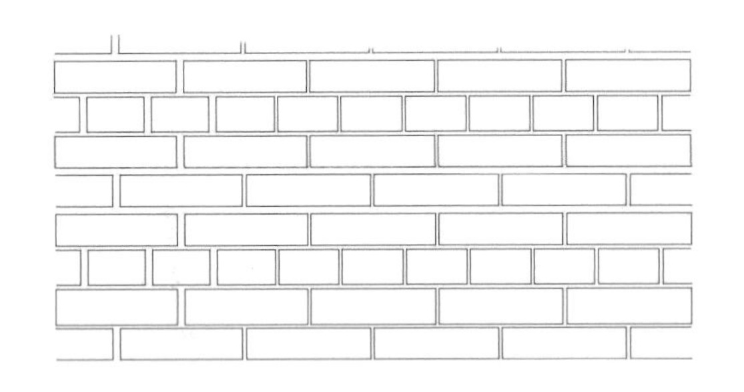

3-8　美國式砌法 立面圖

3-9　美國式砌法 立體圖

四、荷蘭式砌法

1. 本砌法外觀與英國式相似。
2. 採用一層順砌磚、一層丁砌磚。
3. 全部牆面皆呈破縫相交無口字形開縫。
4. 構造上較合理，是目前採用最多的砌法。
5. 本砌法特點在轉角或牆端用七五磚砌造。

如圖3-10、圖3-11、圖3-12。

3-10　荷蘭式砌法 立面圖

3-11　荷蘭式砌法 立面圖

3-12　荷蘭式砌法 立體圖

五、順砌法

1. 每層都以橫面露出磚長與磚厚的疊砌方式。
2. 本法用於0.5B磚牆的砌疊，較爲美觀合適。
3. 可砌成1B的砌法，但半條磚用量大、損料大且工資較貴。

4. 本順砌法在室內裝修用於浴室、廁所居多，可減少分間牆厚度。

如圖3-13、圖3-14。

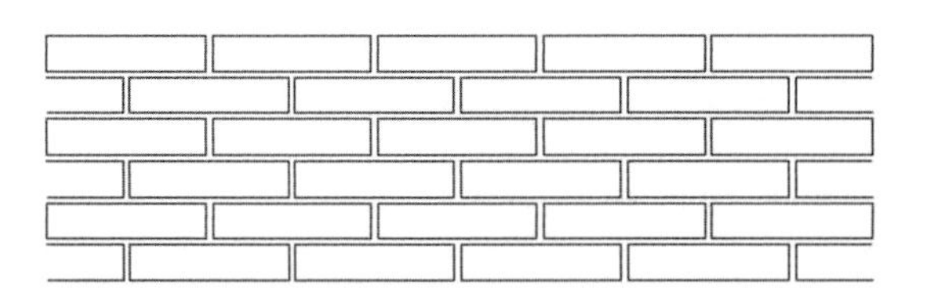

3-13　順砌法 立面圖

3-14　順砌法 立體圖

六、丁砌法

1. 須砌1磚厚，牆身厚至少要一塊磚長以上，也可稱1B或丁砌皮。
2. 每層都以頂面露出磚寬與磚厚的疊砌方式。
3. 主用於圓弧形牆身、放腳托架等局部性的疊砌。

如圖3-15、圖3-16。

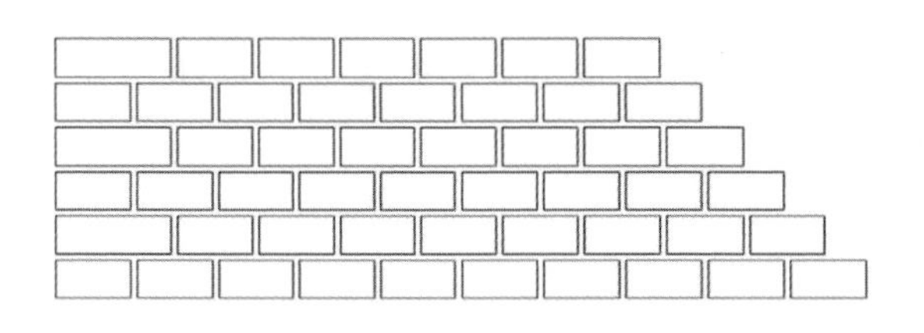

3-15　丁砌法 立面圖

3-16　丁砌法 立體圖

七、花式砌法

1. 經過特別設計的造型疊砌磚牆，使牆面更爲美觀。
2. 使用於地面排列花式砌造者，亦稱爲花式砌法。計有對角砌法（dianonal）、編織砌法（basket weave）與緋骨砌法（hurring bone）。

如圖3-17、圖3-18。

3-17　花式砌法—城堡

3-18　花式砌法—凱旋門

3-2-3 砌磚施工步驟

在砌磚過程中的摔漿、撥漿、刮漿、砌頭、置磚、推擠、敲平、刮縫與清理現場，是不可或缺的基本疊砌動作，其施工步驟敘述如下：

1. 確認施工圖說標註的位置與砌磚形式，聘請有經驗的師傅施作。
2. 地面應乾淨並整平施作基底，如有高低時須從高點端先行施工。
3. 磚塊需方正火侯充足，砌築前應將磚塊浸入水中5分鐘以上，充分吸收水份，取出使其面乾內濕，使砌築時不吸收水泥砂漿內水份。
4. 砌牆位置按圖放樣於地面，並將每層磚牆繪於皮數桿標尺上，其皮數桿上刻劃之間距等於一塊磚的磚厚加灰縫。
5. 充分攪拌1:3水泥砂漿，砌第一層磚時先於地面摔漿撥漿1cm厚。
6. 磚牆每層砌造須水平，牆面須垂直，逐層拉水線隨時校正精準度。
7. 每日砌磚高度不超過1.2公尺或15皮，收工時須砌成階梯狀，以便續砌時有良好的接口。鋸齒形接口效果較差，不宜使用。
8. 每日收工時須以草蓆或工程單位核可之覆蓋物遮蓋妥善養護。
9. 砌築時應與水電工程配合，預留孔位或砌入套管。
10. 砌清水磚牆應於砂漿未終凝前，以勾縫鏝刀刮除4mm之灰縫，並以純水泥或1:1水泥砂漿填滿勾縫，再以海綿清洗磚面。

3-2-4 磚拱施工步驟

磚拱一般分爲平拱及弧拱二種。砌平拱時須作拱勢處理，也就是正中間的的地方應該比二側稍微提高，其提高的尺寸約爲拱寬的五十分之一，如圖3-19，平拱開口寬度一般以不超過120cm，以防裂開或塌陷。

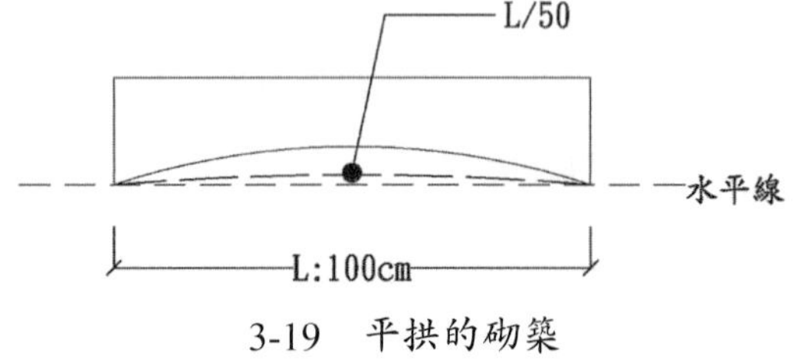

3-19 平拱的砌築

若以上圖爲例，平拱之開口寬度爲100公分，其拱勢中心點提高2公分。

弧型磚拱樣式種類較多，其施工步驟敘述如下：

1. 於砌造前應詳讀弧型磚拱設計形式，聘請有經驗的師傅施作。
2. 施工面應乾淨，整平施作基底，於砌築前磚塊應充分濕潤。
3. 砌拱墩之施作與砌磚施工過程同之。
4. 砌拱磚的灰漿採用1:2爲佳。
5. 模板組立:先將磚拱形狀模板固定於拱墩內側並固定支撐。
6. 在拱型上算出所需要的磚數，並排列於模板上。
7. 此時由二側同時疊砌，灰縫需均勻對稱，磚縫上寬下窄。
8. 疊砌後拆模須依拱上的負荷重，視情形先拆支撐後拆模板。
9. 勾縫處理依清水磚方式進行，並清潔擦拭磚面及現場。

3-2-5 砌磚注意事項

1. 瞭解所疊砌之形式如：順磚砌、丁磚砌、英國磚砌或立磚砌。
2. 瞭解砌磚荷重傳遞原理，避免荷重集中結構體局部受損。
3. 充分準備各種輔助工具運用，開口處應以楣樑或圓拱砌法。
4. 地面如果是磁磚、石材或塑膠，砌磚位置要挖除乾淨以利結合。
5. 砌磚前防水工作要做好，尤其是地面防水措施，避免影響樓下。
6. 磚塊不得斷裂、缺角，須依CNS標準，且需泡足水分。
7. 備磚時宜將磚搬到待砌之一側平均分佈均衡排列，便於施工。
8. 確定門窗寬度與高度，空間內外的實際尺寸，避免後續修改。
9. 確認新砌磚牆與舊牆結合所需竹節鋼筋植筋的間距與數量。
10. 在狹隘空間設立皮數桿如不方便，可併用氣泡水準尺施工。
11. 水泥砂漿依其容積比例拌合1：2或1：3，拌合後須立即使用。
12. 砌磚應四周同時並進，磚縫應滿漿，尤其是浴廁更應滿縫處理，避免空縫滲水造成壁癌現象。
13. 砌磚至頂不得留空，加強磚造與RC接觸面應砌成鋸齒狀。
14. 每日完工後，需清理現場，並清洗工具，且磚牆需養護48小時。

3-2-6 砌磚作業補強規定

關於砌磚作業補強，依公共工程委員會施工綱要規範修訂篇章公告第04211章砌紅磚規定如下：

1. 1B磚牆：
   (1) 長度在450公分以上，高度超過350公分時，須加補強梁。
   (2) 高度在360公分以上，長度超過450公分時，須加補強柱。
2. 1/2B磚牆：
   (1) 長度在300公分以上，高度超過300公分時，須加補強梁。
   (2) 高度在300公分以上，長度超過300公分時，須加補強柱。
3. 開口補強：
   (1) 門窗開口寬度在70公分以上時，開口頂部須加楣梁。
   (2) 楣梁突出，開口二側各30公分以上。

3-3 水泥砂漿粉刷作業

水泥砂漿粉刷是砌磚牆完成後，相當重要的修飾工作，構造體鋼筋混凝土拆模後不平整的外表；砌磚完成後磚牆表面粉平最基本的裝修工程。111年12月31日前台灣的水泥包裝每包爲50公斤，搬運較爲吃重，台灣區水泥工業同業公會修訂112年1月1日起水泥包裝每包爲40公斤。

水泥粉光施工中的標準點是每公尺中以1：3之水泥砂漿作標準點。水泥1：砂3的比例拌合砂漿，不要任意增加水泥比例，牆壁粉光前先用水濕潤，砂漿粉塗之前先塗一層純泥漿，打粗底與粉光不可同時完成。

3-3-1 粉刷材料的基本認識

一、粉刷用料

1. 水泥：當水泥和水混合成稠狀時，會起化學變化並產生熱能，另外水泥中各種化合物會和水起化學作用，促使拌合漿料。市售袋式包裝水泥每包50公斤，體積約0.033m³，因此需要30包水泥才能有1立方公尺。上述波特蘭水泥的製造是由石灰石、石膏研磨粉狀、黏土或頁岩材料構成，具有高度的耐壓性、耐久性、耐火性。
2. 水：拌合用水必須清潔，一般的自來水、井水、河水、湖水、潭水均可用於拌合用水。
3. 砂：使用於底度、面層粉刷，砂中不應含有害物質，使用前必須清潔或過網篩。
4. 石灰：適量拌合在水泥與砂，可促進其可塑性或增加其水化速度，可粉刷內牆或疊砌石材使用。
5. 石膏：可與砂配合用於粉刷牆面或天花板。

二、附加劑

粉刷用之砂漿爲達到某些目的，而加入一些適當比例之配合材料，稱之爲附加劑。

1. 防水劑：砂漿本身無防水作用，但門與窗户邊框、浴廁內牆、屋頂樓板、建築外牆等需具有防水性，添加適量防水劑可減少砂漿的透水性和吸水性，達到防水作用。
2. 海菜粉：又名海菜粉膠精常用於磁磚鋪貼，也可增加水泥漿的黏著性，有緩凝作用便於施工。使用前須先泡水攪拌成糊狀發酵後使用效果較好。
3. 速凝劑：爲使砂漿縮短凝結時間或於寒冷地帶兼作抗凍劑，常於砂漿中加入速凝劑，常用的速凝劑有氯化鈣與氯化鋁。
4. 緩凝劑：具有減水作用又稱減水劑，爲減緩粉刷砂漿凝結時間，通常加適量的纖維素化學劑，以延緩凝結速度便利施工。
5. 著色劑：於粉刷水泥漿中攪拌著色，其顏料不會起化學作用，著色劑屬於金屬氧化物，陽光照射或長期使用後少有褪色。

三、水泥和水的作用

1. 水泥加水凝結硬化變成堅固之化學作用，稱爲水化作用。分成初凝、終凝、硬化三個階段：

   (1) 初凝：在短時間內具有可塑性，經一個小時後逐漸變硬，漸漸失去可塑性，可藉由攪動或重新拌合繼續使用。

(2) 終凝：水泥拌合約10小時左右，便失去可塑性，若再加以攪 動，則將會嚴重影響其強度。

(3) 硬化：凝固後，水泥和混合物仍繼續進行水化作用，強度亦隨著時間增強，此作用可持續數年之久。

2. 水泥砂漿之拌合水，不可含有油質、酸、鹼等雜質。
3. 水灰比是指水泥砂漿之拌合水與水泥重量之比例。
4. 水灰比愈高表示水泥砂漿中水之含量愈高，流動性愈大，故亦於操作，但其強度愈小。

3-3-2 灰誌的設置

泥作粉光前一道很重要的施作程序，就是基準灰誌的設置，一般稱爲貼麻誌，爲控制粉刷面之精準度及平整度承包商應先做控制用粉刷灰誌，其設置方式如下：

1. 以雷射水準墨線儀或灰誌專用細長錘球，訂出欲施作牆面二側垂直施作基準線，並以鋼釘綁上尼龍線拉緊釘牢。
2. 以二側垂直線拉出橫向水平線，依施作面積大小補設中間垂線。
3. 以攪拌益膠泥或水泥漿使用小鏝刀貼馬賽克灰誌，灰誌厚度不得小於1cm，每平方公尺不得少於一個。
4. 橫樑與柱子陽角設置灰誌，一般以塑膠角條貼合並確保施作角度平直，門窗框邊也以L型角條黏置陽角灰誌居多，精準迅速省工。
5. 地面地坪灰誌設置需配合洩水坡度製作灰誌條。

3-3-3 收邊 L 型角條

1. 除設計圖說另有規定之外，外角及收頭處應加L型角條，如圖3-20。
2. 切口應平整及轉角處45度斜切去除尖突或金屬碎片突出物。
3. 按設計之水準面及垂直面確實固定，間距不大於60公分，與底層完全接觸。
4. 外露收邊L型角條應於粉刷後，清除沾附之材料。

3-20 收邊L型角條

3-3-4 整體粉光地坪處理

混凝土是由碎石、砂、波特蘭水泥構成的材料，拌合成強而耐用的建材，主要功能是抗壓力。混凝土澆置時若遇突然下雨而澆置工作因故不能停頓時，除了應預備塑膠布覆蓋外，另需在拌和時增加水泥的用量以爲補救。整體粉光地坪處理其施作過程敘述如下：

1. 在混凝土澆置後，隨即進行人工或機械方式拍漿的動作，使粗粒徑的粒料與碎塊不突出表層，以利整平、粉光。

2. 拍漿後於施工面出現收水現象時，可在其上撒佈一層乾水泥粉，即可應用各種經核可之整體粉光機具施作整平及粉光動作。
3. 整體粉光必須在終凝前完成。
4. 重複施作相同之粉光動作直至達到平整爲止。
5. 必要時在少數狹窄區域內，無法以機具施作時，可採用人工整平、粉光之動作以輔助之。
6. 分割及切縫：除設計圖所示或另有規定外，應以≦3m爲原則作水平及垂直雙向之分割切縫，其切縫寬度及深度參照製造廠商之建議。
7. 填縫：在分割切縫後應以符合規範的塡縫材之材料進行塡縫。
8. 施工後檢查地面，如表面仍有碎塊、油漬、膠類等物質，必須使用電動磨石機及砂輪機磨除突出處及水泥鏝刀接痕。
9. 混凝土面之小裂縫凹洞部分，須用樹脂補平並經研磨平整。
10. 清理：以眞空吸塵器吸除砂粒、雜物及灰塵。
11. 養護：可採用經工程司核可之機具或方法，進行強制養護措施，其養護期限依據該機具製造廠商之建議。

3-3-5 環氧樹脂砂漿地坪

環氧樹脂砂漿地坪是利用主劑，也就是環氧樹脂與硬化劑，以一定比例適當混合，在尚未硬化前鋪設於水泥地上，經交鏈硬化後，則形成三度空間之網狀結構，如一般所熟知的AB膠一樣，因而賦予地坪有特殊的物性、機械性及耐化學品性等。

環氧樹脂地板的優點在於是一體成型無接縫、耐重壓超耐磨、耐久用籌命長、抗靜電防塵易清洗、耐水性防腐蝕、耐蒸氣無浸透性、著力強耐衝擊、施工工期短，故各式電子科技廠、食品廠、製藥廠、醫院等無塵室及學校、圖書館、廠房、倉庫、大賣場、遊樂場、停車場、車道與輕重工業作業場所等皆適合環氧樹脂地板的施工。

一、基本用料

1. 環氧樹脂主劑。
2. 環氧樹脂硬化劑。
3. 砂：石英砂或金鋼砂等。
4. 底漆、中塗漆及面漆。
5. 顏色：應可提供多種顏色供工程司選擇。

二、環氧樹脂砂漿地坪施工前

1. 混凝土表面須平整，不得有湖漿化面現象，且不可使用化學性養護，經自然乾燥28天以上。
2. 施工前應檢查施工面至可施工狀況後，若表面仍有碎塊、油漬或膠類等物質，必須使用電動磨石機及輪機磨除突出處及水泥鏝刀接痕，並使太過光滑細緻之區域打磨成粗糙表面。

3. 混凝土面之小裂縫、凹洞部份，須用樹脂補平並經研磨平整。
4. 清潔：以眞空吸塵器或其他吸除適當方式清除砂粒、雜物及灰塵。
5. 乾燥：若有需要或工程司指定時，必須以適當方式將潮濕區域強制乾燥至符合施工標準，其施作面含水率必須在10%以下。

三、環氧樹脂砂漿地坪施工要求

1. 一般型（厚度3mm以上）【流展砂漿型】
   (1) 第一層（底塗層）
   參照原製造廠商之技術資料，基材表面處理後塗布底漆（爲環氧樹脂主劑添加硬化劑）一層，但用量不得少於0.15 kg/m^2。
   (2) 第二層（砂漿層）
   參照原製造廠商之技術資料，底漆乾燥後，將環氧樹脂主劑與硬化劑充分攪拌，但用量不得少於1.3kg/m^2，再加入粒料其用量約爲2.2kg/m^{2}一起攪拌，將拌和好的砂漿即倒在底塗層上以鏝刀整平其厚度不得少於2mm。
   (3) 第三層（面塗層）
   參照原製造廠商之技術資料，以環氧樹脂主劑添加硬化劑之面漆一層，但用量不得少於1.2kg/m^{2}以鏝刀均匀塗布於砂漿層上其厚度不得少於1mm，完成後之總厚度不得少於3mm。
2. 厚塗型（厚度5mm以上）【乾式砂漿型】
   (1) 第一層（底塗層）
   參照原製造廠商之技術資料，基材表面處理後塗布底漆（爲環氧樹脂主劑添加硬化劑）一層，但用量不得少於0.15kg/m^2。
   (2) 第二層（接著層）
   參照原製造廠商之技術資料，底漆乾燥後塗布環氧樹脂主劑添加硬化劑之樹脂一層，但用量不得少於0.3kg/m^2。
   (3) 第三層（砂漿層）
   參照原製造廠商之技術資料，接著層未乾燥前，將環氧樹脂主劑與硬化劑充分攪拌，但用量不得少於1.3kg/m^2，再加入粒料其用量不得少於2.7kg/m^{2}一起攪拌，將拌和好的砂漿即在接著層上以鏝刀整平，其厚度不得少於4mm。
   (4) 第四層（密封層）
   參照原製造廠商之技術資料，砂漿層乾燥後以環氧樹脂主劑添加硬化劑及填充料之批土一層，但用量不得少於0.6kg/m^{2}均匀塗布於砂漿層上，作密封、填縫補平用。
   (5) 第五層（面塗層）
   參照原製造廠商之技術資料，密封層乾燥後以動力研磨機將突出物清除後，再以環氧樹脂主劑添加硬化劑之面漆一層，但用量不得少於1.2kg/m^{2}均匀塗布於密封層上，其厚度不得少於1mm，完成後之總厚度不得少於5mm。

3. 分割及切縫：除設計圖所示或另有規定外，應以≦3m爲原則作水平及垂直雙向之分割切縫，其切縫寬度及深度參照製造廠商之建議。
4. 填縫：在分割切縫後應以符合規範的填縫材之材料進行填縫。
5. 保護：
   (1) 塗裝後之地坪四日內應確實禁止人員、機具進入。
   (2) 塗裝完成後若因工作上需要時，無論地坪、邊角或樓梯等部分爲防止破損應加強設置保護措施。

3-3-6 水泥砂漿粉刷

水泥砂漿粉刷又稱爲墁灰工程，在室內裝修水泥砂漿粉刷工程中常見施工位置有：外牆水泥粉刷工程、內牆水泥粉刷工程、平頂水泥粉刷工程、地坪水泥粉刷工程、其他註明水泥粉刷之工程。

水泥砂漿粉刷這個步驟是爲油漆工程做準備，牆面打底、粉光後才能刷漆，若是要貼磁磚，則只需打底、塗上防水層即可施作，不需粉光。

「打底」與「粉光」的區別：

打底：以1：3的水泥及乾砂配合，加上適當水，將原本凹凸不平的地面及牆面抹平。

粉光：指的是在水泥已抹平的牆面或地面，再上一層更細膩的薄薄水泥，要光滑至無波紋及鏝跡，以方便未來上漆的方便性，或是地坪舖設PVC地板的平整性。其過程敘述如下：

一、水泥砂漿粉刷施工前

1. 混凝土面或圬工面於水泥粉刷前一天應予充分潤濕，施工前需作灰誌檢查工作。
2. 檢查殘餘合板片、鐵絲、油污與水泥渣須清除乾淨，若有裂縫、蜂巢或過度凹凸須修補，整理成使粉刷厚度能均一的底材面。
3. 對於具有光滑面的混凝土底材，應先以混有合成樹脂乳劑的水泥漿塗抹後再進行水泥砂漿粉刷。
4. 有鋼筋於接縫處時，在砌築前將砂漿沿接合鋼筋之周邊及下方填塞，其周圍接縫之砂漿應塗佈周密。漏水處須做止漏及防水處理。
5. 水泥砂漿拌合，如添加外物如石粉、海菜、顏料等均需經設計單位及業主同意後才可施作。
6. 如採用預先拌好之包裝混合材料也均需經設計單位及業主同意後才可施作。
7. 如牆面採用噴漿工法，其配比均需經設計單位及業主同意後才可施作。

二、水泥粉刷施工過程

1. 水泥拌合:除另有規定外，均用1份水泥、3份砂之配比加適量水拌和至適用稠度。1次拌和的量能於1小時內用完爲止，超時不得使用，故採隨拌隨用之方式施作。

2. 底層粉刷打粗底於粉刷施作前一天需用水沖洗濕潤。
3. 在金屬網上之第一道塗抹，應將砂漿料確實壓抹入網內。第一道塗抹後於砂漿初凝時將表面掃毛，並養護48小時後再上第二道塗抹。底層厚度不得小於1.5公分，要注意能確實黏結。
4. 如爲磚牆面可直接以1：3水泥砂漿粉刷打底，再粉刷含海菜粉之水泥砂漿；如爲混凝土結構面則需先塗佈一層厚約3mm之純水泥漿，再粉刷含海菜粉之1：3水泥砂漿，隨塗隨粉。
5. 牆面平整度標準爲全方位180cm長牆面，誤差不得超過3mm。
6. 所有牆面凹凸外形，粉刷面出入必須等厚，轉角成90°直角。
7. 紅磚牆面不可粗底粉刷及表層粉光一次完成。
8. 粗粉刷厚度不得超過15mm，如需粉厚則以多皮粉刷，另加鐵絲鋼釘補強。
9. 刮片修補，刮尺施以適當的壓力刮平，將表面鏝成均勻粗面，使與底層黏結良好。同一牆面用同一種鏝刀，完成後以鐵絲刮刀刮成粗紋面，以增加黏著力。養護至少48小時，並於5天養護之後才可進行面層的粉刷，檢查後發現如黏著面脫落、平整度不良，轉角未成90度直角等缺失均需敲除重作。
10. 表層粉刷之前，要先將底層濕潤，使底層達到適當的吸水量，再施以足夠壓力粉刷，使與底層黏結良好。
11. 表層的表面粉光施作前一天需用水沖洗濕潤。
12. 水泥粉光用之砂漿，在乾拌後，需再經1. 18mm篩網篩過，再放入攪拌桶內加水拌合施用。
13. 表層粉光前需在粗底塗佈一層厚約3mm之純水泥漿。
14. 施作表層粉刷時務必使表面平整，面層厚度約5mm。
15. 內轉角爲陰角以內角鏝刀收邊。
16. 外轉角爲陽角以外角鏝刀收邊。
17. 每段工作收工時，粉刷應做控制縫或於角緣隅處停止。

三、水泥粉刷施工後

1. 面層粉光完成面，不得有明顯水跡、鏝刀痕跡、氣泡及龜裂現象。
2. 表層完成後應以細水霧噴灑養護，使塗面濕潤。
3. 粉刷完成，門窗框的上緣及現場需及時清除乾淨。

3-3-7 水泥砂漿粉刷注意事項

1. 確認遵照施工製造圖說施作。
2. 確認門框、窗框、水電管線、孔徑位置是否正確。
3. 粉刷前防水層施作需一次完成，應避免分次施工。
4. 地坪面粉刷前須洗淨，並灑適當清水泥粉，增強附著結合。
5. 過期水泥不可用，水泥砂需過網篩，不能有有雜質，並充分攪拌。
6. 攪拌須用砂漿桶，不可直接在地面攪拌水泥，避免破壞防水層。

7. 平面灰誌設置及數量須依規定，轉角L型壓條確保陽角平整。
8. 粉刷要先打粗底後粉光，不可一次粉刷完成。
9. 粉刷要到頂，尤其浴廁內更爲重要，否則縫隙會藏汙納垢。
10. 粉刷面如遇插座、開口蓋須留出，避免覆蓋。
11. 粉刷每階段收工時，應控制於緣角處。
12. 鋁門窗框邊要用1:2的水泥砂漿加防水劑，框邊縫隙確實塡滿，內部做直角收邊，室外要做斜邊洩水。
13. 收工清洗工具污水需集中倒入沉澱桶，避免流入排水管而阻塞，如圖3-21。

3-21　沉澱桶

3-4　防水工程施工作業

台灣在早期防水工程大都由泥作師傅施工，但在專業分工之下，已經有專業防水廠商施作，台灣諺語的「土水驚抓漏」，就由防水工程廠商所取代。

所謂「防水層」是爲具有彈性及不透水性，並可耐老化的一層薄膜，介於結構體與裝飾面層之間，能阻斷經由結構體內，並滲入室內裝飾面層上之水分，此項防水層之施工即爲防水工程。

3-4-1　水泥砂漿防水法

水泥砂漿防水層施工程序如下所述：

1. 混凝土表面需清洗乾淨防水粉刷的水泥與砂之比例爲1：2
2. 水泥砂漿與防水劑混合拌成半流體液狀，拌合比例依製造廠商規定，將其塗佈於混凝土表面工作防水層與之結合。
3. 如是粉刷水泥砂漿防水層，拌合比例依製造廠商規定，拌成半流體液狀分刷施作。
4. 若僅以水泥砂漿防水層作爲屋頂防水措施時，防水層之最小厚度須在2～3cm以上，並應分二次以上粉刷施工，每次之粉刷厚度越薄，則防水效果越佳。

3-4-2　塗抹防水法

塗膜防水施工必須由整體面積中，塗膜厚度最薄處去評估防水性能。故而施工須要求整體性均勻完美。下列就氨基甲酸酯系塗膜防水之施工順序說明之。

1. 底層清潔：塗膜底層應確實清除浮泥、砂粒雜屑，其排水孔罩與管類周圍處應特別注意。

2. 打底：視底層的實際情況決定打油底之濃度，滲透性小的底層應2～3次打底塗膜，第一次塗抹之厚度應該較薄爲佳，如圖3-22。
3. 材料調配及拌合：材料調配比例須正確，拌合時須充分均勻攪拌。若須加入稀釋溶劑時，需主劑及硬化劑充分拌合後再摻入稀釋劑攪拌，如圖3-23。
4. 張貼補強材料：補強材料可分有機纖維類、無機質類級玻璃纖維類等，如圖3-24。張貼時其疊接長度約3～5cm，其補強材料應充分浸滲於塗膜材料中，配管周圍及轉角處應特別處理，如圖3-25。
5. 薄膜塗抹：爲使薄膜塗佈均勻，事先以粉筆作分區劃線，寬度以1.2公尺左右爲佳，首先沿區劃線澆流材料，並以橡膠毛刷均勻地沿區劃線向左右分刷塗佈，然後再以圓軸毛刷斜向重複塗刷2～3次。

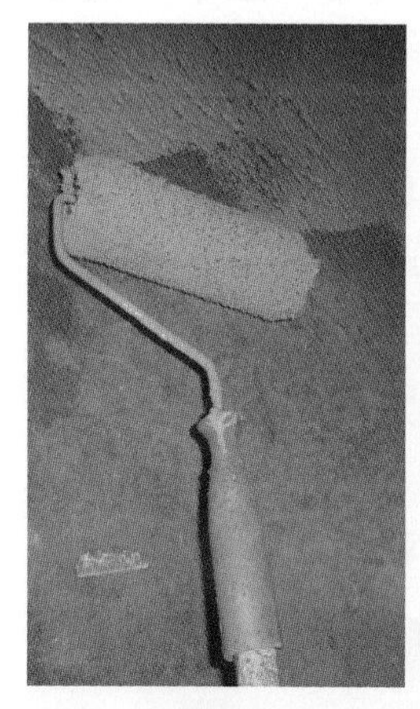

3-22 圓軸毛刷薄膜塗抹

3-23 材料調配及拌合

3-24 貼玻璃纖維塗膜材料

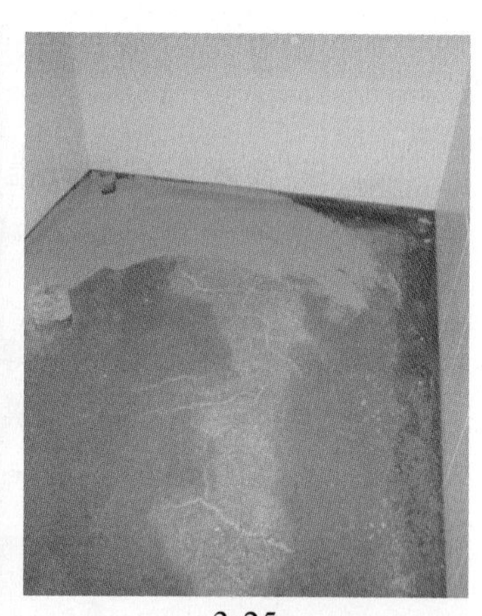

3-25 配管周圍及轉角處應特別處理

3-4-3 防水水泥砂漿施工要點

1. 砂漿拌和除了設計圖説另有規定外，一般防水粉刷，水泥與砂之比例爲1：2。
2. 化學摻料與水泥比例應依製造廠商的施工手冊規定拌和至適用稠度。
3. 砂漿應於拌和後1小時內鋪置於施作面上，鋪置時應注意使所施作面與先前施作之同一層鄰接面能確實黏結。

3-5 磁磚鋪貼工法

貼面工程是一種裝修工程，常用於建築物內外表面之貼裝與地坪鋪裝，由於表面美觀高級，觸感舒適又能防水，已廣爲現代建築使用。磁磚依材質分類爲陶質磁磚、石質磁磚、瓷質磁磚，但國家CNS標準已於民國100年05月06日廢止該三項規定，目前磁磚的各項規定均以CNS9737爲準。面磚的鋪貼方法有平鋪貼面法、壓著貼面法與漿砌貼面法。瓷(磁)磚鋪貼工程常用的工具設備有電動切割機、切割刀、小鐵鎚、調縫刀、齒型鏝刀、海綿鏝刀、磁磚鉗、灰縫杓。

磁磚鋪貼常用的樹脂益膠泥又稱爲高分子黏著劑，黏著性強、抗折力高與耐候性佳等特性，適用於大型磁磚的黏著，在牆面磁磚貼面施作敘述如下：

3-5-1 牆面磁磚貼面

1. 施作前核對磁磚樣式與尺寸是否正確，並檢查磁磚的完整性。
2. 需依施工製造圖面的磁磚鋪貼計劃，並由專業技術人員施作。
3. 鋪貼前應先檢查施工面是否備妥，並將施工面清除乾淨。
4. 以雷射水準墨線儀或連通式水準管定出施工水平高程水準線，如圖3-26。
5. 依磁磚之規格精算垂直施工基準線，於適當位置以墨斗彈出水平及高度方向基準線放樣完成。
6. 將水泥砂漿或益膠泥使用梳型鏝刀均勻塗抹於牆面上厚度約3mm黏貼；如面磚面積較大，面磚背面需塗抹益膠泥，以利磁磚背面確實黏著，如圖3-27。
7. 依圖示之圖案鋪貼磁磚，由所定出的水準線爲起點，依序鋪貼，並予以適當調整，以槌柄敲磁磚，讓磁磚確實整面吃漿，並務使磚縫寬度均勻，如圖3-28。
8. 牆面水泥砂漿或益膠泥應分次塗抹，一次不要塗抹太多而乾固。
9. 遇轉角收邊不整磚時，使用裁切機裁切磁磚，切口應平順整齊，並注意防水。
10. 磁磚縫之填抹以專用奈米填縫劑填縫，或是於水泥中加5%的石粉加以攪拌成本色填縫材料填縫，如圖3-29。
11. 於塗抹填縫完成，以海綿沾清水將磁磚面擦拭多次至完全乾淨。

3-26 測量儀定出水平高程水準線

3-27 梳型鏝刀塗抹3mm厚

3-28 由下往上鋪貼整面吃漿

3-29 專用奈米填縫擦拭乾淨

3-5-2　馬賽克磁磚鋪貼法

馬賽克磚一般指長寬都小於5公分，由顆粒拼湊出來的圖案形狀變化無限，可隨愛用者拼貼方圓均有。市面上見的材質有：陶瓷馬賽克、玻璃馬賽克、大理石馬賽克、不鏽鋼金屬馬賽克等。就馬賽克磁磚鋪貼法敘述如下：

1. 依照設計圖面的馬賽克磁磚鋪貼計劃，並由專業技術人員施作。
2. 鋪貼前應先檢查施工面是否清除乾淨，並將底層澆水潤濕。
3. 以梳型鏝刀均勻抹上一層厚約2～3mm之貼面益膠泥或水泥漿。
4. 隨後由牆頂下依次壓貼，用木鏝刀輕敲壓著。
5. 等貼面水泥砂漿未硬化前，將面紙刷濕剝下，並調整勾縫及排列。
6. 貼面水泥砂漿硬化後，以白水泥施作勾縫，並清理表面雜屑污泥。

3-5-3　鋪地磚

一般地磚鋪貼的工法為兩種，分為硬底與軟底，其敘述如下：

一、乾式硬底磁磚鋪貼法

硬底工法是先打好粗底，可直接在粗底上均勻塗抹益膠泥，貼上地磚施工容易。小面積地磚如馬賽克或20cm×20cm以下規格磁磚一般都是使用硬底施工法。其鋪貼工法如下：

1. 核對磁磚材料樣式、尺寸是否正確，並檢查磁磚的完整性。
2. 需依照設計圖說與磁磚鋪貼計劃交由專業技術人員施作。
3. 在打底完成的水泥粉刷面依磁磚計畫放樣並彈上墨線於地面，如圖3-30。
4. 將水泥砂漿混合海菜粉攪拌成黏貼磁磚用的黏著劑，或使用益膠泥高分子黏著劑，依單一方向塗抹於打底硬化砂漿面上。

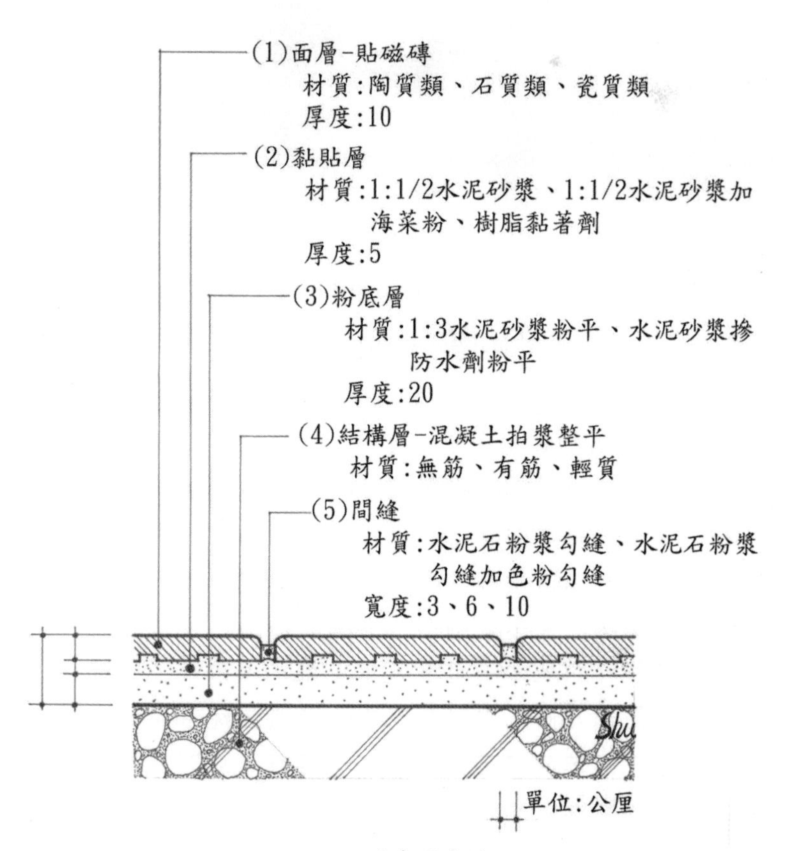

3-34　磁磚硬底施工

5. 以梳形鏝刀在磁磚背面塗抹厚度約3mm的益膠泥，刮出波浪狀條紋，地磚背面之益膠泥之刮紋應與地面紋互相垂直，如圖3-31。
6. 如無特殊規定時，其舖貼順序，應自中間向左右二邊順序排列，以整磚舖貼爲準則，但以不小於半磚爲原則。
7. 將磁磚一塊一塊貼於地面上。若牆面已貼好磁磚時，應注意地坪磁磚與牆面磁磚是否對縫。
8. 調整分隔面積内以貼妥的磁磚水平與垂直度，並以槌柄輕壓磁磚整面吃漿調整其高程，如圖3-32。
9. 經24小時磁磚黏著材完全凝結後以海綿鏝刀，如圖3-33進行填縫。再以海綿沾清水將磁磚清洗乾淨。

3-30　以墨斗彈出施工的分格線

3-31　以梳型鏝刀水泥砂漿刮出條紋

3-32　磁磚貼上使磁磚整面吃漿

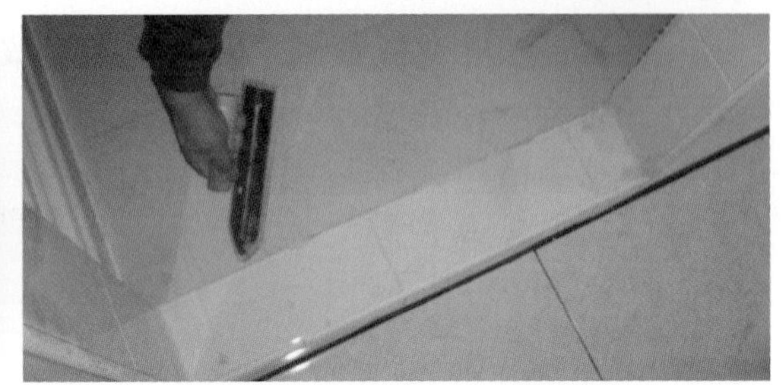

3-33　以海綿鏝刀，進行填縫

而軟底施工可再細分爲乾拌濕式、濕式兩種：

二、乾拌濕式軟底磁磚鋪貼法

另稱爲「騷底」工法，此工法常用於黏貼地板磁磚、室內花崗石、大理石與拋光石英磚。施工過程如下：

1. 施作前核對磁磚材料尺寸是否正確，並檢查磁磚的完整性。
2. 需依照磁磚舖貼計劃放樣，交由專業技術人員施作。
3. 在舖貼面清理乾淨後，地面塗刷防水劑，並以雷射墨線儀定出室內水平高程水準線彈墨線於牆面，如圖3-35。
4. 在施作的地面均匀潑灑水泥漿水，再鋪上乾拌1:3水泥砂，如圖3-36。
5. 使用刮尺修正水泥砂水平，並潑灑純水泥漿水於水泥砂面層如圖3-37。
6. 拋光石英磚背面以梳型鏝刀塗抹益膠泥，把拋光石英磚置於水泥砂漿上之後以橡膠槌敲壓密實貼合，調整地面高程水平，如圖3-38、圖3-39。
7. 以同法續貼下一片，每片縫隙約2～3mm，四周牆角預留3mm縫隙。

8. 施作同時要以氣泡水準器測水平，隨時注意是否高低一致，如圖3-40。
9. 貼合完成後以專用奈米填縫劑填縫，四周牆角3㎜縫隙不填縫，填縫完成後，以海綿沾清水將面磚清洗乾淨如圖3-41。
10. 表面需保護，以配合後續木作、冷氣與油漆等其他工程之施工，如圖3-42。

地坪磁磚乾拌濕式軟底施工法：

3-35　地面塗刷防水劑

3-36　水泥1份拌合砂3份

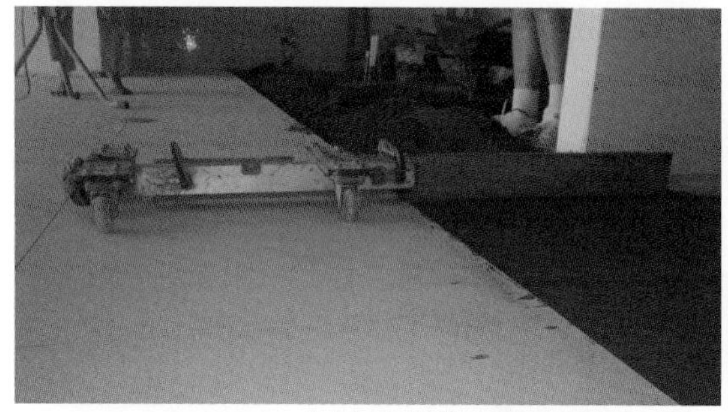
3-37　水泥砂並修水平

3-38　拋光石英磚背面塗抹益膠泥

3-39　敲壓密實貼合

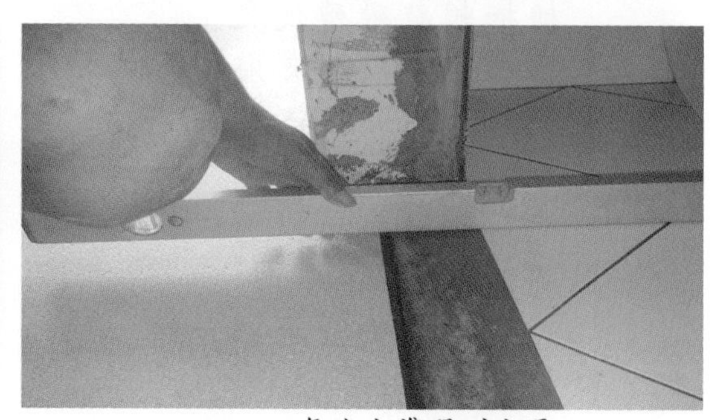
3-40　以氣泡水準器測水平

3-41　完成後以專用奈米填縫劑填縫

3-42　待乾後保護

三、濕式軟底磁磚鋪貼法

水泥砂加水充分攪拌整平後再貼上磁磚，施工快速，濕式軟底的工法因水泥砂乾固後收縮，施工應注意，才不會導致磁磚隆起脫落。施工過程如下：

1. 核對磁磚材料樣式、尺寸是否正確，並檢查磁磚的完整性。
2. 需依照磁磚舖貼計劃交由專業技術人員施作。
3. 以連通式水準管或雷射墨線儀定出室內水平高程施工水準線。
4. 以水線拉緊測出施工範圍內的中間水準面，以水泥砂漿以及馬賽克定出多點灰誌標記，做爲濕式砂漿整平的基準面。
5. 地面清潔乾淨用水潤濕，灑上水泥粉掃把撥弄均勻，增其黏著性。
6. 將1：3水泥砂充分攪拌成水泥砂漿，依所訂灰誌以刮尺整平，如圖3-43、圖3-44。
7. 依磁磚尺寸的大小以及施工現場現況，於適當位置定出X軸、Y軸，並於此兩軸拉出水線做爲施工參考用線。
8. 貼地磚前，於未硬化的水泥砂漿面上灑上水泥粉，以增加磁磚的黏著性。水泥粉灑上之後不可延時施工，否則會造成水泥硬化，反而對磁磚的黏著造成不良的影響，如圖3-45。
9. 開始鋪貼磁磚，若牆面已貼好磁磚時，應注意地坪磁磚與牆面磁磚的對縫狀態，鋪貼地面每片磁磚縫隙約5～6mm，如圖3-46、圖3-47。
10. 鋪貼地坪磁磚時以槌柄輕敲磁磚使之確實整面吃漿貼牢，如圖3-48、圖3-49。
11. 磁磚鋪貼後，以海綿沾水將磁磚面擦拭乾淨，檢查全區平整度，如圖3-50。
12. 經24小時磁磚與砂漿凝結後，以海綿鏝刀填縫，擦拭乾淨，如圖3-51。
13. 表面需保護，以配合後續木作、冷氣與油漆等其他工程之施工，如圖3-52。

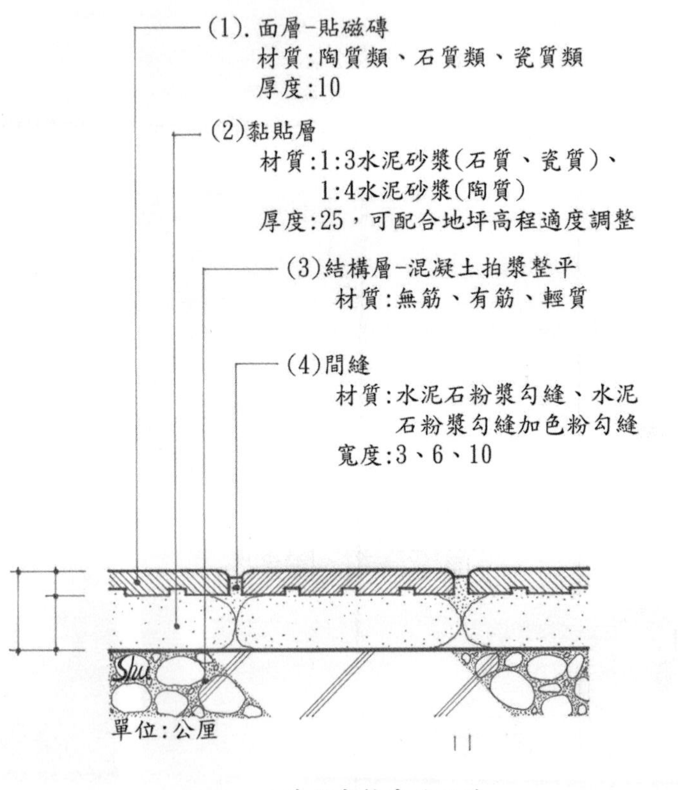

3-53　磁磚濕式軟底施工法

地坪磁磚濕式軟底施工法：

3-43　水泥漿刮平

3-44　保持水泥漿面完整

3-45　灑水泥清粉

3-46　磚面墊板

3-47　注意磚面踩踏

3-48　木柄敲合

3-49　磚背確實吃漿

3-50　磚面擦拭

3-51　磚縫完成

3-52　面磚完成

3-5-4 磁磚階梯貼法

樓梯目前磁磚廠商有生產階梯專用樣式及尺寸，其工作過程敘述如下：

1. 依施工詳細圖說所示及要求事項施作，並檢查備料是否無誤。
2. 使用與鋪貼磁磚相同色系之水泥砂漿，安裝階梯踏板及立板。
3. 磁磚先水平放置於地面，裁切成階梯寬度，黏結成整片待乾。
4. 階梯安裝由下而上，垂直接縫處全寬應以乾拌水泥砂與整片磁磚背面間空隙都應以水泥砂漿填滿。
5. 樓梯階梯磁磚施作每一階段須隨時清潔，並禁止行走，以免鬆動。
6. 貼合完成後以同色系水泥漿或專用奈米填縫劑填縫，填縫完成後，以海綿沾清水將面磚清洗乾淨。

3-5-5 磁磚剝落原因

磁磚剝落主要是磁磚材料因素、人爲施工因素、氣候條件因素等。其原因敘述如下：

1. 瓷磚品質不良或龜裂。
2. 膠泥塗佈厚度不足或嵌入不足。
3. 磁磚背面留有脫模粉，未清洗乾淨，以致無法充分黏著。
4. 黏著劑因保水性差、乾燥快速，在貼附前已初凝，缺乏接著強度。
5. 黏著劑強度不足或是黏著與水泥砂漿的界面的破壞。
6. 鋪貼前沒有充分潤濕養護牆面，致使黏著度降低。
7. 瓷磚界面，牆體界面沒有留伸縮縫，瓷磚的伸縮縫未妥善預留。
8. 未將粉塵、污漬清除乾淨使1：3水泥砂漿與結構體沒有確實結合。
9. 陶質磚鋪貼前需事先澆水，以利與砂漿膠泥貼合，避免剝落。
10. 未將益膠泥均勻塗抹於施工面或面磚背溝，使其黏著不佳而脫落。
11. 鋪貼磁磚膠泥塗佈厚度不足，或嵌入不足於許可差±3mm範圍內。
12. 鋪貼磁磚密接而貼，沒有預留每片縫隙，使之膨脹擠壓而剝落。
13. 磁磚貼著的施工時機未妥善掌握，致使黏著度降低。
14. 磁磚外牆施工中，日照過長或遇下雨氣候條件因素，致使日後脫落。

3-6 石材系列鋪貼工法

石材在室內設計的應用，隨著加工技術的精進而日漸廣泛，天然石材有一些特性是其他人造材料所無法替代的，其表面堅固、美觀與自然的性質，常被使用者所喜愛。常見的有花崗石與大理石外，還有鐵板石與凝灰石等軟石，各式石材應用廣泛。天然石材爲我國常見建材之一，生態綠建材基準自112年7月1日實施增訂天然石材評定項目及基準。石材在裝修的貼法一般有乾式、濕式兩種施工方法，或是分硬底貼法與軟底貼法二種居多。

一、花崗石

花崗石耐酸鹼性良好，耐腐蝕又耐磨，硬度大、耐磨損且較抗風化，抗壓強度根據石材品種及產地而有所不同。花崗石因具備較鮮明之色彩，其加工後表面光澤可接近鏡面效果，大面積之舖陳易營造富麗堂皇的開闊感，適合使用大樓外牆及大廳牆強之設計，如居空間則易有冷峻不適的感受。

3-54　景泰藍

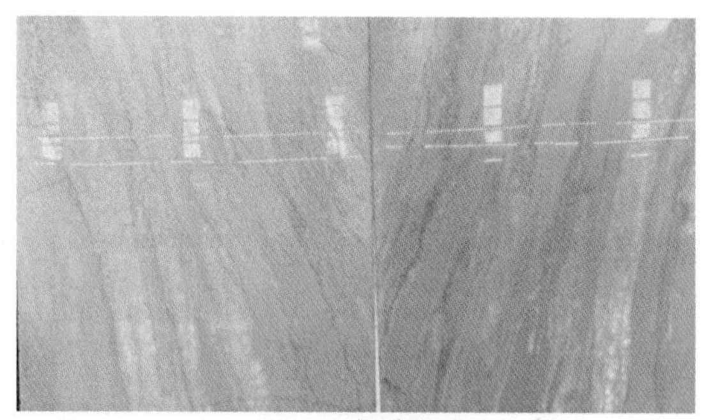

3-55　海洋之星

花崗石種類名稱：

黑色系		棕色系	紅色系
印度黑-G10	鑽石黑	美國棕	玫瑰珍珠
印度黑-G15	山西黑	桃木石	蒙地卡羅
印度黑-G20	蒙古黑	瑞典香檳	印度紅細花
印度全黑	南非黑	麒麟棕（棕鑽）	紅柚木
印度黑金	星點黑	印度香檳	皇玫
維吉尼亞黑	星光黑	卡拉金	印度紅
藍色系	**綠色系**	**灰色系**	**特殊花崗石**
藍珍珠	山西綠	印度鯨灰	琥珀藍寶
藍彩玉	綠瑪瑙	雪花白	拿鐵
藍寶石	紅龍	銀珍珠	五彩瑪瑙/七彩瑪瑙
藍翡翠	綠蝴蝶	珍珠花	銀帶（璞石）
莎蔓莎藍	翡翠晶鑽	灰鑽	夜光/極光

二、大理石

大理石是變質岩，花色繁多，以層紋、色澤來表現其質感，因具備溫潤之色彩，且其色澤能充分展現暖色效果，鋪陳於室內空間，可與木材與布料適切地搭配出居家應有的溫馨感受，爲室內設計極佳的建材，也是藝術雕刻的傳統材料。但使用於外牆時，其易風化的特性，尤其是海島型工業化國家，酸雨的侵害極度嚴重的狀態下，其應用於室外的情形並不理想。

3-58　大理石加工造型

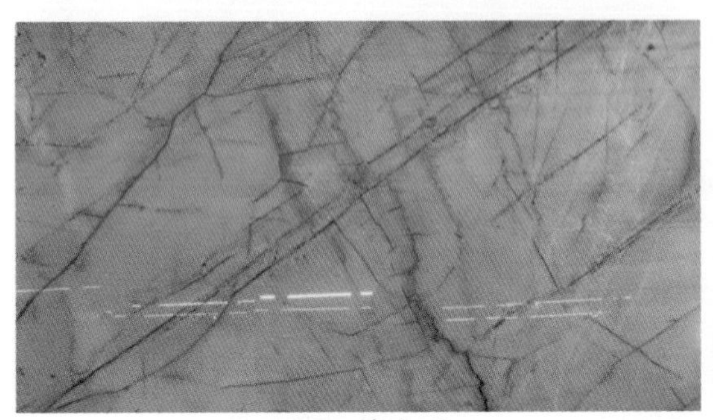

3-56　達文西

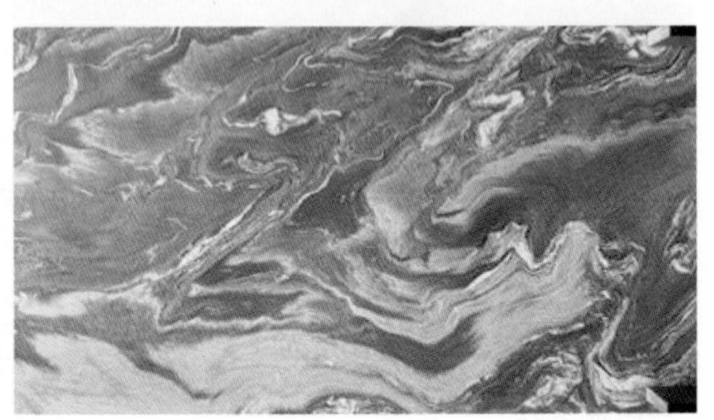

3-57　梵谷

大理石種類名稱：

米色系		灰色系	深色系
古典米黃	巴洛克	花蝴蝶	淺金峰
雕刻米黃	百合米黃	白海棠	山水金峰
晶線米黃	綠野香波	灰姑娘	金峰石
A米黃	洞石/羅馬白洞石	橄欖灰	檀香木
舊米黃	珍珠米黃	灰網石	黑白根
莎士比亞	綠色系		黑金花
米蘭	綠壇木（山水綠）	翡冷翠	黑橄欖
凡爾賽玫瑰	特殊大理石		咖啡網
瑪瑙米黃	夏荷	蔚藍海岸	慕尼黑
白色系	夏樹銀花	黃山玉	黑海
銀狐	香奈兒	千層玉	玉石類
印象	木紋玉	鸚鵡螺	黃水晶
卡拉拉白	櫻桃紅	雲山水	紅瑪瑙
雕刻白	威尼斯彩虹	普羅旺斯	青玉石

3-6-1　石材表面處理方式

當石材欲運用於裝修工程時，例：如地面、階梯、牆面、檯面與柱子等，其表面處理有多種方式，常見石材表面處理方式有光面、自然面、鑿面、燒面、水沖面、仿古面、皮革面、機切面、燒亮面、噴砂面、劈裂面與毛剖面等方式處理。

3-6-2　石材於室內裝修施工法

依據施工製造圖說採用工法與施工規範大樣圖說，確實安裝固定，石材室內裝修講求精緻細膩，一般石材施作高度以3公尺內，裝修工法爲配合設計造型要求，能達安全施工之要求，以下敘述常用五種工法。

1. 黏著劑工法：利用膠泥或特殊黏劑將石材固定於被施作面層。
2. 乾式固定工法：利用鐵配件將石材吊掛在施作面層。
3. 傳統濕式工法：利用繫件固定石材於被施作面層，間隙並以水泥砂漿填充之。
4. 輕隔間工法：利用鐵配件將石材固定於輕鋼架上。
5. 濕式加強工法：利用簡易型鐵件固定石材與被施作面層，間隙並以水泥砂漿填充之。

3-6-3　石材牆面貼法

石材牆面的貼法應依石材特性、施作地點、施工面積、石材大小與石材重量一併考量，再依最好的施工方式施作。目前石材牆面貼法，其所供應的五金配件精密，施工技術成熟，已廣泛使用。早期有糰狀施工貼法，對大型石材牆面而言，黏著力較弱，比較不適用，如圖3-59。台灣多地震，經過民國88年的921大地震，石材於牆面的貼法也有所變化，常見的有乾式固定工法，如圖3-60。對於石材各式貼法，如：石材牆面乾式工法、石材牆面溼式工法、石材地坪貼法與石材階梯貼法，敘述如下：

3-59　糰狀施工貼法

3-60　石材牆面乾式工法

3-6-4　石材牆面乾式工法

1. 依核准施工製造圖施作，由有經驗及技術良好之人員施工。
2. 石材安裝牆面清潔使無污漬，並提供現場安全擺放石材位置。
3. 檢查石材是否完整，若發現斷裂、缺口、污損之石材不予使用。

4. 檢查石材比對分類，深淺色大致相近，紋路方向一致。
5. 放樣施工基準線詳加確認，並與現場尺寸之丈量與核對。
6. 使用不鏽鋼或鍍鋅配件、吊用螺栓、接榫、錨、爪。
7. 石材反面先以環氧樹脂，膠黏錨五金配件使之牢固。
8. 施作面依吊掛配件鑽孔埋設膨脹螺絲，防止地震掉落危及安全。
9. 安裝石材表面應該垂直平整，板塊與接縫寬度應準確對齊。
10. 依石材廠商建議的填縫材料與方式完成接縫與石材面清理。
11. 施作完成應保護石材表面，工程完成才清除保護材料。

3-6-5 石材牆面溼式工法

1. 依核准施工製造圖施作，由有經驗及技術良好之人員施工。
2. 石材安裝的底層應將施工面鐵刷清掃牆面並且潤濕。
3. 檢查石材顏色紋路及完整性，並提供現場安全擺放石材位置。
4. 確認放樣施工基準線，並丈量現場施作尺度有無誤差。
5. 石材背面需切磨2個孔，磨孔在上下側各做出陰陽榫。
6. 使用可調升降架安裝最下段石材，拉水線，由下往上逐片安裝。
7. 上下暗接榫於安裝第二層時，以墊片間隔留出2㎜左右之勾縫，表面應垂直平整，接縫準確對齊且寬度一致。
8. 用鐵絲穿綁大理石背面，繫結於鋼釘，並依水平、垂直調整鬆緊。
9. 石材背面填充水泥砂漿應分3～4次填灌以防鼓起。
10. 依石材廠商建議的填縫材料與方式完成接縫與石材面清理。
11. 施作完成應保護石材表面，工程完成才清除保護材料。

3-6-6 石材地坪貼法

1. 依核准施工製造圖施作，由有經驗及技術良好之人員施工。
2. 石材鋪貼地面清潔泥土及雜物，並提供現場安全擺放石材位置。
3. 檢查石材是否完整，若發現脆裂或污損之石材不予使用。
4. 檢查石材比對分類，注意石材切割加工廠紋路方向編號。
5. 事先協調相鄰介面的工種和施工程序，使不同組件能配合施作。
6. 鋪貼工具應齊全，石材切口應平順整齊，室外鋪設遇下雨不得施作。
7. 施工地面鋪水泥砂漿基底，厚度約3～6公分，並刮平基底高程。
8. 鋪貼時在其背面塗佈益膠泥漿或純水泥漿，並留適當的伸縮縫。
9. 石材應在底層砂漿初凝前一次鋪貼完成，所以大都分段分次施做。
10. 鋪貼同時以木槌或橡膠槌平均敲打石材表面及校正調整伸縮縫。
11. 當石材背面與水泥砂漿完全密合，板塊與接縫寬度應準確對齊。

12. 鋪貼完成之表面，於3公尺內水平範圍，誤差不得大於3mm。
13. 鋪置完成二天內，周邊應設圍籬及警告標誌，禁止踩踏以免破壞。
14. 鋪設石材地板接縫以凹縫或平縫處理，以保持地表面的平整性。
15. 依石材廠商建議的填縫材料與方式完成接縫與石材面清理。
16. 施作完成水分透氣再保護石材表面，工程完成才清除保護材料。

3-6-7 石材階梯貼法

階梯石材之安裝：

1. 依施工詳細圖説所示及要求事項施作，並檢查備料是否無誤。
2. 需使用與鋪貼石材相同色系之水泥砂漿，安裝階梯踏板及立板，如圖3-61。
3. 階梯安裝由下而上，垂直接縫處全寬應以乾拌水泥砂與石材背面間空隙都應以水泥砂漿填滿，如圖3-62、圖3-63、圖3-64。
4. 砂漿終凝前應將接縫處耙深以備勾縫，如圖3-65。
5. 階梯石材施作每一階段須清潔周圍，並禁止行走，如圖3-66。

3-61 同色水泥灰水

3-62 滿漿

3-63 樓梯貼大理石

3-64 階梯水平校正

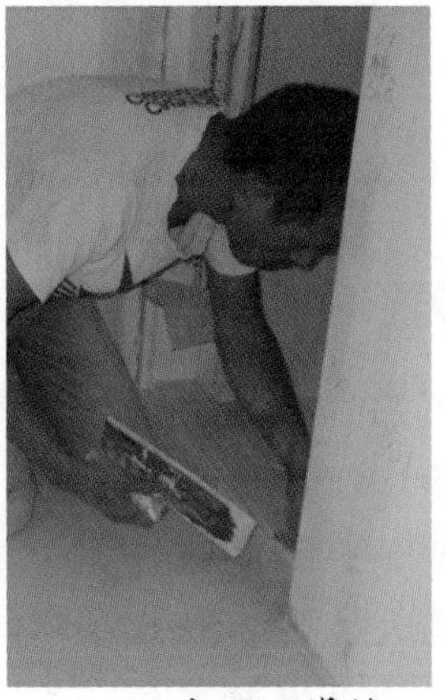
3-65 大理石填縫

3-66 階梯擦拭乾淨

3-6-8 石材貼作注意事項

1. 石材搬運需謹愼不能損壞，因事後修補都不會有原來紋路質感。
2. 工地須提供安全的石材存放地點，以免被污染或破壞。
3. 石材加工打樣，如面盆、水龍頭、插座、孔徑與間距須精確。
4. 石材加工加厚的材料需同一塊石材，結合的研磨需平整細緻。
5. 門檻防水處理要確實；塡縫以矽膠施做，以免滲水。
6. 施工完成3至5天石材上面不踩踏、放置重物或是使用酸鹼溶劑，以免造成石材受損。

3-6-9 石材美容施作與保養

當地面石材完工時，水氣揮發後，因應每種石材的顏色特別調製相近色料，對其接縫處塡滿專用塡縫劑，塡縫後需待凝固，再進行無縫研磨，等待細清之前再做一次防護晶化處理，使其石材表面到達晶亮與防水的優質效果。

牆面施作只適用做塡縫處理，無法做無縫研磨，因爲手工的牆面研磨，因力道的不均容易造成曲度不平與折光不均的問題產生。

一般平時保養以靜電拖把與吸塵器進行清潔即可，如果以清水清潔時候，一定要將拖把擰乾再行擦拭，以免石材吸入過多水分而產生變化。

3-7 水泥系列面材

常見水泥系列面材有抿石子、磨石子、斬石子、洗石子、水泥粉光、白水泥粉光、壓花水泥與噴水泥等，均屬爲墁灰工程，其施工步驟敘述如下：

3-7-1 抿石子

抿石子拌合使用的水，一般爲自來水，建築工地使用的水大多爲井水，因區域性的不同水質也不同，常含有較高的鐵或雜質，如果用來攪拌白水泥爲抿石子的材料，日後可能會引起變色，造成品質不佳。抿石子所用的石粒種類與色彩較洗石子工法爲多，且所用石粒與洗石子和斬石子所使用的石粒相比，一般洗石子和斬石子所使用的石粒在七厘至一分左右。爲與傳統洗石子有所區別而稱此種作法爲抿石子。

一、抿石子施工步驟

1. 請技術成熟，並具有技術士證照者來施工。
2. 施作位置雜物清理並做清潔。
3. 施工時應根據設計師的設計圖，並且與業主確認後，依現場丈量之實際尺寸繪製現場足尺大樣圖，經設計師認可，方可施工。
4. 抿石子所使用的水泥及石粉、石子之材料品質應符合施作工程有關之規定，其拌合比例按圖說規定，並應在拌合桶內拌合均勻，隨拌隨用，拌合超過一小時者不得使用。

5. 抿石子施工之底層砂漿須以一份水泥三份篩過之清潔乾砂以適量水混合，再以梳型鏝刀塗刷一層底層。
6. 依圖示種類材料及前規定材料，配合以一份水泥與1/2之石粒拌合，再和等份石粒拌合均勻施作面層。
7. 面層施作完成後，待水泥開始初凝時，即以海綿抹洗面層表面，使露出石子。
8. 抿石子施工完成後，整幅施工面應均勻清潔，不得混濁不清，並於乾燥後，以防止汙染之透明防水漆塗抹表面。

二、抿石子注意事項

1. 施工廠商欲施作前應先做樣品，送業主及工程司核定，並存工地，完工後之抹石子面應與核可之樣品一致。
2. 抿石子應依施工大樣圖所繪製設計施作牆面的分割勾縫施作。
3. 抿石底層粉刷打底需平整，不能用抿石子修飾不平整的凹洞。
4. 抿石子應連續施作完成，使用的水泥與石子需爲同一批貨源。
5. 不能一次完工時，須以壓條分隔，待其乾固再拆除壓條嵌縫。
6. 在石子表面，必須顆粒密度紮實，且鏝刀施力要將石子壓平整。
7. 白石子抿石建議勿用於戶外，因落塵量與污染大，適用在室內。
8. 以海綿擦拭表層水泥漿應常換洗，才能使每顆石子的表面亮麗。

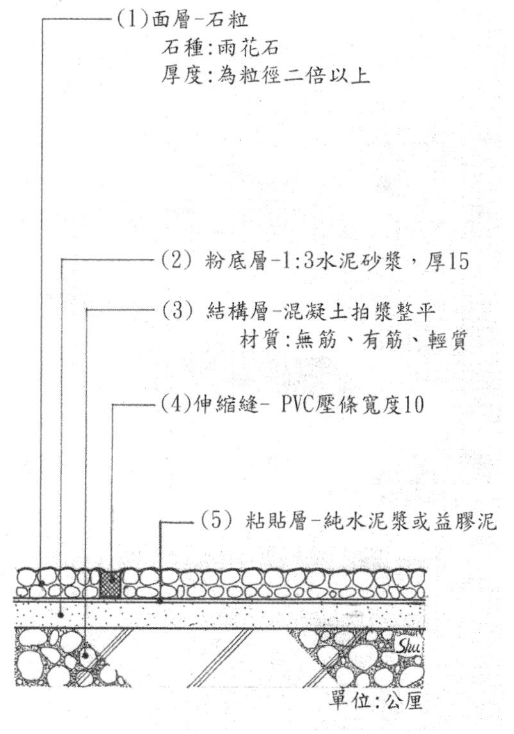

3-67　抿石子地坪施作

3-68　抿石子

3-69　海綿擦拭

3-70　抿石子完成

3-71　界面釘木壓條

3-7-2 磨石子

磨石子種類可分爲普通水泥磨石子、白水泥磨石子、顏色磨石子。磨石工法有加水的濕磨與手持式乾磨不同的運用，大面積平面常用加水的濕磨，樓梯常用手持式乾磨居多。其分隔條有嵌銅條磨石子、嵌不銹鋼條磨石子、嵌塑膠條磨石子、嵌壓克力條磨石子、無嵌條磨石子。磨石子地坪施工時，常使用到材料有水泥、石粉、寒水石。在崁銅條磨石子的正確施工程序爲：粉刷打底→裝銅條→粉刷上度→磨光，其詳細施工法敘述如下：

一、磨石子施工步驟

1. 依水泥粉刷工作步驟及配比粉刷施工底。
2. 水泥砂漿乾凝後，依設計圖在地坪上標繪出分隔線，並經由監工員核可。
3. 底層凝固後，應將銅條按施工圖説，以純水泥漿將銅條沿分割線黏合起來，銅條頂須平齊，黏漿須整條且兩面均黏，以免滚壓時脱位或倒下，其間隔不得大於1m，隔條之頂邊應較規定之磨石子面高出約2mm作爲磨耗度，各方塊之邊緣均應設有隔條。
4. 拌合:磨石子面層須用100kg大理石粒及50kg水泥之混合比例，先乾拌後加適量清水使成適當稠度之水泥混合物。
5. 若使用於地坪者爲6mm 至15mm混合者，台度或腳踏板者爲3mm至9mm混合者。
6. 材料須先乾拌至完全均匀，如爲顏色磨石子，則顏料應依樣品來決定。
7. 拌水須適量，使所拌成之塑體至不流動爲適當。
8. 將撒在銅條上之石子用金屬鏝刀撥開，並把它壓緊，以免用滚筒滚壓時，壓倒銅條。
9. 磨石子材料拌妥後，將它鏝塗於分隔內，應以較重之石滚或金屬滚筒滚壓密實，直至多餘之水泥乳及水分擠出爲止。
10. 磨石子面應保持潤濕，並應經至少6天之養護。

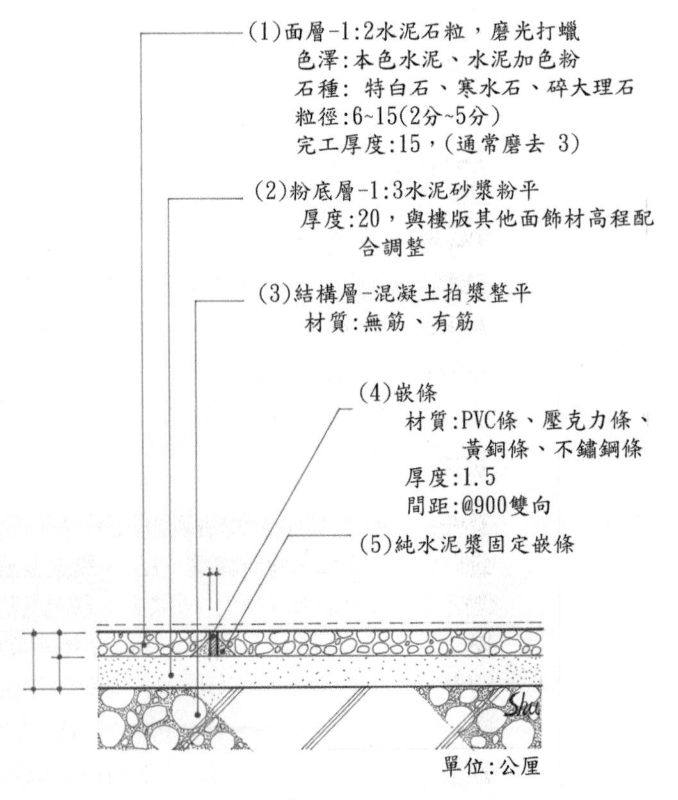

3-72 磨石子地坪施作

11. 所有磨石子工作除另有規定外均須用機器加水打磨，用24#磨石打磨表面平整，將泥漿洗乾淨並吸乾積水後，用同色水泥漿將磨石子面補平。
12. 水泥漿乾凝時間一般約48小時後，使用80#磨石磨至平滑，此項打磨工作應至少施行四次。
13. 磨石子面磨至平滑後，用水沖洗乾淨，磨石子面完全乾透後，用地板臘打磨二次至表面光滑爲止。

3-7-3 斬石子

一、斬石子施工步驟

1. 依經核准之施工製造圖施作，並由有經驗及技術良好者施作。
2. 將混凝土表面異物清除，必要時以清潔劑清洗，再以清水沖洗。
3. 依水泥粉刷工法，在施工底做木鏝刀水泥粉刷。
4. 依設計圖在牆面上標繪出分割縫，經核可後，在分割縫上釘馬齒形木條，木條須選用不吐色、不變形者。
5. 準備使用同一廠牌之水泥，以求施作色澤一致，將配合完妥之水泥石子調水，拌合至完全均勻方可使用。
6. 將牆面濕潤後，先塗水泥漿再用木鏝刀粉水泥石子至與木條平，然後用金屬鏝刀壓抹至緊密爲止。凝固期間應保持濕潤，以防急速乾縮龜裂。
7. 粉平之面積至7天或適度乾硬後，經工程單位同意，用斬斧斬砍3次以上，砍紋應精細均勻，不得過寬或過密，邊緣應注意不得損壞。
8. 斬線須互成平行，深淺相同，不得有過寬或過密之弊，邊框線應注意不可損壞。

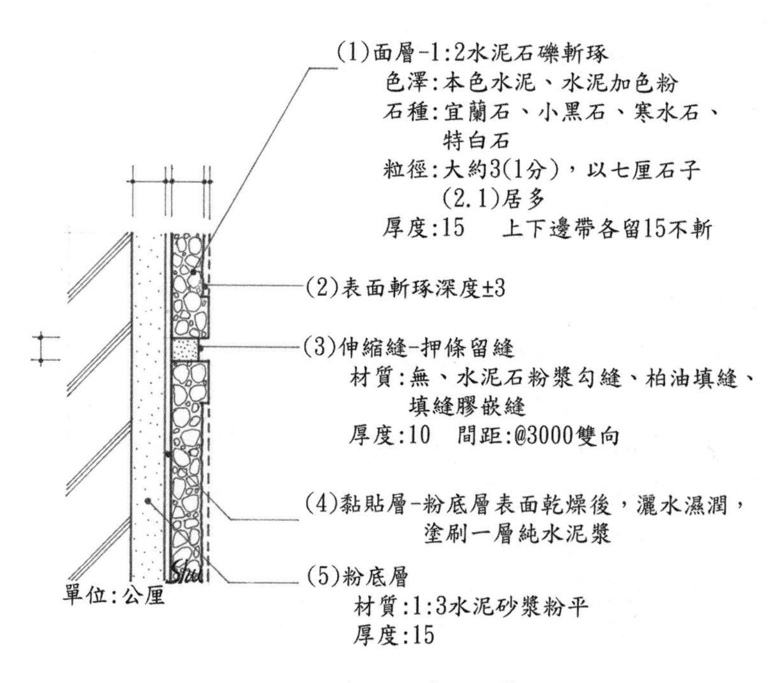

3-73 斬石子牆面施作

二、斬石子注意事項

1. 施工前承包商應做樣品送核，並依樣品標準施工。
2. 斬石子時間不可太短，否則水泥尚未乾凝容易產生脫殼，亦不可太久，否則會因太硬施工困難，通常適當時間約在7天左右。

3-7-4 洗石子

洗石子所使用的石子是粹石礫子，塗抹的過程須連續施作，待水泥初凝後，用噴霧水狀噴除表層泥漿，使露出石子表面。台灣建築在日治時期到民國74年間，是最常用的工法之一。現建築表層鋪貼材料改變，並因爲噴除表層的泥漿如未處理得當，會流入排水管內造成阻塞，另施作人員噴水過程穿著雨衣工作實爲悶熱，此工法已漸式微。其施工步驟敘述如下：

一、洗石子施工步驟

1. 依經核准之施工製造圖施工，由有經驗及技術良好之人員施作。
2. 洗石子粉刷之水泥、碎石種類與顏色，由工程單位指定，以求色澤一致。
3. 將混凝土或砌磚表面設置灰誌，水泥砂漿粉刷打底，並於水泥砂漿初凝時，將表面畫毛。
4. 底層乾透後，依設計圖說標繪出分割縫，在分割縫上釘馬齒形木條，木條須選用不吐色，不變形者。
5. 將水泥、石子依圖說配比，並拌半均勻，將打底牆面濕潤後，塗一層純水泥漿，用木鏝刀粉刷水泥石子至與木條厚度同之，再用金屬鏝刀壓抹緊密，並不留鏝刀痕。
6. 待水泥初凝，使用噴霧器自上端噴洗表面，將水泥漿洗去，使其露出密集之石粒，噴水距離不可太近，速度均勻，水壓一致，並用金屬鏝刀壓實緊密，洗出之石子面才會均勻美觀。

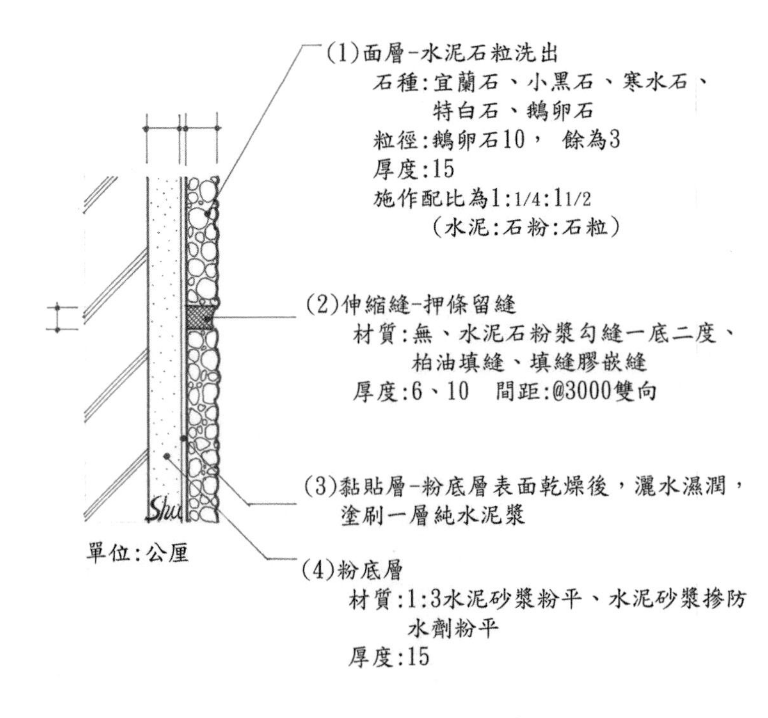

3-74 洗石子牆面施作

7. 洗石子完成後，整幅施工面應均勻清淨，不得混濁不清。
8. 洗石子工作完成待乾後，再起出木條，以純水泥漿或工程單位指示之材料嵌縫，若有特殊規定時得用透明防水劑保護。
9. 刮風或下雨不得施工，如施工中遇上述情形應即停工，受雨淋部分應即鏟去，天晴後再重新施做。

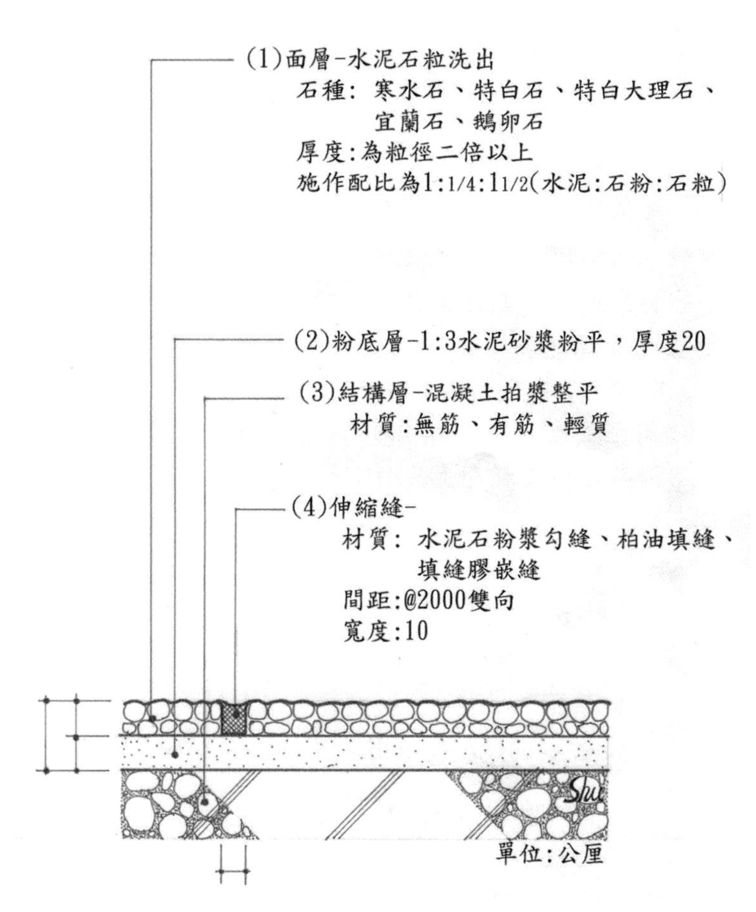

3-75 洗石子地坪施作

二、洗石子注意事項

1. 施工前應將施工面放樣分割妥當，經核可後方可施工。
2. 石子之種類大小與嵌縫顏色，放樣分格縫處，應由工程單位訂定，承包商並應做樣品供選樣參考。
3. 配合料不得參合海菜或其他化學膠合物。
4. 洗石子應由上而下，下層之石子很容易含水過多而脫落，所以不要一次塗抹太多，如含水過多時，可用乾水泥吸水。
5. 夏天洗石子或冬天北風面，常有乾凝過快，此時須用毛刷沾水輕刷濕潤。
6. 洗石子工程在乾凝後，如有崩脫情況無法補復原狀，所以事先須預留同配比之乾水泥石子，如遇上述情形，將木條隔縫內整塊剔除重做。

3-8 重點整理

一、認識泥作工程會使用到的工具。

二、了解磚牆和磚拱的砌法及施工步驟和注意事項。

三、了解水泥砂漿粉刷和防水工程的施工作業和注意事項。

四、認識磁磚的鋪貼工法。

五、了解石材系列的鋪貼工法和貼作注意事項。

六、認識水泥系列面材及施工作業。

3-9 習題練習

一、請列舉 7 種建築物室內裝修磁磚鋪貼工程所需之工具設備。

二、請寫出 4 項說明如何預防避免造成石材白華的現象。

三、請寫出建築物室內裝修泥作工程施工時，5 種常用的鏝刀名稱及用途。

四、已完成砌築之磚牆並初步完成牆面水泥砂漿飾面，擬進行室內牆面文化石(軟底)裝修工程，請依序列出其施工程序。

五、今有一裝修內牆欲採硬底工法鋪貼磁磚，原主體結構為鋼筋混凝土牆面，請寫出面磚鋪貼之施工程序。

六、請列舉4項室內裝修面磚鋪貼完成後應檢查哪些事項？

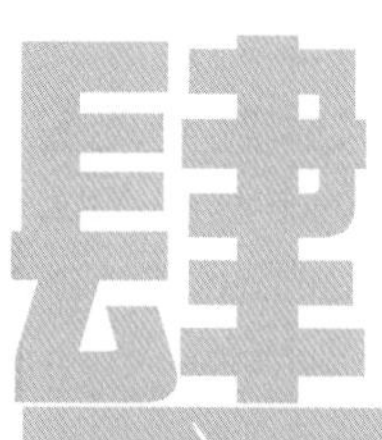

肆 輕鋼架天花板、高架地板與輕隔間

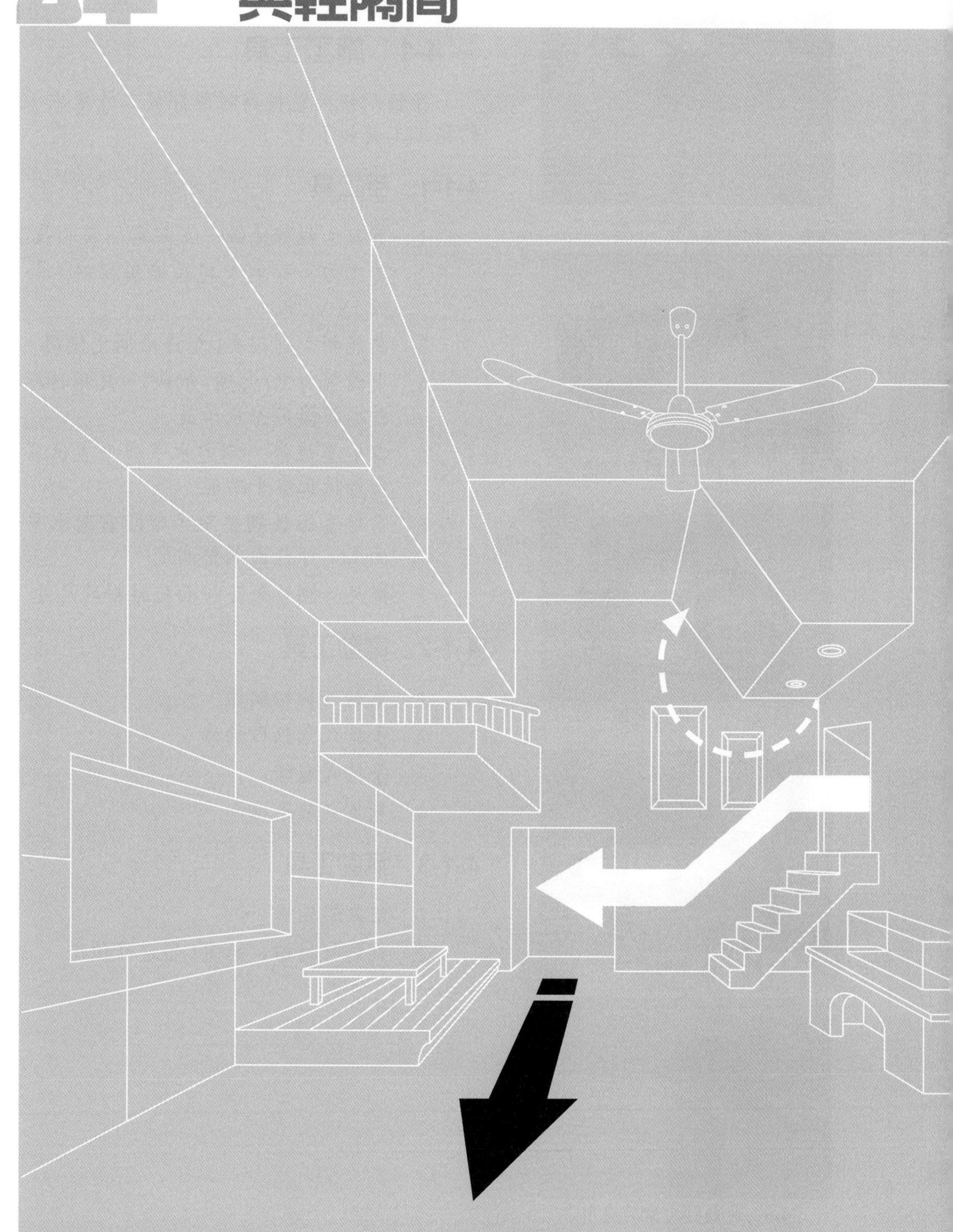

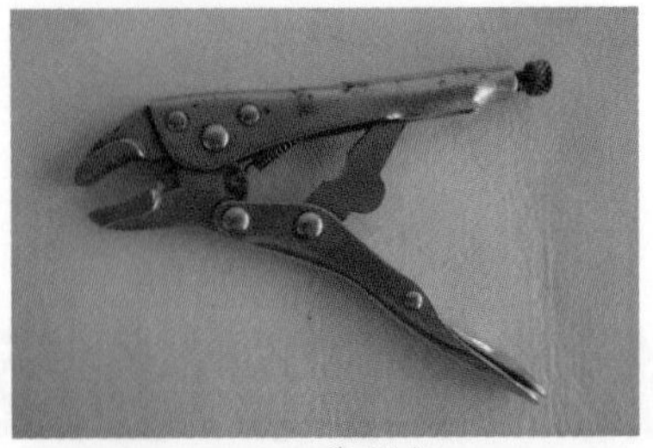
4-1　萬能鉗

4-2　火藥擊釘器

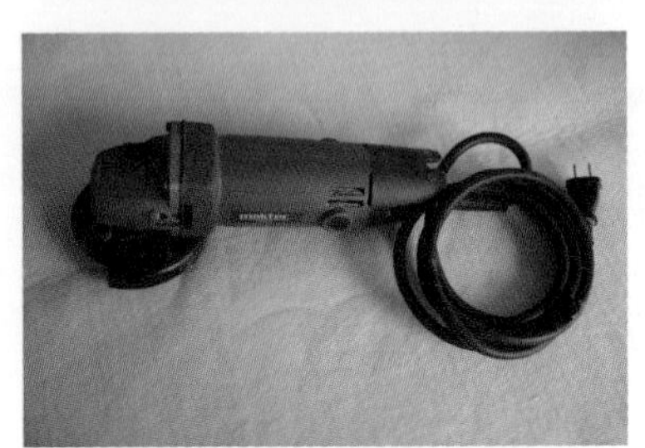
4-3　手持式電動砂輪機

4-4　手持式電鑽

4-5　氣動打釘槍

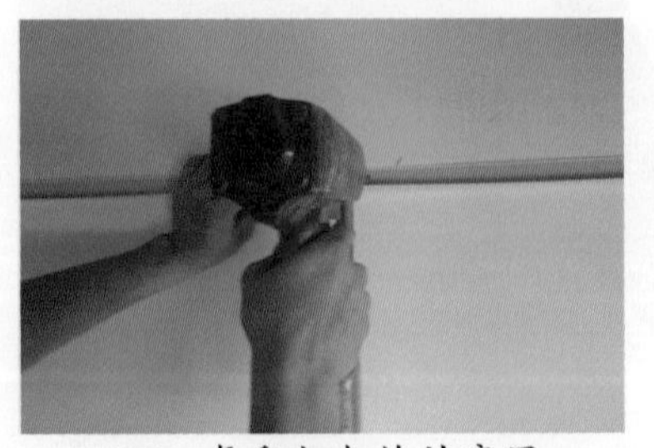
4-6　氣動打釘槍的應用

輕鋼架天花板、鋁合金高架地板與防火輕隔間提供了快速的卡式組合方式、施工迅速方便、拆卸簡單容易的特性，其優越的防火性能更是室內裝修施工作業的另一種選擇，本章節針對施工工具、材料與施作工法分別敘述。

4-1　施工工具

在輕鋼架天花板與輕隔間施工作業中，常使用的施工工具如下：

4-1-1　手工具

1. 剪刀：裁剪邊條、主架與副架的長度。
2. 美工刀：切割天花板面板材料，如：石膏板、PVC板。
3. 萬能鉗：副架與L型邊條固定使用。
4. 火藥擊釘器(火藥+鋼釘)：又稱竹桿槍，用於水泥樓板安裝吊筋。
5. 雷射墨線儀：測定水平與垂直儀器，具有自動校正水平功能。
6. 雷射墨線儀調整架：架設雷射水平儀於壁面上，可自由調整高度。
7. 捲尺：測量天花板面板材料的尺寸。

4-1-2　電動工具

1. 電動砂輪切斷機
2. 手持式電動砂輪機
3. 手持式電鑽
4. 充電式起子機

4-1-3　氣動工具

1. 空氣壓縮機
2. 氣動打釘槍：釘定L形邊條使用

4-2 輕鋼架天花板

輕鋼架是安裝快速且乾淨的天花板型式，比傳統木作內裝容易拆裝維護，使管線維修更爲便利。板材本身所具備可防火、吸音、隔熱的特性，符合現代對天花板的需求。依據輕鋼架天花板的形式的不同，材料也有所不同，常見的輕鋼架天花板有明架天花板、半明架天花板與暗架天花板，分別敘述如下：

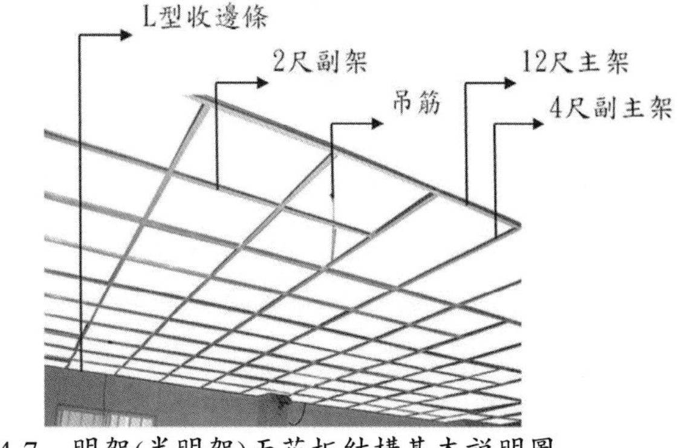

4-7 明架(半明架)天花板結構基本說明圖

4-2-1 輕鋼架天花板常用材料

一、明架、半明架天花板施工材料

1. L形邊條
2. 8尺或12尺主架
3. 4尺副主架
4. 2尺副架
5. L型固定片
6. 鍍鋅螺絲桿件吊筋
7. 2×2尺天花板板材

輕鋼架常用板材有石膏板、礦纖板、發泡板、PVC板、岩棉板、金屬烤漆板條、玻璃纖維板、美鋁板條材、金屬擴張網。

表4-1 明架、半明架天花板施工材料

名稱	L型收邊	主架	副架	吊筋
料質	熱浸鍍鋅鐵板	熱浸鍍鋅鐵板	熱浸鍍鋅鐵板	鍍鋅螺絲桿件
圖示	4-8	4-9	4-10	4-11

4-12 主架、副架

4-13 鍍鋅螺絲桿件

二、暗架天花板施工材料

1. 暗支撐架(又稱蜈蚣尺)：有8尺與12尺
2. 支撐架連接片：支撐架連結使用
3. 暗主架：嵌在支撐架，有8尺與12尺。
4. 暗主架連接片：暗主架連結使用
5. 暗主架鐵夾：夾住暗主架與連接片
6. L型固定片
7. 鍍鋅螺絲桿件吊筋：2分螺桿

表4-2　暗架天花板施工材料

名稱	暗支撐架 (加強型鋼槽)	支撐架連接片 (加強型鋼槽連接片)	暗主架連接片 (大百葉連接片)	暗主架 (大百葉)
料質	熱浸鍍鋅鐵板	熱浸鍍鋅鐵板	熱浸鍍鋅鐵板	熱浸鍍鋅鐵板
圖示	4-14	4-15	4-16	4-17

名稱	暗主架鐵夾 (大百葉鐵夾)	L型固定片	吊筋
料質	熱浸鍍鋅鐵板	熱浸鍍鋅鐵板	鍍鋅螺絲桿件
圖示	4-18	4-19	4-20

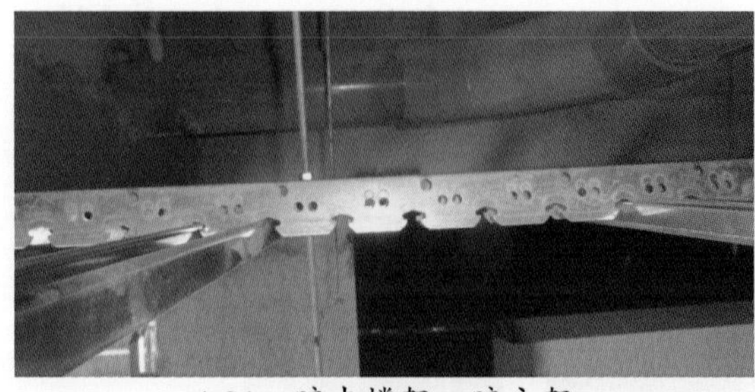

4-21　暗支撐架、暗主架

4-22　暗支撐架、暗主架

4-2-2 明架

整體構造爲懸吊的骨料及嵌入式覆蓋板材，特色在於施工迅速、拆裝方便，可搭配不同的天花板材，板材平置於框內、其設計精密，工程品質缺點少，骨架尺寸精密度要求高，可靈活作組合，於工程上的進度更容易掌握。

4-2-3 半明架

半明架的施工法，則是與明架工法同之，只是天花板板材爲立體版型，板材表面非平面，而是凸出成立體狀，約略可看到骨架的作法，較有立體感，如圖4-23、圖4-24。

4-23 板面凸出成立體狀

4-24 UT骨料＋立體板材

4-2-4 明架與半明架施工程序

明架天花板施工爲目前常用施工方法，其施工步驟如下：

1. 對施工場地先加以勘察無誤，依核准之施工圖說所標示天花位置及高度準確放樣。
2. 完成面水平放樣，雷射水平儀直接架置於要施工牆面，如圖4-25。
3. 在高度線牆面上釘好L型收邊鋁料：每條長度8尺或10尺，牆面四周邊先釘好，如圖4-26。
4. 安裝吊筋：將固定器與吊筋結合後，間距依施工圖內標示施作，最大容許間距不宜超過120公分，以火藥擊釘槍將固定器固定於水泥樓板或不同形式之吊法，如圖4-27。
5. 取第一支離牆壁4尺或120公分內，懸掛8尺或12尺主架，一般長型平面房間天花主吊架方向爲短向，但經觀察，目前吊架方向不一定爲短向，依施工現場設計師、業主與施工師傅多方討論後決定，如圖4-28。
6. 安裝橫向4尺副主架，再安裝2尺副架，調整骨架的2尺×2尺直角曲角，骨架完成，水平吊筋調整確定，如圖4-29、圖4-30。
7. 放置板材：先從四周邊排切割放置於框架內，再放置中間整片2×2尺板，完成後面板之水平度及耐風強度應符合規定，如圖4-31。
8. 如有褪色、破損、變形及沾污之天花板應更換至工程單位核可。
9. 現場廢棄物收拾，並將週遭環境清潔乾淨。

4-25
完成面水平放樣

4-26
安裝收邊條

4-27
安裝吊筋

4-28
懸掛12尺主架

4-29
橫向安裝4尺副主架

4-30
再安裝2尺副主架

4-31
放置板材

4-32
完工等待驗收

4-2-5 明架與半明架施作注意事項

1. 施作前，應檢查材料是否完整、無破損，及要安裝的位置表面狀況是否良好，未改善及天花板上方工作未完成前，不得進行。
2. 天花板之燈具、播音器、送風口等機電設備，會有額外荷重的問題，需要在設備安裝位置加設吊筋或支架，以增加天花板強度。
3. 安裝面板，應在天花板內水電、空調管線檢驗完成後，才可進行。
4. 如須裁切天花板材時，切口應整齊、平直不得有出現毛邊，若有不平整現象，應盡速作更換。

4-2-6 暗架

所謂暗架是將骨架藏於後，僅見天花板，未見任何骨架結構。暗支撐架上附有卡榫，可直接與暗主架卡合及定位，毋須配合板材左右調整移動，省去傳統各項配件組裝及封板工時，如圖4-33、圖4-34。此項爲取代傳統性木造天花板的施工方法，可搭配不同的板材，需二次施工，可普遍使用於住家或營業場所。

4-33 暗架天花板1

4-34 暗架天花板2

4-2-7 暗架施工程序

暗架天花板施作程序步驟如下：

1. 放樣：依設計圖示的天花板高度，以雷射水平儀標記天花板的水平位置，作爲施作基準線。
2. 吊筋裝設：吊筋規格需使用直徑6mm以上之螺桿吊筋，或依設計圖說之吊筋規格，以擊釘固定擊釘片於上層樓板底。主架方向其端部之吊筋，應設於自牆粉刷面起15cm以內，並且安裝吊筋擊釘時須注意避免破壞樓板內之管線。
3. 主架裝設：依所設計之暗主架間距，將暗主架裁切或以暗主架連接片相連接至所需之尺寸，卡入暗支撐架之卡榫內，即完成暗主架安裝。
4. 支架之裝設：將暗支撐架裁切或以暗支撐架連接片相連接至所需之尺寸，並與螺桿吊筋相結合即完成。
5. 水平調整：待暗支撐架、暗主架全部安裝完成後，以雷射水平儀或其他工具輔助調整其高低；調整螺桿吊筋時，先調四周，再調中央，使其完全達平直之要求。
6. 檢視預留維修孔：每一空間至少留一個維修孔可檢視閥門、空調盤管、閘門、過濾器、偵測裝置、開關、清潔口等。
7. 板片安裝：封板時，由板材中間開始鎖固，再向四周固定，每支暗主架處皆須鎖螺釘，螺釘鎖固後須陷入板面。
8. 板片邊料裁切：裁切板片時，量取所需的尺寸後，以導板使用美工刀或木工電鋸檯來裁切板材，切口須平順。
9. 設備器具安裝：最好是油漆完成後再行安裝燈具、空調出風口。消防灑水頭及其他一切附著於天花板上之設備。
10. 完工後並將週遭環境清潔乾淨。

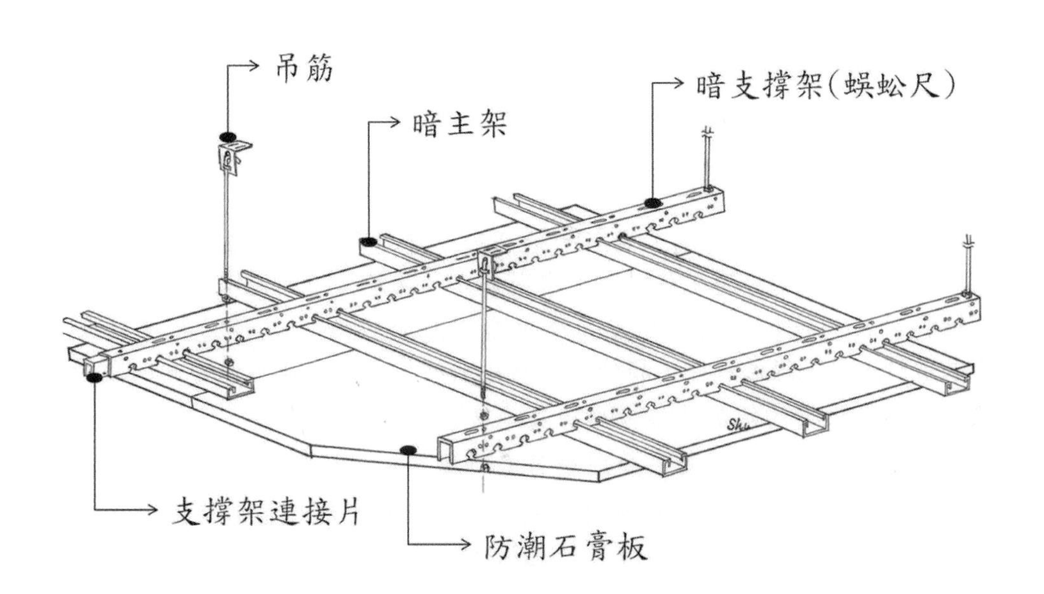

4-35 暗架天花板安裝

4-3 合金高架地板

現行室內裝修中的高架地板，以裝修木作的高架地板與合金高架地板居多，本節以敘述合金高架地板的產品材料、功能要求與施工作業程序。在合金高架地板常見到的有：網路高架地板、鋁合金高架地板、合金鋼高架地板、無塵室高架地板與靜電控制高架地板等。

高架地板適用場所：辦公室、一般電腦室、重型電腦室、無塵室、實驗室與居家空間。

4-3-1 合金高架地板施作工具

1. 雷射水平墨線儀
2. 雷射測距儀
3. 捲尺
4. 角尺
5. 墨斗
6. 美工刀
7. 矽利康槍
8. 手提電動線鋸機
9. 鋸台式切割機
10. 手持式電動砂輪機

4-3-2 合金高架地板常用材料

1. 基座：用以支承防振桁架、面板及設備人員承載量，並具可調整高度及水平之特性。
2. 防振桁架：跨設在各基座間用以防振。基座及防振桁架均須加裝接地導線及消音裝置。
3. 吸音墊片：可減少接觸點所產生的聲音。
4. 活動面板：爲預鑄式，60cm×60cm居多，表面材質多樣。
5. 其他配件：接線蓋板、空調蓋板、踏步台階坡道斜坡、接地銅網、蜂巢板、格柵板、PE保溫層、開孔、及側封。
6. 面板吸取器：具有吸盤可吸起任何一塊活動面板之工具。

4-3-3 合金高架地板施工程序

1. 架設鋁合金高架地板之施工場所，地坪如是建築物地下層樓地板，應作防水處理，除另有規定，應先施以防水水泥粉光；其餘樓層則先以水泥砂漿粉光。
2. 泥作粉光後的地板，須等乾燥到含水率不超過5%時，在原地板面及四周牆面依雷射水平墨線儀放樣，務使高架地板面維持水平，並確保各向間距精準。
3. 基座及防振桁梁均須加裝接地導線及消音裝置。
4. 凡無支架之地板邊緣，其基座間應另有斜撐等加固裝置。
5. 施工完成之整體構架應堅實耐用，完成後之地板每塊地板均可互換，不得有振動或搖動等現象，其表面應平整光潔，行走其上不得有聲音。
6. 遇到牆面與柱位有不規則之邊緣面板，應以整塊面板切割使用，不得以零料併接。

7. 接地系統測試及實際操作後確認無靜電干擾。
8. 施作完成高架地板前後，面板及隱蔽部分應清潔。
9. 吸取地板工具，以每房間一具，且每一工程最少2具，由承包商交於使用單位。

4-3-4 合金高架地板的優點

1. 地板構件工廠生產標準化，尺寸精準度高，施工容易及可互換性。
2. 高載重結構設計，水平架設完成，高度可依需求施作。
3. 可防潮溼、防銹蝕、防地震、防火災、防蟲蛀與防鼠咬。
4. 面材色澤多樣化、材質，功能性可依需求選擇配用。
5. 板面與桁架環保建材，可回收再製造、再利用。

4-4 輕隔間施工作業

室內裝修輕隔間牆工程，是需要同時配合平面、長度與高度等三度空間的工作，經常與泥作、水電、木作與塗裝等工程，有關聯性及配合的需要。

輕隔間是以輕鋼架或木角材作爲牆體的結構，以石膏板、矽酸鈣板等作爲表面材，再作牆面修飾，因重量比傳統磚牆輕，所以稱爲「輕隔間」。中空石膏板塊牆、鋼筋網複合牆、輕鋼架鋼網噴凝牆都算輕隔間牆面種類。

由於磚牆會出現龜裂、發霉、潮濕、壁癌等問題，木作的隔間牆無防火功能與隔音較差的缺點，二者相較之下，輕隔間具有良好特性，如：防火、防潮、隔音佳等，在室內格局需變動時，拆卸、變更都容易，是目前多重使用的選擇。依施工方式，又可分爲乾式輕隔間、溼式輕隔間，以下將分別作介紹。

4-4-1 輕型鋼材隔間常用材料

在輕型鋼材隔間常用材料有：U型上下鐵槽、C型立柱、加強橫撐、自攻螺絲、玻璃棉或岩棉填充材、石膏板、矽酸鈣板、纖維水泥板等，分別敘述如下：

1. C型立柱：熱浸鍍鋅鋼板滾壓成型，搭配U型上下槽成爲一般型乾牆隔間骨架。C型立柱的兩邊側翼均有止滑點之設置，具有封板時防止螺絲釘打滑之功能。
2. U型上下鐵槽：熱浸鍍鋅鋼板滾壓成型，搭配C型立柱成爲一般型乾牆隔間骨架。可配合地板工程需要，將側翼高度設計至適當高度。
3. 加強橫撐：熱浸鍍鋅鋼板滾壓成型，穿於C型立柱之衝孔，與立柱垂直。
4. 填充材（玻璃棉及岩棉）：依不同功能設計需要，填裝不同材質、厚度與密度之填充材，達到隔音與防火的效果。
5. 常用隔間板材：石膏板、矽酸鈣板、纖維水泥板

表4-3　輕型鋼材隔間常用材料

名稱	C型立柱	U型上下鐵槽	加強橫撐
料質	熱浸鍍鋅鋼板 滾壓成型	熱浸鍍鋅鋼板 滾壓成型	熱浸鍍鋅鋼板 滾壓成型
圖示	4-36	4-37	4-38

4-4-2　輕型鋼材隔間之施作程序

輕型鋼材隔間之施作程序爲：放樣→固定上下槽鐵→安裝立柱及加強橫撐→防火板安裝→水電配置→隔熱棉填充→檢視品質→第二面防火板安裝→表面修飾→驗收。其詳細施作敘述如下：

一、放樣

1. 依建築設計圖繪製各樓層施工詳圖，經業主工程師確認核可後，將現場隔間位置依基準線及施工圖放樣。
2. 建議於下槽鐵放樣時，加繪參考線，以便日後查驗。
3. 上槽鐵之放樣，以鉛錘或雷射垂直儀等爲之，使上槽鐵之放樣線與下槽鐵的放樣線確實在同一垂直面上。

二、固定上下槽鐵

1. 以火藥擊釘等方法依據放樣線固定U型上下槽鐵，於離槽鐵兩端5cm處各一支擊釘，其餘擊釘間距則不得大於61cm。
2. 若爲鋼骨結構且欲噴佈防火被覆，則須於被覆施作前銲接安裝上槽鐵用的鐵件。預銲鐵件的間距依設計資料或施工圖，每只鐵件點銲四處，每處銲道長10mm，並作防銹處理；安裝預銲鐵件亦可使用火藥擊釘固定。

三、安裝立柱及加強橫撐

1. 裁切立柱，使其長度比分間牆高度小10~15mm。
2. 依設計間距將立柱垂直扭套入上下槽鐵內，使其緊扣就位，除另有規定外，不可與上下槽鐵鎖固。除遇其他牆、柱或轉角外，同一隔牆之立柱開口方向須相同。其沖孔水平位置亦需相同。
3. 遇RC、鋼、磚構造牆柱交接面時，立一支C型立柱，以立柱腹板緊靠交接面，然後依上下槽鐵之固定方法固定之。於距此立柱10~30mm須加裝一支立柱。
4. 每120cm高度裝置一支橫撐，其搭接處須重疊且搭接長度須貫穿另一立柱。
5. 骨架安裝時，不可連接出風口，以免振動產生噪音。

6. 分間牆L型轉角或T型接合處，皆須依施工圖安裝立柱。
7. 門框處立柱須依設計資料或施工圖補強。
8. 防火窗開口須依設計資料或施工圖補強。
9. 吊掛重型物品處須依設計資料或施工圖加補強鐵片或U型槽鐵及補強。
10. 建議牆寬度超過9m時及配合建築結構之伸縮縫設置伸縮縫。
11. 骨架安裝完成後必須使成一平面，不能有扭曲變形的情形，以確保牆體平整。
12. 骨架完成後，所有銲接處皆須經防鏽處理。

四、防火板安裝

1. 封板時，防火板邊對齊立柱中心，且須從立柱開口方向封起。
2. 防火板與RC、鋼、磚構造牆柱交接面須留5~10mm的交接縫；與樓板及地板須留10mm的交接縫。
3. 裁切石膏板時，量取所需的尺寸後以鋼尺或堅硬的壓條當導板，用美工刀切開紙面並深入板心，折彎後再切斷另一面紙。裁切後之石膏板邊緣宜用梳刷器或其他工具刷平。亦可使用木工鋸或電鋸裁切石膏板或其他種類防火板。
4. 封板時除另有規定外，每根立柱處皆須鎖螺釘。多層系統非表層板之螺釘間距於板材側邊爲305mm，於非側邊爲610mm；單層系統或多層系統表層板之螺釘間距爲305mm，但牆面欲貼磁磚或石材者，螺釘間距須縮爲203mm。
5. 緊靠RC、鋼、磚構造牆柱交接面之立柱處不可鎖螺釘。
6. 螺釘於離板材邊緣至少9mm處鎖固，但螺釘不可鎖於上槽鐵。
7. 鎖螺釘應鎖至陷入板內約0.8mm。
8. 防火板的接縫不可與門窗等開口的邊緣在同一直線上。但若該接縫爲伸縮縫時，不在此限。
9. 於伸縮縫處，須依施工圖安裝石膏板及留10mm之間隙。
10. 石膏板接合處不必留空隙；其他防火板的接合處要留3~5mm的縫隙。
11. 表層防火板接縫處之斷面若非截角狀，則須以專用鉋刀鉋成截角狀，截角尺寸約3mm×3mm。
12. 封板後，牆體與地板交接縫應盡速填充防水膠泥，然後依圖説於牆體與地板交接之角隅塗刷防水層。
13. 埋入式出線盒開口處之防火板應挖一小孔，以利水電工程人員據以切出合適的開口。
14. 多層系統各層板的垂直接縫必須錯開。

五、水電配置及隔熱棉填充

1. 封第一側板後，配合立柱間距裁切填充材。玻璃棉寬度須能塡滿立柱之間且塞入立柱凹槽内。玻璃棉須以U型釘固定，由每片玻璃棉頂端開始固定，橫向固定2支，直向每610mm内固定1支。岩棉其寬度爲能佈滿立柱之間且塞入立柱凹槽内。

2. 確定牆內的管路、設備、填充材等都安裝完成，給水管路也加壓試水完成後，才可封第二側板。

六、第二面防火板安裝

1. 第二側最底層板的垂直接縫必須與第一側最底層板之垂直接縫錯開，其餘方法與注意事項和封第一側板相同。
2. 牆面外角處須安裝護角。若爲金屬護角，則以螺釘固定，固定間距不得大於150mm；若爲其他護角，則依原廠規定施作。
3. 伸縮縫處可以使用安裝伸縮飾條之方法處理，安裝方法如護角。
4. 分間牆與鋼承樓板間的空隙，須填塞防火棉。

七、檢視品質

1. 材料進場時
   (1) 材料規格是否符合合約或訂單的規定。
   (2) 材料的儲放場所、堆置方式是否妥當。
   (3) 損壞之材料是否適當處理或禁止使用。
2. 骨架安裝時
   (1) 放樣線是否合於施工圖。
   (2) 骨架規格是否正確。
   (3) 立柱與上槽鐵的腹板間是否留10~15mm的間距。
   (4) 立柱間距或橫撐間距是否正確。
   (5) 是否依施工圖加裝吊掛用的補強鐵片、立柱等。
   (6) 門框處之立柱是否正確地固定於上、下槽鐵。
   (7) 門、窗、水電管線、其他牆內配件是否妥善配合。
   (8) 出線盒是否適當安裝。
   (9) 銲接處是否有作防鏽處理。
   (10) 骨架組立後構成之平面是否平整。
3. 板材安裝時
   (1) 防火板及螺釘規格是否正確。
   (2) 螺釘之位置及間距是否適當，螺釘是否陷入板內約0.8mm。
   (3) 防火板接縫是否依規定錯開。
   (4) 表層防火板接縫處之斷面是否皆爲約3mm×3mm之截角狀。
   (5) 防火板與地板完成面間是否留有10mm的間隙。
   (6) 是否確實依規定留交接縫及伸縮縫。
   (7) 牆體與地板交接之角隅是否塗刷防水層。
   (8) 出線盒是否標示位置。
   (9) 是否確實安裝填充材。

(10) 是否正確安裝護角及伸縮飾條等。

(11) 封板完成後之牆面是否平整。

八、表面修飾

分間牆之表層板須依下述方法修飾。

1. 平面接縫

(1) 防火板接縫處的溝槽塗一道AB膠，AB膠須充分攪拌，並以披刀移除多餘的AB膠。

(2) 待AB膠完全乾後，塗上第一層膠泥，寬約100mm(若爲石膏板以外的防火板，須貼附玻纖網帶)。若牆面欲貼磁磚或石材者，免塗此層膠泥。

(3) 待第一層接縫膠泥完全乾後，塗上第二層膠泥，寬約200mm。膠泥乾燥後，若表面不夠平整，則以細砂紙磨平。若牆面欲貼磁磚或石材者，免塗此層膠泥。

2. 內角接縫

(1) 內角兩側塗第一層接縫膠泥，每側寬約100mm，再貼上紙帶，並用披刀抹平。

(2) 待第一層接縫膠泥乾後，一側塗第二層接縫膠泥，寬約150mm。待膠泥乾後，以同樣方法施作另一側接縫膠泥。完全乾燥後，若不夠平整，則以細砂紙磨平。

3. 外角護角

兩翼皆須塗三層接縫膠泥，第一層每翼寬約100mm，第二層約150mm，第三層約200mm，待每層乾燥後才可塗下一層，最後一層乾燥後，若不夠平整，則以細砂紙磨平。

4. 螺釘孔

所有螺釘孔均須塗二層接縫膠泥，最後一層完全乾燥後，若不夠平整，則以細砂紙磨平。

5. 交接縫

與地板之交接縫須填充防水膠泥，其餘交接縫須灌注彈性膠泥。

6. 伸縮縫

伸縮縫可用灌注彈性膠泥或安裝伸縮飾條之方式處理。若用伸縮飾條，表面須塗接縫膠泥，方式與外角護角相同。

九、驗收

1. 視覺偏差：以肉眼察覺之裂縫、凹凸、不夠水平、鉛直之處均須修正。
2. 牆面偏差：與垂直面最大偏差不得超過10mm。
3. 板上之凹凸：在600mm範圍內不得超出3mm。
4. 邊角：不夠方整之處，在400mm範圍內不得超出5mm。
5. 完工後依業主需求黏貼壁紙、批土刷漆或黏貼磁磚。

4-39 輕隔間放樣

4-40 隔間上下槽固定

4-41 輕隔間單側封板

4-42 輕隔間填裝吸音棉

4-43 輕隔間雙面封板

4-44 輕隔間完成

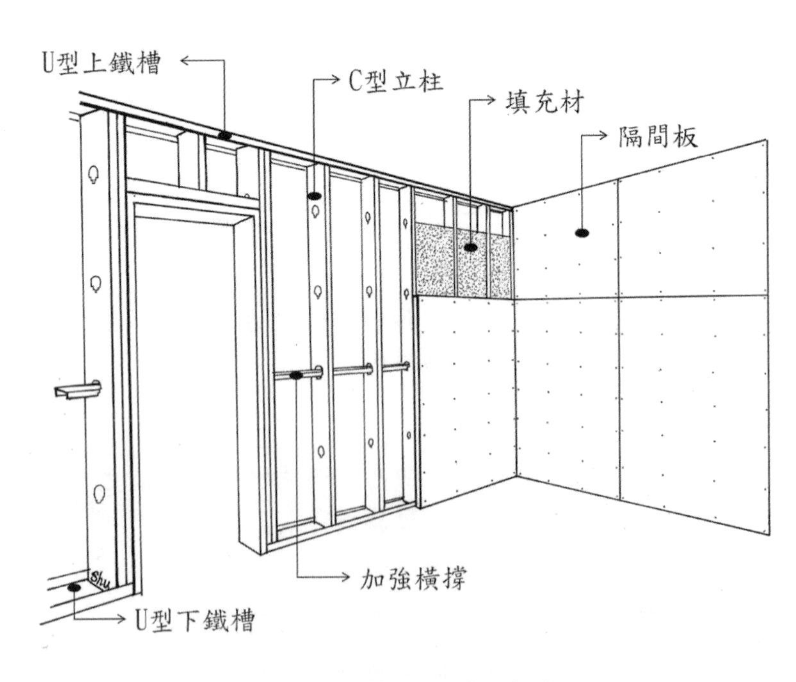

4-45 輕型鋼材隔間示意圖

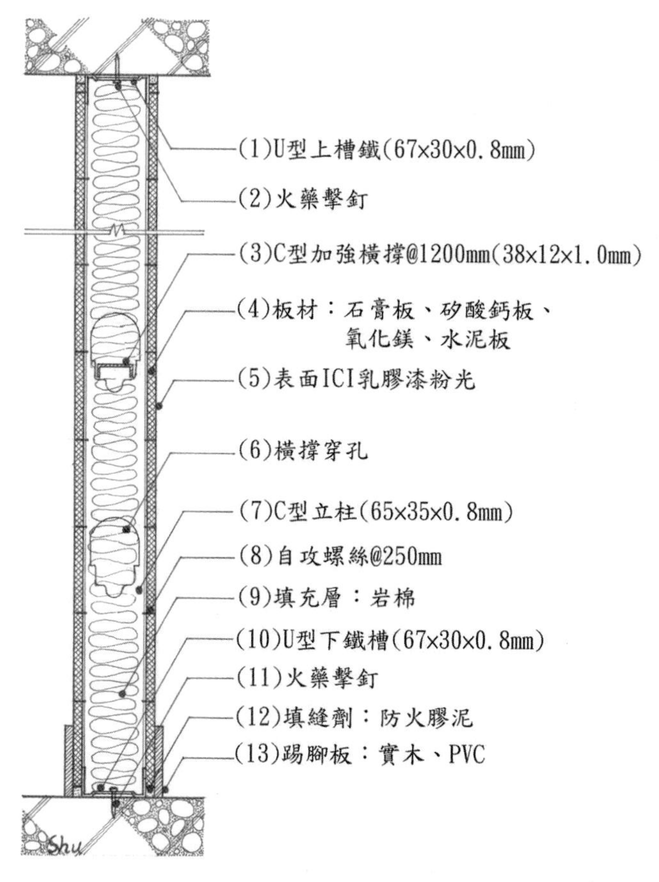

4-46　防火時效一小時之輕隔間剖面構造圖

4-4-3　輕隔間牆內填充材（玻璃棉或岩棉）

乾式輕隔間是輕鋼架與防火板材組合，在兩面板中間放入填充材，施作過程的工法與材料，簡單快速，完成後表面補土、批土、研磨、粉刷或貼壁紙修飾牆面。另外一提的是，隔間內常用的玻璃棉是12k，還有24k、36k及48k等，密度增加能改善隔音性能；常用岩棉是60k，目前還有100k岩棉，密度增加，防火與隔音更好。而在防火方面，因石膏板的隔熱性與防火性較其他板材好，所以若是隔間板材兩面都使用厚度15mm石膏板，隔間內可不用填充材，如圖4-47即可達到1小時防火時效。如隔間兩面使用厚度9mm矽酸鈣板，隔間內須加60k的岩棉，才能達到1小時防火時效，如圖4-48。

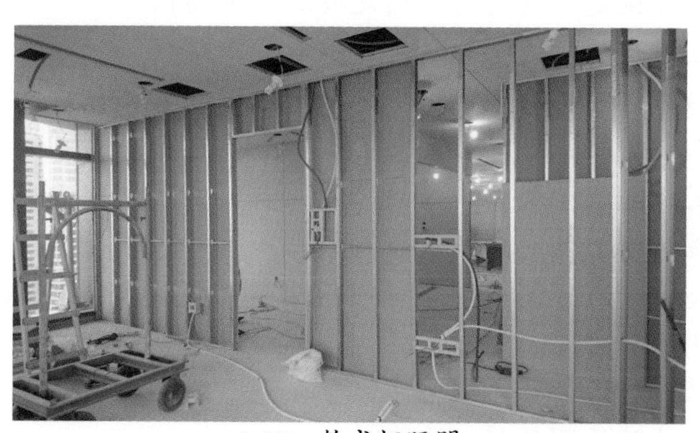

4-47　乾式輕隔間

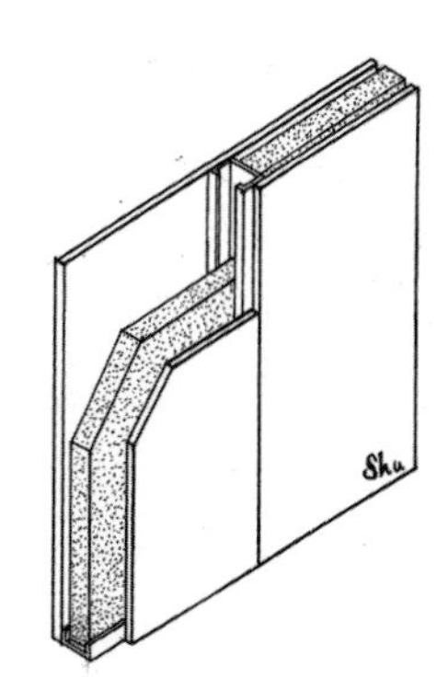

4-48　雙面單層內岩棉

輕隔間牆的特性：

1. 可拆裝組合搬運、縮短工期、施工方便、降低成本。
2. 具防火、隔熱、隔音、功能。
3. 減少牆壁重量，減少承載。
4. 表層平整易於處理面材，但不能承受外力。

4-4-4 輕隔間施作注意事項

1. 確認施工製造圖標示的隔間位置與門窗開口、尺寸。
2. 檢查骨架、防火板材與填充材是否符合圖說規定。
3. 精準放樣，彈墨正確，上下槽鐵需固定，不可搖動。
4. 立柱骨架依規定之間距套入上下鐵槽，頂端要有1~1.5公分空隙。
5. 面板螺絲鎖進骨料，並凹陷於板面，以利於補土。
6. 矽酸鈣接合處板與板之間要留3~5mm的縫隙；但石膏板接合處不必留空隙，表層石膏板接縫處之斷面需有約3mm×3mm之截角狀，以利AB膠填補。
7. 牆面掛液晶電視、冷氣或重物時，立柱需加強並加補強鐵片。
8. 檢查出線孔、插座或網路線等，並加強骨料鎖螺絲的位置。
9. 隔間內部填充材施作需確實，不可遺漏。
10. 第二面板的安裝完成，工地需清潔。

4-4-5 濕式輕隔間施作程序

骨架面板灌漿牆的工法與乾式之骨架式面板牆系統相似，其主要差異是將芯材以輕質漿料取代，而立柱爲配合牆體重量及灌漿壓力而採用較密之間距，目前廣泛使用於室內分間牆，一般俗稱爲「輕質灌漿牆」或「輕質流漿牆」。其施作程序敘述如下：

1. 應符合施工製造圖說，材料應正確與規範相符。
2. 精準放樣，各樣線位置應合於放樣圖，便於日後查驗使用。
3. 槽鐵擊釘應離終端處5~10cm擊第一支，其後每60cm一支固定。
4. 樓板平整，現場不能積水，樓板整體粉光或表面修飾應完成。
5. 立柱施作骨架與上槽鐵接合處應留1cm間距，沖孔位置應一致。
6. 立柱排列須朝同一方向，靠牆時反向組立，須與地面保持垂直。
7. 門框、窗框應確實補強。交接處、轉角處應固定於上下橫槽內。
8. 牆內水電配管工程完成且固定妥當，補吊掛尺寸位置需正確。
9. 板面螺絲鎖固依規定，離樓地板3cm處鎖第一支，離樓地板8cm處鎖第二支，其後每隔10~15cm鎖固一支，兩面板片接縫處應錯開。
10. 開孔位置應正確，封板完成面應平整，轉角護角應安裝妥當。
11. 管道間及水電管線切斷讓開處，如有縫隙應確實填塞。
12. 開灌漿口於牆底向上120cm~150cm開一灌漿口，頂端開口於頂端向下10cm處開口，如圖4-49、圖4-50。
13. 填灌漿材應飽滿，漿孔應密封，爆模時應馬上處理。
14. 牆面及地面水泥漿漏料應隨時清理乾淨。

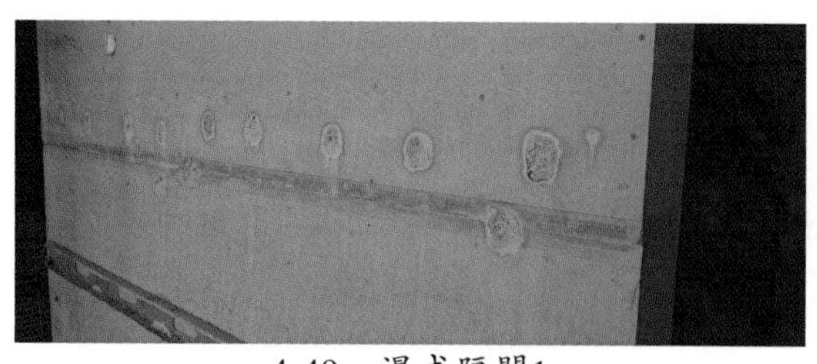
4-49　濕式隔間1

4-50　濕式隔間2

4-4-6　濕式隔間牆的特性

濕式隔間牆的特性：

1. 堅固、輕量化、空間增加、施工快速、配管簡單、降低成本。
2. 實心感、耐壓、耐撞，可掛釘，貼磁磚、石材或裝釘吊掛飾物等。
3. 防火，可達二小時防火時效。隔音、噪音阻隔可達48～52分貝。
4. 熱透係數低、防霉抑菌、防水、不龜裂、變形率低、表面易裝飾。
5. 隔熱、防潮、耐震，無石綿製品、工地清潔、品質控制容易。
6. 牆體完成與主結構交接處做彈性處理，頂端留間隙，底部固定滿足高層建築變位要求，功能性完整。

表4-4　輕型鋼材隔間系統與磚牆或RC牆比較表

	特性/項目	輕型鋼材隔間	1/2B磚牆或RC牆
01	重量	26.1KGS/m²	220~260KGS/m²
02	空間	牆體厚度9.5cm以上	牆體厚度12cm以上
03	防火時效	一小時以上，熱導係數0.38kcal/m²h°C，且因中空建築，熱度不易傳導。	一小時，熱導係數1.38~2.57kcal/m²h°C，實心建築易傳導熱度。
04	管路埋設	配管容易，骨架安裝後即可施工，不影響結構之安全。	埋管困難，磚牆須事後挖空，如施工不良會影響結構體安全，且易龜裂。
05	環境評估	無濕式工程之不便。	施工現場髒亂，易積水。
06	地震影響	質輕，尤其石膏板不易產生裂縫。	高重量，地震時裂縫不規則產生，尤其門、窗框處。
07	隔音	45~60dB	40~52dB
08	防潮性	石膏板可選用防潮型或抗水型，或選用水泥纖維板並配合防水處理之設計。	尚可，但因吸水性強，易長霉。
09	平整度	牆面平整度佳	人工修飾，牆面平整度不易控制。
10	吊掛能力	配合石膏板錨釘，可作輕型懸掛(15KGS以下)，15KGS以上懸掛另需橫向補強，依懸掛重量不同，使用鍍鋅鐵片或U型槽鐵。	可吊掛重物
11	敲擊感	單層系統無厚實感，耐撞性較差，雙層系統可改善此一缺點。	厚實感、耐撞性佳
12	內牆改修	快速、容易、乾淨	緩慢、笨重、雜亂

4-5 預鑄式輕隔間牆

在預鑄式輕隔間牆中有白磚牆、陶粒板牆、石膏磚等，可適用在室內分間牆、圍牆、隔音牆、浴廁隔間牆等，可用於建築物室內裝修預鑄式材料與施工工法。

4-5-1 輕質白磚

輕質白磚ALC是Autoclaved Lightweight Concrete的縮寫，ALC所代表的是自發氣輕質混凝土的製程，並不是一種磚體的名詞，材料製造只要經過這樣的生產製程，都可稱爲ALC產品，輕質磚單位是以乾重作爲主要判斷依據，只要在相同體積下，其重量小於傳統磚體的重量，都可稱爲輕質磚。

白磚成份是由矽砂、水泥、石膏、石灰、鋁漿與水攪拌灌置，經養護後精密切割而成。白磚牆隔間爲無機礦物發泡結構體，內涵豐富均勻的小氣泡，是一種結晶氣泡輕質混凝土，目前在輕隔間系統中接近傳統的隔間方式，施工程序簡單，是替代傳統紅磚牆隔間的另一選項。台灣在多地震帶，施作時需考量加強防止龜裂的工法。

白磚牆優點是施工快速，疊砌省工、省時，質輕堅實、隔絕性佳防火安全、又兼具節能且安全環保。

4-5-2 白磚牆隔間施工步驟

白磚牆隔間施工步驟如下：

1. 備料：材料準備進入施作場所，安全放置。
2. 檢視圖說：詳細核對施工圖說無誤。
3. 放樣：依圖說訂出隔間位子，並彈出墨線。
4. 第一層打底：使用專用膠泥打底，需等待乾固。
5. 逐層疊砌：並精密調整磚牆水平及垂直，並分階段再砌至頂端。
6. 接縫處理：縫隙填抹專用黏著劑並抹平，如圖4-51。
7. 水電配管：開關、插座、水管電路切割板材，埋入暗管配置，如圖4-52。
8. 防裂批土：防止砌築完成牆面裂痕，施作專用粉光批土。
9. 施作完工：檢視圖說無誤，完工後並將週遭環境清潔乾淨。

4-51 接合處以水泥砂漿抹平

4-52 水電配管

4-5-3 預鑄式陶粒板牆

陶粒板牆，簡稱爲CFC，是Ceramic Ferro Concrete Panel的縮寫，它是混合了陶粒、水泥、砂與發泡劑，內部加入竹節鋼絲網灌置而成，經蒸氣養護12小時後，以石材切片方式，切成各種厚度的板片，陶粒密度小，具有不吸水孔隙，有一定強度和堅固性，本身質輕耐腐蝕與抗凍，是良好的多功能建築材料。陶粒板內含陶粒比例如越多，其防火係數就越高。

陶粒板牆除了質輕、施工快速外，更有防火、隔熱、隔音、耐震與可釘掛物件的優點。施工完成牆板表面平整度與石材表面一樣，表面有細微孔隙，不需要粉光就可直接貼磁磚或貼壁紙。如果要刷漆，要先批一層水泥漿，類似清水模的批土施作方式，再批土磨砂刷漆。

4-5-4 預鑄式陶粒板牆施作程序

陶粒板施工步驟如下：

1. 備料：材料進入施作場所，安全放置。
2. 檢視圖說：詳細核對施工圖說無誤。
3. 放樣：依圖說訂出隔間位子，並彈出墨線。
4. 安裝上下槽鐵：使用火藥擊器或釘槍固定上下ㄇ型或L型槽鐵。
5. 板材裁切：依隔間所需尺寸裁切板材。
6. 板材組裝：板材套入槽鐵，以蝴蝶夾固定，並調整板面平整度。
7. 接縫處理：陶粒板接合處以水泥砂漿抹平，中空處灌水泥砂漿。
8. 水電配管：開關、插座、水管電路切割板材，埋入暗管配置。
9. 安裝完成：檢視圖說無誤，完工後並將週邊環境清理乾淨。

室內裝修隔間種類繁多，日新月異，廠商精心研發隨時推出最新工法與材質，整理表格比較如表4-5。

表4-5 各式隔間牆比較

	紅磚	木作牆	石膏板	石膏磚	保麗龍粒子灌漿牆	白磚牆	陶粒板
材質	紅磚	角材 +矽酸鈣	C型立柱 +石膏板	石膏磚 +黏著劑	水泥 ＋保麗龍	氣泡 混凝土	水泥 +陶粒實心
厚度	1/2B	6cm	10cm	9~15cm	10cm	10cm	8~10cm
材料尺寸	CNS382 20×9.5 ×5.3cm	3×6尺 4×8尺	3×6尺 4×6尺 4×8尺	40×60cm	240cm	30×60cm	200~420 ×50cm
重量	230 kg/㎡	25 kg/㎡	42 kg/㎡	75~106 kg/㎡	80 kg/㎡	50~60 kg/㎡	55~85 kg/㎡
防火性	2小時	1小時 CNS12514	1小時	3~4小時 CNS12514	1小時	2~3小時 CNS12514	2小時 CNS12514
隔音值檢測	48db	30db	56db 雙層	42~50db	42db	38db	8cm 44db

	紅磚	木作牆	石膏板	石膏磚	保麗龍粒子灌漿牆	白磚牆	陶粒板
防水性	不怕潮	不易發霉	不易發霉	可防潮	不易發霉	可防潮	不怕潮
釘掛膨脹螺絲	可釘掛膨脹螺絲	不能	不能	可釘掛膨脹螺絲	可釘掛膨脹螺絲	可釘掛膨脹螺絲	可釘掛膨脹螺絲

4-5-5 石膏磚

石膏磚內含天然結晶水結構，簡稱二水石膏、生石膏，故高溫流燒於牆面時，磚體中的結晶水會精油滲透，分解圍繞在牆體表面材料上，故形成一道耐火且可快速降溫之防火牆系統。

石膏磚在設計上四周採用凹凸榫接的方式以強化疊砌時的牢靠性，搭建時使用石膏磚專用的黏劑與固定鐵件加強固定。磚體外側平整美觀無需再粉光磨平以增加施工的便捷性。

石膏磚質地較軟，當砌完磚再施作水電打鑿管溝配管，相較紅磚施作上石膏磚牆面較為容易。

4-53　石膏磚隔間

4-54　石膏磚專用固定鐵件

4-6 重點整理

一、應了解對輕鋼架天花板的工具與材料認識。

二、應了解對輕鋼架天花板的形式與施作程序。

三、應了解對輕隔間材料認識。

四、應了解對輕隔間施作程序與注意事項。

4-7 習題練習

一、一般室內裝修輕隔間牆輕鋼骨架之間柱(立柱)安裝施工，其要求為何？請至少列出 7 項。

二、請列舉 7 項符合建築相關法規規定耐燃三級以上之輕質隔間牆材料。

伍 裝修木作

本章節裝修木作工程之敘述，使能瞭解木材的種類與木材的性質，正確辨別針葉樹材與闊葉樹材。並在天花板、隔間、壁板、地板、櫥櫃材料名稱及品質，對於裝潢木工施工步驟及工法熟悉、能與施工技術人員有良好溝通，並做好符合施工圖說之規定。

5-1 木屬材料認識

木材爲天然材料，也是古老的建築與裝修材料之一，一棵樹從砍伐之後成爲原木材，原木材剖鋸開後稱爲製材品，再依不同的取材方式與規格大小而價格有所差異，所以木材的裁切會牽涉到有效切割規劃下之最大用材的考量，就是在同一斷面中求取最小的木材損耗量，也是木材切割的最高製材利用率，依木材不同的部位所切割出來的製品，可分爲板材、割材及角材。

5-1-1 木材的構造

在認識木屬材料的特性之前，必須先認識木材的組織：木材依組織來分，可區分爲髓心、木質部、形成層、樹皮、年輪、心材與邊材，如圖5-1。

1. 髓心：樹木在最初成長時，負責傳輸營養的部分，其核心處有柔軟的圓形木髓。
2. 木質部：髓心到樹皮之部分，爲木材之主要部分。
3. 形成層：木質部與樹皮之間的一層活動細胞組織，秋材較春材緻密而堅硬，含秋材量多的木材，其比重及硬度都較大。
4. 樹皮：樹皮的功用是保護樹幹，可抵擋外界劇烈溫度之變化，亦可減少蟲害的侵蝕。
5. 年輪：年輪是樹木生長年代的表徵，每層均成同心圓形狀，每個年輪，都是由春季與夏季生長的「春材」及夏季過後生長的「秋材」所組成。春材部細胞較大，質地粗而柔軟，秋材部則反之。
6. 心材：由樹幹的橫切斷面觀察，可看出樹幹中心部分與外圍部分的色澤不一樣，中心部分色澤較深，含水量及滲透性低，質量重，耐朽性較強，富有經濟價值，稱爲心材。心材材質堅硬、具耐久性且木紋緻密，可鉋削出較平整紋路。
7. 邊材：由樹幹的橫切斷面觀察，樹幹外圍部分的色澤較淺，含水量高，較易腐朽而遭蟲害，經濟價值較低，稱爲邊材。
8. 木材所含水分在某種溫度與濕度下，與大氣濕度達成平衡狀態的時候，稱爲平衡含水量。室內裝修用實木角材含水率應在18%以內較好。
9. 木材人工乾燥的方式有：熱氣乾燥法、煮沸乾燥法、高週波乾法。

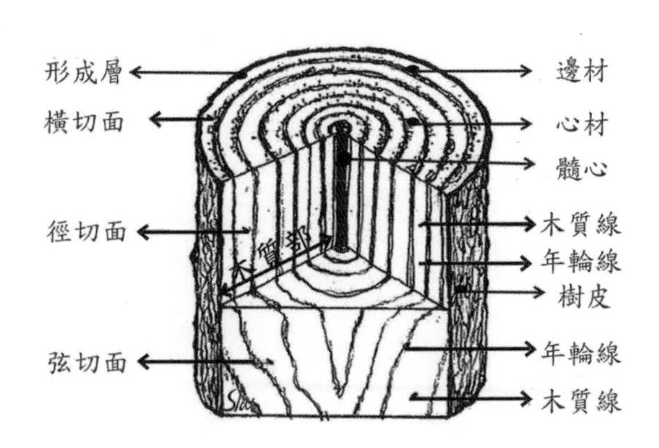

5-1　木材三切面圖解

5-1-2 木材的種類

一棵樹木要成材少說要三、四十年，多則三、四百年以上，像是台灣棲蘭山，一年大約只有三天不起霧，一棵直徑五十公分的台灣檜木其生長的時間需達四百年，因此珍惜木料使用是必需的。臺灣位居亞熱帶，山地面積爲大部分，所以樹木的種類非常豐富，約在八百餘種以上，但並不是每種林木都可取爲木作材料。就以台灣目前在木材交易市場常用的木材的種類如下：

1. 台灣產針葉木

   紅檜、扁柏、肖楠、台灣杉、香杉、柳杉、鐵杉、雲杉、杉木、馬尾松、琉球松、羅漢松。

2. 台灣產闊葉木

   牛樟、櫸木、烏心石、桃花心木、相思樹、茄苳、楠木、楓香、苦楝、木荷、光蠟樹、江某、赤楊、樟樹、梧桐、泡桐、油桐、無患子、印度紫檀、土肉桂、毛柿、杜英、百千層。

5-1-3 台灣常見的商用木材

台灣目前進口的相關木材種類，一般會使用國際常用的商用木材，商用木材就是聯合國環境組織有管控，進出口品質穩定的木材，其可開採的數量大，在國際上已經清楚分類使用類別，如家具材、枕木材、特殊工程類等用途，其在國際文獻中約有三百至五百種之多可供選擇。台灣市面上常見商用木材的種類如下：

1. 進口針葉木：

貝殼杉	Agathis
白松	White pine
檜木	Cypress
花旗松	Douglas Fir
雲杉	US spruce
鐵杉	US hemlock
柳杉	Cryptomeria japonica

2. 進口闊葉木：

柚木	Teak	赤楊	Alder
花梨木	Apitong (Keruing)	南洋櫸	Selangan batu
橡木	Oak	南洋桐	Jelutong
白木	Ramin	櫻桃	Cherry
栓木	(Ash)	油仔	Keruing
胡桃木	Walnut	阿匹頓	Rose Wood
楓木	Maple	春茶	Nyatoh
波羅木(鐵木)	Merbau	柳安(美蘭地)	Lauan (Merraanti)
桂蘭	Mersawa	山毛櫸(水青岡)	Beech
柳安	Lauan		

5-1-4 原木製材

製材的定義：

將整支原木剖鋸成不同規格之板材(boards)、割材(scantling)或角材(sawn timbers)，以供做建築、土木、家具或裝修製造之用，此過程稱爲製材。其所製成的板材、割材或角材統稱爲製品(lumber)。

依CNS442之規定，對於板材、割材、角材之說明如下：

板材(board)：木材厚度0.6cm以上、3cm未滿、寬9cm以上之制材品。

割材(scantling)：厚度小於7.5cm、寬爲厚度四倍未滿者。

角材(sawn timbers)：最小橫斷面方形之一邊6cm以上，寬爲厚之三倍未滿者稱之。

一般原木是由貯木場搬運至製材廠，先鋸成所要之長度，而後再剖鋸成所定尺寸之材料，因此製材時，會依顧客所訂製的尺寸，加以鋸切成板材或角料。

製材後所得的可用木材常僅爲原木的60～70%左右，有時候甚至於更低，其餘皆爲廢料，製材後所得的可用木材百分比，稱爲製材率，要有高的製材率，除了原木須無缺點，製材的鋸切方法也有很大的關係，一般製材工廠師傅都有豐富經驗，能剖鋸最大製材率。而現今剖鋸完成的廢料，其實都能有效的運用至其他功用。

一般原木製材方法主要分爲平鋸法(Flat Sawing)與象鋸法(Quarter Sawing)。

一、平鋸法 (Flat Sawing)

平鋸法又稱弦切法，如圖5-2是最簡單且普遍的原木鋸切方式，而平鋸法可得弦面板。平鋸法切法簡單，由原木的一邊開始鋸切，使各鋸路成平行的鋸切方法，用弦鋸法鋸切時製材率較高，廢料較少，適於大量生產，如圖5-3，所鋸切下來的板材，大部份爲弦面板，其弦面板收縮膨脹率大，易反翹，弦面板所見之紋理大都爲山形紋或雲形紋，如圖5-4。

5-2　弦鋸法1

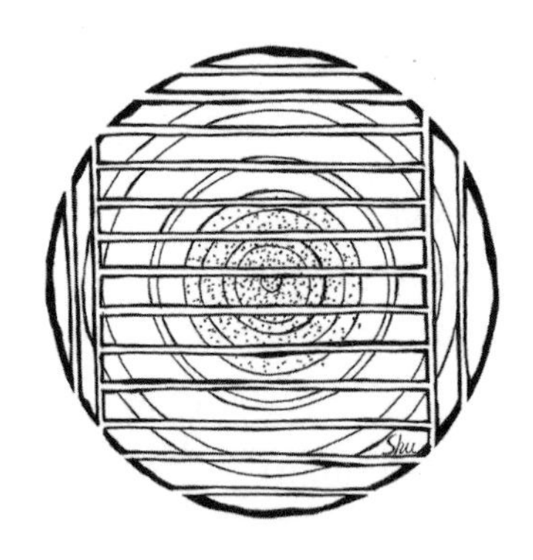

5-3　弦鋸法2

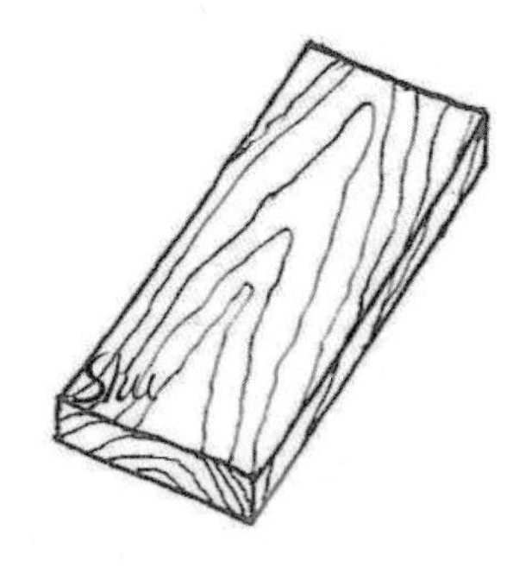

5-4　弦面板(MOKU)

二、象鋸法 (Quarter Sawing)

象鋸法又稱徑鋸法、十字法，如圖5-5，爲了刻意使鋸切下來的板材爲直紋徑面板時，象鋸法是使鋸路與年輪幾乎成垂直的鋸切方法，取材時所得之寬幅板較少，損失較大，製材率較低，象鋸法是先將原木鋸成四塊，鋸切時翻材次數多，導致產能比較低、木材利用率也低，如圖5-6，然後再分別鋸切成板材，所得的板材均爲徑面板，徑面板的收縮膨脹率低，尺寸安定性較佳，不易翹曲變形，板面較少花紋，不如弦面板美觀，如圖5-7。

5-5　徑鋸法1

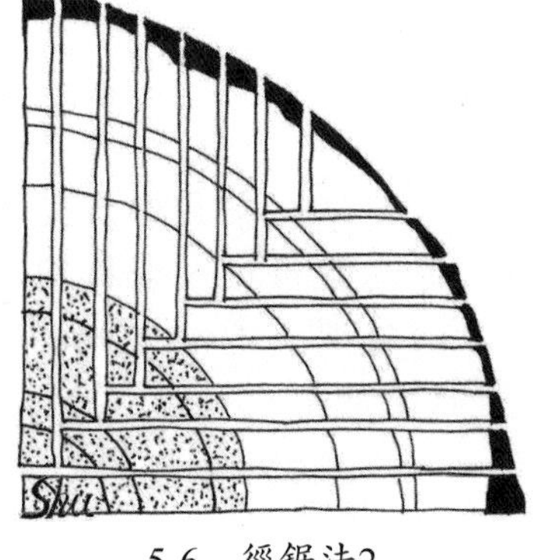

5-6　徑鋸法2

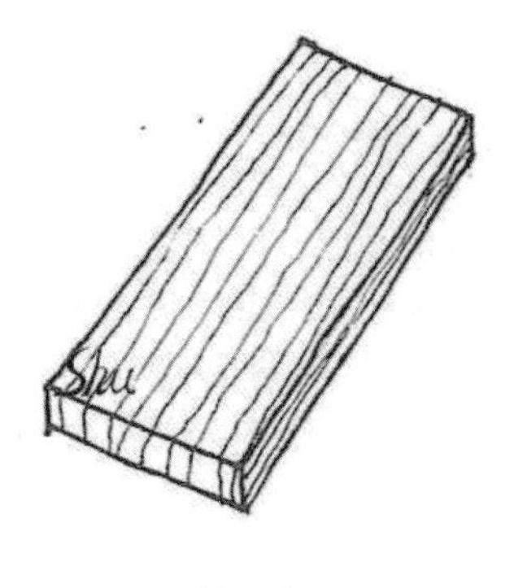

5-7　徑面板(MASA)

5-1-5　木材材積的計算方式

木材計算時以材積爲單位計價，木材材積計算計分爲圓木、正材、毛木。材積單位在各國甚至一個國家中的各地因計價習慣性而會有所不同。常見相關的材積單位分別說明如下：

1. 公制材積算法：1m×1m×1m=一立方公尺=359. 37才
2. 台制材積算法
   (1) 角材1才=1台寸×1台寸×10台尺=100立方台寸口訣：寸×寸×丈，如圖5-8。
   (2) 板材1才=1台尺×1台尺×1台寸=100立方台寸口訣：尺×尺×寸，如圖5-9。
3. 英制材積算法：1板呎(B.M.F)=1呎×1呎×1吋

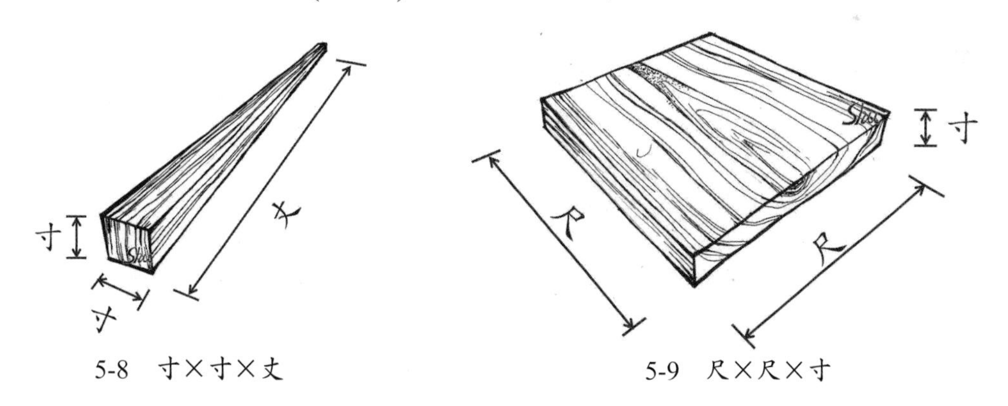

5-8　寸×寸×丈　　　　5-9　尺×尺×寸

5-2　木屬材料加工

木材加工的定義：

木材加工(wood processing)可說是以木材爲材料，使用物理或化學的方法，改變其外觀甚至性質，使成爲另一產品，此過程稱爲木材加工。

實心的木材實屬珍貴，鋸取大板面不易，故在日新月異的室內裝修材料中，已不符合經濟原則，所以價廉物美的加工合板、夾板、木心板、粒片板、纖維板、定向纖維板(Oriented Strand Board)與各式科技板材等應運而生，早已大量使用於當今的室內裝修市場，且木材在裝修工程中的優點是加工容易，可縮短工程施工期限，且能吸收衝擊與震動。

5-2-1　板材

板材的加工製造，可提供室內裝修、家具與各式木製品之所需，最爲常見的合板、木心板、粒片板、纖維板、定向纖維板、合板印花、合板貼面、合板嵌花、合板壓花、防腐合板製造、合板表面處理、木心板加工處理、防火合板製造、裝箱用合板製造等，就以經常使用材料敘述如下：

一、合板

合板又稱夾板，是將木材經旋切或平切製成單板(veneer)、薄片，用樹脂經高壓三片單板膠合而成，最上層爲面板，板面較佳，中層爲心板是較差的單板，最下層爲底板，材質次於面板，木理方向垂直重疊膠貼，必須是奇數層，以使最上層與下層的單板同一木理方向，另有五層、七層、九層的合板，合板厚度由2.7㎜～30㎜均有，如圖5-10、圖5-11。製作完成的板材須符合國家標準CNS1349之低甲醛標準。

合板是以奇數層之薄木單板經烘乾後，黏著而成，其各層之木板纖維方向是互相垂直相交拼成，所以合板的長、寬方向強度接近是其主要原因。

5-10　合板橫切面

5-11　合板橫切面

二、木心合板

木心合板又稱木心板，台灣在1956年就已經創始的林商號，可說是木心板與三夾板製造廠商的代表，木心板是以柳安木爲基本原料，中間材以小木條爲主，製造過程中使用多種接合方式，如拼接、合釘、鋸齒接等製成，達到製材不浪費的目的，上下再以2mm的合板壓製而成厚度18mm的木心板，就是台灣常用的6分板，製作完成的板材須符合國家標準CNS1349之低甲醛標準。木心板的厚度變化較少，加工性良好，可現場施工，因此在室內的裝修時所製作的櫥櫃大都採用此材料，具有耐重、耐壓的性能，如櫥櫃、窗簾盒、門框、造型框架、家具、廚具、床組等，都需木心板裁剪加工，其加工與塗裝後，穩定性高，已經取代實木。

目前裝修檯面常使用30mm厚木心板貼合彎曲美耐板使用，如需要其他厚度的木心板時必須向生產製造廠訂製，如圖5-12、圖5-13。

5-12　一寸厚木心板橫切面

5-13　六分木心合板側面

三、粒片板

以細碎木片摻以有機膠合劑，經壓合而成之板，稱爲粒片板。又稱塑合板、鉋花板，在所有木質板材中，是較經濟的材料，很多家具使用此複合材來製造，但板邊緣較粗糙，如圖5-15，使用時多數利用實木鑲邊或以塑膠或木材單板進行封邊處理使之收邊更爲精細，常見的辦公室家具、廚房流理檯及收納吊櫃、系統家具及組合式櫥櫃等均常用此材料，如圖5-14。

5-14　粒片板使用於櫥櫃

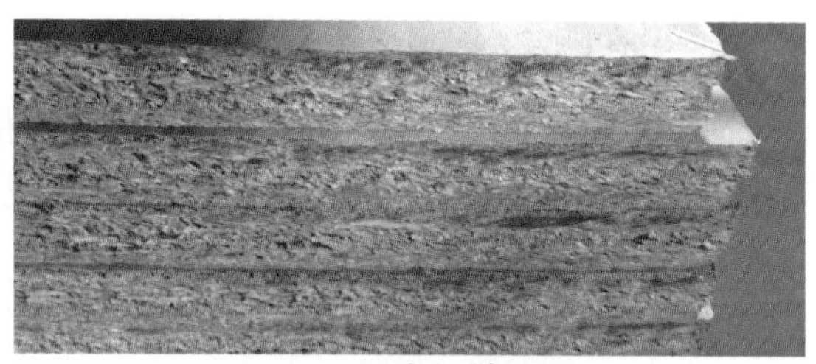
5-15　粒片板橫切面

四、纖維板

纖維板又稱爲密集板或密迪板，如圖5-16，其製造是使用較細緻木纖維層層壓製而成，因爲板材本身密度大，可使用電腦雕刻機做刻花的動作，細緻的板，才可做出立體電腦雕刻板。

另一纖維板的性質與粒片板大致相同，所不同的是粒片板以絲狀木碎片製成，而纖維板是以精製的木纖維製成。纖維板在壓製時，常製成各種花樣的浮雕，以增加立體感，用在牆壁嵌板或隔間材料時，更富價值感，有網小孔洞的吸音纖維板，常做爲教室、禮堂、會議室、廣播電台的天花板材料，如圖5-17。纖維板不宜用在室外或潮濕空間，以免吸潮使纖維板軟化而彎曲變形。

5-16　纖維板

5-17　吸音纖維板

五、實木積層材

積層材指利用小或薄材膠合成大或厚材，其木質纖維方向成平行，而在厚度、寬度及長度方向集成，一般是以羅馬膠、尿素膠或水膠，加壓膠合而成。由於具有木材相同的組織結構，因此在使用上與實木材料無差異，製造過程中會將有缺點的材料去除，使得材料的均質性更好，在台灣的集成拼接技術精湛優良，可適合各種大小尺寸的成品，如一般需要加大桌面或是特殊的家具均可使用此材料來製造，如圖5-18、圖5-19。

5-18　實木集成材

5-19　實木集成材橫切面

六、化粧板

在合板上貼上其他裝飾材料的合板稱之爲化粧板。如麗光板、素色板、刻溝板、印花板、實木化粧板、波麗板等。麗光板、印花板爲早期節省塗裝費用，曾大量使用於天花板、壁板、隔間等。1980年實木化粧刻溝板比較常貼的實木皮，如台灣檜木、柚木、栓木等。

而在台灣的化粧合板生產廠商，有奇美實業、朝陽木業、台殷實業、伊斯曼、一品、上品、莊榮春、三發、大昌合板、三信、世豐、百順、永新、科定、振洲、通越、鴻億等，如圖5-20、圖5-21。

5-20　實木皮刻溝板

5-21　紙花刻溝板

5-2-2　角材與南方松

一、角材

角材製品尺寸以1.2寸×1寸與2寸×1寸爲常見尺寸，有柳安實木角材如圖5-22、杉木實木角材如圖5-23、合板角材如圖5-25、塑化木角材、防火實木角材與防腐實木角材如圖5-24等。現市面上流通在台灣裝修場域的不同，角材寬度與厚度有明顯不足的情況，角材常用於天花板、地板架高、牆面施工與隔間工程。裝修工程中使用的防腐木材應不妨礙油漆的刷塗，防腐性能要強 且化學及物理性質需穩定。另需注意木材腐朽的問題，一般木材腐朽爲菌類繁殖發育所造成，而菌類繁殖發育需適當的溫度、充分的營養與充分的濕度。所以居家住所尤應注意濕度的問題。

5-22　柳安實木角材

5-23　杉木實木角材

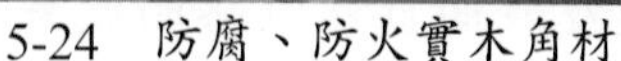

5-24　防腐、防火實木角材

5-25　合板角材

二、塑化木角材

塑化木角材是採用可回收塑料，聚乙烯(PE)加聚丙烯(PP)與玻璃纖維及木纖維混合擠出成型之複合材料。台灣目前很多廠商極力研究塑化木角材，技術成熟，因爲塑化木角材不腐朽、耐潮濕、防蟲，在生產擠出過程可同時植入鋼管或鋁合金管，一體成型，更爲堅固。塑化木角材使用有增多之情況，主要受到木板材蟲害的問題與防水受潮的考量。塑化木角材如圖5-26。

5-26　塑化木角材

三、南方松

南方松是台灣目前運用極廣的樹種材質之一，它的結構強度是針葉樹種中極佳的等級。南方松其特性是心材佔木材比率較小，防腐藥劑較能注入木材中，且強度高，是台灣目前通用的樹種之一。其用途廣泛使用在室內裝修角材及户外的建築結構用材、集成材、景觀平台、露台與格柵造景等，就以南方松的防腐保存技術，如ACQ（銅胺基氨化合物）防腐材不含砷、鉻與AAC（胺基氨化合物）木材防腐劑等各種防腐技術，並受到規範，如圖5-27、圖5-28。

5-27　南方松牆面

5-28　南方松地板

5-2-3　木材保存處理

從2007年7月1日台灣經濟部對於木材加工之板材，在甲醛含量濃度的規範須符合在F3的等級範圍内，如表5-1、表5-2，板材安全製造規範對人體健康是一大福音，但相對造成蟲害增加影響甚巨，因此對木材、木板的防蟲技術更進一步，如柳安實木角材、杉木實木角材、合板角材、夾板與木心板，經過防腐處理、防火處理、防蟲防蟻處理、碳化處理、防黴處理木材等。

將木材經物理或化學方式處理，以藥劑塗刷、浸泡、加壓或是蒸、煙燻，達到處理後木材之防蟲、防腐、阻燃、防蟻與防菌，使木材延長使用壽命及上述效益之加工過程稱之爲木材保存處理。

現今裝修使用的炭化木，就是把木材、角材、木心板、合板或纖維板放進鍋爐內，在鍋爐內做熱處理的方式去執行炭化過程，溫度在攝氏180度至攝氏230度之間，窯爐會控制在攝氏210度36～40小時，整片深入炭化，才會有效果，因爲加熱溫度超過攝氏205度時，木材內部纖維組織中的眞菌會被消滅，且纖維的澱粉與醣份會從組織中移除，留下堅硬的木質素。組織中沒有養分後就沒蟲蛀。炭化防腐木可適用高溫對木材進行同質炭化的技術，使木材具有防腐、防蟲及表面自然紋路的效果。

表5-1　CNS1349甲醛釋出量之國家標準規定，如下表：

標示符號	甲醛釋出量平均值（mg/L）	甲醛釋出量最大值（mg/L）
F_1	0.3 以下	0.4 以下
F_2	0.5 以下	1.7 以下
F_3	1.5 以下	2.1 以下

表5-2　日本JAS甲醛釋出量標準

等級	平均值	最大值
F☆☆☆☆	0.3 mg/L	0.4 mg/L
F☆☆☆	0.5 mg/L	0.7 mg/L
F☆☆	1.5 mg/L	2.1 mg/L
F☆	5.0 mg/L	7.0 mg/L

表5-3　甲醛釋出量標準比較表

日本JIS及台灣CNS標準規範			歐盟EN標準規範	
等級	甲醛釋出量（mg/L）		等級	甲醛釋出量
	平均值	最大值		
F☆☆☆☆ F_1	≦0.3	≦0.4	-	-
F☆☆☆ F_2	≦0.5	≦0.7	-	-
F☆☆ F_3	≦1.5	≦2.1	E1	≦0.1ppm以下 （1.5mg/L）

一般民眾認爲粒片板18mm厚度所看到綠色是具有防潮的功能，其實市面上所看到顏色的板材，只是爲了辨識產品名稱而添加染料而成的，染料並沒有防潮的功能。板材如需防潮功能時，會添加三聚氰胺居多，此原料是白色單斜晶體，所以顏色只是方便識別板材種類。從表5-3對照表中所見，在歐盟EN標準規範中並沒有E0的標準規範，也沒有F0標準規範，但是這些超出標準規範的情況，常出現在自稱是設計師的設計製圖中。

5-2-4 薄皮類

裝潢木工材料中所謂的薄片，意指將天然木材或人造木材依某定向性質予以鉋削所得的薄木片或薄木皮。

其薄片刨削方式可分爲平切直紋花、平切山紋花、平切隨意花、旋切、半旋切，以取其花紋或特定用途，目前室內裝修木作加工貼合時，採用之實木薄片厚度以0.25～0.35㎜爲主要厚度，早期的實木薄片厚度以0.1～0.3㎜，在貼面加工前，大都先浸水，其主要原因是爲了使薄片先行軟化以利薄片貼合。

爲了讓塗裝板面呈現出立體木質紋理，薄木皮的厚皮刨切厚度需在0.6mm～1mm，也就是在業界常說的60條到100條的厚度，比較厚的薄皮能呈現有層次的自然質感，還能以噴砂技術作出木紋立體觸感。

一、常用天然薄皮種類

天然薄皮的木紋多樣，可供選擇，列舉下列幾種天然的木皮，如：檜木、柚木、花梨、橡木、胡桃、山毛櫸、栓木、楓木、桂蘭、櫻花木、梧桐、樟木、花樟等。實木取材不易，有些木材要鉋削成實木薄皮更不容易，如柚木需經蒸煮，使軟化其纖維組織後，再以平切方式鉋削成薄皮，如栓木的特性就不用蒸煮的方式，而是一面以噴水的方式，一面鉋削薄皮。在鉋削作業時需注意所融入在薄皮內的鐵質成分，薄皮貼合前會以草酸稀釋水完全浸入，以分離鐵質成分，以防貼好的淺色木皮滲色。

5-29 實木鉋削成爲天然薄皮

二、天然薄皮貼合

純天然木皮表現之質感較自然，若大量使用時，要控制其紋路一致，使同一空間內的木作裝修呈現均質的美感，完成後的木作成品還需經過油漆作表面處理才算完成。

天然木質薄片拼合貼飾時，應須注意下列事項：

1. 被貼表面進行補土。
2. 電動磨砂機或氣動磨砂機進行整平磨砂。
3. 將準備好的薄皮浸濕軟化、展平、瀝乾水分，截取適當長度，以利貼合。
4. 視薄皮之厚度及毛孔之粗細，注意正反面，在受貼面滾塗一層白膠或專用膠。

5-30 天然栓木薄皮

5. 工作物較長或面積較大者由二人施工，拼貼處相疊約2公分。
6. 利用導板及尖尾刀，在相疊處中心劃一刀，使力需適中，將上下兩側多餘的薄皮去除，並用手將薄皮拼貼處撫平。
7. 將多出於受貼物的薄皮裁掉，以防止未貼膠部份太快風乾破裂，影響貼膠薄皮之品質。

8. 視氣候情況待薄皮表面乾燥，有黏貼住受貼面的現象時，以熨斗加壓來回燙平即可。
9. 熨斗熱度不可太高，避免燒焦薄片，並注意熨斗底板是否生鏽。
10. 使用120號砂紙研磨整平薄皮表面。檜木類研磨的紗布應使用250號以上的砂紙，木紋才不致被破壞。
11. 不要被太陽光直曬薄皮及被飲料、水分、油漬弄髒表面。

5-31　薄皮造型貼合

三、常用人造薄皮種類

台灣人造薄皮早期從歐洲進口居多，現今人造薄皮進口國家數量增加，木紋多樣可供選擇，其產品之紋路質感並不亞於天然木皮，列舉下列幾種人造的木皮：

歐洲鐵刀木、歐洲柚木、歐洲白橡木、歐洲櫻桃木、歐洲斑馬木、美國白橡、瑞士核桃、義大利柚檀、緬甸柚木、巴西紫檀、北美胡桃、雅典檀木，如圖5-31。

5-32　天然薄皮貼合

另在生產工廠內染色完成的人造薄木皮，色澤均勻，品質穩定，現為設計師、業主和裝修師傅所廣泛使用，如圖5-33～圖5-34。

5-33　人造薄皮

5-2-5　室內裝修表面飾材

在室內裝修的日新月異下，建材不斷隨著建築裝潢技術的演變，材料研發商致力於研究、開發、創新，以滿足設計風格品味多樣的表現，達到符合時代風格趨勢。

5-34　薄皮造型貼合

一、常見的表面飾材有以下幾種：

美耐板、塑鋁板、波音軟片、浮面立體板、立體電腦雕刻板、溝槽板、實木積成雕刻板、軟木、薄岩板、鋁飾板等。

1. 美耐板：

   美耐板的製造過程，是將進口裝飾紙、牛皮紙分別含浸在三聚氰胺樹脂反應槽中，含浸時間後分別將之烘乾，裁切成需要的尺寸，再將這些含浸過的裝飾紙與多張牛皮紙排疊在一起，放置壓力機下，在攝氏約150度的高溫下，持續均衡施壓一個小時，再經修邊、砂磨製作而成。美耐板俗稱雷克拉，在鋸切美耐板時應選用鋸齒數較多之鋸片，如圖5-35、圖5-36。

   室內裝修常用的美耐板在台灣的廠牌有：富美家、萊適寶、安勝、威爾森、松耐特、美俐家等。

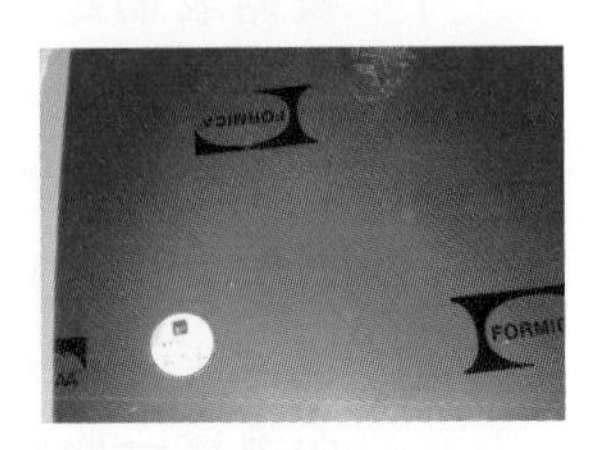

5-35　美耐板

5-36　美耐板的應用

2. 塑鋁板：

塑鋁板其上下表面採用鋁合金，中間芯材爲PE熱塑性塑膠，也可添加無機物阻燃級芯材，其鋁合金表面之烤漆亦採用各種不同之特殊塗料，經滾輪塗裝一體成型的材料，烤漆顏色多樣，如圖5-37～圖5-40。

5-37　塑鋁板

5-38　塑鋁板的應用

5-39　塑鋁板的應用

5-40　塑鋁板的應用

3. 波音軟片：

是由塑膠製成的薄皮，表面可呈現不同的顏色或不同的木紋色，主要用貼於板材上，波音軟片可達到修邊直角彎曲一體成型的功能，具有不易伸縮、黏性強、耐磨損的特點，一般市售的波音軟片寬4尺，長度是以整捲居多，約150尺，如圖5-41。

5-41　波音軟片

4. 浮面立體板：

   浮面立體板是以2.7mm厚的合板貼合各式的木皮，再以各種不同形式的鋼模，以滾印方式壓住合板表面，使其表層產生浮面立體紋路增加美感，如圖5-42、圖5-43。

5-42 浮面立體板

5. 立體電腦雕刻板：

   立體電腦雕刻板是由高壓纖維板、密集板、密迪板或實木板，經電腦程式設計所欲雕刻之圖騰，使用特殊刀具在CNC雕刻機完成，可分表面立體雕刻與透空雕刻。

5-43 浮面立體板的應用

6. 溝槽板：

   溝槽板是大都使用厚度18mm高壓密集板加工而成，表面材質貼美耐板居多，也可貼實木皮、鋁片等，其溝槽加工產品分爲直式與橫式：

   A型：240cm(寬) × 120cm(高)

   B型：120cm(寬) × 240cm(高)，可製成各式功能，常使用於商業空間產品吊掛展示，運用廣泛，如圖5-44。

5-44 溝槽板

7. 實木立體積成板：

   實木立體積成板又稱爲實木二丁掛，是將各式不同樹種、尺寸、寬度與厚度，均可隨意創意組合的環保表面裝飾材，生產工廠將剩餘的短木料，如天然實木材或人造實木材，在不浪費天然資材下製造，讓室內裝修壁面材質更添立體美感，如圖5-45。

5-45 實木立體積成板1尺8尺

8. 軟木：

   軟木生長在地中海一帶，如葡萄牙、法國、義大利、西班牙等國均有，種植30～40年後可採收，它是橡樹的樹皮，約每10年採收一次，採收完的橡樹不會死亡，可再長出新的樹皮，將採收下的樹皮存放於林場,使其自然乾燥並壓平，乾燥後將原木放置於攝氏100℃熱水中煮沸，使軟木脫脂更爲柔軟，製成室內裝修常用的公佈欄面材、吸音材、軟木地板等。其創意製品如軟木雨傘、軟木皮包及各種規格軟木塞等，如圖5-46。

5-46 軟木的應用

9. 石速板：

石速板爲採用天然石粉及樹脂粉製造，面層仿大理石紋，表面光滑，易清潔，質量輕是天然石的 1/5，紋路選擇多樣化。杜肯板爲石速板的延伸系列，可以連續延伸對花的石速板，亦可接受客製化的訂製。如圖5-47、圖5-48。

圖5-47　石速板1

圖5-48　石速板2

圖5-49　貝殼板

5-2-6 美耐板貼合施作程序

美耐板運送過程大都以捲綁的方式，要裁切前最好先行鬆綁平放於平整的木心板上，使其美耐板平順方便裁切。

美耐板的規格尺寸多種，早期有3×6台尺、3×7台尺的美耐板，並以白色或是象牙色爲主，現已不提供這樣的供貨模式，現在以寬4×長8台尺居多，顏色與表面材質可多樣選擇。

美耐板貼合施作過程及應注意事項如下：

1. 因美耐板的質地堅硬，最好使用專門裁切美耐板的專用刀，裁切方便，亦可讓裁切的斷口更爲整齊。裁切時要在美耐板底墊上合板，再依照所需尺寸裁切，裁切的尺寸要比黏貼的尺寸大一些，約多1～2公分左右。
2. 先在美耐板背面使用平齒刮刀均勻塗上強力膠，接著把美耐板放置通風處自然風乾，塗抹過程避免木屑、粉塵的汙染，這會讓貼皮表面凹凸不平，影響強力膠的黏性。並要在強力膠液態狀時均勻刮塗，才不會使強力膠起顆粒，而影響強力膠的黏性。
3. 在要黏貼的表面層均勻刮塗強力膠，一樣要避免上述的問題。
4. 約10～15分鐘強力膠風乾後，美耐板與被貼面所刮塗的強力膠用手觸摸都是乾的情況下，就可以貼合美耐板了。
5. 貼合前須用合板分開貼合面，貼合美耐板後，要用前端圓滑的木塊加壓整塊美耐板，或用鐵槌敲打木心板間接加壓美耐板，讓美耐板與黏貼面貼合得更爲緊實。
6. 使用手持修邊機將周邊多餘的美耐板修邊，注意持平力道的運用，避免修邊刀歪斜刮傷美耐板的端面。
7. 用砂紙磨邊使端面平滑，另磨邊也可以增加美耐板邊的密合度，降低銜接處日後翹起。
8. 下雨天或陰天相對濕度高，空氣中的水分會與強力膠結合，產生白霧現象，黏貼後的效果不佳，需注意。

5-3 木作工具

5-3-1 手工具

在1960的年代，木作手工具得之不易，每位木匠對自身使用的工具非常珍惜，在當時傳統的學徒學藝約定爲三年四個月，而且是沒有薪水的，當時間屆滿與技藝學成「出師」，傳藝的師父會贈送一整組手工具給學徒，這套工具就是這位木匠開始賺錢的工具，在當時師傅本身對手工具須有製作與修護的能力。

現裝修工程實務木工作業中常用的工具有手工工具、電動工具、氣動工具與其他，分別敘述如下：

常使用的手工工具有鐵鎚、釘袋、捲尺、角尺、鉋刀、鑿刀、釘拔、鋸子、割木刀、劃線刀、美工刀、尖尾刀、弓形鑽、矩尺、電工鉗、虎頭鉗、修皮刀、螺絲起子等。其中鉋刀又依功能分有：長鉋、粗平鉋、細平鉋、細光鉋、細光短鉋、鋼板鉋、內圓鉋、外圓鉋、香蕉鉋、蹺鉋、邊鉋、南京鉋、花線鉋、斜嘴鉋、刮鉋、嵌鉋與替刃式鉋刀等，如圖5-50到圖5-55。

5-50 細光鉋

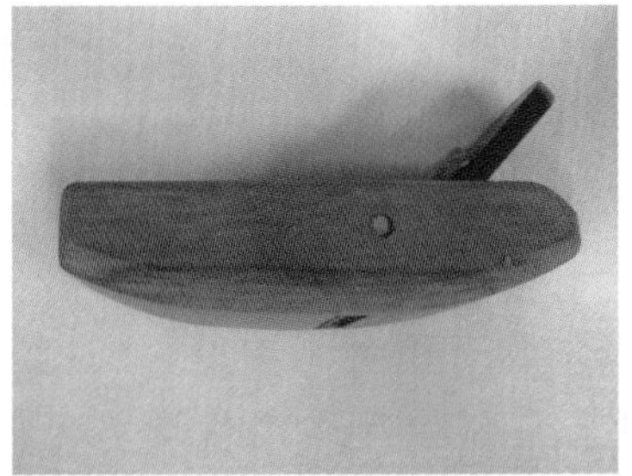

5-51 蹺鉋

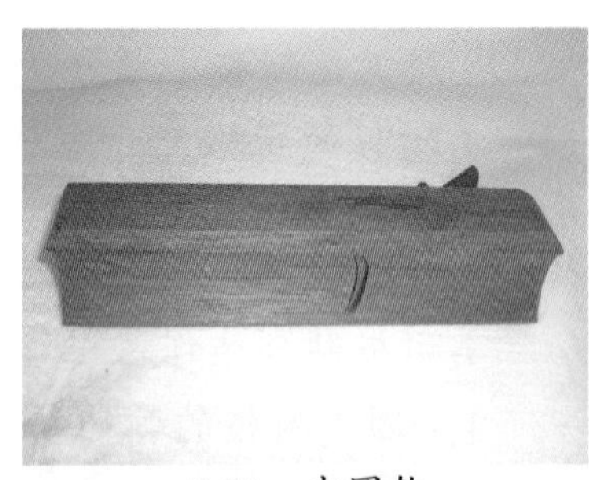

5-52 內圓鉋

5-53 外圓鉋

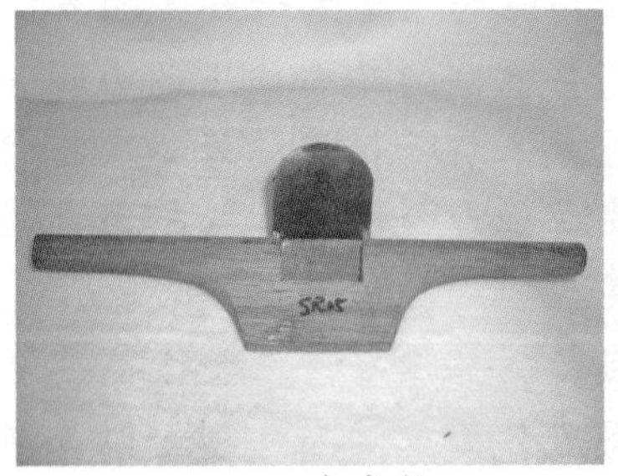

5-54 南京鉋

5-55 替刃式鉋刀

在鋸子依功能上又分爲縱開、橫斷兩種，兩者不能混用，在裝修木作工匠之中，流行一句話「要磨家私頭仔不要磨人」，就是講鉋刀及鋸子要隨時保持銳利。木工鋸有許多形式，但經其他工具補助及材料改變，現在常見只有少數幾種：

1. 木框鋸：俗稱台灣鋸，裝修木工所使用的約爲60cm左右之規格鋸片依個人使用習慣可調整角度，分爲橫斷、縱斷、彎鋸等三種，如圖5-56。
2. 折合鋸：攜帶方便，是目前裝修木匠最普遍使用的鋸子。鋸型及長度，21、25、28cm等長度規格，如圖5-57。
3. 夾背鋸：爲了增強鋸片強度，在背上夾一金屬片而得名。使用夾鋸背不可敲擊，否則鋸片會彎曲無法鋸切，如圖5-58。

4. 雙面鋸：又稱日本鋸，鋸片兩側都有鋸齒，一邊是縱切用，一邊是橫切用，是最常用的一種鋸子，鋸齒的大小依鋸片長度的變短而逐漸變小，如圖5-59。
5. 鼠尾鋸：又稱爲尖尾鋸。這種鋸片專門用來鋸切彎曲部分，鋸片厚而窄，沒有鋸路，前端較尖，後端較寬。

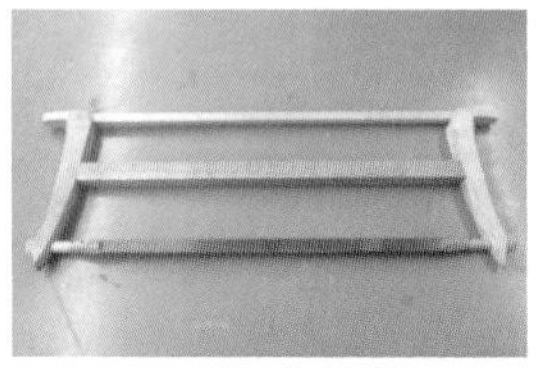

5-56　木框鋸

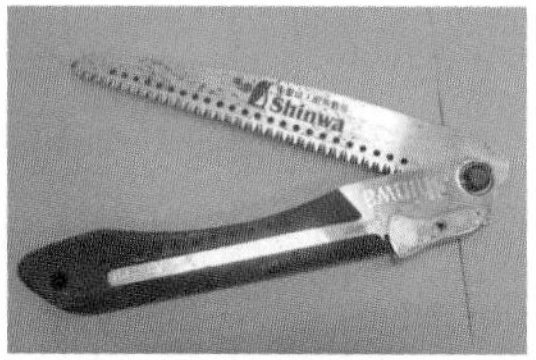

5-57　折合鋸

5-58　夾背鋸

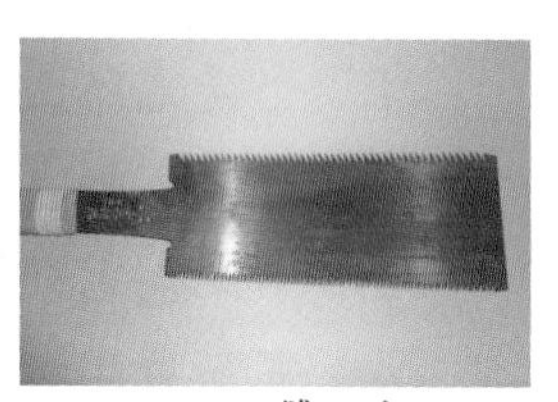

5-59　雙面鋸

鑿刀爲木作中製作榫、卯等構件常用的工具，但裝修工程因用材多非實木，而少有榫、卯等構件的工法產生，所以在裝修工地現場已較少應用這項工具。

鑿刀的分類及使用功能如下：

1. 平鑿：

   製作卯穴時使用，在比例上，較另一種「修鑿」的刀體爲厚，刀寬有一分、二分、三分、四分、五分、六分、七分、八分、一寸、一寸二、一寸半、一寸八等規格。

2. 修鑿：

   俗稱「杯子」（台語），樣式同平鑿，刀體較薄，用於修整或 刨剔等，裝修工匠所使用的鑿刀，多半爲修鑿，製作小或淺的卯穴等構件時，可部分替代平鑿，規格同平鑿。

3. 平頭鑿：

   4分寬2分厚之刀體；平頭無刃，用於卯穴鑿孔時的通孔工具，俗稱「通子」（台語）。

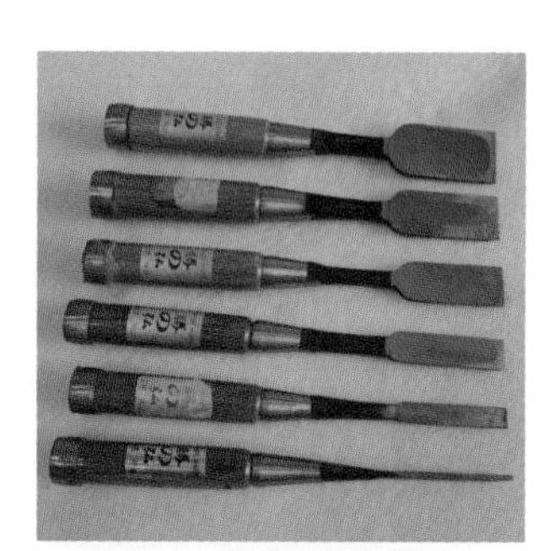

5-60　各式尺寸鑿刀

4. 圓鑿：

   用於製作圓弧型的卯、榫構件，及部分的圓弧型孔穴，從二分起，規格如平鑿。

5. 手鑿鑽：（沙西可咪），早期用於鑽泥牆孔，孔徑爲6mm。
6. 弓型鑽：用於夾取板鑽、攻孔用。部分功能由電鑽取代。

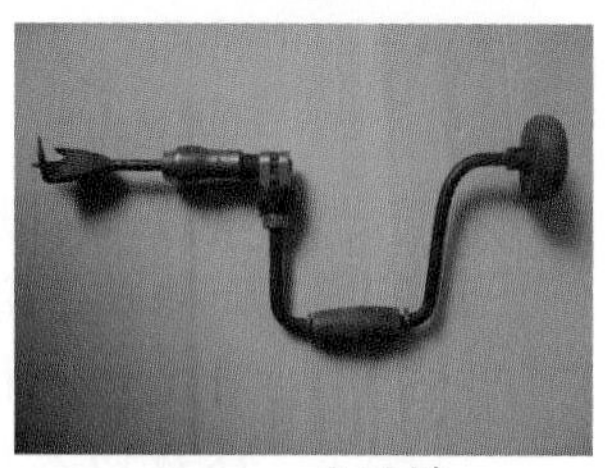

5-61　弓型鑽

5-3-2　電動工具

電動工具，因機體朝輕便、靈巧等演進開始進入工地現場。電鋸的使用最初以手握方式居多，當時日本牧田電鋸在製作木製門窗、打總舖、製作床斗非常方便快速，所以沿用到現在的電動溝切機名稱。直到1978年左右，機具組裝在木製板面變成方便裁切使用的鋸檯，裝修木工開始進入電動工具時代。室內裝修常使用的電動工具如下：

1. 手提電動圓鋸機
2. 手提電動溝切機
3. 手提式電動線鋸機
4. 電動角度切斷鋸
5. 電動花刨機
6. 電動修邊機
7. 電動砂磨機
8. 手提電鑽
9. 手提電鉋機
10. 手提電動角鑿機
11. 手提電動砂帶機
12. 手提電動磨切機
13. 手持式電動砂輪機
14. 電動打釘機
15. 其他

電動工具簡介：

1. 手提電動圓鋸機

   可作多種鋸割，尤其大面積的合板鋸切方便。現爲建築模板手提電動鋸切板模居多，如圖5-62。

2. 手提電動溝切機

   俗稱電鋸或電剪仔，其在裝修工程未興起前，木工尚使用實木爲構件時，被木工所使用，其研發的主要用途在於刨溝。在木心板開始爲裝修木工所大量用，工作型態也有所改變，溝切機因輕巧的特性，開始加上圓形鋸片，變身爲電鋸，而成爲裝修木工不可或缺的重要工具，如圖5-63。

   (1) 鋸台：早期電鋸的使用以手提方式爲主，慢慢的應用於鋸台，再演化出鋸台專業生產販售，現代木匠幾乎已不再自行製作鋸台，市面簡易組合式鋸台，可適用於各廠牌手提式圓鋸機，第一次使用應校正鋸片與鋸台的平行與垂直，如圖5-64。

   (2) 鋸片：鋸片裝置於圓鋸機、溝切機、角度切斷機，又分爲裁切木板、裁矽酸鈣板與切鋁材，鋸片齒目、直徑、厚度依功能有多種選擇，如圖5-65。圓鋸機縱切木料末端會焦黑現象是因爲導板出料尾端太窄夾尾所造成。

5-62　手提電動圓鋸機

5-63　電動溝切機

5-64　鋸台

5-65　鋸片

3. 手提式電動線鋸機

主要用於鋸割曲線及不規則形，尤其是內封閉曲線構件之變形裁鋸。1980年代日本製的鋸片易斷，並須先鑽孔。後期德國製之鋸片，直接卡式安裝，並改善鋸片易斷的缺點。機型有大小之分。鋸片可因工作材料不同，選擇鋸木板、薄鐵板、美耐板等專用鋸片，如圖5-66。

4. 電動角度切斷鋸

專用於截切木材的電鋸，使用12～14吋鋸片，鋸片連動機身可調整傾斜角度，台座亦可調整裁切角度至45度，用於線板裁切非常方便，如圖5-67。

5. 電動花刨機

電動花刨機在修邊機爲普遍使用之前，擔負包括修邊機的所有工作，在修邊機普遍使用及線板製品的完備之後，現在花刨機在裝修工地的主要功能爲取孔及直刀作業，如圖5-68。

6. 電動修邊機

其實就是小型花刨機，其刀具軸心爲6㎜，可使用刀具軸心三倍以內的刀具，功能與花刨機相近，因機體輕巧、操作靈活，而廣被木匠使用，操作手提式修邊機鉋削材料推進速度應視材料軟硬與切削深度大小而定。如圖5-69。

7. 電動砂磨機

用於木材及補土之研磨，可替代手工研磨，如：使用圈式砂紙機，部分功能可替代鉋刀的刨修工作，用於樓梯扶手硬木接頭的刨修工作，如圖5-70。

8. 手提電鑽

手提電鑽在室內裝修是屬於與溝切機、線鋸機同年代的電動工具，其規格、孔徑大小區分，各有不同。常用基本型有正反轉功能，震動型可鑽混凝土牆與磚牆，如圖5-71。

9. 手提電鉋機

常用於鉋削粗大笨重的物件，如屋樑、木門、木材邊緣，其特點是鉋削後可獲精確之精密度與快速完成工作物，遇有順逆紋交錯情形時，應放慢推進速度，以獲得較佳的鉋削面，鉋削完成後應關閉電源，待停止後方可放置於墊木上，縮短了手工具的操作時間。

5-66
手提式電動線鋸機

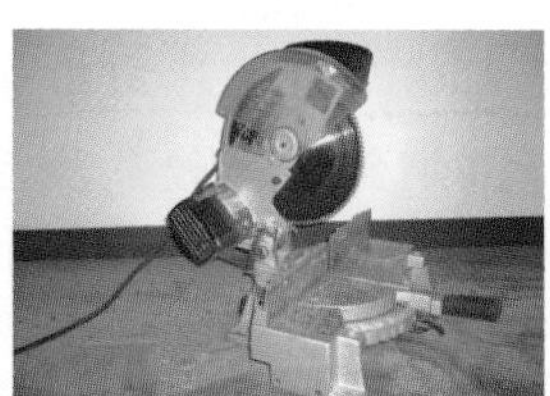

5-67
電動角度切斷鋸

5-68
電動花刨機

5-70　電動砂磨機

5-71　手提電鑽

5-69　電動修邊機

10. 手提電動角鑿機

為對木料進行孔洞的成型工作，利用鑽孔機的鑽頭為主，其鑽頭的外方加裝一方形的角鑿，使其進行方形的鑿孔。用於需要作榫頭之搭接合時，利用角鑿機對木料上開鑿孔洞，以方便榫接的使用。

5-3-3 氣動工具

氣動工具在1980年代初期開始在室內裝修工地出現，早期使用在工廠的空氣壓縮機巨大、笨重的思為改變，手提精巧的空氣壓縮機上市，馬上得到裝潢木工師傅的青睞，也因為氣動機具的改變，讓室內裝修引起人員、材料、成本與師傅薪資的大改變。常使用的氣動工具如下：

1. 空氣壓縮機
2. 風管
3. 釘槍
4. 氣動螺絲起子
5. 氣動打鑿機
6. 氣動磨砂機
7. 氣動線鋸機
8. 其他

氣動工具簡介：

1. 空氣壓縮機

空氣壓縮機簡單構造是由電動馬達帶動氣缸，利用氣缸壓縮空氣並產生一定的氣壓，將氣體儲存於鋼瓶以提供氣體動能，如圖5-72。

2. 風管

使用較細的橡膠軟管，有直管及圈縮彎管兩種，目前工地使用直管居多，二端各有快速接頭，接於空氣壓縮機與釘槍，提供高壓氣體使氣動工具靈活運用，如圖5-73。

3. 釘槍

釘槍於功能上又區分多種形式如下：

ST64固定角材打釘槍、中T1650單針打釘槍、F30單針打釘槍、J422雙針打釘槍、P635蚊釘槍、氣動釘沖槍、畫框組合波浪型釘槍、像框組合L型釘槍、鋼板釘槍、鋼骨專用釘槍、小鋼炮釘槍、打鋼珠釘槍等。

(1) ST64固定角材打釘槍：又稱大T鋼釘槍，較危險且有保險裝置，現保險裝置都去除，可擊發T、ST兩種槍釘，用於木作固定角材。如圖5-74

5-72　空氣壓縮機

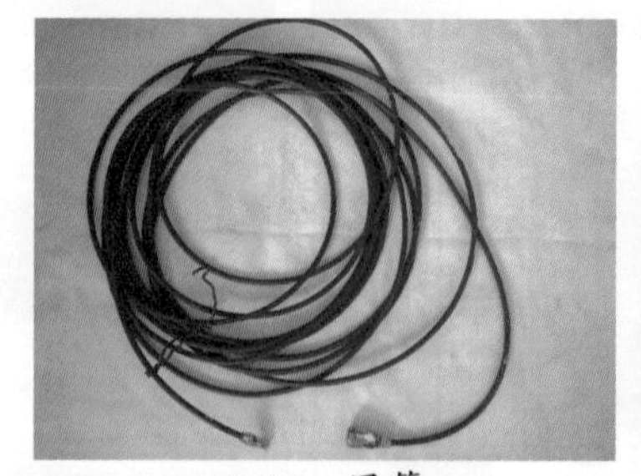
5-73　風管

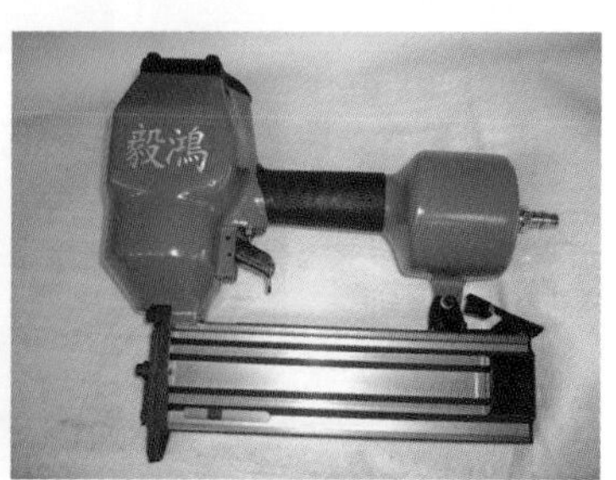

5-74　ST64固定角材打釘槍

(2) 中T1650單針打釘槍：釘子大小介於T、F之間，用於組裝廚櫃之工作，從2008年左右師傅直接拿來釘天花板與隔間角材。如圖5-75

(3) J422雙針打釘槍：又稱雙腳槍，用於木作釘薄板材料之用，可分爲四號、十號釘槍。四號即裝修木作常見的J型釘槍，常釘固塑膠天花板、矽酸鈣板與二分合板等，十號釘固一分夾板則常見於沙發裱褙及樣品屋。如圖5-76

(4) P635蚊釘槍：又稱細鋼絲釘槍，於固定線板或精緻面板之釘裝，長度從3分到1.1寸。如圖5-77

(5) 氣動釘沖槍：使用於濕式灌漿的牆面，當灌漿完成的隔間表面螺絲浮頭，需使用氣動釘沖槍把螺絲頭衝入凹陷於表面，以利於油漆工程人員補土、批土與刷漆。如圖5-79

4. 氣動螺絲起子

可正、反轉及速度調整，體積小巧，用於安裝螺絲，比電鑽方便，如圖5-78。

5. 其他吹塵槍等，如圖5-80、圖5-81。

5-3-4 其他工具

在裝修工程中還有放樣常用的雷射墨線水準儀、雷射測距儀、氣泡水平儀、墨斗、鉛錘、水秤管、文公尺、丁蘭尺、木工筆、佈膠滾輪、刮刀、板手、電子式卡尺與磨刀石。磨刀石分粗細二種，細的磨刀石稱之爲「砥」，粗磨刀石稱之爲「礪」，兩種磨刀石引申爲磨練意思。

5-75　中T1650單針打釘槍

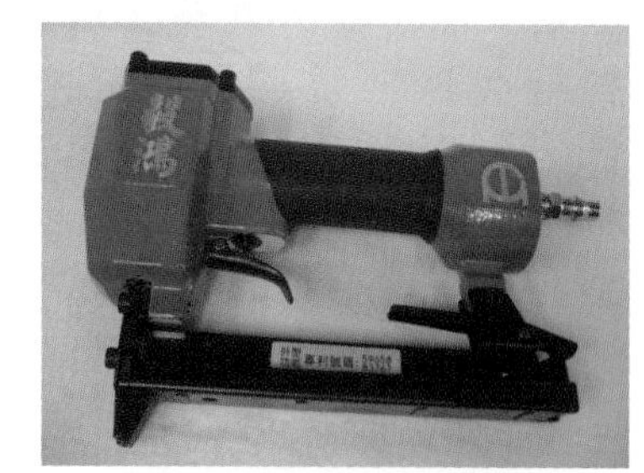

5-76　J422雙針打釘槍

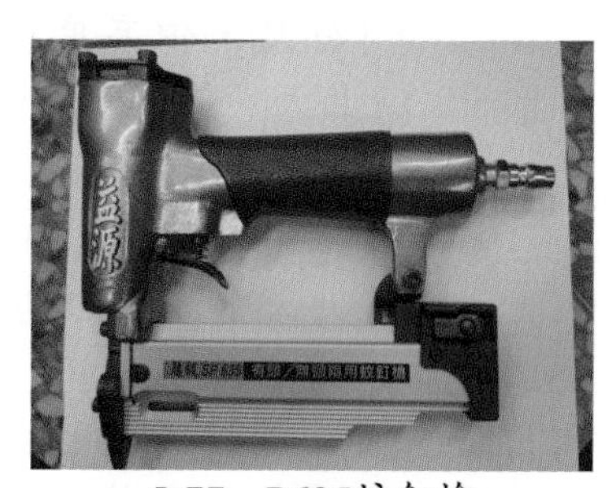

5-77　P635蚊釘槍

5-78　氣動螺絲起子

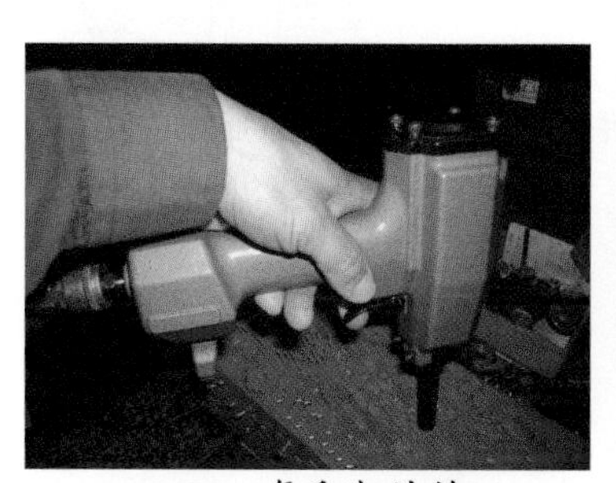

5-79　氣動釘沖槍

5-80　氣動打鑿機

5-81　氣動砂磨機

5-4 天花板工程

天花板裝修是指建築室內頂部的裝修，天花板的高度是依照建築技術規則而定。依構造而言，可分爲直接式天花板與吊式天花板二種。其各種建築物之不同，它的型式也不同。

天花板可以將各種配線、配管置於其中，除美觀外在施工時必須考慮安全與耐久性，須選擇配合房間機能的材料，如具有不燃性、隔熱性、隔音性等功能。

依建築技術規則建築設計施工篇第三十二條之規定：

1 學校教室淨高不得小於三公尺。

2 其他居室及浴廁淨高不得小於2.1公尺，但高度至少應有一半以上大於2.1公尺，其最低處不得小於1.7公尺。

由於建築物建築結構的進步，裝潢木工在天花板施作技術工法也隨著材料與工具的演進有所不同，1965年左右的土角厝，其天花板是用竹編的材料當作吊筋用，支撐整個天花板重量張力，如圖5-82。

隨著洋房的建造，開始有了混凝土樓板，也開始考驗著裝潢木工的施作工法，圖5-83、圖5-84所示是一個舊裝潢拆除工程，建造時間在民國64年，其工法是在建築樓板釘模板完成，未鋪設鋼筋之前，須先放嵌入式的倒吊掛筋專用塑膠盒，待完成拆模板時，就整齊排列之前的預埋專用盒。

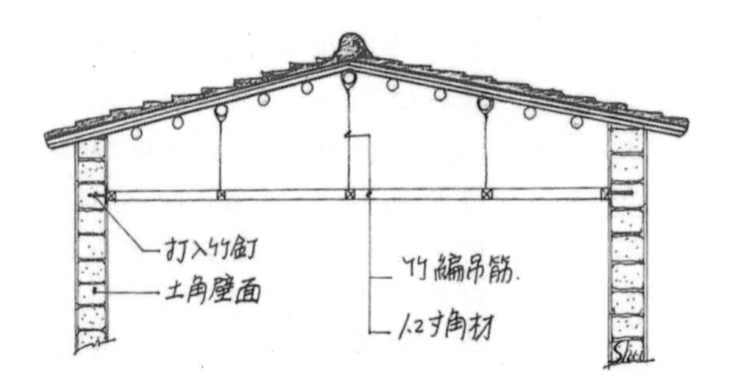

5-82　約1965年代天花板以竹編吊筋施作

5-83　天花板施工現況

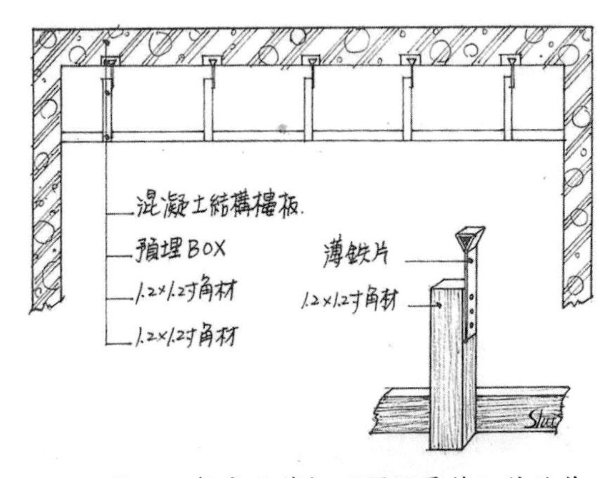

5-84　約1975年代天花板以預埋吊筋配件施作

在1980年代所謂的透天厝樓房已經大量的被建築，但是裝潢木工周邊的配備機具並沒有馬上跟進，裝潢木工師傅就以現有材料及其工法運應，如圖5-85到圖5-90。

5-85　約1970年代混凝土樓板天花板內部工法

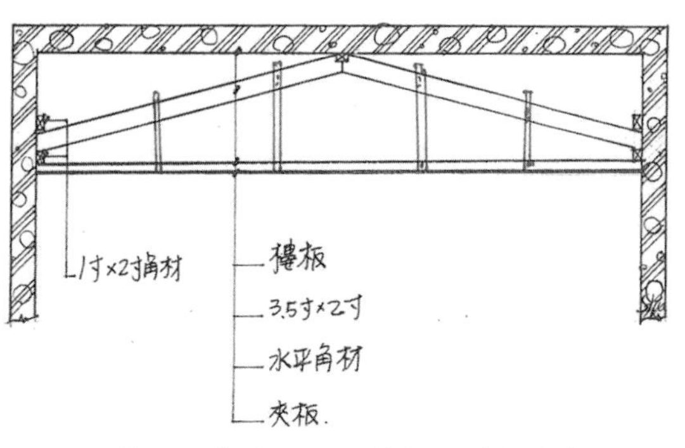

5-86　約1980年代混凝土樓板天花板內部工法

5-87　約1980年代樓板天花板內部工法

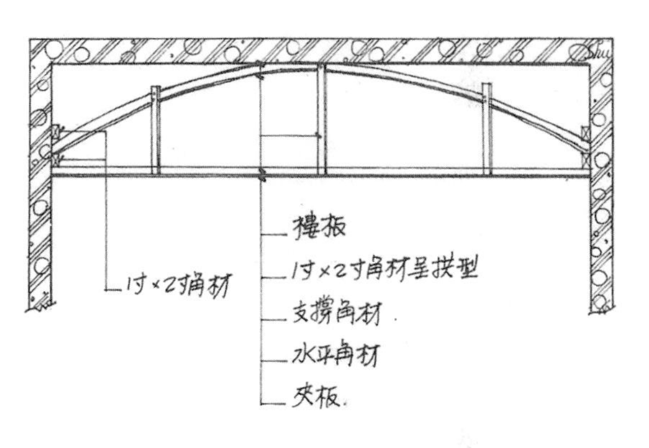

5-88　約1980年代混凝土樓板天花板內部工法

5-89　約1985起年代天花板施作(T型固定法)

5-90　約1990-2016年代天花板施作

5-4-1　天花板表面材種類與形式

天花板表面材種類有夾板、石膏板、矽酸鈣板、水泥板、氧化鎂板、碳酸鎂板、纖維板、岩棉板、金屬板等。

天花板的形式分爲水平式、造型立體式，依照各種室內造型與情境之搭配而有所不同，例如採用弧形天花板，收藏配管、配線的高低天花板，可增加其空間氛圍，如圖5-91、圖5-92。

天花板的功用可隔熱、隔音，避免傳導熱直接進入室內，及隔斷建物上層聲響不會傳入下層，並有吸音及美觀的功能。

5-91　間接照明水平式天花板

5-92　弧形天花板

5-4-2　水平式天花板施作程序

關於天花板的施作程序：定水平線→釘邊料→釘縱向材→釘橫向材→吊筋→封板。其詳細敘述如下：

1. 放樣定出天花板高度水平線，並於牆面四周彈上墨線。
2. 釘壁面角材：先釘四周壁面角材，將1寸×1.2寸的角材釘在四周壁面的水平墨線上。
3. 釘縱向角材：依所標示出的縱向角材位置釘上縱向角材。
4. 釘橫向角材：四周壁面縱邊角材上，先定出240公分位置，在240公分之間大約以40公分爲一單位，劃分中間角材的距離，以墨斗連接壁面角材的兩點，在所有中間縱向角材上彈墨線記號，再依所定墨線尺寸釘橫向角材。
5. 釘吊筋：爲承受天花板構架的重量以及調整天花板骨架的水平度，應以1寸×1.2寸的角材釘成水平向長度30公分的T字型吊筋，垂直向長度則依天花板的需要高度而定。吊筋沿縱向角材方向的間距採90公分，經確定水平高度後其垂直向角材便固定於縱向角材上，同時將超出水平高度的部分予以鋸掉。
6. 天花板封板：封板之前應確定天花板內所有管線以及消防、照明、其他設備用出線口都已佈設完成，封板前應先塗上白膠，板與板的接縫需預留約3～5mm的溝縫，以方便塗裝油漆工程的填裝AB膠補土，可避免產生裂縫，是目前常用工法。

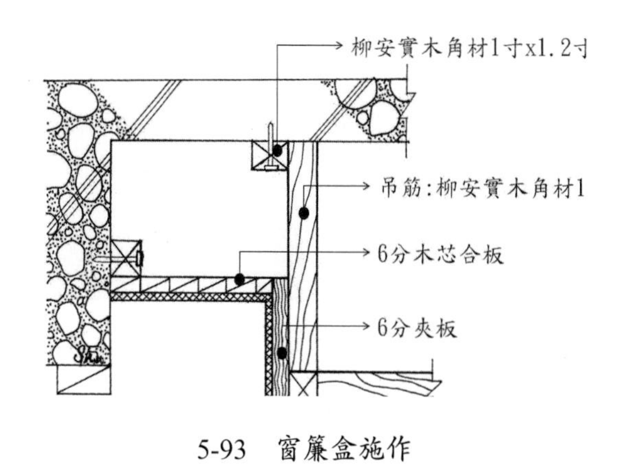

5-93　窗簾盒施作

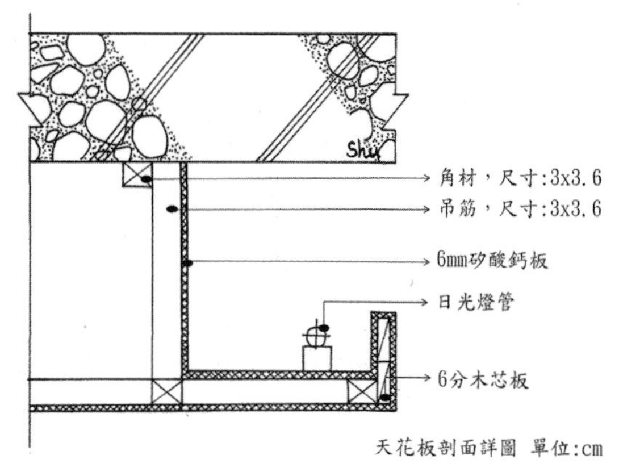

5-94　造型立體式天花板施作

5-4-3　木作造型立體式天花板

木作造型立體天花板的施作，爲了修飾樑、空調管線、電路配線，使其互相對稱讓空間達到一致性，也可以搭配線板的使用，讓整個天花板多了些變化，視覺上來得豐富。

5-4-4　橢圓的施作方式

一、橢圓的定義

平面上有兩個定點 F1、F2，及一定長2a且 F1F2<2a，則在平面上所有滿足 PF1+PF2=2a的 P 點，所形成的圖形稱爲橢圓，其中 F1、F2 稱爲焦點。

橢圓定義解釋甚爲複雜，其實在裝修工程中用手繪橢圓即可，取工地現有材料及機具劃法有三種方式：

1. 兩點焦距法
2. 四點固定法
3. 溝槽機具法

二、橢圓的畫法

1. 兩點焦距法畫法如下：

   準備一條線：可以使用尼龍線、水線或棉線，最好是鋼琴線，較無誤差，圖5-95、圖5-96。

   定出橢圓的兩個焦點：就是橢圓的長軸，各鎖上一顆螺絲當做定點。將這條線的兩端使用雙套節各綁在固定點上。取木工用鉛筆，用筆尖將線綁緊：這時候兩個點和鉛筆就形成了一個三角形。

   開始移動鉛筆，筆芯即畫出橢圓軌跡：鉛筆移動時必須持續使線拉緊，才可以完成一個精準的橢圓形。

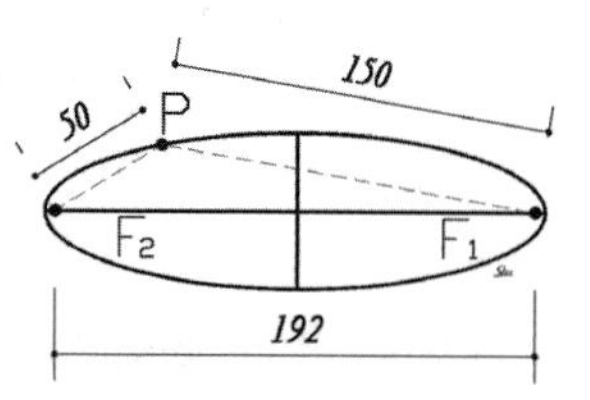

5-95　兩點焦距：192

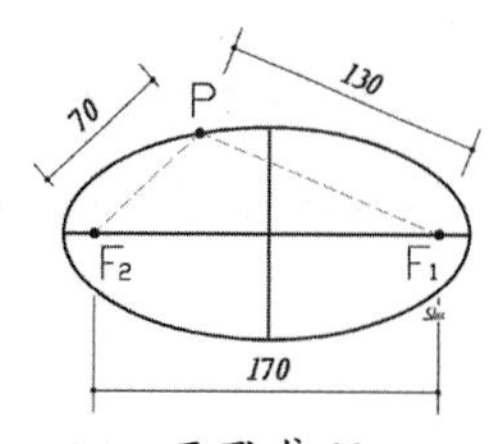

5-96　兩點焦距：170

2. 四點固定法畫法如下：

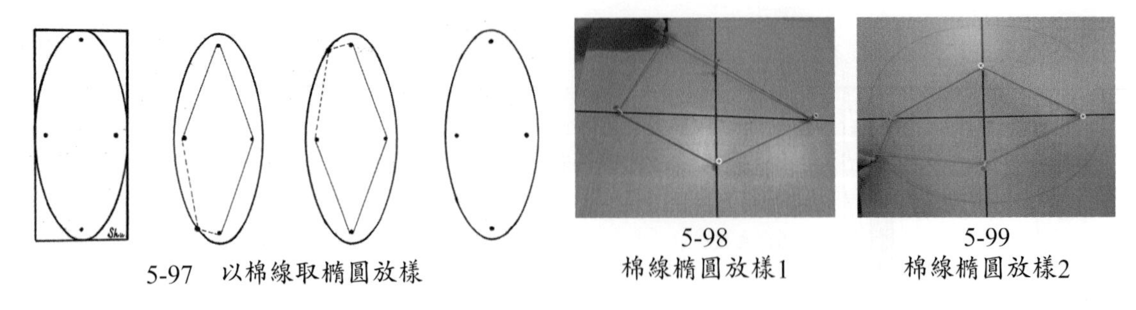

5-97　以棉線取橢圓放樣

5-98
棉線橢圓放樣1

5-99
棉線橢圓放樣2

3. 溝槽機具法畫法如下：

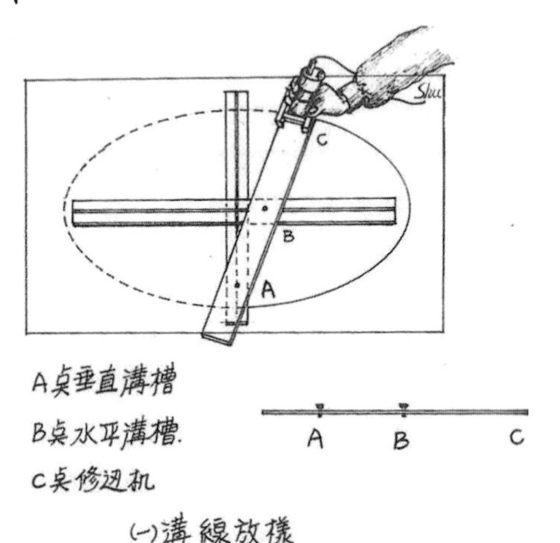

5-100　溝槽機具放樣

三、橢圓胖瘦的形狀變化

室內裝修中常用到的橢圓造型變化，橢圓形狀中比較瘦扁的橢圓與比較胖圓的橢圓與比值：橢圓形狀（較扁或較圓）與比值$\frac{\overline{F_1F_2}}{i\ w\ (2a)}$的大小有關。

令$2c = \overline{F_1F_2}$，2a =繩長，$e = \frac{2c}{2a} = \frac{c}{a}$（$0 < e < 1$），則當e越大，形狀越扁，當e越小，形狀越圓，如圖5-101至圖5-102所示即可看出。

在圖中，繩長2a固定，而F1、F2由大而小漸進改變，所以當e等於0的同時，即表示F1、F2二個焦點重疊，所畫出的就是一個圓。

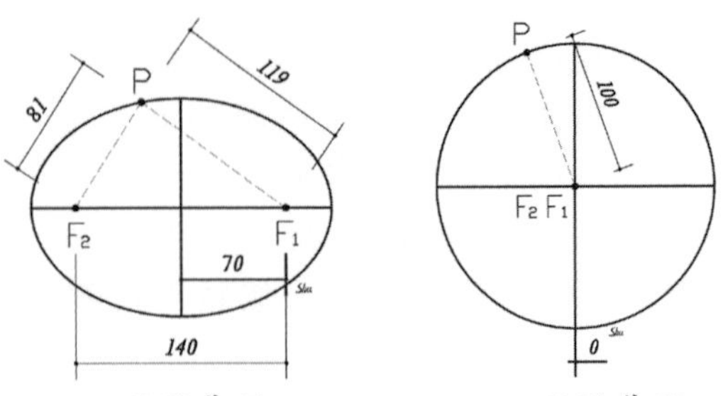

5-101　兩點焦距：140　　5-102　兩點焦距：0

5-4-5 天花板施作注意事項

1. 天花板角材施作完成需與圖面確認是否符合圖說，確定與地板的完成面高度是否正確，如發現有誤差應即時修正，否則封板後補救將更加困難。
2. 一般懸吊式木作天花板的施作，施工前需先了解天花板上安裝的設備位置；要考慮板材尺寸以利背襯結構角料間距；膠合劑與不鏽鋼釘爲基本使用材料，如果天花板高度爲 3.6 公尺時，不能使用馬椅、A型梯施作，因爲超過二公尺屬高架作業，需要搭施工架。
3. 不影響整體空間設計前提下可預留冷氣、排水管的維修孔。
4. 天花板四周水平需一致，中央可稍爲提高爲拱式做法，以防天花板自重而下沉，亦可得到較好的平整視覺。
5. 天花板主燈區位置需加強吊筋與角材，使主燈安裝更爲安全。
6. 釘天花板吊筋，打入樓板的火藥擊釘或不鏽鋼釘，釘長須能夠穩固釘住吊筋。
7. 潮溼地區的天花板要使用防水材質，如早期的銅釘或是現在較多使用的不鏽鋼釘，避免鏽蝕滲出影響整體美觀。
8. 板與板之間的過橋處理工法是將兩塊板材間留約 3mm寬的縫，在溝縫的兩邊塗上樹脂，再以帶狀紗布連接板材兩側，防熱脹冷縮，施以補土、整平再塗裝外表，此工法現今不常用。
9. 設計間接照明的時候，避免開口過大或過小，以免燈管外露或者照度不夠而破壞美感。
10. 弧形造型天花板要注意弧度的流暢平順，製作結構時，應取適當距間隔鋸切，深度約厚度之 5/6，以免增加塗裝油漆時的打底及批土施工的難度。
11. 夾板一般採用 2 分厚 4尺 × 8尺，若天花板曲線造型平緩時，會採用厚度 1 分夾板依立體曲線封板，如特殊可使用進口 5mm彎曲合板。

5-4-6 室內裝修常用線板

一般於室內裝修，用以營造古典浪漫風格的裝飾材料，使用在天花板、壁面裝飾、門邊條、窗邊條、踢腳板與畫框的裝飾框架，稱之爲線板。製作線板原料有：木材實木、玻璃纖維（FRP）石膏、PU等。

線板在裝修木作工程中，是美化收邊的主要材料，常用實木製線條形式有：封邊條、方塊木、溝型線條、踢腳板、平圓線條、刻溝線條、正半圓線條、小半圓線條、子彈型線條、斜三角線條、三角型線條、帽型線條、山型線條、多圓線條、外包角線條、內包角線條、1/4圓線條、斜面線條、腰帶線條、船型線條、雕刻線、百頁線條等。

聚氨酯（Polyurethane）簡稱PU，是人工合成的一種高分子材料，線板飾條的運用廣泛，使用天花板的冠頂飾條、防傢俱牆面碰傷的靠椅飾條、作爲地板與牆面銜接的底座飾條、修飾門框與窗框，作爲整體裝修空間的修飾建材，飾條線板也能強調與襯托出設計風格的氣勢。在臺灣常見的線板如：佳佳、華楓、立壕、世豐、伍豐、駿興、欣禾牌、勝美、景大，如圖5-103、圖5-104。

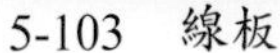

5-103　線板

5-104　線板的應用

PU線板施作程序：

1. 施工線板尺寸標定，並於牆面作出尺寸位置標記。
2. 如爲水泥牆面時，先釘上12mm夾板，再將線板釘於夾板上。
3. 以手工具或機具裁剪所需之長度及角度。
4. 於線板與牆面塗上白膠，把線板釘於原先所標示之天花板與牆面上。
5. 釘做中如90度轉角有空隙時，需再使用角度切斷機修飾，使之密合。
6. 固定後，如線板與壁面有空隙時，則以水性矽利康填補。
7. 線板固定於壁面後，擠出之白膠與水性矽利康應於未乾時，擦拭乾淨。
8. 等白膠與水性矽利康完全乾後，再以砂紙磨平交接處，並油漆完成。

5-5　地板工程

木作地板在往日最常見於日式房屋，該房屋基礎大多高於道路40～60公分，木作地板再做於房屋基礎上緣，使成爲一體。如圖5-105，木作地板施工可分爲直貼、平鋪及高架等施工方式，不論採何種施工方式，在鋪設木地板之前，皆需做好外牆防水，老舊房子需注意白蟻清除，新造房子地板需等待水泥乾透再施工，防潮布、防潮隔音泡棉的鋪設等措施均不得遺漏。

5-105　日式建築

5-5-1　施工地坪之基本需求

在室內裝修施工場所有關泥作或水工程的工種必須完工後，木質地板才能進場施作，木質地板施工通常會是裝修工程比較後段的工項，可視情況安排進度。

入門地板需以完整之木地板起始施工不得銜接且最佳入門木地板施工方向爲橫向施工，除非有特殊要求。

5-5-2 木地板裝修種類

1. 平口實木地板

平口實木地板是室內裝修業者對於早期建築界稱爲拼花木地磚的地坪裝修之稱謂。此種木地板材料在1970年代都用台灣櫸木或相思木居多，現今使用柚木居多，其尺寸大多可分爲2寸×1.5尺長板塊、30×30公分及45×45公分等板塊，厚1～2公分，相鄰正方形的方向並採互相垂直的交錯排列而成。此種平口實木地板須在現場進行表面鉋平，再以磨砂機磨光木地板的表面後著色上漆，如圖5-106。

5-106 平口實木地板

2. 長條型實木地板

長條型實木地板在1978～1988年最多，以柳安實木與台灣檜木居多，施工是不封底板，製釘長度均達兩邊牆壁，縱向不相接。有工匠提到：如爲台灣檜木地板施工前應先以毛巾沾清水擦拭正反兩面使其回潮，等過1～2小時之後再施工釘裝。每片榫接釘裝時可在角材塗抹白膠，以手釘1.2寸鐵釘固定，其釘頭須用釘衝釘入榫接中，使其完全牢固，待全部完成後，再以鉋刀鉋平其每片接縫，磨平後再上漆。如圖5-107，目前室外地板已經被南方松取代。

5-107 長條型實木地板

3. 企口實木地板

企口實木地板又稱無塵地板，以實木在工廠裁切成型，並以自動四面鉋榫檯作好企口榫，經過3～4的磨光與上漆，才由專業技術人員於施工現場施作完成，完工後無需再上漆。須注意每種實木的特性，釘製環境的溼度與伸縮縫的預留。如經年使用導致表面受損，應由塗裝技術人員表面磨砂後，重新上底漆和面漆，就可使地板回復原始風貌，如圖5-108。

5-108 企口實木地板

4. 銘木地板

銘木地板在1986起漸爲盛行，起初是日本進口居多，瑞銘與一澤公司是當時的進口商，表層厚度爲0.6～0.8㎜的小原木薄木皮使用膠合技術與12mm厚的耐水夾板貼合成型，每片銘木木地板尺寸爲1×6尺。表面材厚度較薄，所以施工完成後的整體感覺不及實木地板扎實的觸感，但實爲耐用，如圖5-109。

5-109 銘木地板

5. 海島型複合式地板

海島型地板的製造方式，是將整塊實木縱向切削成片狀，厚度從0.6mm～4mm厚片，使用膠合技術與夾板黏結加壓成型，耐潮濕、板材穩定度高，具有不翹曲、不膨脹、不收縮離縫，材質穩定，是適合臺灣海島型多潮濕氣候板材，讓木質地板使用壽命增長，達到經濟環保實用的多重好處，完成後視覺的觀感效果，與實木地板是相同的。

6. 超耐磨地板

超耐磨地板於1998年盛行至今，表面是人造木紋熱壓於高壓密集板之上，主要花色以人造仿木紋，依各家廠商依流行設計不同的顏色及圖案，表面施以耐磨材質，其吸水厚度膨脹率在0.3%，由於耐磨及好清理的特性，多被採用於公共空間與一般住家地板，超耐磨地板的施工技術已趨成熟及穩定，如圖5-110。

7. 發泡地板

實木型、海島型、超耐磨、銘木地板，會使用林木資源，現有南亞發泡地板採用先進發泡及塗佈技術製成，不耗用森林資源，於2010年技術成熟並全力推廣使用，是唯一非木材所製成之企口地板，並有橡木、柚木、花梨木與胡桃木多種色系可選擇，圖5-111。

8. SPC石塑地板

SPC是由英文Stone Plastic Composites縮寫而來，其材質爲石粉與塑料的複合板材，面貼仿木紋或大理石紋。由UV層、耐磨層、彩膜層、SPC鎖扣、SPC基材層和底部靜音層構成，適合地面鋪設，圖5-112。

5-110　超耐磨地板

5-111　發泡地板

5-112　SPC石塑地板

5-5-3　木地板施工方式

木地板施工法有：

直貼式施工法、超耐磨漂浮式施工法、平鋪式施工法、架高式施工法等。

一、直貼式施工法

施工上直接將實木地板材料膠合黏貼於鋼筋混凝土粉刷後地板上。地板材料一般爲柚木、櫸木或拼花地板。施工地坪必須在每平方公尺水平誤差值於3mm以下，且表面不得起砂。

1. 定基準線：其方法有兩種，其一爲在空間的中央定出兩垂直線由此線開始向二側鋪貼，其優點是兩邊的切割木材大小一致，但邊料切割材較多，費工費料，另一種是由入口門對面牆角開始鋪，其優點是省料、省工，施工快速。
2. 塗膠鋪貼：地板木材的黏結劑是白膠，使用梳形佈膠板均勻塗佈白膠在地面，一次不要太多，約10～15分鐘內可完成之區域範圍內，鋪時要注意依所設計拼花的方向鋪貼，再調整木地板的間縫，膠料如溢出地板表面，儘速以濕抹布擦去多餘膠料，然後壓緊並待乾，並避免在上行走以免地板滑動。

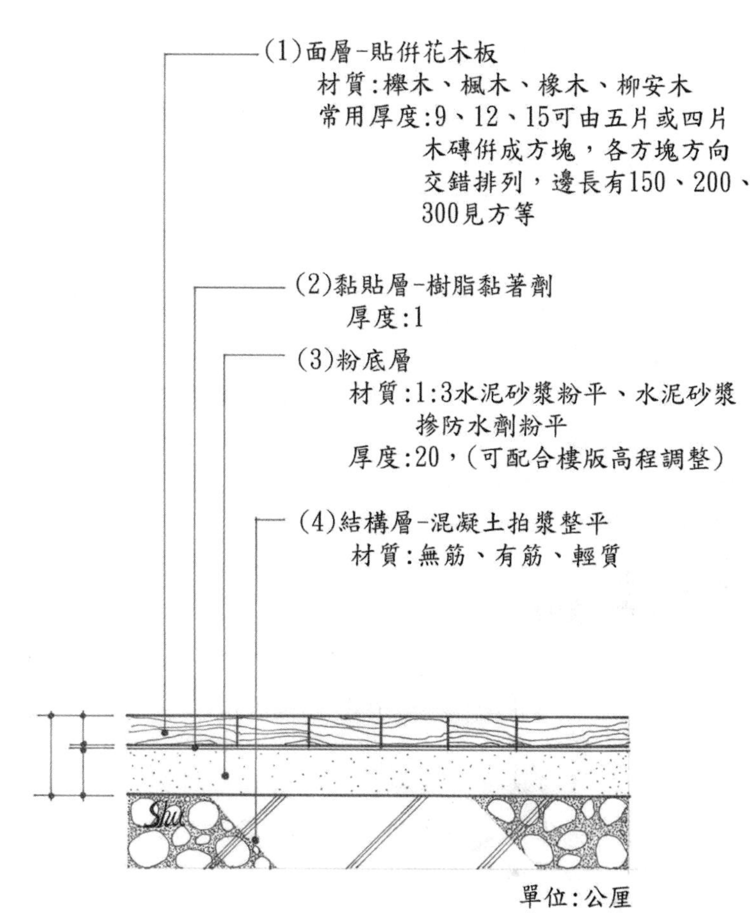

5-113　直貼式地板

3. 磨光：在大面積上使用砂磨機磨光，牆角處用手掌式砂磨機磨光，砂紙粗磨用80～120號，細磨時是用180～320號。
4. 上二度底漆：先將表面的木屑、灰塵用吸塵器吸乾淨，再上底漆並磨平後，再上中塗透明漆。
5. 面塗：當內部裝修工程完成後，再進行最後塗刷面漆的工作。
6. 地面清潔後以填縫膠施於四週預留伸縮縫或以踢腳板釘於四周牆角。

二、超耐磨漂浮式施工法

1. 超耐磨木地板施工前對於原地材的情況有下列處理方式：
   (1) 水泥地面：

   新完工之水泥地面在施作超耐磨地板之前，必須確定其中水分充分釋出。如遇水泥地面不平整，可使用自平水泥使之平坦。

(2) 磁磚：

完整的磁磚地面不須打除，但必須牢固與平整，如有過深的接縫須補平並使用襯底布，接縫處以防水膠布完全貼合。

(3) 塑膠地磚：

沒有脫落情況，可以不須除去原先的塑膠地磚，但需使用襯底布。

(4) 實木地板：

原有之實木地板可以不需拆除，但必須乾燥且不能鬆動，整體面積需平整。

(5) 地毯：

可將超耐磨木地板直接鋪在貼合於地面的短毛地毯上，但如果是長毛地毯就必須先去除。

2. 超耐磨木地板整體施作程序如下：

(1) 注意施工地坪每平方公尺誤差不超過3mm，水泥地面粉光需平整，地坪表面不得有起砂情況。

(2) 先量測地面寬度除以地板寬度，決定共有幾排地板。兩側各預留約9mm伸縮縫。

(3) 鋪上襯底布，取出超耐磨木地板，將門框底部先以鋸子切出地板厚度的溝縫，可讓地板嵌入，沿牆邊排列9mm厚度的楔子。

(4) 施作方向須與門入口處橫向，如牆面不平整，則第一排的超耐磨木地板必須稍加合邊以符合牆面的需要，施做時用鉛筆在板材上劃出線條然後裁切。

(5) 前三排超耐磨木地板需緊密，以確定後續地板得以精準施作，可配合夾具固定緊密結合後再進行鋪設工作。

(6) 為使地板能緊密結合，可使用敲擊墊在凸榫輕輕敲擊，敲擊力道不可過大，以免傷及凸榫。

(7) 超耐磨木地板鋪設完成後，待專用防水膠完全乾燥時才移除楔子。如果是卡扣式，施工方式另有差異。

(8) 移除楔子後，牆邊預留的溝縫嵌入保麗龍條，貼上紙膠帶打矽利康，使之縫隙平整美觀，如圖5-114、5-115。

5-114　超耐磨地板

5-115　超耐磨地板

三、平鋪式地板

平鋪式施工法：合板可釘於地坪，如：水泥、磁磚地面，面材使用無塵地板、複合式地板等，底板一般採用15mm夾板、6分木心板或是4分雙層夾板，需視估價而定。整體施工步驟如下：

1. 專業木工必須技術成熟，並具有技術士證照者爲之。
2. 施作位置什物清理乾淨，將防潮布平鋪於施工地坪上，並且互相交錯3公分以上，至牆角必須折起3公分以上。
3. 將合板基材平鋪於防潮布上，並以ST25氣動鋼釘固定於施工地坪上，牆角折起之防潮布必須外露至合板上。
4. 鋪底合板長端拼接縫須交錯排列，自起始線起依序鋪設木地板，地板背面以地板膠佈膠。
5. 以地板用釘F25釘入公榫之上緣，並以45度釘入，不可過深或凸出以確保釘合強度，如有地板膠料溢出於地板表面，儘速以濕抹布擦除多餘膠料。
6. 完成地面清潔、並以填縫膠施打於四周預留之伸縮縫，或以踢腳板釘於四周牆角。

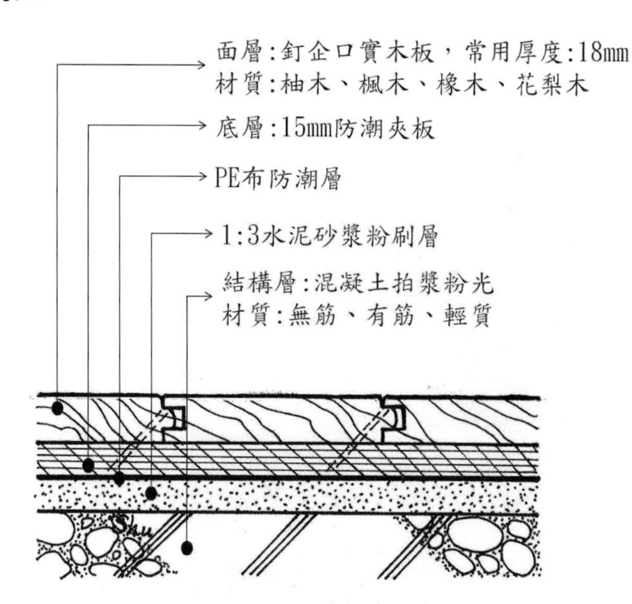

5-116 平鋪式地板

四、高架地板

在高架地板中也隨時勢演進，除了室內裝修木做高架之外，合金鋼高架地板又稱網路地板，在學校、辦公室、機房與商業空間的施作時機成長迅速，但本章節先行討論裝修木作高架地板。

高架地板的目的，有的爲求得地坪之水平統一，有的只需架高於地面，角材直接釘於地面架高，並不做水平的測定。

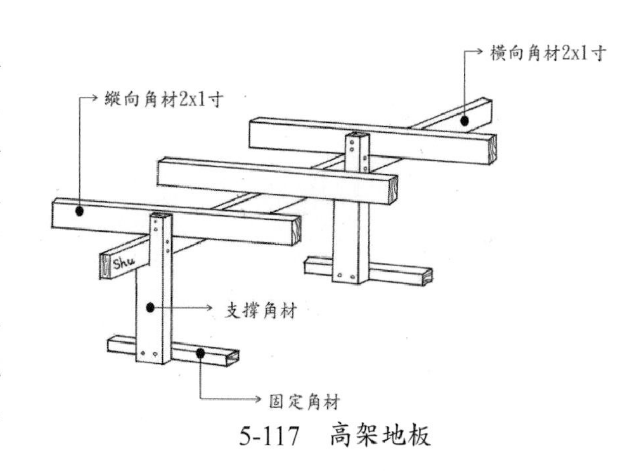

5-117 高架地板

例：有一臥室長12尺，寬10尺，架高20cm之滿鋪實木企口地板，將以標準施工方式，骨架 實木角料使用12尺 × 2寸 × 1寸規格，釘法以縱向上層一尺間隔釘一支，橫向下層二尺間隔釘一支爲例，敘述其施工釘法如下，如圖5-117到圖5-121。

1. 施作位置什物需清理乾淨後施作，鋪放PE防潮塑膠布。
2. 架設雷射水平墨線儀於欲施作高度，需以預計完成平面高度扣除地板以及夾板厚度，並彈上墨線於四周牆面。
3. 鋪放1.2寸 × 1寸角材，每支間距60公分於地坪面待固定用。
4. 依牆面施作基準線，以ST45氣動打釘槍釘製2寸 × 1寸角料在四周墨線。固定橫向下層角料爲每60公分一支。
5. 鋪放上層角料，以縱向間距採30公分，並拉水線釘牢支撐腳架。
6. 全區平整固定後，角材上緣以白膠佈膠，釘上4分防潮夾板。
7. 彈出一條起始線，依序鋪設實木企口無塵地板，地板背面以地板膠點佈，以地板用釘F25釘入公榫之上緣，並以45度角釘入，以確保釘合強度，如有地板膠溢出，以濕抹布擦淨。
8. 完成地面清潔、並以填縫膠施打於四周預留之伸縮縫，或以踢腳板釘於四周牆角，完成清理現場。

5-118　地板內部結構1

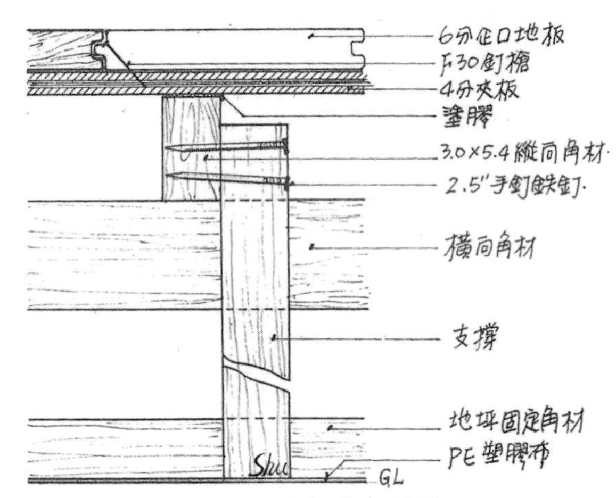

5-119　地板內部結構2

5-120　高架地板作業

5-121　高架地板完成

5-5-4　木地板施工注意事項

1. 施作前應先檢查確認木地板材料，如有發現木地板顏色不對、木地板等級錯誤或有瑕疵等問題，要通知廠商儘速更換。

2. 爲了避免木質地板在施工裁切時產生的誤差，計算施工材料數量時，建議多5%的耗損材。
3. 直鋪地板要確認，原來的地板如果爲磁磚，要確定是否有與原結構密合，以及地面是否太過鬆軟，不管直鋪或是架高式鋪法，釘子將會和地面無法釘合。
4. 地面是磨石或者有2公分以上厚的石材，除上述條件以外，著釘的時候要盡量使用火藥釘槍或者鑽孔器，原則上一定要確定木板密貼才能有足夠的咬合力。
5. 打好水平之後，要注意所有的壁板與門板間的高度，免得出現門無法開的問題。
6. 角材要使用具有結構性的載重性基材，間距約1尺，角材之間的打釘要確實。
7. 底層夾板要12mm以上的厚度，板與板之間的離縫3～5mm，踩踏時才不會因二片板摩擦而有聲響，如圖5-122。
8. 銘木地板應切斜角以減少阻力，如圖5-123。

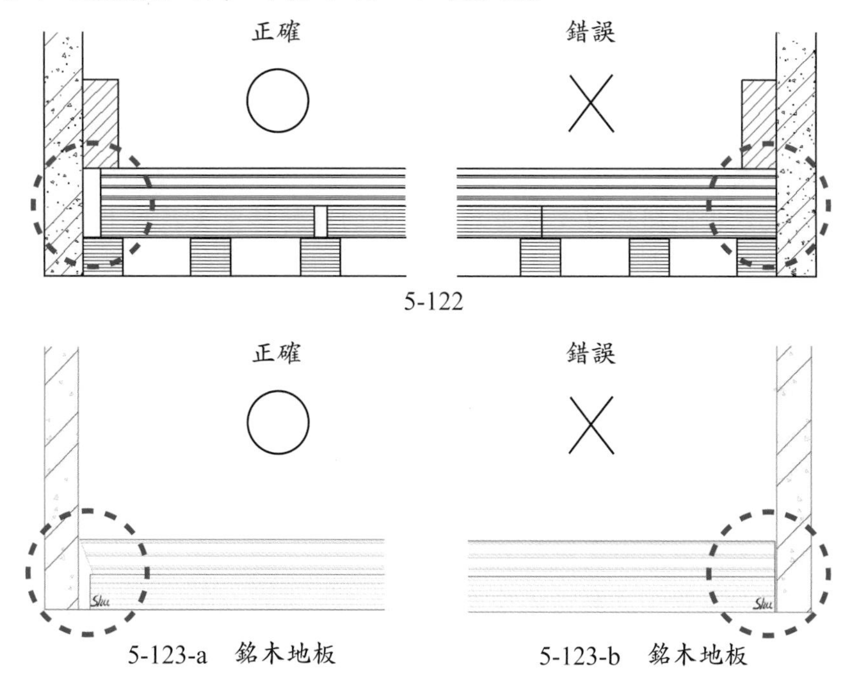

5-122

5-123-a　銘木地板　　5-123-b　銘木地板

9. 選擇實木地板，要考慮溼度以及膨脹係數，因爲這是影響實木地板的伸縮與變形的主因，木地板要記得留適當的伸縮縫，以防日後材料的伸縮而造成變形。
10. 地板打釘前可在夾板面採用點狀佈膠，以利固定。
11. 架高式或是收納櫃型的地板，要考慮載重結構性以及實木地板收邊的顏色與地板的整體性。
12. 如果預留軌道時，需要確認面板的厚度，嚴禁再度更改材料，否則會影響到軌道平滑的問題。
13. 釘完地板面材之後要確實做好防護工作，避免尖銳物品、有機溶劑的碰觸與侵蝕。
14. 打釘方式應採用斜釘以45度釘入，釘頭不可凸出或過深，如圖5-124。

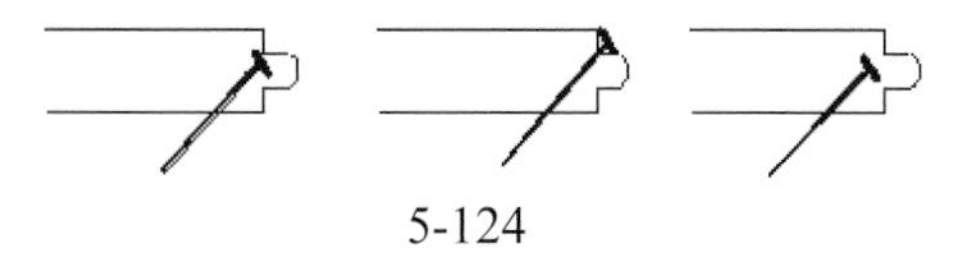
5-124

 5-6 隔間工程

隔間是裝修木作工程之結構的一種，是以角材、夾板作爲隔間的材料所組構而成的一種隔間牆。角材使用1寸×2寸角材，夾板常使用2分厚夾板4尺×8尺長的規格，此工程其表面必需再經過修飾材料的處理。

5-6-1 木隔間牆施作程序

1. 聘請技術成熟之專業木工，並具有技術士證照者爲之。
2. 備料：依圖説規定與原設計相符合，並經業主確認。
3. 隔間位置什物清理並作清潔。
4. 放樣：
   (1) 定出地面隔間位置：以直角尺靠在預隔間位置的地面上，以墨斗墨線，延著直角尺的另一邊移動，當測出與直角尺對齊時，將墨線彈下，即可定出隔間位置的垂直邊，再以直角尺的一邊與此垂直邊對齊，重覆以上動作，可定出另一垂直邊，重覆以上動作，並稍作調整，可定出所有隔間位置。
   (2) 定天花板隔間位置：以垂球將地面的點轉移至天花板上，將垂球線的線頭拿起放在天花板上，慢慢移動位置，當垂球的原尖點對準地面時，且垂球不動時，將垂球線頭的位置，點在天花板上做記號，重覆此動作，定出各轉角點，以墨斗連接兩點彈墨線，定出隔間在天花板的位置。
5. 釘地面及天花板上的角材：在天花板或是地面上，沿著所定出的墨斗線，釘1寸 × 2寸角材。
6. 釘中間縱向角材：在天花板或是地面角材上，以所用夾板寬爲單位，一般用120公分爲一單位，劃分中間縱向角材距離，然後依所定的尺寸釘角材，角材中心要大約對準所定出的點。
7. 釘中間橫向角材：在轉角兩邊縱向角材上，定出240公分位置，在240公分之間再大約以40公分爲一單位，劃分中間角材距離，以墨斗連接頭尾角材的兩點上彈線，則可在中間縱向角材上作墨線記號，再依所定的墨線尺寸釘橫向角材，踢腳的部位要另加一支角材。
8. 釘2分夾板：先在縱向角材上，以墨斗線連接天花板與地面兩端120公分的點，再彈出墨線在縱向角材上做記號，此可決定出夾板位置，再依墨線記號釘夾板，釘夾板以前必需在角材上先塗白膠，再固定夾板。若有開口部分，則應先找出釘開口部分位置，把立面開口部分造型先做出後，再開始封夾板。
9. 電路配置施作：若有開關、插座與弱電配置的施工，需在封第二面夾板之前完成，一般是在釘隔間角材時，即可先進場施作，才不會影響到整體工程。工程結束並完成清理。

5-6-2 木作隔間注意事項

1. 木隔間牆須照設計圖示尺寸，角材上、下兩端與橫檔銜接均須使用鋼釘氣動打釘槍固定。
2. 表面貼薄皮時，結構料最好用合板角材或木心板裁切成角料使 用。避免柳安實木角材潮濕被夾板吸收產生發霉黑斑。
3. 表面如果是要貼美耐板留溝縫時，最好以較厚夾板施工現場黏貼，以避免夾板翹曲，影響美觀。
4. 表面材爲化妝板時最好先釘一層夾板，增加厚度使之平坦。
5. 表面爲薄銅、鋁板或軟皮時應選較厚並刨修、磨平之夾板。
6. 表面爲塗裝或壁紙，應採用不鏽鋼釘。

5-6-3 木門框施作程序

早期在裝修泥作工程中木門門框會在磚牆砌築之前先立好，門框立好之後才進行砌磚工程。現今室內裝修或裝修泥作工程，立門框的工程會放在砌磚、灌漿、隔間完成才施作。現就對於木門框施作程序敘述如下：

1. 立門框前應先進行木門位置的放樣，放樣的水平基準線誤差不得大於3mm，門框豎立時應用斜撐釘牢，避免門框產生變形或偏斜。
2. 有門線板設計時，門線板的安裝應以暗釘方式處理。
3. 門框的上樘料及兩側樘料應以寬2.5cm、厚3mm、長11cm、兩端向上彎2.5cm加強鐵片固定。固定的位置應靠近於兩端處距離端點15cm，中間部分每片間距不得大於75cm，因此一般門高時，側樘料除另有規定者外，應裝配固定鐵片每邊3個伸入牆內固定，如圖5-125、圖5-126。

5-125 木門框安裝作業1

5-126 木門框安裝作業2

5-6-4 門片的種類

裝修木門片大都是工廠訂做居多，常用的有塑合門、空心夾板門、實木雕刻門、木製纖維門與裝飾面板門。

1. 塑合門：內爲木角材，外以塑膠質材當門面，經高壓一體成型而成，塑膠面上並可印出凹凸立體造型處理，有各種花色及圖案，不需油漆、造價低，適合一般房間門。

2. 空心夾板門：可在工廠製作或現場壓製，空心門厚約3.6cm，其內角材爲結構材，必需先鉋光同厚，如此門面才會平整，中間角材間距離約40cm，以2分夾板佈塗白膠黏合壓製而成，裝鎖處要另加木材，以利鑽孔裝鎖。
3. 實木雕刻門：外框爲實木結構框，或是再貼木皮，中間鑲嵌實木雕刻版面處理，常用木材有柚木、檜木、椏杉、柳安、雲杉、南洋檜木。
4. 木製纖維門：以木纖維材質擠壓一體成型，具浮雕及烤漆效果，不變形、耐潮濕、耐酸鹼、隔音效果佳。適合臥房使用。
5. 裝飾面板門：其面板採裝飾面板或貼薄木皮工法者，需用機器熱壓木皮合板，再以貼木皮合板加工成合板門。

5-6-5 木作實木門、空心門安裝

一、裝修木作安裝木作門片的施作程序

1. 依現場或設計圖説確認門扇開啓方向。
2. 檢視門扇是否平整或翹曲，定訂門扇鉸鍊的位置。
3. 先從鉸鍊邊端，鉋刀鉋出約 2mm 斜面，鎖邊端面亦同之，以利於開關順暢，如圖5-127、圖5-128。
4. 以鉛筆、角尺畫出鉸鍊的位置並量取鉸鍊厚度。
5. 使用鑿刀鑿出鉸鍊深度，或修邊機刀具修出鉸鍊深度，深度需平整。
6. 檢視鉸鍊槽與鉸鍊是否精密適當。
7. 試裝鉸鍊，可用鑽頭引鑽螺絲孔，將鉸鍊安裝於空心門板上，如圖5-129。
8. 將螺絲鎖上，把門片固定於門框，並開啓門片是否順暢，如圖5-130。
9. 檢視門扇關閉後與門框間隙，頂緣與兩側維持 1.5mm 之淨空隙，門下緣與地面維持 9mm 之淨空隙，即完成。

5-127
檢視門扇訂鉸鍊位置

5-128
鉋出約2mm斜面

5-129
鉸鍊槽與鉸鍊需精密

5-130
門片鎖固定於門框

5-6-6 喇叭鎖的施作程序

在門片安裝完成之後隨即安裝喇叭鎖，現今90%裝設水平鎖居多，水平鎖就是早期所稱的牛角鎖，其安裝方式比喇叭鎖更簡易，常用的喇叭鎖與水平鎖安裝，其適用門扇的厚度大都在32～45mm喇叭鎖的安裝施作程序如下：如圖5-131到圖5-140

1. 訂定高度，離地面約100公分，距離門邊6公分處作十字中心標示。
2. 沿門邊水平中心標線定門厚中心線及框邊對應中心線。
3. 使用54mm(1.8寸)直徑透空刀，鑽孔穿過門片厚度2/3時，再換面鑽孔，避免門片撕裂，直到厚度貫穿爲止。
4. 使用直徑22.5mm(7分半)鑽頭，於門厚中心點鑽出喇叭鎖心孔。
5. 門斗框上也需鑽出22.5mm孔徑圓洞，高度與喇叭鎖心水平同之。
6. 鎖心套入孔內，描繪輪廓範圍，門框上套入鎖心固定片描繪輪廓。
7. 使用7分及1.2寸木工鑿刀輕鑿所繪製範圍，深度2mm。
8. 埋入鎖心，與端面平整，二只螺絲固定。
9. 門框埋入鎖心固定片，螺絲固定。
10. 取出鎖體對準鎖心卡榫，由外往內套入，以所附螺絲固定鎖體。
11. 蓋上護版、對準內溝槽，套上內把手，即完成。
12. 測試關閉與開啓，調整鎖心與門框固定片精密度，清潔現場。

5-131 喇叭鎖安裝作業1

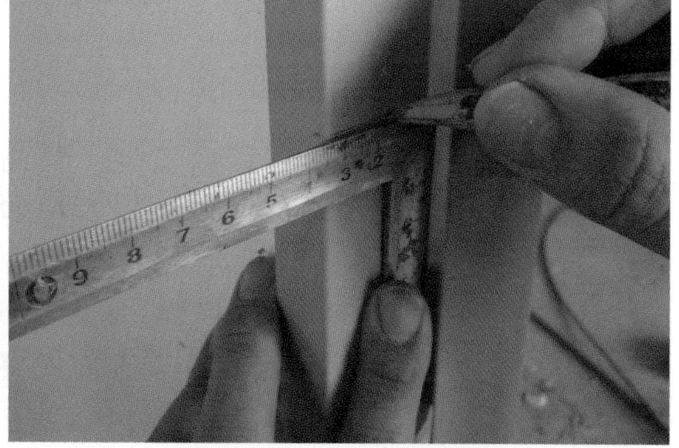

5-132 喇叭鎖安裝作業2

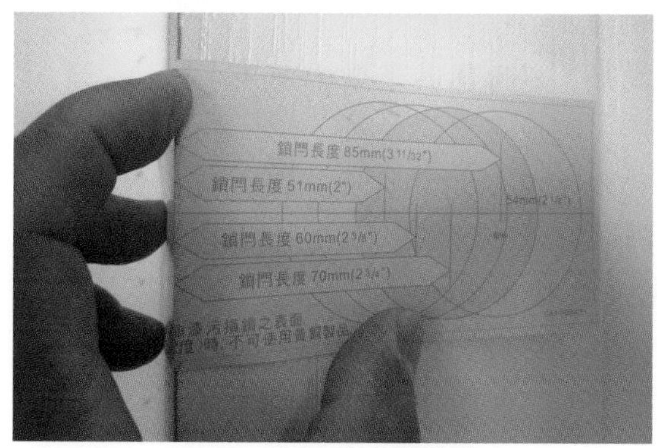

5-133 喇叭鎖安裝作業3

5-134 喇叭鎖安裝作業4

5-135 喇叭鎖安裝作業5

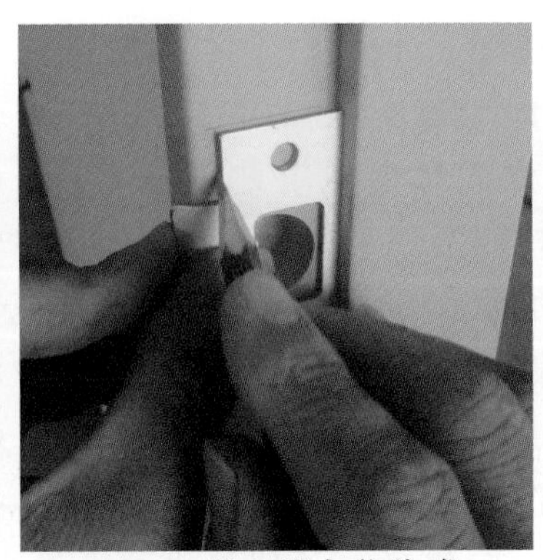

5-136 喇叭鎖安裝作業6

5-137 喇叭鎖安裝作業7

5-138 喇叭鎖安裝作業8

5-139 喇叭鎖安裝作業9

5-140 喇叭鎖安裝作業10

5-6-7 踢腳板施作程序

踢腳板是掩蓋地面與牆面隙縫，提高牆面地面裝修整體質感，並可保護牆角與牆體不同介質材料的使用。由於緊靠地面，容易被破壞與弄髒，所以踢腳板必須堅固，既不容易損壞又易於擦洗。

踢腳板施作爲牆面隔間壁板等完成，才能進行收尾工程，其材質有實木踢腳板、夾板貼皮踢腳板、塑膠木心踢腳板與塑膠踢腳板，水泥牆釘固踢腳板，宜採用中T釘槍，也就是小鋼炮氣動釘槍最適宜。就其施作程序敘述如下：

1. 本踢腳板施工應配合相關工程進行，於牆面、地坪裝修工作完成後才可施工。
2. 塑膠木蕊踢腳板應以專用機器裁刀裁割，以確保其平整。
3. 內角、外角轉角部分，不可切斷，須一體連成型。
4. 從門框處開始朝二側安裝，黏著固定後，每隔約20公分，以無頭鋼釘固定，固定踢腳板後，不得產生鬆動及凹洞現象。
5. 固定安裝踢腳板時，不得污損已完成之牆面或地坪，完工後並須現場清潔乾淨。

5-7 壁板作業

鋼筋混凝土構造的牆或磚牆、輕隔間牆等牆壁爲了美觀常在牆壁上釘上木板以強化裝飾的效果，此種裝修方法依木板釘於牆上的位置而有不同稱呼。只在牆壁下方1公尺～1.2公尺範圍局部釘上裝飾板材，板材上方釘一線板收頭者稱爲台度面板，台度頂端的線板稱爲壓頂木，又稱爲壁腰。整牆面直到天花板下都釘上板材與線板者稱爲壁板，如圖5-141到圖5-144。

5-7-1 壁板施作程序

1. 專業木工必須技術成熟，並具有技術士證照者爲之。
2. 施作的壁面四邊，取所需之深度，垂直二側牆面、樓板與地面放樣彈出墨線。
3. 量取四邊之尺寸，於地面上依所量之尺寸以1寸×1.2寸之角組裝構架。
4. 將構架推向施作的壁面，並緊貼後以鋼釘固定於壁面。
5. 檢查管線電路配置是否符合圖說，再封釘面板，可用夾板、石膏板、矽酸鈣板等面板材。
6. 刷漆或貼裝飾表面材。

5-141　壁板施工作業1

5-142　壁板施工作業2

5-143　壁板施工作業3

5-144　壁板施工作業4

5-7-2 杉木壁板施作程序

室內裝修牆面杉木企口壁板在工廠已經刨光、榫作與上漆完成，是工法簡易、施工快速與美觀實惠之工法，其施作程序如下：

1. 核對施工圖說：與原設計單位確認，並交由專業技術人員施工。
2. 依照原圖說尺寸需求放樣，先彈出地面墨線，再依雷射水準儀或鉛錘定出兩側牆面垂直點，並彈出完整四周墨線。
3. 四周先釘四周壁面角材，將3公分(1寸) × 3.6公分(1.2寸)的實木角材或合板角材，釘在四周壁面的墨線邊。
4. 釘製牆面中間角材，需與企口壁板不同方向，如企口壁板欲釘垂直方向，中間角材需釘水平方向。
5. 拉尼龍線，釘固定筋，使木架牆面平整。
6. 取第一片企口壁板垂直釘牢，往後每片連續釘之，最後一片須合邊工法施作，使企口壁板與牆壁密合，如圖5-145。
7. 釘踢腳板，工地現場清潔。

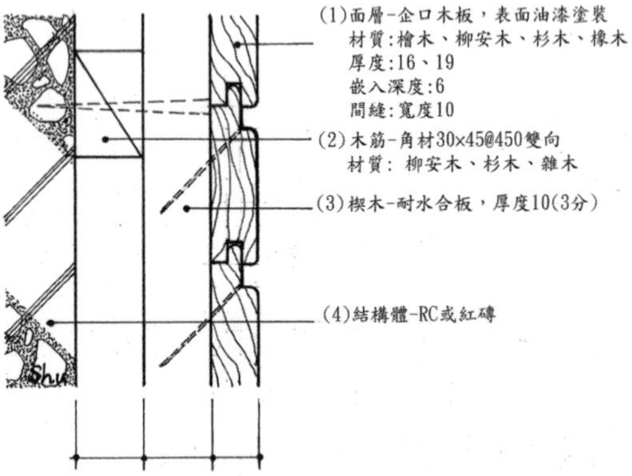

(1)面層-企口木板，表面油漆塗裝
材質:檜木、柳安木、杉木、橡木
厚度:16、19
嵌入深度:6
間縫:寬度10
(2)木筋-角材30×45@450雙向
材質: 柳安木、杉木、雜木
(3)楔木-耐水合板，厚度10(3分)
(4)結構體-RC或紅磚

5-145 企口木板牆面(單位：公厘)

5-7-3 造型壁板施作程序

造型壁板施作程序與造型天花有異曲同工之妙，其施作程序如下：

1. 選定造型壁板面材，其規格須依設計圖說，進行垂直構材標示放樣。
2. 雷射墨線儀測定牆面兩端或轉角處之垂直基準，角材打釘緊固著於牆面。
3. 測定水平基準於垂直基準角材上並拉水線，釘固所有之垂直角材，需仔細依水線調整各垂直角材，方能使牆面平面度正確在同一平面上。
4. 裝釘牆面板材，造型壁板有釘裝式、鑲嵌式、黏貼裝飾式或線條釘裝式等。其接縫方式如同天花板所述，打釘材質還是以不鏽鋼釘爲佳，若需另行鋪貼面材，則釘頭需凹陷於板面，並用補土進行填平。
5. 面材鋪貼施工，面板上表面花紋必須對紋或對稱。
6. 壁板施作完成後，還未完工驗收前，動線轉角處應用珍珠板或夾板加以保護。

5-7-4 拉門安裝施工要點

室內裝修施作的拉門有單拉門、雙拉門與多片拉門，再依設計施作位置可分爲明式拉門與嵌入式拉門，如圖5-146。爲使拉門順暢開啓，早期和室拉門下槽軌道貼滑帶輔助使其推拉順暢，現在門片會裝輪組與下方V型鋁軌道組合，推拉更爲輕巧，如圖5-147。另外現今常使用懸吊輪組五金配件隱藏於框樘上內或門楣上方，爲居家空間臥房與更衣室經常使用，如圖5-148。

5-146　拉門

5-147　和室拉門

5-148　懸吊拉門

嵌入式拉門施工要點：

1. 拉門施作之前須有前置的相關配合工程，如磚牆、磁磚牆面、輕鋼架隔屏、木作隔間與牆板施作，並注意拉門入口處的電燈開關位置。
2. 目前台灣所生產製造的鋁製吊軌與吊輪組五金配件，其材質與技術成熟，並持續發表新型式專利與安裝工法。
3. 鋁製吊軌有一般厚度與加厚型，當門重承載較多時需考量使用，軌道的安裝螺絲孔距可依需要適時增加。
4. 鋁製吊輪軌道安裝鎖上螺絲前的上方需加上4分夾板或6分夾板，可增加門片的載重。
5. 在廠商所附的上門擋配件，常因爲門片拉推力道不均或過大，使之上門擋固定螺絲偏移，可以直接釘上角材或木心板直接做成門擋。
6. 下門擋與木製拉門下溝槽需搭配精準，過大易晃動，過小易卡槽。

5-8 櫥櫃工程

櫥櫃是須可受力，講究結構載重強度，材料具有硬度大、厚度較厚等特性，僅就結構上而言不以美觀爲主，受力部位結構一般用6分木心板爲之，如要再加厚木板，可與夾板或是兩塊木心板加厚，但一般都是處理成假厚較多，表面修飾是以美化結構材表面使其較美觀，如本章節5-2-5室內裝修表面飾材所介紹的材質，常用者爲貼實木皮、美耐板、噴漆三大項。其他如：烤漆會在工廠作業完成才安裝，多樣化的表面飾材加工，有很多材質是需要在工廠精密加工才安裝。

5-8-1 櫥櫃用材與部位名稱

一、櫥櫃用材

在櫥櫃常用的基本材料有：柳安面6分夾板、木心板、波麗紙花6分木心板、波麗紙花合板、貼實木皮6分木心板、貼實木皮合板、美耐板、實木薄片、不織布實木薄片、線板、波音軟片、抽屜滑軌 、西德鉸鏈與把手。

二、櫥櫃部位名稱

1. 桌面板：矮櫃或腰櫃最上面的板。
2. 側豎板：即爲側立板，櫥櫃側面板子。
3. 中豎板：櫃內中間豎立板。
4. 橫隔板：櫥櫃中間的板子有活動式及固定式兩種。
5. 上板：櫥櫃最上層橫向的板。
6. 底板：櫥櫃最下層橫向的板。
7. 踢腳：櫥櫃底板與地面交接處之間的結構。
8. 蓋頭：也稱疊頭、塔頭。在中高櫃櫥櫃上層板上面，一般用較寬板面在櫥櫃四周做邊框。
9. 背板：最主要是用來當成四邊框板的支撐，因此若櫃體沒有靠牆時，背板應考慮使用較厚的板材。
10. 抽屜：抽屜組成爲抽前板、抽牆板、抽後板、抽底板與軌道。

5-8-2　櫥櫃工程施工術語

室內裝修於施工過程繁瑣，也因應各種工法之術語，解釋如下：

1. 寄釘：用白膠接合時，因白膠凝固時間較慢，需用銅釘或鐵釘加小片2分板先暫時固定，隔天再拔除，這工法在氣動蚊釘槍問世後就很少見到了。
2. 假厚：木心板厚度只有6分，若要讓檯面或桶身看起來比較厚一點，會用3分或6分板剖2寸加在前端，使其看起來較厚實些，稱爲假厚。
3. 實木封邊：桌面板的厚度端面，直接刷漆或貼薄皮，容易凹陷或裂縫，實木線板釘之爲實木封邊。
4. 合壁邊：在建築牆面沒有平直之下，櫃體與牆面間會有空隙，此空隙處理的過程施作就是合壁邊。

5-8-3　框架板備料

在裝潢木作用語上，將板材之順向裁剪稱爲「剖板」，橫向之截鋸稱「剪」，角材之截鋸稱爲「切」。在裁截框架材料之前有一項動作需先完成的，就是「鋸檯」的直角校正。鋸片應與推板之軌道形成絕對平行。這樣才能使「剪」板時減少切鋸側的毛邊。而框架板本身之直角與否，對後續之框架固定、框架之垂直、直角、抽屜之使用及門片安裝等工作影響很大，這是新購置鋸檯第一次安裝最應注意的。

框架之板材及內膛、通常使用下列材料：

1. 素面木心板：就是工地中所稱的白身木心板。
2. 波麗木心板：是目前裝修使用量最爲大宗的木心板，其表面貼合的樹種、紋理、顏色多樣化。
3. 實木薄皮木心板：如桂蘭木、樟木、檜木等，單面與雙面4×8尺木心板。
4. 貼美耐板或其他軟皮材料，此項用材貼黏工作多數於裁切之後再施工。

5-8-4 櫥櫃櫃體施工步驟

1. 依經核准之施工圖施作，並由有經驗及技術良好之技術人員負責執行。
2. 所有木作均按施工圖規定辦理並符合設計圖説之原意，如有未註明或不明之處應請工程單位解釋清楚。
3. 櫃體板材剖板，依施工圖説將板材裁切成所需規格，如頂板、底板、兩邊側立板、中間立板、中間固定橫隔板及背板等，框架組合後，門片尺寸較明確，再裁製門片。
4. 修飾材貼飾：將裁下的各種板面，依表面處理材的不同分別貼飾加工，如貼木皮、貼美耐板，在要先組合的板面上，櫥櫃內側板先貼飾，外側板或是桌面等組合固定好後再貼飾，因尚未固定在壁面，板面需合邊，才能使板面與壁面密合。
5. 板面之接縫必須精密，以儘量不易察覺爲宜。板面貼木薄皮者，其木理之疊合及拼接方式需經工程單位同意。
6. 厚度加工：側板或桌面都是以假厚處理，即另以其他的板材黏合在側板或桌面的前端，再以實木線板收邊。
7. 櫃體組合：當所有面板、側板、底板，都裁切並經處理後，把各種板組立成木框架立體形狀，接合時水平面板與垂直面板要確實密接及平整，結合時各部份都需先抹白膠，結合後測內角是否90度直角，如圖5-149到圖5-150。
8. 櫥櫃等木作接頭，如需運用暗榫之搭接方式，可配合冷膠、鐵件加強構件。
9. 釘背板：將組合後的框架釘背板，先在框架上塗白膠再固定，固定背板時四角要確實對準框架四角，接合後板面有凸出框架時，用鉋刀鉋平，若有多餘白膠溢出，需用濕布擦拭乾淨，如圖5-151。
10. 局部如需用鐵釘暫時固定，在恢復原狀後，其釘孔必做精細之修飾。
11. 踢腳：於櫃體位置上製作櫃體底板與地面間的結構底座，也就是踢腳板，組立完成櫃體安裝於水平底座上，如圖5-152。

5-149　櫥櫃框架組裝

5-150　櫥櫃框架完成

5-151　櫥櫃釘背板

5-152　櫥櫃製作完成

5-8-5 櫥櫃施作注意事項

1. 櫥櫃組合的工法順序須正確，打釘再鎖螺絲加強，避免櫥櫃鬆動。
2. 櫥櫃使用木心板爲活動層板，不得使用橫向板以免板面變形。
3. 木皮貼門板紋路方向須一致，比例切割要對稱，端面修飾需精細。
4. 黏貼金屬板、塑膠板、陶質板，黏著劑須正確，避免脫膠不平整。
5. 軌道門板總重量與吊軌形式需匹配，門板推拉順暢，
6. 完工櫥櫃的木皮，不得在板面上放置飲料瓶罐或油漬污染，櫃體須做好遮蓋防護，避免太陽直曬，完工後木皮變色。

5-8-6 櫥櫃檯面

在室內裝修櫥櫃檯面是規劃櫥櫃時最應注意的，因爲櫥櫃檯面是櫥櫃使用率最高的部位，也是接觸最頻繁的地方，其質量的優劣直接關係著櫥櫃的使用壽命與質感。目前櫥櫃檯面常見的，分爲木作材料、天然石材、人造石、金屬材料等四種，施作之前須確定，如圖5-153、5-154。

5-153　天然石材檯面

5-154　人造石檯面

5-8-7 櫥櫃門片

櫃體造型主要表現在門片上，其製作工法的精細會影響門片的價值。門片使用白膠以冷壓方式製成空心板，會使用6分木心板或6分立心夾板，使門片平整不翹曲。

一、櫥櫃門片製作

1. 櫥櫃門板通常使用1～2分夾板爲板材。
2. 以6分木心板或防水板爲內部構材。
3. 使用白膠以冷壓方式製成空心板。
4. 表面材料之黏貼。
5. 端側面使用薄皮或實木封邊。
6. 鉸鍊之安裝並測試開啓順暢。

二、櫥櫃門片組裝固定注意事項

1. 門板之製作盡量不要直接使用木心板裁切，以免門板自重過重，影響鉸鍊之使用。
2. 表面材料均依門板實際規格裁切完成之後再黏貼。
3. 使用化粧板則直接當成面板壓製後裁切。
4. 使用美耐板實木封邊時，則貼好美耐板再修邊。
5. 封邊條需在現場確定門片厚度。
6. 鉸鍊安裝須考量門板重量增加鉸鍊安裝數量。

5-8-8 隱藏鉸鍊安裝

門片與鉸鍊的裝設，依櫃體門片所使用的鉸鍊與櫃體立柱的關係分成入柱式與蓋柱式。

1. 入柱式：櫥櫃在框架組合時，門片與中豎板平齊。
2. 蓋柱式：櫥櫃在框架組合時，門片覆蓋住中豎板。

鉸鍊的安裝取孔規格可分爲0.75寸、1.15寸、1.35寸、1.5寸等四種規格，在桶身安裝功能分爲：入柱、蓋分半、蓋3分、蓋6分四種。在台灣室內裝修常使用的隱藏鉸鍊又稱「西德鉸鍊」。

寸15與寸35有何不同？在選用隱藏鉸鍊安裝規格時需要考量的是門片的厚度、門片的高度，這會牽涉到門厚開啓的角度與門重安裝鉸鍊的數量，目前隱藏鉸鍊又增其多種緩衝功能，這又需注意門片溝縫的間隙。如圖5-155取孔規格。一般門片厚度在18mm至24mm可以選用寸15的規格，當門片因造型需求厚度超過24mm時，門扇與門扇的溝縫在9mm以上，也是可以選用寸15，但是二片門扇之間的溝縫只有3mm時，就需要使用寸35的隱藏鉸鏈，如圖5-156。另有開啓180度的隱藏鉸鍊，如圖5-157到圖5-160。

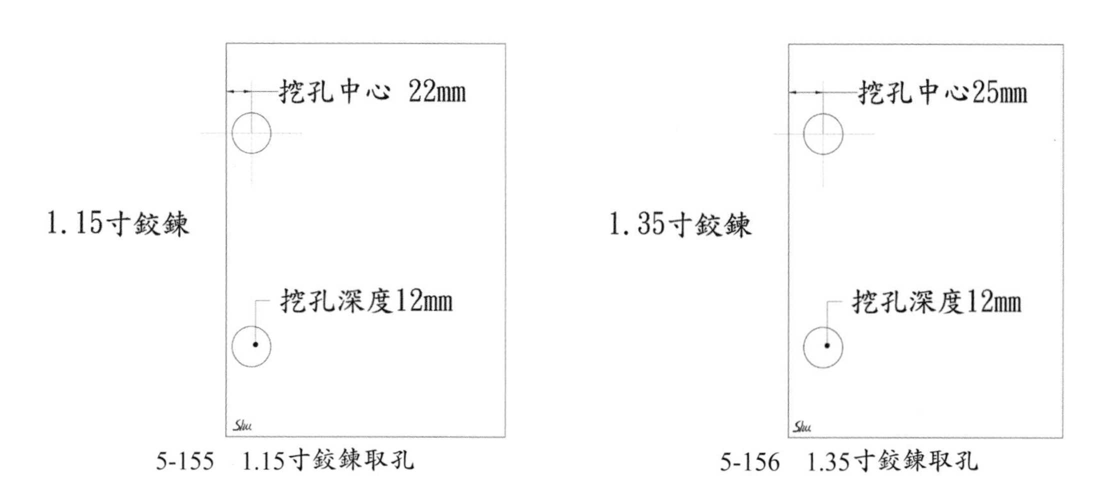

5-155　1.15寸鉸鍊取孔　　5-156　1.35寸鉸鍊取孔

5-157　180度鉸鍊1

5-158　180度鉸鍊2

5-159　180度鉸鍊3

5-160　180度鉸鍊4

櫥櫃門片安裝西德鉸鍊的施工方法：

1. 依設計指定安裝數量需求放樣，標註尺寸，畫線。
2. 拿取適當口徑的鑽頭或取孔刀，調好深度與靠端面距離。
3. 對準所劃線的中心取孔，套入鉸鍊測試深度與門邊是否垂直。
4. 鎖上螺絲，啓閉門片是否順暢，調整門板垂直水平間距與縫隙間隔。
5. 螺絲栓緊固定並清潔完成。

5-8-9　抽屜製作

抽屜製作工法演變於室內裝修也極爲明顯，從家具木工抽屜的實木備料，板面鉋光到完成即爲繁瑣，工法各有不同，一般抽屜前板與側板的接合方式有鳩尾接、嵌槽接、箱盒接與對接等方式，這其中以對接方式強度較差，以鳩尾榫接接合最佳。從1984年手提簡易壓縮機廣受裝潢木工青睞，大量於工地中施作，其中抽屜的工法也隨之改變，爲使抽屜開拉更方便，現常於側板裝配滑軌。分別敘述如下：

1. 抽屜各部位名稱：

5-161　木作抽屜

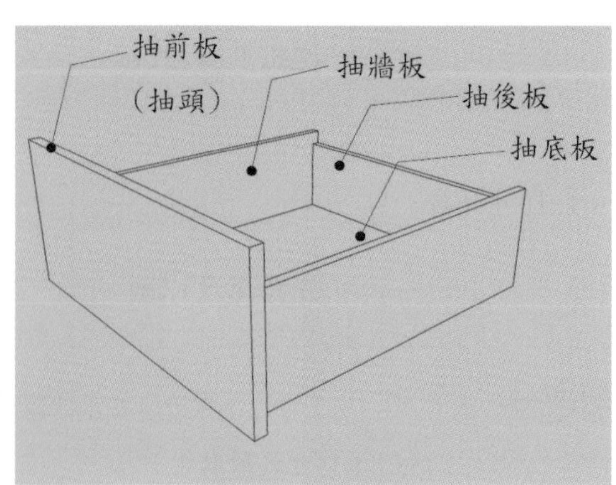

5-162　抽屜名稱

2. 抽屜製作方式有：如圖5-163到圖5-168

(1) 打鳩尾榫式，適用於抽頭面板入柱之抽屜，亦稱爲打三角榫，以抽牆板側面嵌入三角榫接。

(2) 抽頭鉋溝式，抽頭以鋸片鉋溝方式施作，用三片抽牆板釘裝。避免抽牆板由抽頭板組裝由正面直接釘裝。抽底於組裝時候隨之組裝於框架內。

(3) 箱盒接，以四片抽牆板釘裝框架，於1985年甚爲流行，抽牆由內直接鎖附於抽頭固定。使用抽牆板，現大多使用木心板 或夾板貼其他面材者，抽底使用2分麗光板。

(4) 塑膠製抽牆板卡榫組合，早期於1980年南亞公司生產，工廠生廠加工，抽屜組合快速方便。

5-163　抽屜組裝作業1

5-164　抽屜組裝作業2

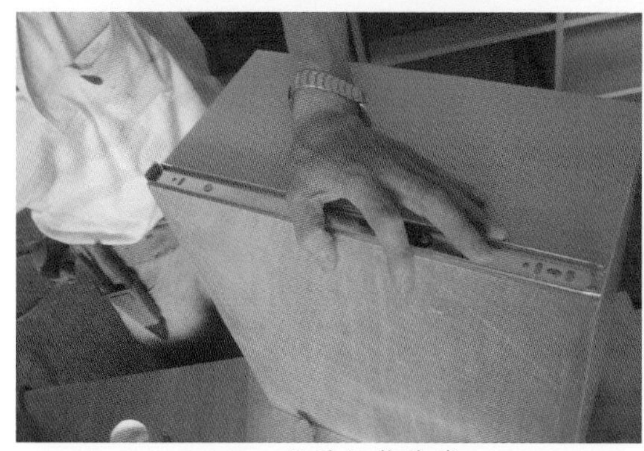
5-165　抽屜組裝作業3

5-166　抽屜組裝作業4

5-167　抽屜組裝作業5

5-168　抽屜組裝作業6

3. 注意事項：

(1) 抽屜前正面板，也就是抽頭板，如是鳩尾榫式的三角榫方式，每一處需三個以上榫接，方能穩固。

(2) 鉋溝方式，抽頭板與抽牆板接合避免正面擊釘，較堅固耐用。

(3) 四片抽牆板施作，現大多使用木心板或夾板貼皮材質，抽底使用2分波麗板。

(4) 一般抽屜前板與側板的接合，使用對接方式強度較差。

4. 抽屜常見的形式：

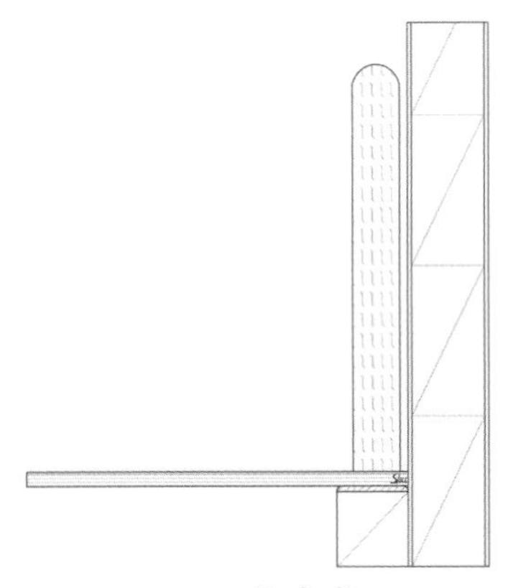

5-169　抽底式1

5-170　抽底式2

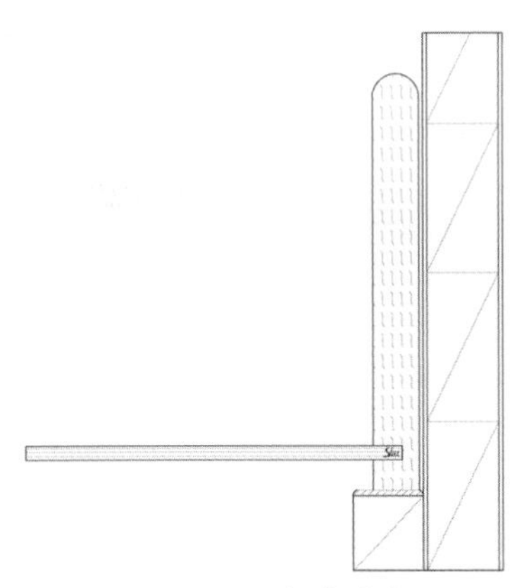

5-171　抽牆溝槽式1

5-172　抽牆溝槽式2

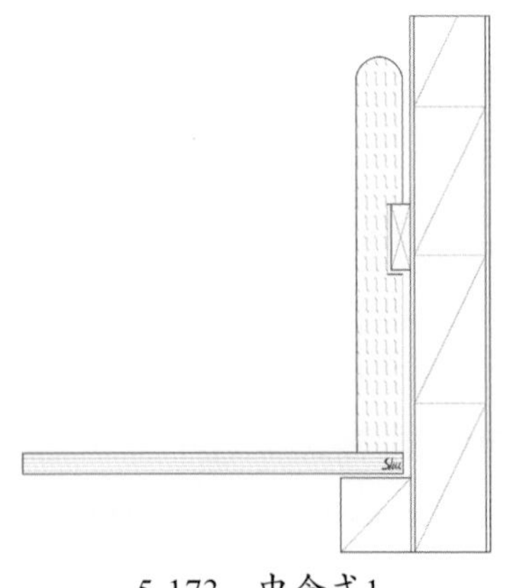

5-173　中含式1

5-174　中含式2

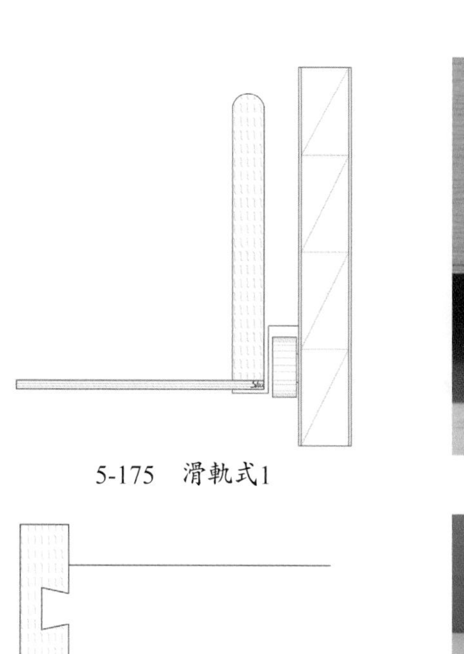

5-175　滑軌式1

5-176　滑軌式2

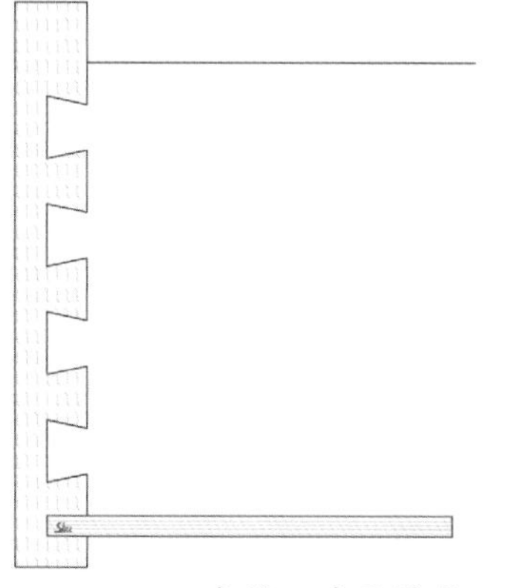

5-177　三角榫1(鳩尾榫式)

5-178　三角榫2(鳩尾榫式)

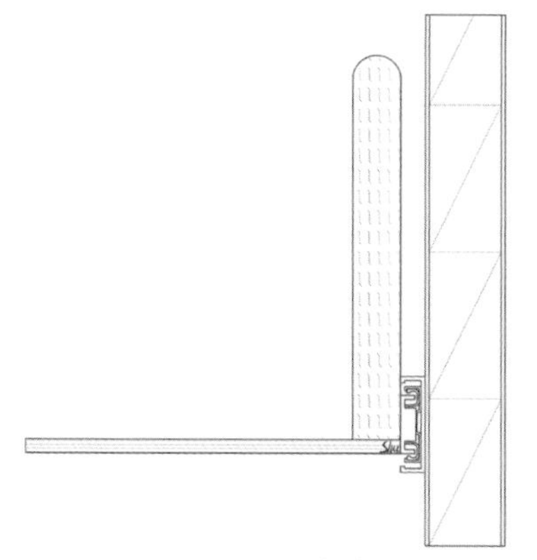

5-179　三截式1

5-180　三截式2

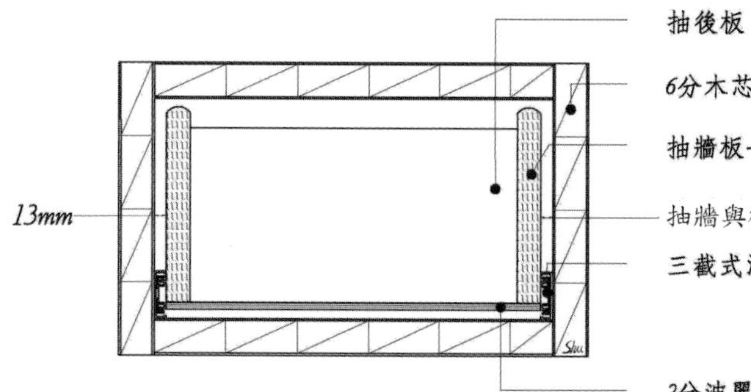

5-181　三截式抽屜的施作

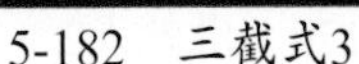
5-182　三截式3

5-183　三截式4

5-9　重點整理

一、本章節應了解各種樹種名稱、剖鋸方式、材積計算。

二、裝修木作材料認識與施工應用。

三、木作平釘天花板與造型立體天花板的施工程序。

四、木作直貼地板、漂浮地板、平鋪地板、高架地板的施工程序。

五、木作隔間、門框安裝與木窗安裝、門扇安裝、踢腳板收邊。

六、了解木作牆面壁板工法與材料使用、懸吊式拉門安裝。

七、了解裝潢木工櫥櫃與系統櫥櫃材料與施工法之比較。

5-10　習題練習

一、室內裝修工程木作天花板現場施工應注意哪些事項？請至少列出 5 項。

二、室內裝修木作材料運用應減少木材缺點而使用，請列舉 5 項木材瑕疵，以避免裝修工程中之缺失產生。

三、請寫出 4 種建築物室內裝修木作加高實木地板工程施工時，丈量或放樣需要使用的工具，並詳述此工具在加高實木地板施工時之功用。

四、某室內既有牆面，擬於該牆面另行裝飾一造型木作壁板，請依序列出其施工步驟(原相關機電設施已拆除，但須配合施作移位或延長)。

五、西德鉸鍊在室內裝修木作櫥櫃工程有蓋柱與入柱等型式，請說明櫥櫃安裝西德鉸鍊時之程序與內容？

陸 水電工程與空調作業

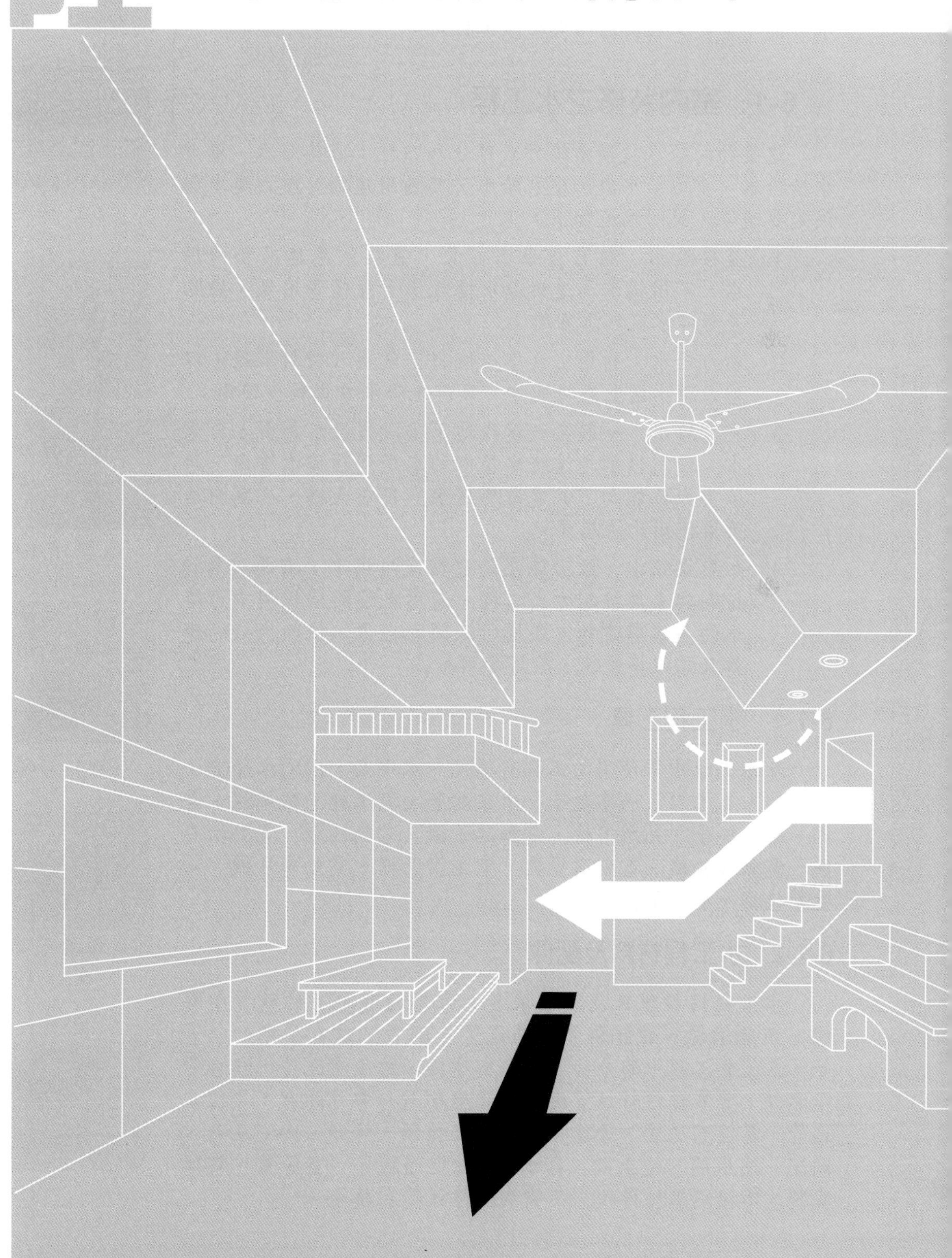

本章節旨在水電裝修工程中，能了解相關作業與材料的使用、基本原理、施工步驟及工法，水電工程技術人員在水電工程項目中，必須對施工圖說的認知，熟悉相關法規規定、設備和材料的種類及規格、施工工法與步驟，並對於弱電系統與空調作業有更進一步的認知。水電工程施作的範圍包括給水與排水設備、電氣工程與消防火警等工程。

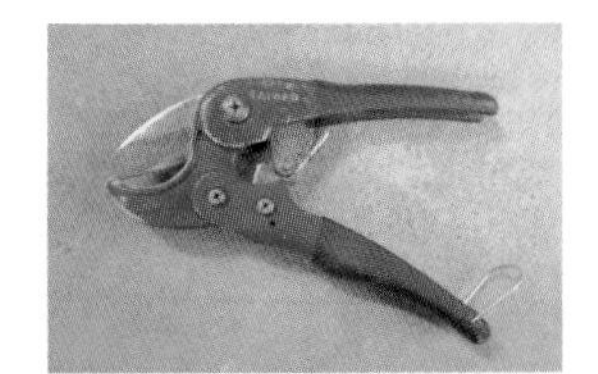

6-1　PVC水管剪

6-2　鼠尾鋸

6-1　室內裝修之水工程

建築物的給水設備系統方式可分爲四種：直接給水、壓力水槽給水、重力給水與加壓泵給水，其適用建物、壓力要求與決定要項等，說明敘述如下：

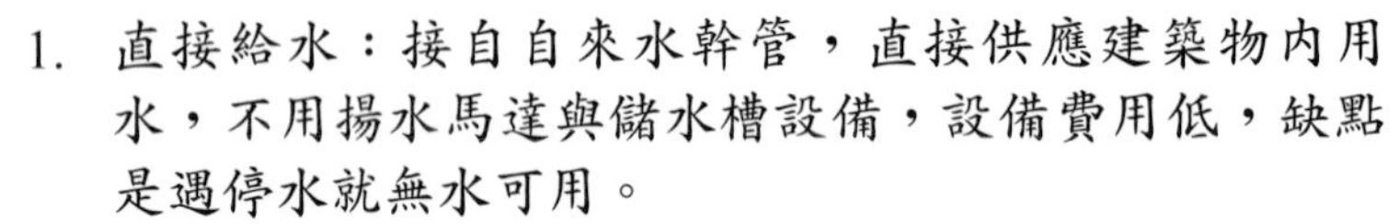

1. 直接給水：接自自來水幹管，直接供應建築物內用水，不用揚水馬達與儲水槽設備，設備費用低，缺點是遇停水就無水可用。

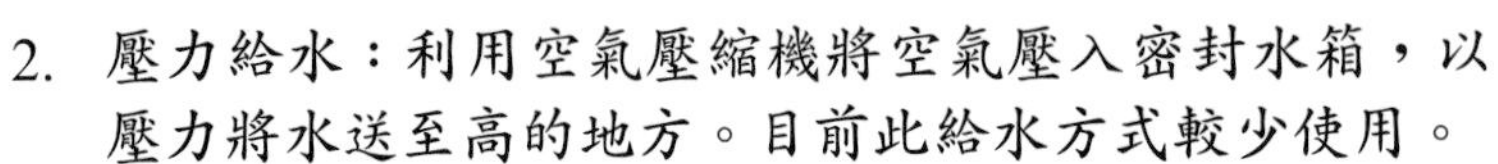

2. 壓力給水：利用空氣壓縮機將空氣壓入密封水箱，以壓力將水送至高的地方。目前此給水方式較少使用。

6-3　瓦斯噴槍

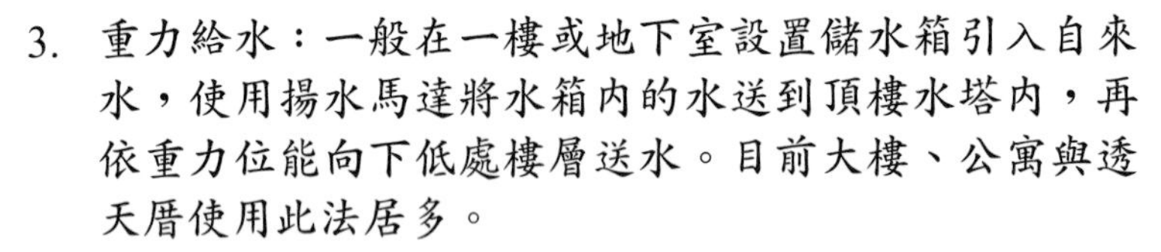

3. 重力給水：一般在一樓或地下室設置儲水箱引入自來水，使用揚水馬達將水箱內的水送到頂樓水塔內，再依重力位能向下低處樓層送水。目前大樓、公寓與透天厝使用此法居多。

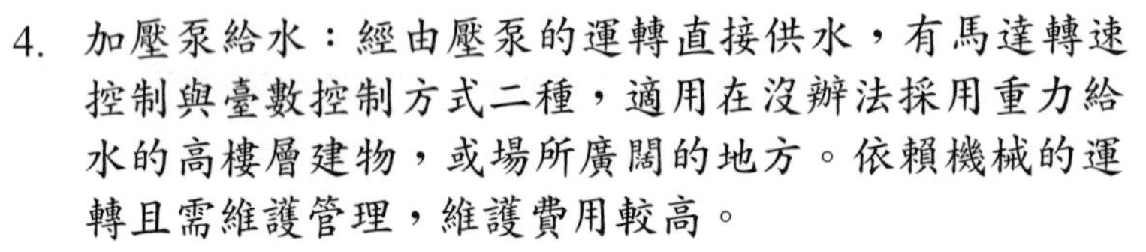

4. 加壓泵給水：經由壓泵的運轉直接供水，有馬達轉速控制與臺數控制方式二種，適用在沒辦法採用重力給水的高樓層建物，或場所廣闊的地方。依賴機械的運轉且需維護管理，維護費用較高。

6-1-1　水工程工具

在水工程中常使用的工具有捲尺、水平尺、PVC水管剪、水管鉗、美工刀、一字起子、十字起子、泥工槌、鼠尾鋸、合鋸、活動板手、瓦斯噴槍、電動起子機、電動鎚鑽、電動切石機、電動砂輪機、電動通管機、電動鑽孔機、電動車牙機、油壓壓接機、水壓試壓機。

6-4　三通管

6-5　彎頭

6-1-2　水工程材料及配件

水工程材料項目及數量很多，常用的有PVC的硬質塑膠管、不鏽鋼管、鍍鋅鋼管、鑄鐵管、銅管，還有早期的鉛管等。在配管工程中的分岔、彎頭與連接，都須有配件，稱爲管子零件，其零件材料性質應與配管應相同。常見的有：等徑三通管、異徑三通管、等徑接頭、異徑接頭、彎頭、PVC凡而、開關、洩水閥、逆止閥、存水彎、Y型過濾器、盲管蓋、銅球塞閥、不鏽鋼壓接接頭、不鏽鋼壓接試壓塞頭等。

6-6　PVC凡而

6-1-3 給水管路施作

1. 在室內裝修給水及熱水設備工程中包括儲水設備、給水設備、給熱水設備與衛生設備器具配管施工。
2. 在給水、熱水設備施工中，建築物給水配管對於防水層、樓板、梁、耐震壁、外牆等之貫穿部，應於設置模板或套管處充分補強，使其於混凝土澆置時不致移動、變形等。
3. 建築物給水配管貫穿部位應以合於法規規定之材料填充之。
4. 建築物給水配管貫穿部位，於天花板、樓板、牆壁等配管貫穿之裸露面部位且未行防露、保溫被覆之管路，應裝設套管蓋板
5. 給水設備之進水管口徑，應足以輸送該建築物尖峰時所需之水量，並不得小於19㎜。
6. 一般住宅或集合住宅二層樓以上或供二户以上使用之建築物，用户管線應分層分户各自裝設水閥。
7. 建築給水管路連接熱水器、洗衣機或洗碗機之水管，應裝設水閥；必要時，並應裝設逆止閥。
8. 建築物給水配管內水流急速停止時，壓力會急速上升而引起水錘作用，於其他急速關閉水栓等器具之附近應設有水錘吸收器等設施。
9. 自來水管埋設後水壓試驗應爲管線設計壓力之1.5倍，但最高不超過10kg/cm²

6-1-4 熱水器安裝

在室內裝修工程中，需安裝燃氣熱水器以使用熱水，爲確保瓦斯管線設備安全，依天然氣事業法規定實施定期住家管線設備安全檢查，以確保居家安全。

依消防法規定，自中華民國九十五年二月一日起使用燃氣熱水器之安裝，非經僱用領有合格證照者，不得爲之。

消防法　第15-1條

1 使用燃氣之熱水器及配管之承裝業，應向直轄市、縣（市）政府申請營業登記後，始得營業。並自中華民國九十五年二月一日起使用燃氣熱水器之安裝，非經僱用領有合格證照者，不得爲之。

2 前項承裝業營業登記之申請、變更、撤銷與廢止、業務範圍、技術士之僱用及其他管理事項之辦法，由中央目的事業主管機關會同中央主管機關定之。

3 第一項熱水器及其配管之安裝標準，由中央主管機關定之。

4 第一項熱水器應裝設於建築物外牆，或裝設於有開口且與户外空氣

6-1-5 排水、通氣管路施作

1. 在室內裝修排水通氣設備中包括排水管、通氣管、存水彎、清潔口、截流器、分離器與排水通氣系統之配管施工。
2. 排水通氣系統中原則上應設置通氣管。

3. 排水通氣系統設備的功能及項目，在於使建築物內之污水及雜排水順利地排出屋外之所有配管及設備。
4. 建築物排水管之橫支管及橫主管管徑小於75公釐，包括75公釐，其坡度不得小於1/50，管徑超過75公釐時，不得小於1/100。如表6-1
5. 建築物內排水系統應置通氣管路系統，以緩和排水管內之空氣壓力變動。

表6-1

<table>
<tr><th>排水管管徑(mm)</th><th>標準坡度</th><th>最小坡度</th></tr>
<tr><td>30～65</td><td rowspan="2">1/25～1/50</td><td>1/50</td></tr>
<tr><td>75</td><td rowspan="2">1/100</td></tr>
<tr><td>100</td><td rowspan="3">1/50～1/100</td></tr>
<tr><td>125</td><td>1/150</td></tr>
<tr><td>150</td><td>1/200</td></tr>
<tr><td>200以上</td><td colspan="2">最小流速在0.6m/sec</td></tr>
</table>

6. 污排水直立幹管，由下而上延伸至屋頂作透氣之用，應採同一尺寸之管徑，兩支以上可連成一支透出屋頂，配管應避免彎曲造成阻塞。
7. 水平污水管承接兩個以上衛生設備時，應設右末端透氣管。水平污水管標稱口徑爲80mm以下者，應有1/50之斜度：100mm以上者應有1/100之斜度。
8. 地板落水應先在地板留置安置坑，坑之深度應符合圖說規定，並能使落水盤與坑底保有50mm。安排後之高度應略低於四周地坪面。
9. 管徑爲50mm以上者，應於低處位置裝設排水管及閥。
10. 所有管系之高點，應設排氣管及閥。
11. 試壓及沖洗而需要加裝洩水及排氣裝置時，亦應予以設置。

6-1-6　存水彎

裝置於衛生器具或排水系統中，在構造上能夠形成水封部，但不得引起排水障礙，且能阻止排水管中的空氣由排水口處侵入室內的裝置稱之。

存水彎主要功用爲防止排水道內污穢異味空氣或衛生害蟲進入居室空間。其設置要點如下：

1. 所有衛生設備、地板落水、機械裝備排水、飲水機等排水，排入排水系統者，均應裝設存水彎。
2. 存水彎設置地點應盡量靠近設備位置。
3. 酸性溶液排液系統應使用與管材相同材質之存水彎。
4. 油脂截留槽及直接排入雨水排水系統者可免設存水彎。
5. 建築排水系統應建置有效維護各衛生器具達到環境安全之存水彎裝置，衛生器具除設備本身連有存水彎者外，衛生設備應裝設存水彎，再與排水管連接，且可確保存水彎能克服因自發性虹吸作用、誘導虹吸作用、背壓作用而破壞水封的現象。

6. 建築物採用重力排水方式，是藉由水封式存水彎之阻絕功能，將排水管內之污穢空氣或衛生害蟲隔絕，以確保居室內之安全與衛生。
7. 衛生設備的存水彎常因使用率低而乾涸破封，因此排水系統的存水彎規劃原則，必須能達到有效維護建築物內環境的安全。
8. 一般壁掛式洗手台之存水彎設置，設備落水口至存水彎堰口之垂直距離，不得大於60公分。
9. 存水彎裝置應附有清潔口或可以拆卸之構造，得以隨時排除排水阻塞之情況。但埋設於地下而附有過濾網者，得免設清潔口。
10. 存水彎材質應符合耐熱、耐腐蝕、耐老劣化，確保適當之封水深度，且設置可卸下之過濾器者。
11. 樓板排水存水彎口徑之大小，應配合其使用目的，以達到充分排水之目的，並能從所設置之清潔口從事檢查或清掃。
12. 樓板排水存水彎的封水較易蒸發，此封水部之水封應予加深，且應定期補水以確保水封之功能。
13. 常見的存水彎型式（圖6-7～6-15）：

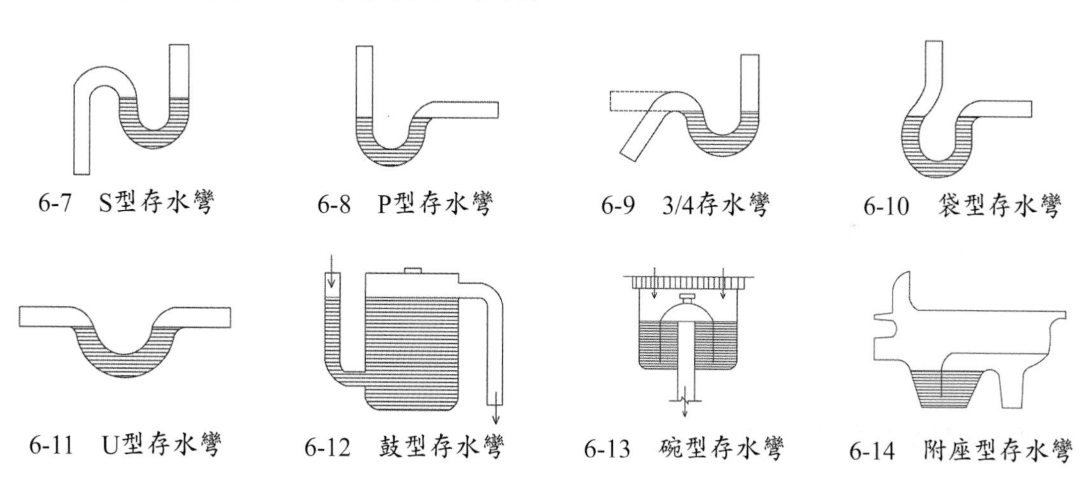

6-7　S型存水彎　6-8　P型存水彎　6-9　3/4存水彎　6-10　袋型存水彎

6-11　U型存水彎　6-12　鼓型存水彎　6-13　碗型存水彎　6-14　附座型存水彎

6-1-7　清潔口

建築物內排水系統應於適當位置設置清潔口，管徑100公釐以下之排水橫管，清潔口間距不得超過15公尺，管徑125公釐以上者，不得超過30公尺。排水立管底端及管路轉向角度大於45°處，及具下列情形者，均應符合規定裝設清潔口：

6-15　P型存水彎

1. 排水橫支管及排水橫主管之起點。
2. 橫向排水管延伸太長時其中途。
3. 排水立管之最低處。
4. 排水橫主管與基地排水管連接處附近。
5. 管徑變化、異種管相接、或器具存水彎等處。

6. 直線長度超過15m時，應加設清潔口，口徑應與管子尺寸相同，管徑超過100mm者，得使用100mm口徑清潔口。
7. 清潔與污排水管徑相連時，應使用90°彎頭或一至二個45°彎頭及延伸短管，使清潔口可嵌置在樓板，清潔口應爲埋入型，鑄鐵填鉛密塞接頭，連黃銅旋塞。
8. 所有污廢水立管底部，均應設置丁字型清潔三通管，附清潔口柱塞。
9. 清潔三通管可使用Y型分歧管和45°彎頭組合而成。管道壁設有手孔，便利清潔。

6-1-8 給水衛生設備

在室內裝修中常使用的衛生器具設備有：馬桶、洗面盆、水箱、小便器、廚房洗滌槽、化驗盆、沖洗盆、拖布盆、水龍頭、飲水供應機、玻璃纖維強化塑膠浴缸、貯存型電開水器、熱水爐、地板落水頭與清潔口。

6-1-9 坐式馬桶溼式工法安裝

1. 依設計圖説尺度預埋排便管，需露出地面約8公分，並以管帽密封防止泥作工程與貼面材時泥沙進入管內，造成阻塞。
2. 確認馬桶設備的周邊工程已完成，將排便管距地板高度1公分處橫向水平鋸斷，並測試排水。
3. 攪拌1：3水泥砂漿待用，將馬桶底部的形狀繪出，並在劃好的輪廓線內及排便管外圍，塡入厚度約2～3公分之水泥砂漿。
4. 以油泥套入排便管高出1公分的管壁內外，以防止異味散出。
5. 將馬桶放上輪廓上的水泥砂漿，此時馬桶的排穢口精準對上油泥套口，將馬桶以氣泡水準器調整平穩。
6. 抹去溢出馬桶底部周邊的水泥砂漿，並以海棉擦拭乾淨。
7. 接上水箱進水口，測試沖水完成，並清潔現場。

6-1-10 面盆的安裝

1. 按照施工製造圖，在預埋及安裝前確定器具開口位置及尺度。
2. 確認面盆設備相關的工程已完成，已可供面盆安裝。
3. 面盆器具安裝高度與方式，應參考廠商建議值。
4. 面盆器具應使用不鏽鋼膨脹螺絲或牆壁支撐安裝固定。
5. 面盆器具排水管需安裝存水彎，並容易維護與清潔。
6. 安裝完成，在牆面與地面的空隙應塡塞塡縫劑，顏色應與器具相同。
7. 校正水閥或止水裝置至流量出口不致發生濺水、噪音或溢流現象。
8. 安裝完成後需清潔衛生器具及相關設備，並清潔現場。

6-1-11 浴缸的安裝

1. 按照施工製造圖預埋浴缸安裝前給水與排水孔位置及尺度。
2. 浴缸廠牌、型號、尺度大小、進水方式、排水孔、維修孔、電源線、漏電斷路器，都須先行與營造、水電工程溝通無誤。

3. 浴缸安裝之前的防水施作，須先完成。
4. 浴缸安裝除了浴缸排洩水孔，可在樓地板增設排水孔，以利排水。
5. 確認浴缸周邊設備相關的工程已完成，已可供浴缸安裝。
6. 在浴缸安裝部位，於浴缸腳支架鋪水泥砂漿，同時摔漿約5公分與浴缸同長的砂漿，接上排水管，放置浴缸，讓浴缸緊壓水泥砂漿，使用雷射水平儀或氣泡水準器，調整浴缸水平。
7. 待水泥砂漿乾固後，再貼地板磁磚，並注意浴缸邊縫防水處理。
8. 浴缸內水泥漿須清除，防止浴缸表層光滑受損。
9. 浴缸表面保護貼紙，待完工後才可清除。

6-1-12 淋浴器的安裝

淋浴器具常見的方式有蓮蓬頭、淋浴柱等，單獨與合併使用均有。

一、蓮蓬頭安裝步驟

1. 清除冷熱水管管內雜質，冷熱水管不可錯接，台灣是左熱右冷居多。
2. 注意冷水與熱水壓力，蓮蓬頭不可以接熱水蒸氣。
3. 依照安裝說明所示，裝上連蓬頭掛勾。
4. 牆內預留管須與牆面成直角，以免龍頭無法安裝。
5. 將後彎止水栓關閉，套上法蘭蓋將止水栓裝上牆面預留孔內及調整後彎角度期與龍頭配合。
6. 將迫緊裝於龍頭螺帽內，並將龍頭鎖固於牆面後彎上。
7. 安裝沐浴龍頭主體，並安裝150cm軟管於沐浴龍頭主體下方接頭。六角螺母內應置入六分皮墊，以避免進水閥與主體連接處漏水。
8. 依使用者所需安裝高度，安裝手持蓮蓬頭把手掛座。軟管與手持蓮蓬頭之連接處應置入四分皮墊以免造成漏水。
9. 掛座安裝高度：掛座中心至進水閥中心的距離建議在100cm以內以免影響蓮蓬頭出水效果以及長 期拉扯導致軟管破裂。
10. 裝上蓮蓬頭軟管，打開後彎止水閥，開啓水源測試。
11. 水流量減小或出水分岔時，取下出水噴泡頭濾網，清洗後裝回。

二、淋浴柱安裝步驟

1. 關閉供水開關後，將欲安裝淋浴柱用的三角凡而以止水軟帶環繞緊捆，將過濾網置於內側，達到過濾水中雜質之功能。
2. 三角凡而固定孔依安裝說明高度鑽孔加工鎖緊固定。
3. 淋浴柱懸掛好將其周邊填滿矽膠即可崁入於貼壁端面。
4. 將淋浴柱上冷熱高壓軟管與三角凡而鎖緊固定，且懸掛淋浴柱於掛鉤上，固定手持式蓮蓬頭掛鉤，再完成噴頭出水恒溫設定。

5. 安裝完成後如有滲漏，將接頭拆下於接合處纏繞止洩帶，再行安裝。
6. 安裝時只要將沐浴器鎖緊即可，不用鎖得太緊，以免接頭內芽破裂。
7. 如水壓較弱時，應於水塔處加裝加壓馬達或恆溫馬達，使噴頭能發揮其強而有力之淋浴功能。

6-1-13　浴室換氣扇的安裝

浴室換氣設備是要達到換氣的目的，換氣設備的種類與各國建築、裝修型態有著密不可分的關係，以下就針對台灣常見的幾種型式來說明。

一、換氣扇

換氣扇主要是通風與乾燥功能，常見的型式有兩種，一種是「吸頂式」，這類的產品必須搭配通風管才能達到換氣的目的，另一種爲「掛壁式」，這類的產品大多沒有通風管而直接以牆壁鑽孔或利用窗户來裝設，這兩種設置方式雖不同，但都能達到相同的目的。

6-18　換氣暖風乾燥機

6-17　掛壁式

6-16　吸頂式

二、換氣暖風乾燥機

在浴室換氣扇是屬較高階的產品，附加功能多，有換氣、暖風、乾燥、涼風等功能，發熱方式多種選擇，例如：PTC陶瓷加熱、鹵素與碳素發熱。有吸頂式與掛壁式，在台灣以吸頂式爲主，因爲不佔空間及美觀。

6-1-14　換氣設備的原理

所謂換氣是指將建築物室內的污染空氣予以更新的作用。所謂通風是指以空氣流動的方式來達成換氣的目的，其目的在達成室內的換氣作用以減低室內的溫溼度與改善室內空氣品質。換氣設備的原理與搭配，可分正壓、負壓及正負壓搭配三種。

一、正壓：

是將室外空氣強制引入室內中，而室內原有的空氣則利用窗户或門縫等空間送出户外。

二、負壓：

是將室內空氣強制排出室外，而室外的空氣則利用窗户或門縫等空間進入室內。

三、正負壓搭配使用時機：

1. 窗户或門縫空間可進排氣量低於正負壓之進排氣量，產生換氣設備效率降低時。

2. 整體空間規劃或有獨立密閉空間時。
3. 室內產生異味污染源快速更新空氣時。

6-1-15 自來水用戶用水設備標準（修正日期：105年6月6日）

第1條

本標準依自來水法第五十條第二項規定訂定之。

第2條

本標準所稱之用戶管線，包括下列各款：

一、 進水管：由配水管至水量計間之管線。

二、 受水管：由水量計至建築物內之管線。

三、 分水支管：由受水管分出之給水管及支管。

四、 與衛生設備之連接水管。

第3條

用戶管線之設計，應依據所裝設之各種設備種類、數量及用途，計算其最大用水量；其口徑大小須足以在配水管之設計最低水壓時，仍能充分供應需要之用水量爲準。

第4條

衛生設備用水量設計基準如附表一，其同時使用之百分比設計基準如附表二。

第5條

進水管及受水管之口徑，應足以輸送該建築物尖峰時所需之水量，並不得小於十九公厘。

第6條

1 蓄水池與水塔應爲水密性構造物，且應設置適當之人孔、通氣管及溢排水設備；池（塔）底並應設坡度爲五十分之一以上之洩水坡。

2 蓄水池容量應爲設計用水量十分之二以上；其與水塔容量合計應爲設計用水量十分之四以上至二日用水量以下，並需符合自來水事業所訂基準值。

3 前項基準值由自來水事業訂定及公告，並報請主管機關備查。

4 蓄水池之牆壁及平頂應與其他結構物分開，並應保持四十五公分以上之距離；池底需與接觸地層之基礎分離，並設置長、寬各三十公分以上，深度五公分以上之集水坑。

5 進水口低於地面之蓄水池，其受水管口徑五十公厘以上者，應設置地上式接水槽或持壓閥。

第7條

用戶裝置之蓄水池、水塔及其他各種設備之最高水位，應與受水管保留五公分以上間隙，避免回吸所致之污染。

第8條

採用沖水閥之便器應具有效之消除眞空設備。

第9條

1 衛生設備連接水管之口徑不得小於下列規定：

一、 洗面盆：10公厘。

二、 浴缸：13公厘。

三、 蓮蓬頭：13公厘。

四、 小便器：13公厘。

五、 水洗馬桶（水箱式）：10公厘。

六、 水洗馬桶（沖水閥式）：25公厘。

七、 飲水器：10公厘。

八、 水栓：13公厘。

2 前項各款以外之裝置，其口徑按用水量決定之。

第10條

水量計之口徑應視用水量及水壓決定，但不得小於十三公厘；其受水方所裝設之水閥，口徑應與受水管口徑相同。

第11條

二層樓以上或供兩户以上使用之建築物，用户管線應分層分户各自裝設水閥。

第12條

連接熱水器、洗衣機或洗碗機之水管，應裝設水閥；必要時，並應裝設逆止閥。

第13條

1 水栓及衛生設備供水水壓不得低於每平方公分〇・三公斤；其因特殊裝置需要高壓或採用直接沖洗閥者，水壓不得低於每平方公分一公斤。

2 水壓未達前項規定者，應備自動控制之壓力水箱、蓄水池或加壓設施。

第14條

用户裝設之抽水機，不得由受水管直接抽水。

第15條

蓄水池、消防蓄水池或游泳池等之供水，應採跌水式；其進水管之出口，應高出溢水面一管徑以上，且不得小於五十公厘。

第16條

1 裝有盛水器之衛生設備，其溢水面與自來水出口之間隙，應依前條之規定辦理。

2 無法維持前項間隙時，應於手動控制閥之前端，裝置逆止閥。

第17條

裝接軟管用之水栓或衛生設備，應裝設逆止閥，並高出最高用水點十五公分以上；未裝設逆止閥之水栓或衛生設備，不得裝接軟管。

第18條

自來水與非自來水系統應完全分開。

第19條

用户管線與其管件及衛生設備，其有國際標準或國家標準者，應從其規定；其中衛生設備最大使用水量，如附表三。

第20條

曾用於非自來水之舊管，不得使用爲自來水管。

第21條

埋設於地下之用户管線，與排水或污水管溝渠之水平距離不得小於三十公分，並須以未經掘動或壓實之泥土隔離之；其與排水溝或污水管相交者，應在排水溝或污水管之頂上或溝底通過。

第22條

用户管線及排水或污水管需埋設於同一管溝時，應符合下列規定：

一、 用户管線之底，全段須高出排水或污水管最高點三十公分以上。

二、 用户管線及排水或污水管所使用接頭，均爲水密性之構造，其接頭應減至最少數。

第23條

用户管線埋設深度應考量其安全；必要時，應加保護設施。

第24條

用户管線橫向或豎向暴露部分，應在接頭處或適當間隔處，以鐵件加以吊掛固定，並容許其伸縮。

第 25 條

用水設備之安裝，不得損及建築物之安全；裝設於六樓以上建築物結構體內之水管，應設置專用管道。

第 26 條

用水設備不得與電線、電纜、煤氣管及油管相接觸，並不得置於可能使其被污染之物質或液體中。

第 27 條

水量計應裝置於不受污染損壞且易於抄讀之地點；其裝置於地面下者，應設水表箱，並須排水良好。

第 28 條

配水管裝設接合管間隔應在三十公分以上，且其管徑不得大於配水管徑二分之一。

第 29 條

採用丁字管裝接進水管時，其進水管之管徑，不得大於配水管。

第 30 條

用水設備之新建或因擴建、改裝導致原用水量需求改變時，應於施工前將設計書送請當地自來水事業核准。

第 31 條

用户管線裝妥，在未澆置混凝土之前，自來水管承裝商應施行壓力試驗；其試驗水壓爲每平方公分十公斤，試驗時間必須六十分鐘以上不漏水爲合格。

第 32 條

本標準自發布日施行。

附表一　衛生設備用水量設計基準

衛生設備種類	平均每分鐘用水量(公升)
洗面盆及廚房水槽(含水栓)	8～15
浴缸(含水栓)	25～60
蓮蓬頭	8～14
小便器	20～30
水洗馬桶(水箱式)	4.8～9.6
水洗馬桶(沖水閥式)	80～120
飲水器	12～40

附表二　衛生設備同時使用之百分比設計基準

衛生設備種類 衛生設備數量	一般水洗馬桶 （直接沖水閥式）	其他衛生設備
1	100	100
2	50	100
3	50	80
4	50	75
5	45	70
8	40	55
10	35	53
12	30	48
16	27	45
24	23	42
32	19	40
40	17	39
50	15	38
70	12	35
100	10	33

附表三　衛生設備最大使用水量標準

衛生設備總類	最大使用水量
水龍頭(不包括浴缸水龍頭)	每分鐘流量不超過9公升
小便器	每次沖水量不超過3公升
一段式水洗馬桶	每次沖水不超過6公升
兩段式水洗馬桶	每次沖水量大號不超過6公升，小號不超過3公升。
蓮蓬頭	每分鐘流量不超過10公升，但最低不得少於5公升。

6-1-16　水管路施工應注意事項

1. 在室內裝修前應仔細查室內狀況，安排所需材料與零件。
2. 給水與排水管路不可誤接，並由持有合格水匠執照者施作。
3. 塑膠管與金屬管應依規定使用，不可任意更換。
4. 熱水用壓接方式壓接力道應熟練，避免內凹而滲水。
5. 熱水用金屬管車牙紋深應正確，止洩帶使用要確實。

6. 配管如遇結構，不能破壞鋼筋，以免地震對結構安全威脅。
7. 排水系統應留維修孔與維修孔蓋，並應密合以免產生異味。
8. 流理台水槽的排水，應避免與地面排水孔太近而溢流。
9. 塑膠管噴燈火烤彎管應避免燒焦，過彎角度應恰當以免皺摺。
10. 水管內有空氣存在時會阻礙流水速度，應配置通氣管使之順暢。
11. 給水系統管的安裝應妥善固定，以避免水垂現象的震動聲音。
12. 水塔與設備安裝使用膨脹螺絲，應注意防水層破壞後的補強復原。
13. 禁止泥漿、油漆或溶劑倒入管內，造成阻塞或管壁變形而滲水。
14. 管線施工拍照存留，記下尺度標示，安裝配件或日後維修容易。
15. 洩水坡度應視管徑大小而定，並依圖說接管，不可擅自更改。
16. 排水及通氣管路完成後，其耐壓試驗得分層、分段或全部進行，並應保持1小時而無滲漏現象爲合格。
17. 施工前應仔細查看室內原有配管路線狀況，避免不必要之打牆，如需打牆或破壞部份管線，均應於事後修補完整。
18. 施工時設備應加以保護，避免石塊或化學藥劑所傷，水管開口應加塞頭密封，完工後再清洗調整至正常操作狀態。

6-2 室內裝修之電氣工程

在本室內裝修電氣配置安裝規則條文以國家標準（CNS）爲準；國家標準未規定時，得依國際電工技術委員會標準或其他經中央主管機關認可之標準。

在工地常聽到所稱的「電壓」係指電路之線間電壓。在本電氣工程未指明「電壓」時概適用於600伏以下之低壓工程。在台灣可常見的高壓鋼鐵塔輸配線，主要是爲了減少傳輸電力的損失。目前台灣電力公司使用的電壓有345000V、161000V、69000V、22800V、11400V、380V、220V、110V，居家以110V與220V常用電壓。

6-2-1 電氣工程工具

捲尺、水平尺、美工刀、三用電錶、電工鉗、尖嘴鉗、斜口鉗、剝線鉗、壓接鉗、網路壓線鉗、一字起子、十字起子、電纜剪、驗電筆、電壓表、瓦斯噴燈、鐵鎚、簽字筆或原子筆等。

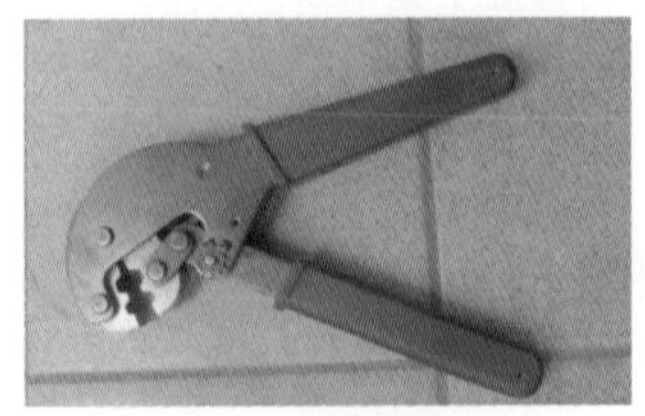

6-19　壓接鉗

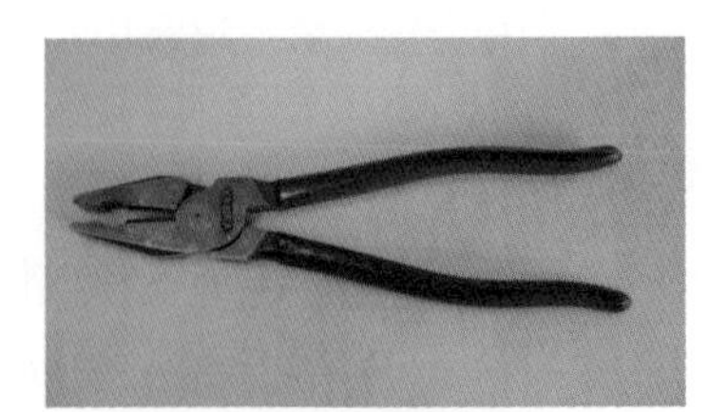

6-20　電工鉗

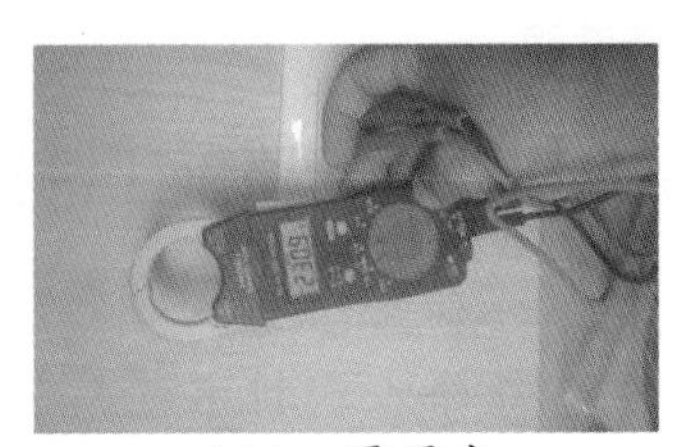

6-21　電壓表

6-2-2 電材料及配件

一、配電箱

一般是指鐵製，在早期爲木箱，箱體內裝有過電無熔絲開關及漏電保護裝置等器具，配置板需裝置於有箱門之箱體內。

1. 每一配電箱的箱體應附有接地端子，接地線路之用。
2. 箱體應距離天花板1公尺，或距離地坪1.5～2公尺爲宜，但天花板爲防火材料者不在此限。
3. 配電箱不宜裝載潮濕處所，但爲避免濕氣該箱體應屬耐候防潮型爲宜。箱體面與壁面應有6mm距離，凸出牆面爲宜。

二、導線管

1. 厚鋼導線管：使用於主幹線之配置，高溫之場所，適用於任何之處所，腐蝕性之場所除外。
2. 薄鋼導線管：於明管工程使用居多，避免老鼠啃咬。厚度達1.2㎜者可埋設於建築物樓板內。
3. E.M.T.管：配電專用金屬管，高強度保護電線不受損害，提供更好電磁波屏障防止線路中資訊受到電磁波損害。
4. 金屬軟管：用於電動機或室內裝修天花板內緊急照明燈具、緊急廣播等配管，因屬於軟管故可任意彎曲。
5. PVC導電管：用於埋設用之配電塑膠導管，以保護絕緣電線。
6. 可撓性導管：又稱CD管，埋設用之可撓性配電導管，代替塑膠管，在室外施工不受氣候影響，不使用噴燈即可彎曲施工。

非金屬可撓導線管，依用户用電設備裝置規則規定，在使用時應注意其相關規定，例如應使用在電壓低於六百伏特內；相鄰二出線盒間的配管不得超過 3 個彎曲；管及管間不得直接相互連接，連接時，應使用接線盒、管子接頭或連接器。

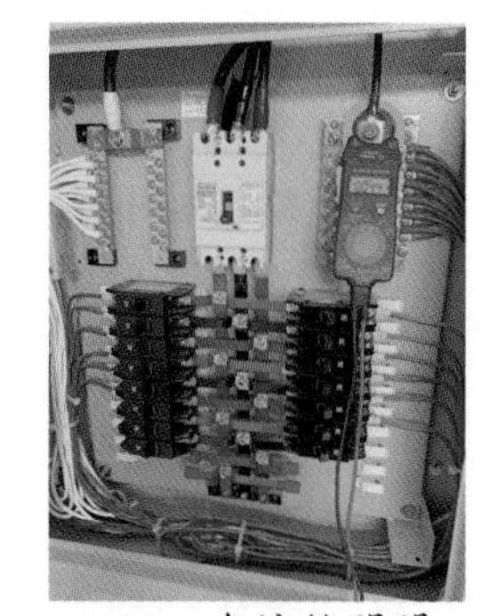

6-22　無熔絲開關

三、導線

導線線徑分爲單線採㎜爲單位，絞線採mm²截面積爲單位。

1. 裸銅單線：最小直徑爲1mm至最大直徑爲7mm，共分爲18種。
2. 裸銅絞線：最小截面積5.5 mm²至最大截面積200 mm²，分爲13種。
3. 軟線：俗稱天花線，可撓性佳，線內由多條極細銅絲線組合而成。
4. 鋁線：鋁線分爲鋁絞線及鋼心鋁線兩種。

四、絕緣電線

1. 塑膠絕緣電線是用熱性膠爲絕緣，用於低壓室內裝修配。各種顏色，如：紅、白、綠、黑、藍、黃、灰、橘與咖啡色等，方便辨視。
2. 橡皮絕緣電線：以橡皮作絕緣。
3. 交連PE絕緣電線：交連PE，爲熱固性塑膠，其絕緣耐熱，耐溼特性優良。
4. 電纜：兩根以上的絕緣電線絞合在一起，其最外層爲保護層。

五、無熔絲開關

無熔絲開關（No Fuse Breaker）簡稱N.F.B，使用在室內裝修低壓過電流之保護，形式有單極（1P）、雙極（2P）、三極（3P）三種。在單相電源可選用單極與雙極，三相電源則選用三極。

六、電源開關

1. 單極開關：利用二個接線端子，作爲開、關控制器。又稱單切開關。
2. 雙極開關：利用二條導線集中於一個開關控制器，並可依需要分設二個以上的個別開關等。
3. 三路開關：即二個開關控制器，控制同一盞電燈，又稱雙切開關。
4. 四路開關：即使用一個四接點開關，二個三接點開關，於三個地點開關控制器，控制同一盞電燈。
5. 調光開關：利用開關控制器內裝設可變電阻，可調整燈光亮度。

6-2-3　用戶用電設備裝置規則（修正日期：110.03.17）

電工法規是對電力工程技術規範與相關法規的總稱。台灣常見的電工法規如下：電業法、輸配電設備裝置規則、用户用電設備裝置規則、電器承裝業管理規則、線路與電信線交叉並行規則、用電設備檢驗維護業管理規則、台灣電力公司營業規章。在室內裝修常用的是用户用電設備裝置規則。

中華民國 106 年 10 月 24 日經濟部經能字第 10604604870 號令原名稱「電業供電線路裝置規則」，更名新名稱爲「輸配電設備裝置規則」。

屋內線路裝置規則公（發）布日期 102 年 12 月 16 日，自民國 104 年 1 月 1 日施行，並於民國 107 年 7 月 17 日更名爲「用户用電設備裝置規則」。

中華民國 106 年 8 月 21 日經濟部與國家通訊傳播委員會修正發布，原名稱「電業線路與電信線交叉並行細則」修正爲新名稱「線路與電信線交叉並行規則」。

中華民國 106 年 6 月 6 日經濟部經能字第 10604602210 號令，原名稱「專任電氣技術人員及用電設備檢驗維護業管理規則」修正爲新名稱「用電設備檢驗維護業管理規則」。

第 7 條

本規則除另有規定外，用詞定義如下：

1. 接户線：由輸配電業供電線路引至接户點或進屋點之導線。依其用途包括下列用詞：

(1) 單獨接户線：單獨而無分歧之接户線。

(2) 共同接户線：由屋外配電線路引至各連接接户線間之線路。

(3) 連接接户線：由共同接户線分歧而出引至用户進屋點間之線路，包括簷下線路。

(4) 低壓接户線：以600伏以下電壓供給之接户線。

(5) 高壓接户線：以3300伏級以上高壓供給之接户線。

2. 進屋線：由進屋點引至用户總開關箱之導線。

3. 用户用電設備線路：用户用電設備至該設備與電業責任分界點間之分路、幹線、回路及配線，又名線路。

4. 接户開關：凡能同時啓斷進屋線各導線之開關又名總開關。

5. 用户配線（系統）：指包括電力、照明、控制及信號電路之用户用電設備配線，包含永久性及臨時性之相關設備、配件及線路裝置。

6. 電壓：

(1) 標稱電壓：指電路或系統電壓等級之通稱數值，例如110伏、220伏或380伏。惟電路之實際運轉電壓於標稱值容許範圍上下變化，仍可維持設備正常運轉。

(2) 電路電壓：指電路中任兩導線間最大均方根值（rms）（有效值）之電位差。

(3) 對地電壓：於接地系統，指非接地導線與電路接地點或接地導線間之電壓。於非接地系統，指任一導線與同一電路其他導線間之最高電壓。

7. 導線：用以傳導電流之金屬線纜。

8. 單線：指由單股裸導線所構成之導線，又名實心線。

9. 絞線：指由多股裸導線扭絞而成之導線。

10. 可撓軟線：指由細小銅線組成，外層並以橡膠或塑膠爲絕緣及被覆之可撓性導線，於本規則中又稱花線。

11. 安培容量：指在不超過導線之額定溫度下，導線可連續承載之最大電流，以安培爲單位。

12. 分路：指最後一個過電流保護裝置與導線出線口間之線路。按其用途區分，常用類型定義如下：

(1) 一般用分路：指供電給二個以上之插座或出線口，以供照明燈具或用電器具使用之分路。

(2) 用電器具分路：指供電給一個以上出線口，供用電器具使用之分路，該分路並無永久性連接之照明燈具。

(3) 專用分路：指專供給一個用電器具之分路。

(4) 多線式分路：指由二條以上有電位差之非接地導線，及一條與其他非接地導線間有相同電位差之被接地導線組成之分路，且該被接地導線被接至中性點或系統之被接地導線。

13. 幹線：由總開關接至分路開關之線路。
14. 需量因數：指在特定時間內，一個系統或部分系統之最大需量與該系統或部分系統總連接負載之比值。
15. 連續負載：指可持續達三小時以上之最大電流負載。
16. 責務：
    (1) 連續責務：指負載定額運轉於一段無限定長之時間。
    (2) 間歇性責務：指負載交替運轉於負載與無載，或負載與停機，或負載、無載與停機之間。
    (3) 週期性責務：指負載具週期規律性之間歇運轉。
    (4) 變動責務：指運轉之負載及時間均可能大幅變動。
17. 用電器具：指以標準尺寸或型式製造，且安裝或組合成一個具備單一或多種功能等消耗電能之器具，例如電子、化學、加熱、照明、電動機、洗衣機、冷氣機等。第三百九十六條之二十九第二項第一款所稱用電設備，亦屬之。
18. 配線器材：指承載或控制電能，作爲其基本功能之電氣系統單元，例如手捺開關、插座等。
19. 配件：指配線系統中主要用於達成機械功能而非電氣功能之零件，例如鎖緊螺母、套管或其他組件等。
20. 壓力接頭：指藉由機械壓力連接而不使用銲接方式連結二條以上之導線，或連結一條以上導線至一端子之器材，例如壓力接線端子、壓接端子或壓接套管等。
21. 帶電組件：指帶電之導電性元件。
22. 暴露：
    (1) 暴露（用於帶電組件時）：指帶電組件無適當防護、隔離或絕緣，可能造成人員不經意碰觸、接近或逾越安全距離。
    (2) 暴露（用於配線方法時）：指置於或附掛在配電盤表面或背面，設計上爲可觸及。
23. 封閉：指被外殼、箱體、圍籬或牆壁包圍，以避免人員意外碰觸帶電組件。
24. 敷設面：用以設施電路之建築物面。
25. 明管：顯露於建築物表面之導線管。
26. 隱蔽：指利用建築物結構或其外部裝飾使成爲不可觸及。在隱蔽式管槽內之導線，即使抽出後成爲可觸及，亦視爲隱蔽。
27. 可觸及：指接觸設備或配線時，需透過攀爬或移除障礙始可進行操作。依其使用狀況不同分別定義如下：
    (1) 可觸及（用於設備）：指設備未上鎖、置於高處或以其他有效方式防護，仍可靠近或接觸。
    (2) 可觸及（用於配線方法）：指配線在不損壞建築結構或其外部裝潢下，即可被移除或暴露。

28. 可輕易觸及：指接觸設備或配線時，不需攀爬或移除障礙，亦不需可攜式梯子等，即可進行操作、更新或檢查工作。

29. 可視及：指一設備可以從另一設備處看見，或在其視線範圍內，該被指定之設備應爲可見，且兩者間之距離不超過15公尺，又稱視線可及。

30. 防護：指藉由蓋板、外殼、隔板、欄杆、防護網、襯墊或平台等，以覆蓋、遮蔽、圍籬、封閉或其他合適保護方式，阻隔人員或外物可能接近或碰觸危險處所。

31. 乾燥場所：指正常情況不會潮濕或有濕氣之場所，惟仍然可能有暫時性潮濕或濕氣情形。

32. 濕氣場所：指受保護而不易受天候影響且不致造成水或其他液體產生凝結，惟仍然有輕微水氣之場所，例如在雨遮下、遮篷下、陽台、冷藏庫等場所。

33. 潮濕場所：指可能受水或其他液體浸潤或其他發散水蒸汽之場所，例如公共浴室、商用專業廚房、冷凍廠、製冰廠、洗車場等，於本規則中又稱潮濕處所。

34. 附接插頭：指藉由插入插座，使附著於其上之可撓軟線，與永久固定連接至插座上導線，建立連結之裝置。

35. 插座：指裝在出線口之插接裝置，供附接插頭插入連接。按插接數量，分類如下：

    (1) 單連插座：指單一插接裝置。

    (2) 多連插座：指在同一軛框上有二個以上插接裝置。

36. 照明燈具：指由一個以上之光源，與固定該光源及將其連接至電源之一個完整照明單元。

37. 過載：指設備運轉於超過滿載額定或導線之額定安培容量，當其持續一段夠長時間後會造成損害或過熱之危險。

38. 過電流：指任何通過並超過該設備額定或導線容量之電流，可能係由過載、短路或接地故障所引起。

39. 過電流保護：指導線及設備過電流保護，在電流增加到某一數值而使溫度上升致危及導線及設備之絕緣時，能切斷該電路。

40. 過電流保護裝置：指能保護超過接户設施、幹線、分路及設備等額定電流，且能啓斷過電流之裝置。

41. 啓斷額定：指在標準測試條件下，一個裝置於其額定電壓下經確認所能啓斷之最大電流。

42. 開關：用以「啓斷」、「閉合」電路之裝置，無啓斷故障電流能力，適用在額定電流下操作。按其用途區分，常用類型定義如下：

    (1) 一般開關：指用於一般配電及分路，以安培值爲額定，在額定電壓下能啓斷其額定電流之開關。

    (2) 手捺開關：指裝在盒內或盒蓋上或連接配線系統之一般用開關。

    (3) 分路開關：指用以啓閉分路之開關。

(4) 切換開關：指用於切換由一電源至其他電源之自動或非自動裝置。

(5) 隔離開關：指用於隔離電路與電源，無啓斷額定，須以其他設備啓斷電路後，方可操作之開關。

(6) 電動機電路開關：指在開關額定內，可啓斷額定馬力電動機之最大運轉過載電流之開關。

43. 分段設備：指藉其開啓可使電路與電源隔離之裝置，又稱隔離設備。

44. 熔線：指藉由流過之過電流加熱熔斷其可熔組件以啓斷電路之過電流保護裝置。

45. 斷路器：指於額定能力內，當電路發生過電流時，其能自動跳脫，啓斷該電路，且不致使其本體失能之過電流保護裝置。按其功能，常用類型定義如下：

(1) 可調式斷路器：指斷路器可在預定範圍內依設定之各種電流值或時間條件下跳脫。

(2) 不可調式斷路器：指斷路器不能做任何調整以改變跳脫電流值或時間。

(3) 瞬時跳脫斷路器：指在斷路器跳脫時沒有刻意加入時間延遲。

(4) 反時限斷路器：指在斷路器跳脫時刻意加入時間延遲，且當電流愈大時，延遲時間愈短。

46. 漏電斷路器：指當接地電流超過設備額定靈敏度電流時，於預定時間內啓斷電路，以保護人員及設備之裝置。漏電斷路器應具有啓斷負載及漏電功能。包括不具過電流保護功能之漏電斷路器（RCCB），與具過電流保護功能之漏電斷路器（RCBO）。

47. 漏電啓斷裝置（GFCI或稱RCD）：指當接地電流超過設備額定靈敏度電流時，於預定時間內啓斷電路，以保護人員之裝置。漏電啓斷裝置應具有啓斷負載電流之能力。

48. 中性點：指多相式系統 Y 接、單相三線式系統、三相△系統之一相或三線式直流系統等之中間點。

49. 中性線：指連接至電力系統中性點之導線。

50. 接地：指線路或設備與大地有導電性之連接。

51. 被接地：指被接於大地之導電性連接。

52. 接地電極：指與大地建立直接連接之導電體。

53. 接地線：連接設備、器具或配線系統至接地電極之導線，於本規則中又稱接地導線。

54. 被接地導線：指被刻意接地之導線。

55. 設備接地導線：指連接設備所有正常非帶電金屬組件，至接地電極之導線。

56. 接地電極導線：指設備或系統接地導線連接至接地電極或接地電極系統上一點之導線。

57. 搭接：指連接設備或裝置以建立電氣連續性及導電性。

58. 搭接導線：指用以連接金屬組件並確保導電性之導線，或稱爲跳接線。

59. 接地故障：指非故意使電路之非接地導線與接地導線、金屬封閉箱體、金屬管槽、金屬設備或大地間有導電性連接。

60. 雨線：指自屋簷外端線，向建築物之鉛垂面作形成四五度夾角之斜面；此斜面與屋簷及建築物外牆三者相圍部分屬雨線內，其他部分爲雨線外。

61. 耐候：指暴露在天候下不影響其正常運轉之製造或保護方式。

62. 通風：指提供空氣循環流通之方法，使其能充分帶走過剩之熱、煙或揮發氣。

63. 封閉箱體：指機具之外殼或箱體，以避免人員意外碰觸帶電組件，或保護設備免於受到外力損害。

64. 配電箱：指具有框架、中隔板及門板，且裝有匯流排、過電流保護或其他裝置之單一封閉箱體，該箱體崁入或附掛於牆上或其他支撐物，並僅由正面可觸及。

65. 配電盤：指具有框架、中隔板及門板，且裝有匯流排、過電流保護裝置等之封閉盤體，可於其盤面或背後裝上儀表、指示燈或操作開關等裝置，該盤體自立裝設於地板上。

66. 電動機控制中心（MCC）：指由一個以上封閉式電動機控制單元組成，且內含共用電源匯流排之組合體。

67. 出線口：指配線系統上之一點，於該點引出電流至用電器具。

68. 出線盒：指設施於導線之末端用以引出管槽內導線之盒。

69. 接線盒：指設施電纜、金屬導線管及非金屬導線管等用以連接或分接導線之盒。

70. 導管盒：指導管或配管系統之連接或終端部位，透過可移動之外蓋板，可在二段以上管線系統之連接處或終端處，使其系統內部成爲可觸及。但安裝器具之鑄鐵盒或金屬盒，則非屬導管盒。

71. 管子接頭：指用以連接導線管之配件。

72. 管子彎頭：指彎曲形之管子接頭。

73. 管槽：指專門設計作爲容納導線、電纜或匯流排之封閉管道，包括金屬導線管、非金屬導線管、金屬可撓導線管、非金屬可撓導線管、金屬導線槽及非金屬導線槽、匯流排槽等。

74. 人孔：指位於地下之封閉設施，供人員進出，以便進行地下設備及電纜之裝設、操作及維護。

75. 手孔：指用於地下之封閉設施，具有開放或封閉之底部，人員無須進入其內部，即可進行安裝、操作、維修設備或電纜。

76. 設計者：指依電業法規定取得設計電業設備工程及用戶用電設備工程資格者。

77. 合格人員：指依電業法取得設計、承裝、施作、監造、檢驗及維護用戶用電設備資格之業者或人員。

78. 放電管燈：指日光燈、水銀燈及霓虹燈等利用電能在管中放電，作爲照明等使用。

79. 短路啓斷容量IC（Short-circuit breaking capacity）：指斷路器能安全啓斷最大短路故障電流（含非對稱電流成分）之容量。低壓斷路器之額定短路啓斷容量規定分爲額定極限短路啓斷容量（Icu）及額定使用短路啓斷容量（Ics），以Icu／Ics標示之，單位爲kA：
   (1) 額定極限短路啓斷容量Icu（Rated ultimate short-circuit breaking capacity）：指按規定試驗程序及規定條件下所作試驗之啓斷容量，該試驗程序不包括連續額定電流載流性之試驗。
   (2) 額定使用短路啓斷容量Ics（Rated service short-circuit breaking capacity）：指依規定試驗程序及規定條件下所作試驗之啓斷容量，該試驗程序包括連續額定電流載流性之試驗。

本規則所稱電氣設備或受電設備爲用電設備之別稱。但第五章所稱電氣設備、用電設備泛指用電設備或用電器具。

第 10 條

屋內配線之導線依下列規定辦理：

1. 除匯流排及另有規定外，用於承載電流導體之材質應爲銅質者。
2. 導體材質採非銅質者，其尺寸應配合安培容量調整。
3. 除本規則另有規定外，低壓配線應具有適用於六〇〇伏之絕緣等級。
4. 絕緣軟銅線適用於屋內配線，絕緣硬銅線適用於屋外配線。
5. 可撓軟線之使用依第二章第二節規定辦理。

第 10-1 條

整體設備之部分組件包括電動機、電動機控制器及類似設備等之導線，或本規則指定供其他場所使用之導線，不適用本節規定。

第 11 條

除本規則另有規定外，屋內配線應用絕緣導線。但有下列情形之一者，得用裸銅線：

1. 電氣爐所用之導線。
2. 乾燥室所用之導線。
3. 電動起重機所用之滑接導線或類似性質者。

第 12 條（修正日期：110.03.17）

一般配線之導線最小線徑依下列規定辦理：

1. 電燈、插座及電熱工程選擇分路導線之線徑，應以該導線之安培容量足以承載負載電流，且不超過電壓降限制爲準；其最小線徑除特別低壓設施另有規定外，單線直徑不得小於 2.0 公厘，絞線截面積不得小於 3.5 平方公厘。
2. 電力工程選擇分路導線之線徑，除應能承受電動機額定電流之 1.25 倍外，單線直徑不得小於 2.0 公厘，絞線截面積不得小於 3.5 平方公厘。
3. 導線線徑在 3.2 公厘以上者，應用絞線。

第 14 條

導線之並聯依下列規定辦理：

1. 導線之線徑 50 平方公厘以上者，得並聯使用，惟包含設備接地導線之所有並聯導線長度、導體材質、截面積及絕緣材質等均需相同，且使用相同之裝設方法。
2. 並聯導線佈設於分開之電纜或管槽者，該電纜或管槽應具有相同之導線條數，且有相同之電氣特性。每一電纜或管槽之接地導線線徑不得低於規定，且不得因並聯而降低接地導線線徑。

第 29-8 條

分路之標稱電壓不得超過下列規定之容許值。但工業用紅外線電熱器具之燈座，不受第二款至第四款限制：

1. 住宅及旅館或其他供住宿用場所之客房及客套房中，供電給下列負載之導線對地電壓應爲 150 伏以下：
   (1) 照明燈具、用電器具及插座分路。
   (2) 容量爲 1320 伏安以下，或四分之一馬力以下之附插頭可撓軟線連接負載。
   (3) 符合第三款規定者得超過 150 伏至 300 伏。
2. 對地電壓 150 伏以下之電路得供電給下列各項負載：
   (1) 額定電壓之燈座端子。
   (2) 放電管燈之輔助設備。
   (3) 附插頭可撓軟線連接或固定式用電器具。
3. 照明燈具、用電器具及插座分路符合下列各目規定者，其對地電壓得超過 150 伏至 300 伏：
   (1) 燈具裝置距離地面 2.5 公尺以上。但非螺紋型燈座或維修時不露出帶電組件者，得不受 2.5 公尺高度限制。
   (2) 燈具上未裝操作開關。
   (3) 用電器具及插座分路加裝漏電斷路器。
   (4) 20 安以下分路額定，且採用斷路器等不露出任何帶電組件之過電流保護裝置。
   (5) 放電管燈之安定器永久固定於燈具內。
4. 對地電壓超過 300 伏，且爲 600 伏以下之電路，得供電給下列各項負載：
   (1) 放電管燈輔助設備安裝於耐久性照明燈具，裝設於高速公路、道路、橋梁，或運動場、停車場等户外區域，其高度不低於 6.7 公尺。若裝設於隧道者，其高度得降低爲 5.5 公尺。
   (2) 直流電源系統供電之照明燈具，其直流安定器得隔離直流電源與燈泡或燈管電路，於更換燈泡或燈管時能防止感電者。

第 96 條

1 可撓軟線及可撓電纜適用於下列情況或場所：

一、懸吊式用電器具。

二、照明燈具之配線。

三、活動組件、可攜式燈具或用電器具等之引接線。

四、升降機之電纜配線。

五、吊車及起重機之配線。

六、固定式小型電器經常改接之配線。

2 附插頭可撓軟線應由插座出線口引接供電。

第 97 條

可撓軟線及可撓電纜不得使用於下列情況或場所：

1. 永久性分路配線。
2. 貫穿於牆壁、建築物結構體之天花板、懸吊式天花板或地板。
3. 貫穿於門、窗或其他類似開口。
4. 附裝於建築物表面。但符合第二百九十條第二款規定者，不在此限。
5. 隱藏於牆壁、地板、建築物結構體天花板或位於懸吊式天花板上方。
6. 易受外力損害之場所。

第 101-35 條

展示窗內之照明燈具，不得使用外部配線之型式。

第 101-38 條

照明燈具之配線應使用適合於環境條件、電流、電壓及溫度之絕緣導線。

第 146-16 條

電熱器具之裝設依下列規定辦理：

1. 除住宅場所外，電熱器具或群組之電熱器具使用於可燃性材質場所，應裝設警示信號器或整體組裝之溫度限制器。
2. 電熨斗、電鍋或其他電熱器具，其額定容量達50瓦以上及於該等器具表面產生溫度超過攝氏121度者，應使用耐熱可撓軟線。
3. 附插頭可撓軟線連接電熱器具使用於可燃性材質場所時，應配有適用之放置台，該放置台得爲分開裝置或爲電熱器具本體之一部分。

電工基本原理

1. 直流電：

   指一種不隨時間變化其值的電壓與電流，簡稱DC。就是電壓與電流不會直接消失，可以儲存使用，如乾電池。

2. 交流電：

指一種隨時間而變化其值的電壓與電流，並以一定頻率週而復的連續進行，簡稱AC。他是不可以儲存的，就如我們現今所使用的110V與220V的市電。

3. 歐姆定律：

基本電路之三大要素爲電流大小、電壓大小及抗阻大小。

(1) 電流大小以安培（A）爲單位，1安培的定義爲在1秒鐘有6.28×1018個電子通過導體時的電流大小。

(2) 電壓大小以伏特（V）爲單位，1伏特的定義爲使1安培之電流通1歐姆導體時的電壓大小。

4. 電壓之分類：

輸配電設備裝置規則中提到，電壓750伏特以下而經接地者，爲任一相與大地間之電壓。其分類如下：

(1) 低壓：電壓750伏特以下者。

(2) 高壓：電壓超過750伏特，但未滿33000伏者。

(3) 特高壓：電壓33000伏以上者。

在我國現行電工法規中，對於電壓等級亦有不同定義，「屋內線路裝置規則」於107年7月17日已更名爲「用户用電設備裝置規則」，「電業供電線路裝置規則」於106年10月24日已更名爲「輸配電設備裝置規則」。在「用户用電設備裝置規則」雖然並無直接定義「低壓、高壓」，但於第5條表示未指明「電壓」時概適用於600V以下之低壓工程，而「輸配電設備裝置規則」第7條第8款第6目定義「低壓」爲電壓七百五十伏特以下、「高壓」爲電壓超過七百五十伏特，但未滿三十三千伏，而「特高壓」爲電壓三十三千伏以上者。

5. 錶前開關：

保護瓦時計(電度表)之安全流量及方便裝錶作業安全。依規定三相動力電或單相用電110V以上，或更換供電配線 22 mm²線徑之導線即應設置錶前開關。

6. 電的單位：

電量實用單位名　稱	符號	單位	簡稱符號
電　流	A	安培	A（Ampere）
電　荷	Q	庫倫	C（AS）
電　能	W	焦耳	J
電　壓	V	伏特	V（W/A）
電　感	L. M	亨利	H
電　阻	R	歐姆	Ω（V/A）
電　容	C	法拉	F（AS/V）
磁　通	ψ	韋伯	Wb
頻　率	F	赫芝	Hz
電功率	W	瓦特	W（Watt）
磁通勢	U	安匝	AT
電場強度	E	伏特/公尺	V/m
電通密度	D	庫倫/平方公尺	C/m²
磁場強度	H	安培/平方公尺	A/m²
磁通密度	B	忒斯拉（tesla）	T（Wb/m²）

6-2-4 電氣接線盒及配件

電氣接線盒分爲金屬接線盒與非金屬接線盒及其配件，須依經濟部最新修訂用戶用電設備裝置規則施作。

在運送、儲存及處理過程中，應有妥善之包裝，以免運送過程中造成變形或損壞，產品與包裝應有清楚的標識，以便辨識廠商名稱、產品、產地、組件編號及型式，再將裝置設備貯存於清潔、乾燥與安全之場所。

金屬接線盒及配件的產品如下：

1. 種類：開關盒、出線盒、拉線盒。
2. 安裝方式：露出式、埋入式。
3. 型式：長方形、方形、八角型、圓型、有蓋式、無蓋式。
4. 材質：不銹鋼、熱浸鍍鋅。

非金屬接線盒及配件的本體爲射出成型，其產品如下：

1. 種類：開關盒、出線盒、拉線盒。
2. 安裝方式：露出式、埋入式。
3. 型式：長方形、方形、八角型、圓型、有蓋式、無蓋式。

在施工前應協調並配合各項工程排序及進度，避免工種衝突。安裝時應保持垂直及水平。安裝高度須符合施工圖的標示。出線盒的定位應使各邊與牆壁、門框、地板相互平行，每一出線盒應有盒蓋。所有嵌入式開關及插座出線口，前緣都應與完工之牆面相齊，而與牆壁、門框及地板相平行。

出線盒及支座應依下列方式固定：

1. 用木螺絲或有同樣支持強度之螺絲釘固定在木料上。
2. 用膨脹螺絲固定於混凝土或磚料上。
3. 用肘節螺栓固定於空心石材上。
4. 用螺絲或銲固之螺柱固定在鋼結構上。
5. 石牆或磁磚牆上出線盒應爲方角磚型或標準出線盒附方形盒蓋。
6. 埋入混凝土中之線盒在澆置混凝土前，導管引進處，應使用螺帽鎖及護圈確實固定。

電纜與導線的標示在每一迴路的電纜或導線須於配電箱、接線箱、拉線箱或人手孔等需維修處，以標誌牌或標籤標示。標示內容要符合施工圖說所列編號相同。

6-2-5 無熔線斷路器

無熔線斷路器也是過電流保護裝置，是指在電流達到某一數值而使溫度上升，以致危及導線及設備之絕緣時，能即時切斷該電路。裝於住宅處所20安以下分路之斷路器及栓形熔絲應屬一種延時性者。

6-23 無熔線斷路器

無熔線斷路器的作動原理可分爲熱跳脫式與磁跳脫式，有電流過載極短路保護的功能。熱跳脫式是使用雙金屬片的原理，當電流超過額定值時，雙金屬片會因受熱而彎曲，進而跳脫接點而達到保護的目的，現已較少使用。磁跳脫式是使用電流正比於磁場強度的原理，當電流不斷增加時，磁場強度亦隨之增加，最後磁力將接點吸附，跳脫接點，而達到過載保護的目的。

過電流保護裝置，應裝置於保護箱內，但其構造已有足夠之保護或裝置於無潮濕或無接近易燃物處所之配電盤著，得免裝設該保護箱。過電流保護裝置如裝於潮濕處所。其保護箱應屬防水型者。

本無熔線斷路器與配件所述，是在室內裝修工程用戶用電設備裝置規則第5條所訂定未指明「電壓」時概適用於600V以下之低壓工程。無熔線斷路器主要功能是提供電氣迴路正常供電之啓（open）、閉（close）與電氣迴路過載、短路事故及故障的保護跳脫（Trip）。

無熔線斷路器在設備規格是：

1. 開關須爲無熔線式，附熱磁跳脫、電磁式、電子式，啓斷容量並與圖示相符。
2. 熔線斷路器須爲固定式或插入式。並且可在不影響其他電路或匯流排情形之下，可予以更換。
3. 無熔線斷路器之正面應標示OFF及ON之位置，接線端子應爲螺絲式接頭。
4. 多極性無熔線斷路器應爲單一裝置，僅有一個操作桿，並爲共同跳脫。
5. 無熔線斷路器應以手撥式操作柄，並應有快閉快斷之開關機構，以使無熔線斷路器在短路電流時能自由跳脫。

6-2-6 漏電斷路器

漏電斷路器主要功能是可檢出接地電流。漏電斷路器是利用迴路中電流相量和爲零之原理製作。當帶電體有異常流流出時，電流相量和即不爲零，也就是流出的電不等於流入的電，偵測出此異常電流時，產生跳脫開關動作的裝置設備。

6-24　漏電斷路器

漏電斷路器又稱爲漏電開關，漏電斷路器以裝置於分路爲原則。漏電斷路器以採用經中央政府或其認可之檢驗機構依有關標準試驗合格並貼有標誌者。

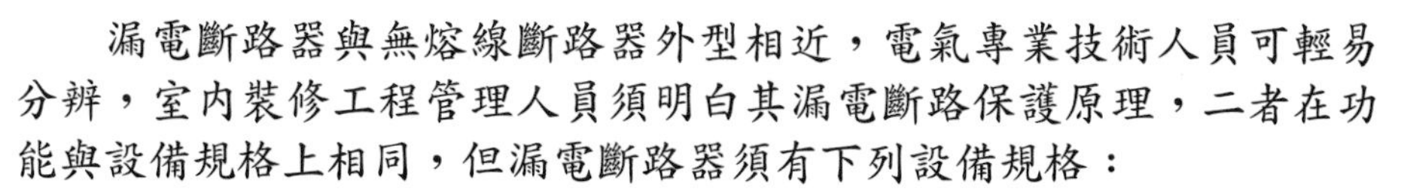

漏電斷路器與無熔線斷路器外型相近，電氣專業技術人員可輕易分辨，室內裝修工程管理人員須明白其漏電斷路保護原理，二者在功能與設備規格上相同，但漏電斷路器須有下列設備規格：

1. 感度電流及跳脫時間須爲可調型，除另有說明外，須爲電流動作型。
2. 須附有跳脫測試按鈕。
3. 設備上須有跳脫指示標記。
4. 安裝依據核可之保護協調曲線圖及廠商說明書安裝。

一、 裝置在低壓電路的漏電斷路器，應採用電流動作形，且須符合下列規定：

1. 漏電斷路器應屬表6-2所示之任一種。
2. 漏電斷路器之額定電流容量，應不小於該電路之負載電流。
3. 漏電警報器之聲音警報裝置，以電鈴或蜂鳴式爲原則。

二、漏電斷路器的額定感度電流及動作時間選擇，應按下列規定辦理：

1. 以防止感電事故為目的裝置漏電斷路器者，應採用高感度高速形。用電設備另施行外殼接地，其設備接地電阻值如未超過表6-2接地電阻值，得採用中感度形之漏電斷路器。
2. 防止感電事故以外目的裝置漏電斷路器者（如防止火災及防止電弧損傷設備等），得依其保護目的選用適當之漏電斷路器。

三、在室內裝修的用電設備或線路中，下列各款應按規定施行接地外，並在電路上或該等設備之適當處所裝設漏電斷路器。

1. 建築或工程興建之臨時用電設備。
2. 游泳池、噴水池等場所水中及周邊用電設備。
3. 公共浴室等場所之過濾或給水電動機分路。
4. 灌溉、養魚池及池塘等用電設備。
5. 辦公處所、學校和公共場所之飲水機分路。
6. 住宅、旅館及公共浴室之電熱水器及浴室插座分路。
7. 住宅場所陽台之插座及離廚房水槽1.8公尺以內之插座分路。
8. 住宅、辦公處所、商場之沉水式用電設備。
9. 裝設在金屬桿或金屬構架之路燈、號誌燈、廣告招牌燈。
10. 人行地下道、路橋用電設備。
11. 慶典牌樓、裝飾彩燈。
12. 由屋內引至屋外裝設之插座分路。
13. 遊樂場所之電動遊樂設備分路。

表6-2　內線系統單獨接地或與設備共同接地之接地引接線線徑

接戶線中之最大截面積(mm^2)	銅接地導線大小(mm^2)
30以下	8
38~50	14
60~80	22
81~200	30
201~325	50
326~500	60
501	80

6-2-7　接地

在用戶用電裝置規則第24條規定，接地方式應符合下列規定之一：

1. 設備接地：高低壓用電設備非帶電金屬部份之接地。
2. 內線系統接地：屋內線路屬於被接地一線之再行接地。
3. 低壓電源系統接地：配電變壓器之二次側低壓線或中性線之接地。
4. 設備與系統共同接地：內線系統接地與設備接地共同一接地或同接地電極。

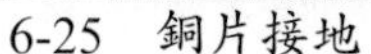

6-25　銅片接地

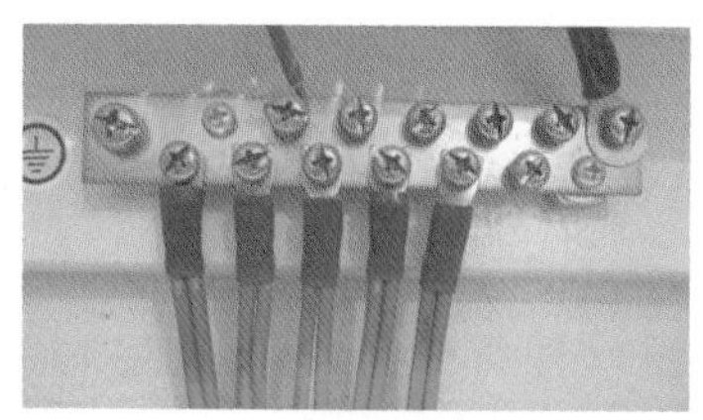

6-26　總開關箱接地

6-27　附接地插座

一、 設備接地的主要目的有：

1. 防止電擊：當電器設備因絕緣設備劣化、損壞引起漏電，或因感應現象導致其非帶電金屬部份之電位升高或電荷積聚時，提供一阻抗迴路並疏導感應電荷至大地，使非帶金屬部份之電位接近大地電位，以降低人員感電危險。
2. 防止火災及爆炸：提供足夠載流能力，使故障迴路不致因高阻抗漏電產生火花引起火災或爆炸，此載流能力須在過電流保護設備容許之範圍內。
3. 啓動保護設備：提供一低阻抗迴路使流過之故障電流足以啓動過電流保護設備，或漏電斷路器。

二、 接地可分為下列所示：

1. 直接接地：接地點以導線直接接地。
2. 電阻接地：接地點通過電阻後接地。（分爲高電阻接地和低電阻接地）
3. 電抗接地：接地點通過電抗後接地。（分爲非共振電抗接地和共振式電抗接地）
4. 電阻電抗混合接地：接地點與電阻、電抗連接後接地。

6-2-8　接線裝置

在接線裝置中的插接器裝置，是由插頭、插座及配線構成，其裝置都是最常用的項目。在接線裝置插接器及其配件，常見的有單插座、雙插座、地板插座、防水型插座、插頭。

開關的方式有：手捺開關、延遲開關、調光開關、押扣開關、按壓電鈴。在手捺開關電路有單路、雙路、三路、四路。

在接線裝置施工前應依下列所示施作：

1. 確認出線盒裝設於適當高度、牆上開口已切除整齊，出線盒內已清潔乾淨。
2. 安裝時應與地面保持平行或垂直。
3. 將接線裝置接地端連接到分路接地導線上。
4. 將導線繞上螺絲端或插入於插孔端以連接配線裝置。
5. 裝設於危險性地區之插座應採適用該場合之等級者。
6. 凡接線盒或拉線盒之蓋板，除另有規定者外，應爲空白蓋板。
7. 接線後測試極性正之確性、絕緣電阻符合標準。

6-2-9　配線器材安裝

配線器材於準備工作前應檢查所需之連接工具，連接前須徹底清潔電線。在室內裝修安裝作業中應遵照下列所示：

1. 使用電線安全快速接頭以獲得導線之最大安培容量。
2. 備用導線的末端應以電氣膠帶絕緣紮好。
3. 使用標籤將動力與照明分路編號標示在迴路或饋電線起始端。
4. 在控制盤之槽內以標籤標示分路，標出連接分路的號碼。
5. 在箱體、端子箱、設備架、控制盤與其它端子上標示訊號和控制線。
6. 導線連接於電具端子須牢固，使用快速接頭或無錫銲壓著端子。
7. 導線在導線管或配電人員不易接近的線槽內，不得有分歧或連接接頭。

6-2-10　室內 LED 照明燈具安裝

LED照明燈具發展極爲迅速，其穩定與價格廣被消費者接受，於室內裝修的使用數量增加頗多，安裝上要求如下：

1. 將LED燈具穩固的固定在建築物結構體上。
2. 將被遮蓋的部分確實安裝，以確保不漏光、翹曲、缺口出現。
3. 水平與垂直安裝燈具使各間距的燈具位置對齊。
4. 將照明設備與金屬附件連到分路裝置的接地導體上。
5. 電源接線盒與懸吊式天花板上燈具之連接應使用可撓性導線管。
6. 電源接線與燈具之連接可經由燈具吊桿直接連接至燈具上。
7. 燈具的燈罩或格柵板如有破裂或凹陷，都應更換與原產品一致。
8. 燈具的安裝需注意防振之需求與T形輕鋼架天花板支撐架。
9. 安裝完成應清潔反光板、燈罩，與清除燈具上的油漆與碎屑。

6-2-11　山型吸頂式日光燈具安裝

室內裝修常用照明的放電管燈係指日光燈、水銀燈及霓虹燈等利用電能在管中放電，作爲照明等使用。放電管燈裝置時，其變壓器或安定器不得碰觸易燃物，且與易燃物間應保持適當距離。其日光燈具安裝過程如下：

1. 檢視安裝燈具是否符合規格，並聘請合格技術士或電匠安裝。
2. 安裝燈具前，確認關閉電源，檢視電壓與燈具上標示是否相符。
3. 將燈具本體以鐵板芽螺絲鎖固於天花板，需居中或平行不可歪斜。
4. 將電源線接上燈具內部電源線，或是以插入接線座指定接線孔。
5. 鎖上燈罩，裝上燈管於燈座，並確實檢查是否裝妥，以防燈管掉落。
6. 電源點燈後，檢查燈具燈管是否通電正常發亮。
7. 如有鬆動、不正常發光、零件異聲與冒煙等，請即斷電檢修。
8. 維修或換燈管須關閉電源與燈管散熱後再進行，以免觸電或燙傷。

6-2-12 舞臺之電氣設備

在室內裝修工程舞臺設計時，建築技術規則建築設備篇提到，凡裝設於舞臺之電氣設備，應依下列規定：

1. 對地電壓應爲 300 伏特以下。
2. 配電盤前面須爲無活電露出型，後面如有活電露出，應用牆、鐵板或鐵網隔開。
3. 舞臺燈之分路，每路最大負荷不得超過 20 安培。
4. 凡簾幕馬達使用電刷型式者，其外殼須爲全密閉型者。
5. 更衣室內之燈具不得使用吊管或鏈吊型，燈具離樓地板面高度低於 2.5 公尺者，並應加裝燈具護罩。

6-2-13 功率與用電的計算

功（Work）是能量的支出，能量（Energy）是做功的能力，而功率則是做功的速率。電功率的定義是：在指定的時間內，做功的多寡，也就是做功的速率。以數學是表示爲：P＝W/t。

功的單位爲焦耳，時間以秒爲單位，所以電功率P的單位爲焦耳/秒。另一個電功率的單位爲「瓦特」，一瓦特等於一焦耳/秒；1馬力＝746瓦特。

裝修工程實務者對於安全用電的計算，是應該必備的。依台電供電方式，提供住家的用電方式爲表燈的方式。在用電的計算式中得知：

單位	公式
V：電壓	V＝IR
I：電流	I＝V/R
R：電阻	R=V/I
P：功率	P＝V^2/R

例：小明的新家每天用電情況如下：電冰箱160瓦，24小時運轉；30瓦電燈20盞，每天使用6小時；電視機200瓦，每天看4小時；洗衣機300瓦，每天洗衣1小時；電子鍋900瓦，每天煮飯1小時。求該戶人家每天用電多少度？每月用電多少度？（一個月以30日計）若每度電費2.2元，該戶一個個月的電費是多少元？

解：各項電器每天用電情況：

電冰箱：0.16×24=3.84（度）　　電燈：0.03×20x6=3.6（度）

電視機：0.2×4=0.8（度）　　洗衣機：0.3×1=0.3（度）

電子鍋：0.9×1=0.9（度）

所以小明的家每天用電量爲：3.84+3.6+0.8+0.3+0.9=9.44（度）

每月的用電量爲：9.44x30=283.2（度）

一個月的電費爲：283.2x2.2=623.04（元）

例：在裝修居室空間內，有一無熔絲開關爲15安培，假設嵌入燈具每顆爲30W，使用電壓爲110V，在不考慮其他因素的情況下，試問這居室的15安培無熔絲開關可安裝燈具數量是幾顆？

解：安培數(A)=瓦數(W)/伏特數(V)，所以1顆燈泡30W/110V=0.272A，因此15A/0.272A=55顆，15×110÷30＝55（顆）

由上述理論上可裝到55顆，無熔絲開關並不會立刻跳開，因爲無熔絲開關的作用有2種，一是過載保護，二是短路保護。電力公司內規負載只能70%，所以實際上應該只裝38顆燈泡內最好。但是常聽到220V很省電，是因分母多一倍，本來30W/220V=0.136A，所以省的是無熔絲開關的安培數。

6-2-14　給電管路施工注意事項

1. 確認電路、弱電系統、冷氣空調工程施作，與配置圖相符。
2. 施作人員需聘請具有經濟部核發的甲種電匠、乙種電匠或室內配線技術證照者，才可執行業務與安裝作業。
3. 用電安全流量需經計算，不可隨意安裝，造成負載超過。
4. 配電盤內無熔絲開關迴路明確標示，方便檢修關閉與啓動。
5. 不同電壓配置需標示清楚，以免混淆，使電器燒毀。
6. 電燈、插座、緊急電源的供電不可混接影響電源維護與管理。
7. 電線配置需用PVC硬管或可撓性彎曲管固定保護，出線孔在輕隔間或木隔間，須用固定出線盒以維安全。
8. 室外出線盒需有防水功能，浴室爲不鏽鋼製，一般使用鍍鋅處理。
9. PVC導線管、保護管，如有破損應更新，以免影響穿線功能。
10. 開關設置須確認室內全區水平高度120公分，使整體美觀。
11. 插座、網路、電話與天線設置全區水平高度40公分，使整體美觀。
12. 有鑽孔或牆面打鑿作業時，電線導線管需防護避免小石塊掉入管內，穿線時造成電線破皮。
13. 電燈照明開關應避免裝置門後，造成開關使用動線的不便。
14. 採用電線須有國家標準，線徑需足夠，拉線需用拉線膏，如圖6-28。
15. 電線於接線盒續接，需使用電線安全快速接頭；或使用電器絕緣膠帶確實纏繞，以防感電。
16. 廚房的電鍋、烤箱、微波爐、電熱器須設置專用電源迴路。

6-28　拉線膏

6-29　專用電源迴路

17. 電話、網路與天線訊號裝置與強度測試需確實，避免修復困難。

18. 對講機與監視系統應由專業廠商變更與維護，切勿自行拆裝以免造成系統損壞，如圖6-30。

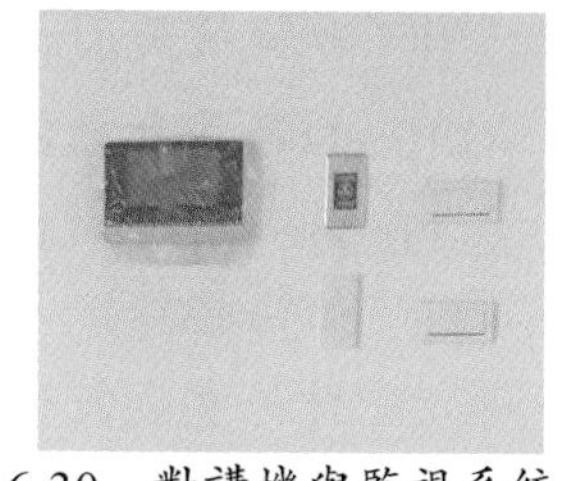

6-30　對講機與監視系統

6-2-15　停電作業安全措施

在職業安全衛生設施規則第254條提到，室內裝修中對於電路開路後從事該電路、該電路支持物、或接近該電路工作物之敷設、建造、檢查、修理、油漆等作業時，應於確認電路開路後，就該電路採取下列設施：

1. 開路之開關於作業中，應上鎖或標示「禁止送電」、「停電作業中」或設置監視人員監視之。
2. 開路後之電路如含有電力電纜、電力電容器等致電路有殘留電荷引起危害之虞，應以安全方法確實放電。
3. 電路放電消除殘留電荷後，檢查確認已停電，或其他電源之逆送電引起感電之危害，應使用短路接地器具確實短路，並加接地。
4. 停電作業範圍應該圍起來，並懸掛「停電作業區」標誌以資警示。
5. 作業完成送電時，應事先確認從事作業的勞工無感電危險，並拆除短路接地器具與警示標誌後才可送電。

6-2-16　活線作業電路檢修

在室內裝修工程進行中，雇主使勞工在低壓電路從事檢查、修理等活線作業時，應使該作業勞工戴用絕緣用防護具，或使用活線作業用器具或其他類似之器具。

6-2-17　電氣危害的防止

在室內裝修雇主爲防止電氣災害，應依下列事項辦理：

1. 對於工廠、供公眾使用之建築物及受電電壓屬高壓以上之用電場所電力設備之裝設與維護保養，非合格之電氣技術人員不得擔任。
2. 爲調整電動機械而停電，其開關切斷後，須立即上鎖或掛牌標示並簽字之。復電時，應由原掛簽人取下安全掛簽後，始可復電，以確保安全。
3. 發電室、變電室或受電室，非工作人員不得任意進入。
4. 不得以肩負方式攜帶過長物體（如竹梯、鐵管、塑膠管等）接近或通過電氣設備。
5. 開關之開閉動件應確實，如有鎖扣設備，應於操作後加鎖。
6. 拔卸電氣插頭時，應確實自插頭處拉出。
7. 切斷開關應迅速確實。
8. 不得以濕手或濕操作棒操作開關。

9. 非職權範圍， 得擅自操作各項設備。
10. 如遇電氣設備或電路著火，須用不導電之滅火設備。
11. 對於廣告、招牌或其他工作物拆掛作業，應事先確認從事作業無感電之虞，始得施作。
12. 對於電氣設備及線路之敷設、建造、掃除、檢查、修理或調整等有導致感電之虞者，應停止送電，並爲防止他人誤送電，應採上鎖或設置標示等措施。

6-2-18 人員感電災害原因

一、在靠近架空高壓裸電線附近之樓旁、路旁、電桿上及屋頂工作時，誤碰架空高壓裸電線，其較常發生之工作型態或碰觸物包括：

1. 拋丟物件或電線時碰觸高壓裸電線。
2. 伸出或高舉物件時，碰觸高壓裸電線。
3. 以移動式吊車舉物時，碰觸高壓裸電線。
4. 以混凝土壓送車進行灌漿時，碰觸高壓裸電線。
5. 進行台電外線工程作業時，人體碰觸高壓裸電線。
6. 以繩索、捲揚機等吊拉物件時，碰觸高壓裸電線。
7. 以挖土機吊舉物件或打樁機作業時，碰觸高壓裸電線。

二、作業時碰觸帶電體：

1. 拆裝電線作業，碰觸低壓裸露電線。
2. 操作電源插頭或開關時碰觸帶電體。
3. 電焊作業時，碰觸電銲條或電銲夾頭帶電部。
4. 一般工程作業中，碰觸低壓裸露電線或帶電體。
5. 電線遭外力磨（刮）破電線，且同時碰觸其帶電體。
6. 進行變電室、配電室（箱）作業時碰觸電力設備帶電部。
7. 於電桿上進行台電外線工程作業時，碰觸電力設備帶電部

三、電線電纜與電氣器具絕緣不良引起漏電：

1. 各型動力機械或家用電器的馬達漏電。
2. 照明燈具、電源開關及移動式或攜帶式電動機具漏電。
3. 管路配線處理不良漏電。
4. 電銲機之銲接柄或線路漏電。
5. 臨時配線線路破皮漏電。

四、作業上的疏失：

1. 誤送電或逆送電。
2. 電線回路，線路誤接。

3. 停電、放電及檢電作業不確實。
4. 未穿戴防護具或使用活線作業用器具而進行活線作業。
5. 進行台電外線工程作業時，爬錯或私自爬上電桿而觸電。
6. 不正確的啓動電氣開關設備，如濕手操作開關或隔離開關及斷路器之操作順序錯誤。

6-2-19 人員感電預防措施

1. 隔離：是指帶電的電氣設備或線 與工作者分開或保持距離，使勞工不易碰觸，例如：明確標示電氣危險場所，必要時可加護圍或上鎖，並禁止未經許可之人員進入。
2. 絕緣：線路與設備之絕緣，保持及加強線路、設備之良好電氣絕緣狀態。電氣線路或設備之裸露帶電部分有接觸之虞時，應施以絕緣被覆如橡膠套、絕緣膠帶等加以保護，及使用絕緣台、絕緣毯。
3. 防護：作業者穿戴電氣絕緣用防護具或使用活線作業用器具及裝備，或使用絕緣棒、絕緣工具及絕緣作業用工程車等其他類似之器具。例如：穿戴絕緣手套、絕緣鞋、絕緣護肩與電工安全帽等。
4. 接地：設備接地係將電氣設備的 屬製外箱殼，以導體與大地作良好的電氣性 接，保持物體與大地同電位，這也是一般最常見的感電防止方法，例如馬達或電銲機外殼之接地，希望維持該外箱殼與大地是同電位，建議應配合其他安全防護裝置（如漏電斷路器、接地電驛等）一起使用。
5. 低電壓：使用低電壓爲安全用電方式之一，如在鍋爐内從事檢修工作時，由於其導電性良好且作業時人體易汗濕感電，所以電壓須限制在安全範圍内，防止感電災害發生。在職業安全衛生設施規則規定第 249 條訂定，雇主對於良導體機器設備内之檢修工作所用之手提式照明燈，其使用電壓不得超過24伏特，且導線須爲耐磨損及有良好絕緣，並不得有接頭。
6. 安全保護裝置：安全保護裝置是指一切施加於電 或設備上之保安裝置，其中一般常見之漏電斷路器、過載保護器與自動電擊防止裝置是最常被使用的。
7. 其他：專人操作，標示上鎖，使用安全工具，照明及工作空間。

6-2-20 電路配置應注意事項

1. 在電路配電中應以綠色作爲接地線使用，以利辨識。
2. 導線直徑爲 2.6 公厘以下的實心線，做分歧連接時，其接頭須綁紮5圈以上。
3. 在裝修住宅處所的客廳、餐廳、臥房、廚房與書房等，每室至少應裝設1個插座出線口。
4. 一般電器以接地銅棒作爲接地極，其長度不得短於 90 公分。
5. 燈具、燈座、吊線盒及插座應確實固定配妥，但當燈具重量超過 2.7 公斤時，不可利用燈座支持使用。

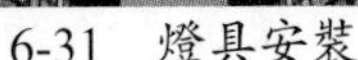
6-31　燈具安裝

6-32　燈具安裝

6-33　燈具安裝

6. 在配管時爲防止連接盒與接線盒的盒內受濕氣入侵，須採用防水型。
7. 在屋內線路與電訊線路、水管、煤氣管其間隔，若無法裝絕緣物隔離或使用金屬管、電纜等方式配線，應保持 15 公分距離。
8. 一般低壓 PVC 絕緣電線之最高容許溫度爲 60℃。

6-3　弱電系統工程

在室內裝修中，弱電系統工程的弱電配線包括：電視天線、電話、網路、對講機、視訊、監視、防盜、音響設備、廣播系統、消防系統、偵煙器警報系統、瓦斯偵測警報系統與智慧自動化系統配線等，考量日後維修、擴充、延伸或接續配置的需要，應設有弱電配電箱，配置完成需加以測試，免於完成後訊號不良。

6-3-1　電信施工法規概論

台灣目前建築物的電信設備大都依據電信法規的規定設置，國家通訊傳播委員會（NCC）在民國110年2月22日修正了「建築物屋內外電信設備設置技術規範」，設計與施工須以此爲標準。室內裝修電話系統是指由市內網路業務經營者的電信引進管進入屋內之總配線箱，再由總配線箱經由各層之主配線箱至各户之電話插座，同時電信接地應含測試極、接地極、接地棒、接地導線、接地端子板與接地總箱。

6-3-2　共同天線設備

在共同天線設備中的接收天線安裝方式應遵照設備廠商建議工法及工程單位指示施作，以避免訊號相互干擾，安裝須考量安全、避雷、耐震、耐風速等需求。放大器與混波器應以箱體保護，導線兩端應標示與施工圖說相同的導線編號，任何導線不可在配線中途連接或補長，所以在配線時應正確估算所需配線長度。電源配線及接地導線，線徑與配線連接方式，需依照屋內線路裝置規則及屋外供電線路裝置規則規定辦理。

6-3-3　電信光纜

電信光纜要進入建築物內，主要包括引進配線、主幹配線及屋內配線。其室內裝修工程接觸光纜的機會越來越多，光纖與傳統電線、電纜不同，在工法與技術層面差異極大，是依據國家通訊傳播委員會頒布之「CLE-EL3600-6建築物屋內外電信設備工程技術規範」規定辦理。在施工的要求上如下：

1. 光纜配線之彎曲半徑不可小於光纜外徑的 15 倍，施工完畢後，於使用時或在無力狀態時，則須保持不可小於光纜外徑的 10 倍。
2. 光纜佈放兩端應餘長 1～2 m，以方便接續使用，兩端加編號標誌，方便日後維修辨識。
3. 光纜配線接續施工時，應檢視光纜內光纖心線種類不得混用。
4. 因有酒精等易燃物品，故接續場所嚴禁煙火。
5. 光纖切割面之好壞影響接續的效果甚大，故切割時宜小心謹慎，並應注意使切面平滑及垂直。
6. 切斷之裸光纖應妥善處理，以防刺傷皮膚。
7. 不可以使用去漬油、柴油等有機溶劑擦拭裸光纖。
8. 光纖接續前準備材料及機具，檢查其數量是否充足，功能是否正常。
9. 檢查各項安全措施是否設置完整。
10. 選擇適當的光纖接續點固定位置及預先設定最佳餘長收容方式。
11. 續接完成做好防水設備，避免有濕氣或水氣進入。
12. 接續時將兩光纖置於熔接機接續工具組上，保持工具及手之清潔，避免污染光纖。熔接接續點之裸光纖，需利用熱縮保護套管保護。
13. 光纖接好續點置於槽梳內再盤繞收容盒，上蓋時不可壓到光纖。
14. 工程完成清理現場，垃圾不留在工作區。

6-4　空調工程

在室內裝修中的空調工程，須以裝修木作天花板造型與吊隱機、冷媒管、風箱、出風口與嵌燈安裝位置互相配合，各工程息息相關。

空調系統可分為：窗型冷氣、分離式冷氣、箱型冷氣、中央空調系統。

6-4-1　空調工程工具與主機配件

一、施作工具

捲尺、水平尺、三用電錶、充電式電動起子機、活動板手、扭力板手、六角板手、彎管器、拓管器、修毛邊器、一字起子、十字起子、電工鉗、抽眞空機、冷煤錶、瓦斯噴燈、PVC水管剪、手套、電鑽、電動鎚、電動砂輪機、電動升降機。

二、主機與配件

窗型冷氣機、壁掛式空調、吊隱式空調、室外主機、安裝架、被覆銅管、控制電線、銅管保護槽、室內機集風箱、保溫軟管、出風口集風箱、帆布、線型出風口、室外機導風罩、回風口、排水管、室外機雨棚。

6-4-2 空調的定義

空調是空氣調節的簡稱，是將室內空氣環境完全控制，包括溫度、溼度、空氣清淨度與空氣循環的控制系統，以達到最適合人或物的條件。

空調是利用冷媒在壓縮機的作用下，產生週蒸發吸熱或凝結散熱，以達到改變溫度與溼度的目的。冷氣機與電冰箱原理相同，是爲室內空間的空氣調節而設，可調整室內外溫差在6～8℃以內，相對溼度維持約60%，故稱空調機。

6-4-3 何謂變頻冷氣

所謂變頻冷氣機，其壓縮機與馬達的轉速是可以改變。當開啓時先偵測室內溫度，如室內爲33℃時與冷氣機設定的27℃，此時會以最快速的工作冷房能力降溫，當室內溫下降時，室外壓縮機與室內風扇馬達會逐漸放慢轉速，達到設定溫度時以慢速運轉，維持室內溫度，如房間內溫度低於0.3℃時壓縮機會停止運轉，當室內溫度27.3℃時壓縮機會再次啓動，啓動後如上述動作重複。

一、變頻式：

運轉視實際室溫與設定的溫差，決定壓縮機運轉，當達到溫度公差內，壓縮機會以低速運轉，以保持穩定的室溫。

二、傳統式：

運轉時溫度低於設定溫度1℃後，壓縮機停止運轉，高於設定溫度1℃時壓縮機再次啓動運轉，關閉與啓動次數頻繁，聲音大較耗電。

三、變頻式與傳統冷氣機的優缺點：

1. 傳統式冷氣機起動時會有大振動與噪音。
2. 傳統式冷氣機運轉時，壓縮機時常開關，瞬間起動電流耗電大。
3. 變頻式冷氣機可使壓縮機提供智慧轉速，配合室內風扇轉速，使空調系統具有進行強制冷暖之效果，能讓室內溫度在短時間內，達成使用者設定的舒適溫度值。
4. 傳統式冷氣機運轉模式，讓使用者時冷時熱，變頻控制可將室內的溫度變化範圍縮小，而提供使用者需求的舒適環境。
5. 使用一對多的變頻分離式空調，依所需的室內機台數，決定壓縮機轉速來提供系統所需的冷媒流量，有小體積大冷房容量變化範圍的壓縮機特性，又可節電。
6. 直流變頻馬達，減少馬達運轉的交流聲，使馬達運轉的聲音更安靜。

6-4-4 單位名詞定義

1. 冷凍的定義：將特定空間的熱帶到室外，使該空間的溫度下降至大氣溫度以下的過程。
2. 冷卻工程：將特定空間內之熱量吸收降低溫度，利用水、空氣或化學材料使空間冷卻的工程。

3. 冷藏工程：將特定空間內之熱量吸收，使溫度低於周圍溫度，但不低於0℃的工程。
4. 低溫冷凍工程：將特定空間內之熱量吸收，使其溫度降至0℃以下至-60℃以上的工程。
5. 超低溫冷凍工程：將特定空間內之熱量吸收，使溫度降至-60℃以下的工程。
6. 1Kcal：1公升的水升高攝氏1度所需的熱量。
7. 1BTU：1磅的水升高華氏1度所需的熱量。1Kcal約等於4BTU
8. 1冷凍噸（RT）：1噸（RT）是將1000公斤0℃的冰在24小時內變爲0℃的水時所吸收的熱量（10000Kcal/h）。
9. 冷房能力：冷氣機每小時能移走的熱量，單位是Kcal/h。
10. 冷凍噸：是每小時冷氣機的冷房能力。在選擇的時應該依坪數、結構和預算來選擇合需求的冷氣。
11. 能源效率比：就是（EERenergy efficiency ratio），也就是冷氣機的冷房能力與其所消耗電能的比值，其值愈高，則愈省電。

6-4-5 居室空間面積與冷房能力計算

台灣在2011年冷房能力改以KW標示，正常環境下一坪約需0.6KW，頂樓、西曬與公共空間則需要約一坪約需0.8KW。

冷氣坪數計算：1平方公尺=0.3025坪

以公尺爲單位，室內空間的長×寬×0.3025＝坪數

例：有一兒童房 長4.5公尺寬4.2公尺高2.8公尺，

試問：此兒童房所需冷氣是多少KW？

4.5×4.2×0.3025＝5.71坪

5.71坪×0.6 KW＝3.4KW

表6-3　冷房能力參考表格

KW	Kcal/hr	BTU/hr	噸	適用坪數	壁掛冷氣尺寸	埋入型尺寸
2.3	1978	7912	0.8	3-4	80×30×20	80×27×52
2.8	2408	9632	1	4-5	80×30×20	80×27×52
3.6	3096	12384	1.3	5-6	90×30×20	105×27×52
4.0	3440	13760	1.4	6-7	90×30×20	105×27×52
5.0	4300	17200	1.8	8-9	110×30×22	120×27×52
6.3	5418	21672	2.2	10-11	110×30×22	120×27×52
7.1	6106	24424	2.5	11-12	120×30×25	140×27×52
8.0	6880	27520	2.8	13-14	120×30×25	140×35×52
9.0	7740	30960	3.1	15-16	120×30×25	140×35×52

6-4-6　窗型式冷氣

6-34　窗型冷氣

窗型冷氣機是一體成形的機種，適用安裝於預留在建築物牆面的冷氣孔，如圖6-34。目前窗型空調機也有變頻冷暖功能設備，其體積容量小，輕便美觀，早期採用此型居多。在窗型空調機的構造分爲冷凍系統與電路二部份，敘述如下：

1. 冷凍系統：壓縮機、冷凝器、乾燥過濾器、毛細管、蒸發器、恆溫器。
2. 電路部分：壓縮機馬達、過載保護器、風扇馬達、磁力式起動繼電器，如圖6-35。

6-35　冷凝器

6-4-7　分離式冷暖氣機

分離式冷暖氣機是由窗型改變而來，將壓縮機及冷凝器放置於室外，把蒸發器裝於室內，室外機與室內機以冷媒管路連接而成，可減少噪音，適合於家庭或小型商業空間使用，如圖6-36、圖6-37。

6-36　室內機

6-4-8　箱型冷氣機

箱型冷氣機有水冷式和氣冷式。二者差別在於凝結器的散熱方式不同，以風扇強制通風冷卻者爲氣冷式，與窗型冷暖氣機原理相同。若以冷水來冷卻者爲水冷式，由水冷卻效率較高，目前箱型冷氣以採用水冷式居多。

箱型空調冷氣機是將壓縮機、凝縮器與蒸發器裝置集中在一個箱內，接上電源與冷卻水塔後即可使用。由於窗型空調機只適用於面積較小的房間使用，其冷凍能力有限，因此對於較大的空間，則需要採用箱型冷氣機。

6-37　室外機

6-4-9　中央空調冷暖氣機

中央空調冷暖氣機是將主要的空氣調節系統裝置於中央，再由此向各空間以管道等延伸的冷暖氣方式。其系統可分爲冷媒系統、水系統、風管系統，敘述如下：

1. 冷媒系統：室外機通過冷媒銅管與多台室內機連接，每個房間的內機均爲冷媒與空氣直接換熱。其原理是室外機對冷媒進行壓縮，然後冷媒通過銅管被輸送到室內機，在室內機處冷媒與室內空氣進行換熱。
2. 水系統：室外機一般稱爲冰水機組，室內機一般稱爲送風機，通過水管連接。其原理是室外機壓縮冷媒，冷媒再與水換熱，產生冰水，用水泵將水送入每個室內機，室內空氣與冰水換熱達到溫度調節的目的。
3. 風管系統：室外機通過冷媒管與一台風管式室內機連接，風管式內機統一處理室內空氣，再通過風管把處理過的空氣送入每個房間。

中央空調如綜上所述，目前中央空調主要以冷媒系統和水系統爲主，在台灣臺中欣中瓦斯公司有瓦斯冷氣，以瓦斯爲能源。當然還有類似地源熱泵空調，但也是屬水系統空調，它對環境最友好的制冷制熱系統，應空調性能和自家的使用需求，選擇最合適的中央空調系統。

6-4-10 窗型冷暖氣機安裝施作程序

1. 安裝方向應避免日曬，如有直曬則應裝遮日棚，以增使用年限。
2. 安裝高度其底座離地最小75公分以上，150cm～200cm爲適，太低吸入灰塵及冷氣吹出距離太短，太高則較不易達到預期之冷房效果。
3. 窗型冷氣若需裝於室內時，則室外壁上應裝抽風機或風管以利熱氣排除，兩側之室外回風部分應做回風管。
4. 前後通風不受阻擋，背後若受阻擋時，其最小距離應在30cm以上。
5. 避免接近電熱器或瓦斯器具，以免影響冷氣之分佈效果。
6. 冷氣機有一定的重量，啓動與停止時都會有共振現象，因此應注意安裝場所之鎖固。
7. 台灣冷氣機特別設計有強力除濕能力，安裝時須特別要注意排水，通常室外側要比室內側低約1～2cm。
8. 需要做好接地工事，以免發生火災及感電事故。
9. 冷氣機安裝完成不要與建築物的金屬部分接觸。

6-4-11 分離式冷暖氣安裝施作程序

1. 銅管配置：銅管主要是輸送冷媒，分爲高低壓管，高壓管孔徑較小，傳送液態冷媒到室內機，低壓管孔徑較大，當冷媒吸熱變成氣態後，從室內機沿著低壓管回流到室外機冷卻爲液態。
2. 銲接冷煤銅管：銅管要從室外機拉到室內機處，中間如需銲接要用乙炔、氧與專用銲條作銲接，且技術需熟練。
3. 電源線與控制線配置：電源線是供給室內機用電，控制線是遙控開關之用。
4. 排水管配置：室內機產生的冷凝水要排出，配管方式有明管、埋入暗管與透明軟管，與裝修工程配合施作，並做好洩水坡度排水順暢。

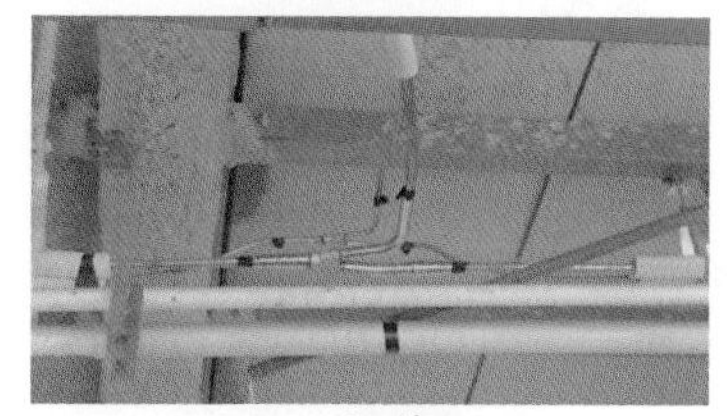
6-38 銅管配置

6-39 銲接冷煤銅管

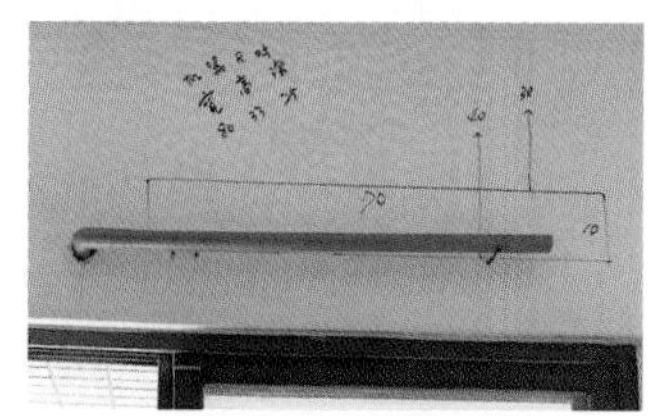
6-40 排水管配置

6-4-12　分離式冷暖氣機室外機安裝

1. 聘請有證照與有經驗者，且必須在安全環境下施作。
2. 選擇通風順暢、不日曬有遮陰的地方，如有日曬需裝遮日棚。
3. 膨脹螺絲安裝堅固不震動、加裝吸音墊運轉，低噪音不擾鄰。
4. 安裝與保養的空間須足夠，並能有效氣流循環，增加冷房能力。
5. 遠離臥室床頭區、電器高頻區、可燃性氣體的附近，避免干擾。
6. 室外主機需安裝排水設備，不可遺漏或是忽略。
7. 如在溫泉區或海邊高含鹽量區，需注意鏽蝕的問題。

6-4-13　分離式冷暖氣機抽真空的程序

分離式空調冷氣機在室外機與室內機裝妥後，需作冷煤抽眞空的工序。如果不作抽眞空或是做得不確實，冷媒內還存有空氣，壓縮機運轉時打入銅管內冷媒會不穩定，冷房效果會時冷時熱，甚至於影響到銅管的使用年限。抽眞空的步驟如下：

6-41　高低壓量表、抽眞空機

1. 使用活動板手鬆開冷氣室外機的高低壓閥。
2. 將冷氣高低壓量表紅色管線接在高壓閥口，黑色管線接低壓閥口，黃色管接眞空泵。
3. 打開高低壓兩閥門後，再打開眞空泵，開始抽眞空作業。
4. 此時需觀察冷氣高低壓量表，抽到眞空後約再抽十分鐘，以確保系統內的水分完全清除。
5. 此時先關掉高低壓兩閥門，再關掉眞空泵，等過十分鐘確認眞空量表度沒有下降，這時抽眞空才算完成。

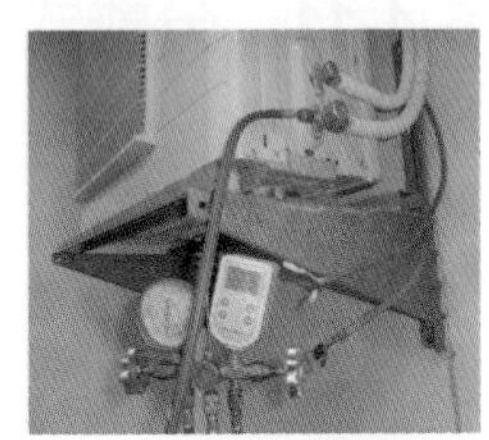

6-42　紅色管線要接高壓閥口

6-4-14　分離式冷暖氣機室內機安裝

1. 安裝室內機固定背板要用氣泡水準器校正水平，室內機內部已有排水設計，所以安裝時不需要傾斜，吊掛才會精準美觀。
2. 檢視尺度，並在室內機背後已佈好的銅管做記號。
3. 將冷氣室內機拿下，記號處銅管裁切、拓喇叭口、去毛邊。
4. 再次掛上冷氣旋接銅管，使用活動板手與扭力扳手鎖緊冷煤管。
5. 將室內機體內排水軟管插入硬質塑膠排水管中。
6. 冷煤銅管接合處套上泡綿，使用膠帶包覆完整。
7. 裝妥室外機與室內機的電源線與控制線。
8. 隱藏管線，裝妥外蓋，清潔機體，測試運轉，安裝完成。

6-43　觀察冷氣高低壓量表

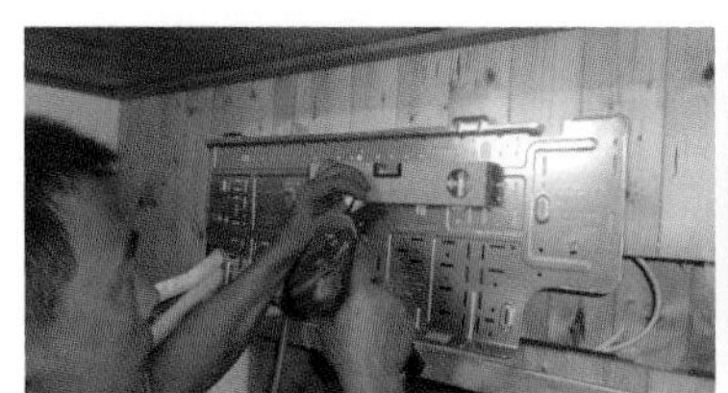

6-44 氣泡水準器校正背板

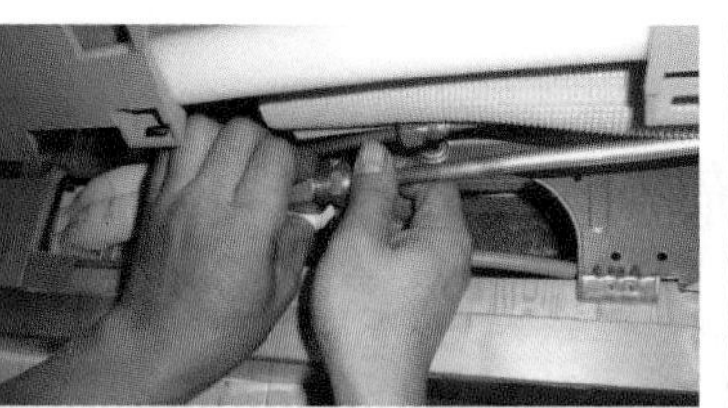

6-45 旋接銅管

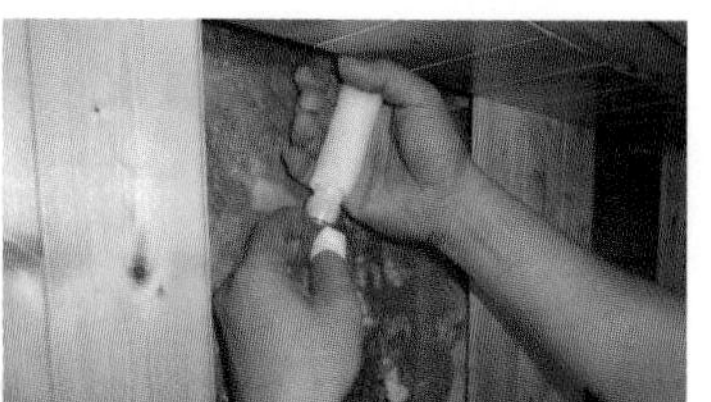

6-46 排水軟管配置

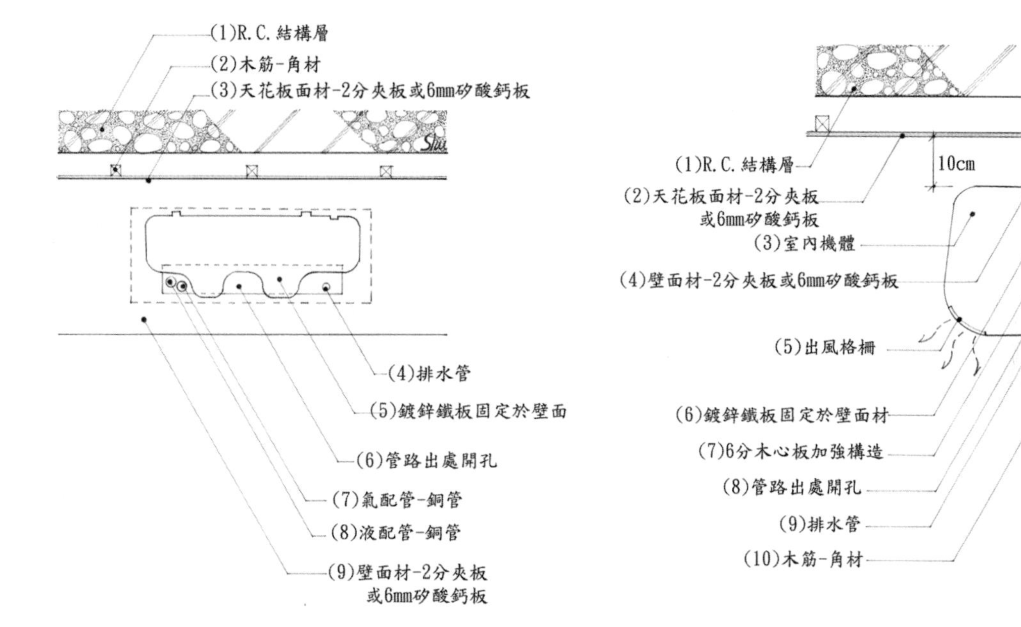

6-47 分離式冷氣-壁掛型施工大樣圖

6-48 分離式冷氣-壁掛型側面施工大樣圖

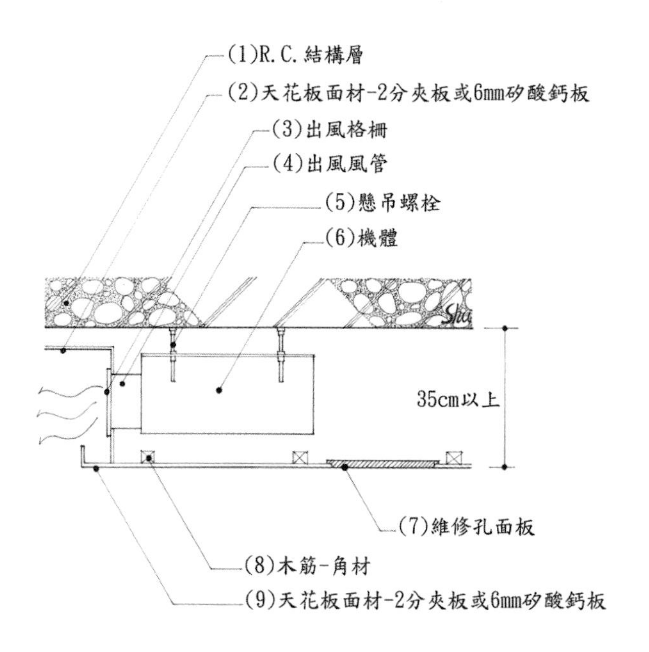

6-49 分離式冷氣-埋入型施工大樣圖（側吹式-水平）

6-5 新風換氣系統：全熱交換器

全熱交換器也就是新風換氣系統，現代人生活中每天約有70％的時間都處於居室空間內，室內裝修時需考慮活氣流通，如上述章節在密閉空間長時間使用空調，將有換氣量不足之虞，二氧化碳濃度增加，室內空氣混濁，因而導致頭昏欲睡，降低工作效率，因此居家空氣品質的好壞與身體健康是息息相關的。

全熱交換器是整合各個機能空間，使各空間都能有效達到換氣的目的，爲加強控制室內二氧化碳濃度，可選用內建二氧化碳濃度偵測器的智慧型全熱交換器，除了有效控制室內二氧化碳的濃度外，全熱交換器也會因室內二氧化碳濃度的高低，自動調整馬達轉速，達到節能省電的功效；目前市售機型分爲內建二氧化碳偵測器及外掛選配兩種，內建二氧化碳偵測器機種其偵測準確度又比外掛機種更佳。全熱交換器配置有熱交換引擎，內部有熱交換介質，可達節能與室內溫度、溼度控制的目的，如能與室內空調系統運作，其效益將會更好。

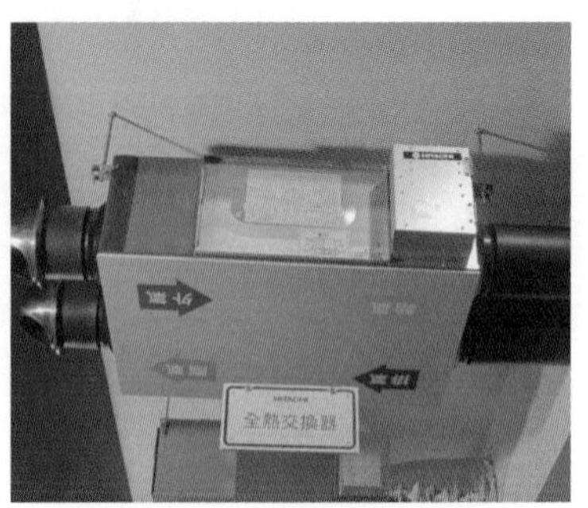

6-50　全熱交換器

6-5-1　全熱交換器原理

全熱交換引擎利用特殊的風道設計與熱傳導元件，將室內外空氣交換，使得室內外空氣不會互相混合，溫度及濕度卻可相互傳導，讓外部空氣得以較接近室溫的方式引進室內，不會讓舒適的溫度流失，又可節省冷暖氣的費用，完全符合環保節能的綠建築標準。

全熱交換器開啓使用時，會先將冷氣房內已冷卻但污濁的空氣吸入機體內，保留原有冷氣溫度後再將髒空氣排到屋外，這時候對外的風管會將室外的空氣吸入，因室外空氣含氧量較高，在交換器內過濾灰塵並做溫度交換，而被降低溫度乾淨的外氣同時傳送到各個使用空間，達到空氣交換循環的目的。這時因外氣已降溫，可減低空調運轉負載，在密閉的空調居室內，一樣有新鮮空氣與環保節能。

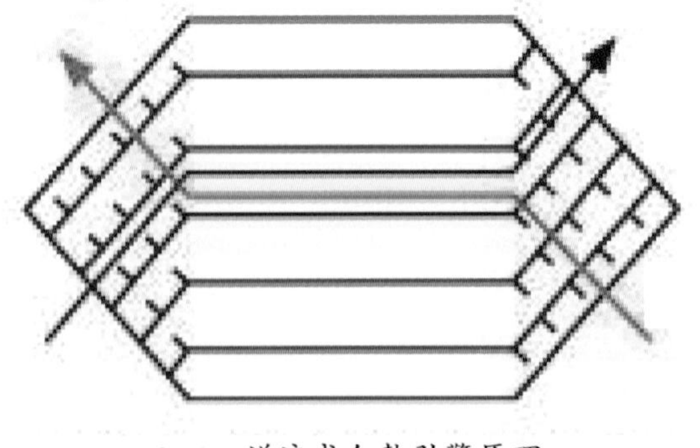

6-51　逆流式全熱引擎原理

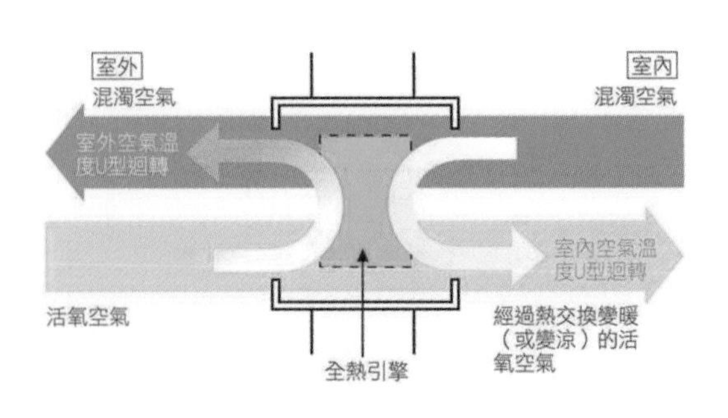

6-52　全熱系統運作原理

6-5-2　全熱交換器主要功能

1. 空氣交換功能：以兩大獨立風道設計，引導室內污濁廢氣與户外含氧空氣，同步進行排氣和進氣，達到室內完全空氣交換功能，以確保室內空氣品質的健康與舒適。
2. 溫度交換功能：不會讓舒適的溫度流失，能夠節省換氣造成的冷暖氣損失的費用，更符合環保節能的綠建築標準，熱交換率達 60%～73%。
3. 濕度交換功能：在室內外進行空氣交換的同時，也平衡了室內的溼度，讓室內更舒適，溼度（潛熱）交換效率最高可達84%。
4. 多重濾清功能：徹底清除空氣中的塵蟎及過敏源，抑制氣喘及哮喘的作用，降低誘發的比例。
5. 二氧化碳濃度偵測功能：內建式二氧化碳濃度偵測器，準確偵測室內二氧化碳濃度，並有效改善室內空氣品質。

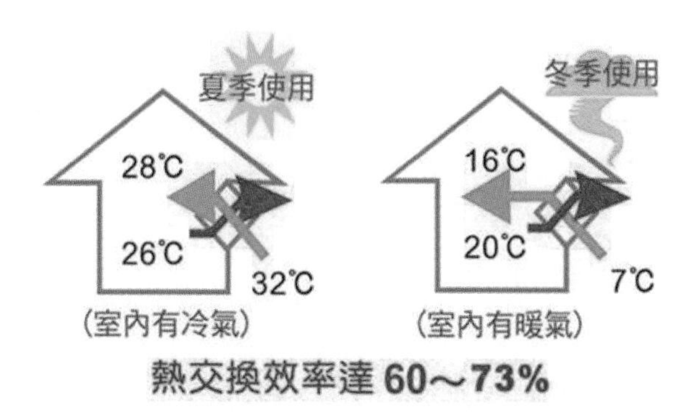

6-53　熱交換率

夾層薄片結構
水分子
各種氣體、二氧化碳分子等等
排除污濁空氣
濕度高的空氣
80μm
細緻的薄膜材質
濕度低的空氣
引入新鮮空氣

6-54　濕度交換

6-5-3　全熱交換器種類

在不同的環境下，全熱交換器能配置在各種空間的換氣需求，其主要機型如下：

一、吊隱式全熱交換器（風量：130m³/h ～ 2000m³/h）

6-55　吊隱式全熱交換器

1. 隔絕噪音，多段風速，活氧充足，讓室內達到自然通風的效果。
2. 運轉低噪音，室內不吵雜。
3. 提供定時開關和預約功能，使用更貼心。
4. 直線風道設計，並可依現場配置，上下顛倒安裝全熱交換主機。
5. 單一維修孔蓋，方便進行全機保養維護。
6. 各式風量機種齊全，充分滿足各種空間搭配使用。如圖6-55、圖6-56

6-56　吊隱式全熱交換器

二、直立式全熱交換器（風量：250m³/h）

6-57　直立式全熱交換器

1. 雙馬達設計，進氣、換氣單獨馬達，三段風速設計。
2. 雙全熱引擎設計，雙重熱交換80%高效率。
3. 內附活性碳濾網有效過濾空氣中異味。
4. 落地式安裝容易，濾網清潔方便。
5. 安裝於地面使用最安全，並可減少天花板使用空間，讓住居空間更爲寬闊

三、直吹式全熱交換器（風量：500m³/h）

6-58　直吹式全熱交換

1. 即裝即用，即時又方便，最快速。
2. 無須規劃與鋪設室內風管網路系統大幅降低裝設成本。
3. 少了風管系統，可大幅增加樓地板間可使用的空間高度。
4. 欲調整設置位置，只要拆卸後重新安裝至新的位置即可使用，最具機動性。
5. 發生地震時對於人身安全發生影響的可能性最小，最安全。

6-5-4　全熱交換器安裝

1. 室內配置規劃：設計師及施工技師依現場場勘及平面圖規劃主機、出風口、迴風口及室外進出氣口配置。
2. 室內現場安裝：於天花板封板前，由專業空調技師進行現場安裝配置，並注意主機安裝線路配置及牢固度。
3. 安裝後試機：於空調技師安裝後進行現場試機，並依現場狀況調整各出風口風向及風量大小。
4. 安裝後使用：空調技師於使用前須教導用户，全熱交換器使用方式及後續如何保養清潔。

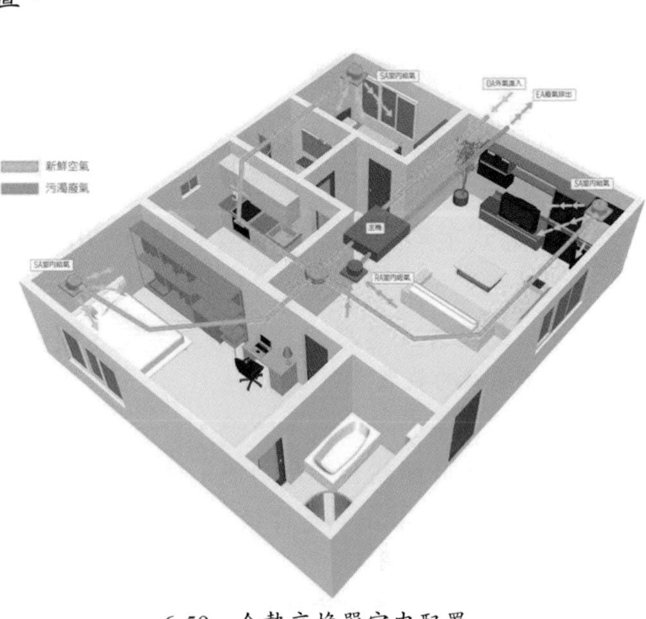

6-59　全熱交換器室內配置

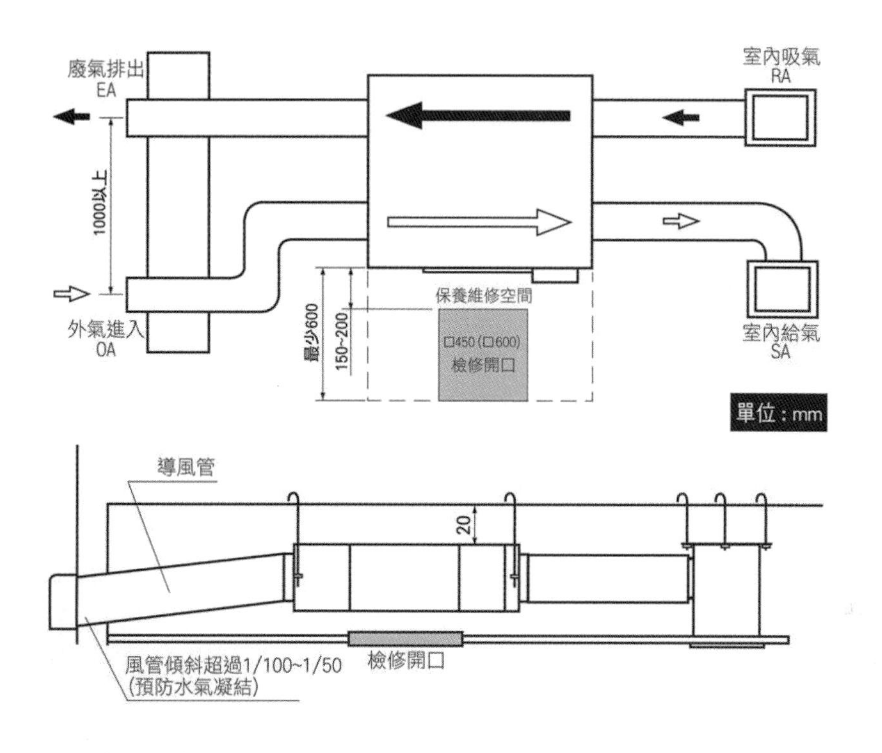

■請勿採取如下配管方式。

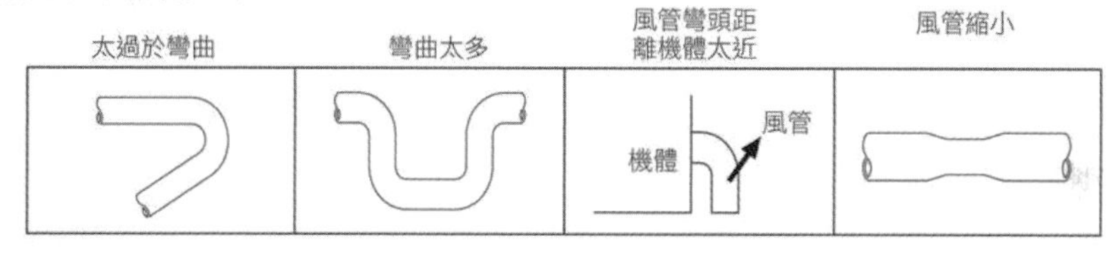

6-60 全熱交換器安裝示意

6-5-5 全熱交換器安裝注意事項

1. 室外側入風口不可安裝於熱水器、排油煙等有害氣體的位置。
2. 不可安裝在廚房和浴室使用，如果在油煙多的地方，易引起過濾器和全熱交換引擎阻塞。
3. 濕度在 85%不可安裝使用，易引起短路、觸電、滴水或電器故障。
4. 給氣口與排氣口位置距離 10cm以上，避免短循環。
5. 室外側管路須傾斜，斜度在 1/100至 1/50之間，防止機器進水。
6. 管路長度如超過 200 cm建議使用PVC管，以防破裂洩漏。
7. 安裝風管時切忌使用 90° 彎管，會造成風管送風及進風不順暢。

6-6 消防火警設備工程

在室內裝修工程進行時，消防火警設備大都已經完工，但是爲了建築物發生火災時，消防火警設備能自動偵測火災發生的區域，能提供正確快速的火警訊號給大樓管理員，可通知住户緊急逃生，所以室內裝修工程應與各式消防火警設備互相密切搭配，才能保障安全，就常見的各類場所消防安全設備設置標準是依消防法第六條第一項規定訂定之。

《消防設備人員法》自1999年起，已經歷6度送入立法院審議，多年來立法未果，直至112年5月30日終於完成立法。其敘述說明如下：

6-6-1 消防安全設備種類

第7條

各類場所消防安全設備如下：

1. 滅火設備：指以水或其他滅火藥劑滅火之器具或設備。
2. 警報設備：指報知火災發生之器具或設備。
3. 避難逃生設備：指火災發生時爲避難而使用之器具或設備。
4. 消防搶救上之必要設備：指火警發生時，消防人員從事搶救活動上必需之器具或設備。
5. 其他經中央消防主管機關認定之消防安全設備。各類場所滅火設備種類。

6-61　滅火器

6-6-2 滅火設備種類

第8條

各類場所滅火設備種類如下：

1. 滅火器、消防砂，如圖6-61。
2. 室內消防栓設備，如圖6-62。
3. 室外消防栓設備。
4. 自動撒水設備。
5. 水霧滅火設備。
6. 泡沫滅火設備。
7. 二氧化碳滅火設備。
8. 乾粉滅火設備。
9. 簡易自動滅火設備。

6-62　室內消防栓設備

6-6-3 警報設備種類

第9條

各類場所警報設備種類如下：

1. 火警自動警報設備。
2. 手動報警設備，如圖6-63。
3. 緊急廣播設備。

6-63　手動報警設備

4. 瓦斯漏氣火警自動警報設備。
5. 一一九火災通報裝置。

6-6-4 避難逃生設備種類

第 10 條

避難逃生設備種類如下：

1. 標示設備：出口標示燈、避難方向指示燈、避難指標，如圖6-64。
2. 避難器具：指滑台、避難梯、避難橋、救助袋、緩降機、避難繩索、滑杆及其他避難器具，如圖6-65。
3. 緊急照明設備。

6-64 出口標示燈

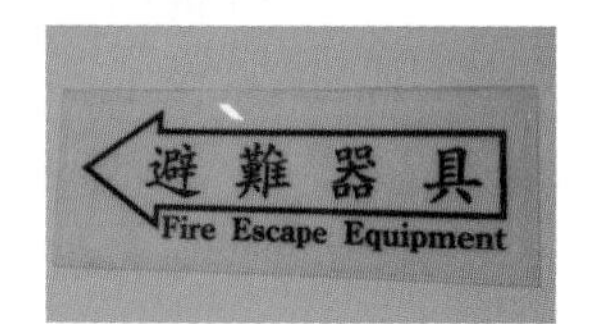

6-65 避難器具

6-6-5 消防搶救上必要之設備種類

第 11 條

各類場所消防搶救上之必要設備種類如下：

1. 連結送水管，如圖6-66。
2. 消防專用蓄水池。
3. 排煙設備。如：緊急昇降機間、特別安全梯間排煙設備、室內排煙設備。
4. 緊急電源插座。
5. 無線電通信輔助設備。
6. 防災監控系統綜合操作裝置。

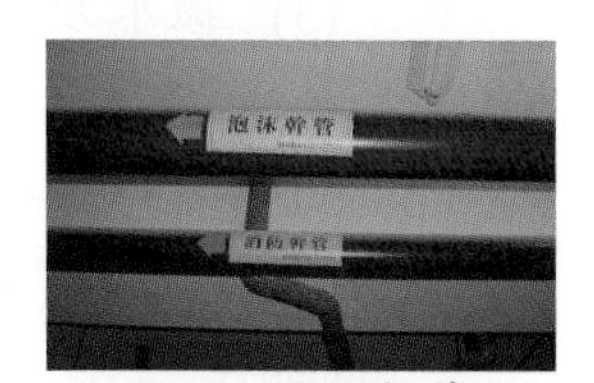

6-66 消防幹管

第 33 條

室內消防栓設備之消防立管管系竣工時，應做加壓試驗，試驗壓力不得小於加壓送水裝置全閉揚程1.5倍以上之水壓。試驗壓力以繼續維持2小時無漏水現象爲合格。

6-6-6 撒水頭的裝置位置

在室內裝修常遇到各種形式造型天花板，其自動撒水頭的裝置位置需更改，讓很多設計者或施作工程技術人員無所適從，本節附上依各類場所消防安全設備設置標準第47條規定裝置，可讓設計者或施作工程技術人員參酌。

6-67 撒水頭

第 47 條

撒水頭之位置，依下列規定裝置：

1. 撒水頭軸心與裝置面成垂直裝置。

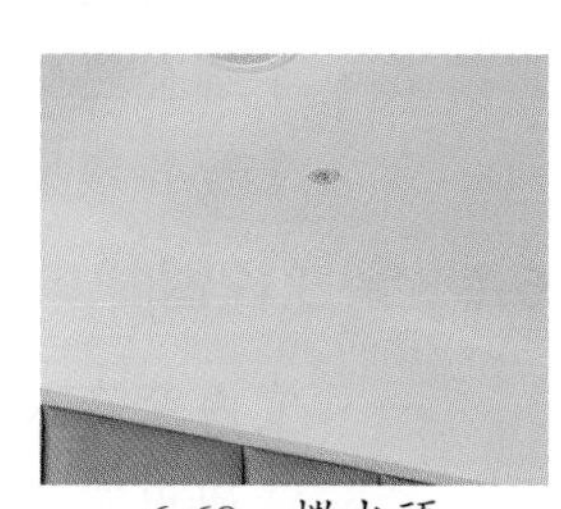
6-68 撒水頭

2. 撒水頭迴水板下方四十五公分內及水平方向三十公分內，應保持淨空間，不得有障礙物。
3. 密閉式撒水頭之迴水板裝設於裝置面（指樓板或天花板）下方，其間距在三十公分以下。
4. 密閉式撒水頭裝置於樑下時，迴水板與樑底之間距在十公分以下，且與樓板或天花板之間距在五十公分以下。
5. 密閉式撒水頭裝置面，四周以淨高四十公分以上之樑或類似構造體區劃包圍時，按各區劃裝置。但該樑或類似構造體之間距在一百八十公分以下者，不在此限。
6. 使用密閉式撒水頭，且風管等障礙物之寬度超過一百二十公分時，該風管等障礙物下方，亦應設置。
7. 側壁型撒水頭應符合下列規定：
   (1) 撒水頭與裝置面（牆壁）之間距，在十五公分以下。
   (2) 撒水頭迴水板與天花板或樓板之間距，在十五公分以下。
   (3) 撒水頭迴水板下方及水平方向四十五公分內，保持淨空間，不得有障礙物。
8. 密閉式撒水頭側面有樑時，依下表裝置。

撒水頭與樑側面淨距離(公分)	74以下	75以上 99以下	100以上 149以下	150以上
迴水板高出樑底面尺寸(公分)	0	9以下	14以下	29公分

前項第八款之撒水頭，其迴水板與天花板或樓板之距離超過三十公分時，依下列規定設置集熱板。

1. 集熱板應使用金屬材料，且直徑在三十公分以上。
2. 集熱板與迴水板之距離，在三十公分以下。

6-7 重點整理

一、了解給、排水管路與衛生設備安裝程序

二、能了解裝修電氣配置與危害防止

三、了解空調冷暖氣的種類與安裝

四、了解弱電系統的種類

五、了解全熱交換機原理

六、了解各類場所消防火警設備

6-8 習題練習

一、室內裝修水電工程排水系統管路中，請寫出3種「通氣管」之功用爲何？

二、請列出照明燈具安裝工程施工應檢查項目並說明其內容？

柒　裝修金屬工程

本章在裝修金屬工程中，能了解裝修金屬作業相關的工具、材料的品質，在現場裁切、氣銲、電銲、組立與接合施工的步驟與不同工法，並能督導施作技術人員做好符合施工圖說之規定。

7-1　基本工具

在裝修金屬中所使用的工具與泥作工程、木作工程等工程較不同，多了就是施作技術人員所說的「電龜」。另有捲尺、雷射墨線儀、鉛錘、墨斗、水秤管、水平尺、連通式水準管、水線、棉線、鐵槌、鉚釘鎚、橡膠鎚、鐵腳、六角板手、矽力康槍、墊木塊、美工刀、鑿子、鋁梯、工具袋、護目眼鏡、銲接柄、充電起子機、電動砂輪機、震動電鑽、電動砂輪切斷機、電動打鑿機、點銲機、氬銲機、電銲機。

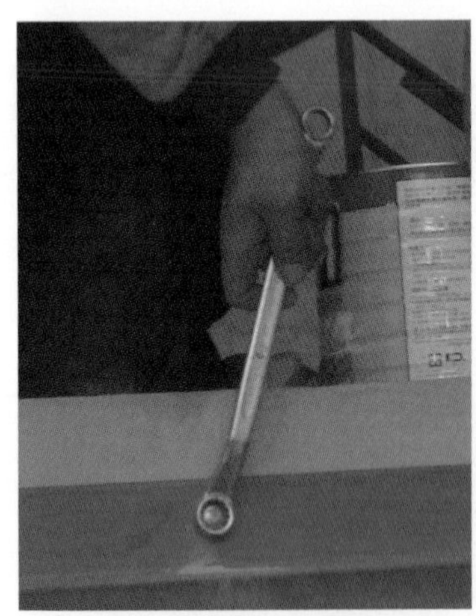

7-1　六角板手應用

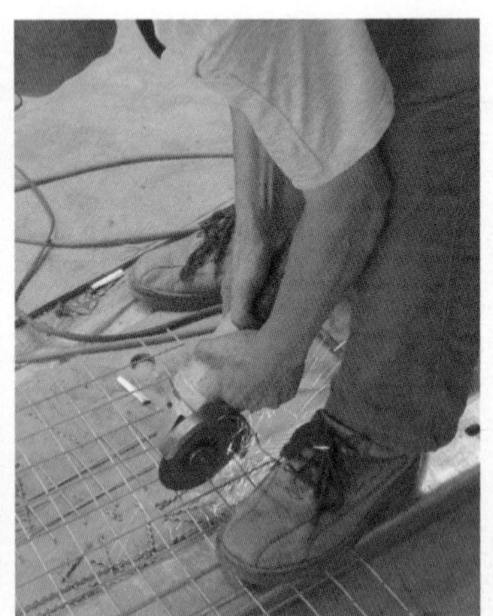

7-2　砂輪機切斷應用

7-3　電銲接地

7-4　電銲應用

7-5　電銲機

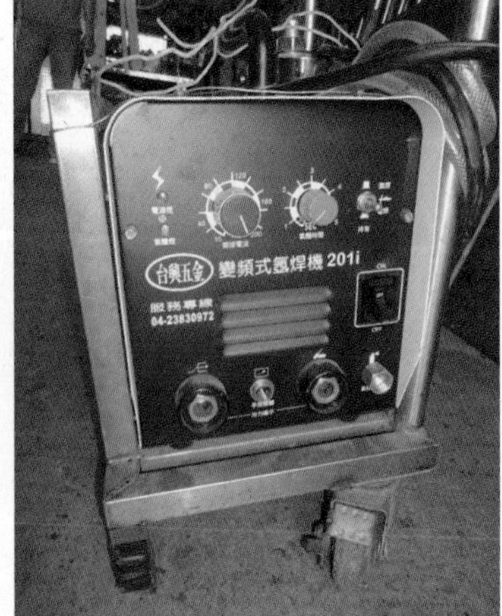

7-6　氬銲機

在室內裝修中雇主對電銲作業使用的銲接柄，應有相當之絕緣耐力及耐熱性。另對其相關作作業敘述如下：

7-1-1 氣體集合金屬熔接、熔斷作業

在職業安全衛生設施規則第二百十八條雇主對於使用氣體集合熔接裝置從事金屬之熔接、熔斷或加熱作業時，應選任專人辦理下列事項：

1. 決定作業方法及指揮作業。
2. 清除氣體容器閥、接頭、調整器及配管口之油漬、塵埃等。
3. 更換容器時，應將該容器之口及配管口部分之氣體與空氣之混合氣體排除。
4. 使用肥皂水等安全方法測試是否漏氣。
5. 注意輕緩開閉旋塞或閥。
6. 會同作業人員更換氣體容器。
7. 作業開始之時，應確認瓶閥、壓力調整器、軟管、吹管、軟管套夾等器具，無損傷、磨耗致漏洩氣體或氧氣。
8. 查看安全器，並確保勞工安全使用狀態。
9. 監督從事作業勞工佩戴防護眼鏡、防護手套。

7-1-2 金屬熔接須使用可燃性氣體

在職業安全衛生設施規則第一百九十條 對於雇主爲金屬之熔接、熔斷或加熱等作業所須使用可燃性氣體及氧氣之容器，應依下列規定辦理：

1. 容器不得設置、使用、儲藏或放置於左列場所：
   (1) 通風或換氣不充分之場所。
   (2) 使用煙火之場所或其附近。
   (3) 製造或處置火藥類、爆炸性物質、著火性物質或多量之易燃性物質之場所或其附近。
2. 保持容器之溫度於攝氏四十度以下。
3. 容器應直立穩妥放置，防止傾倒危險，並不得撞擊。
4. 容器使用時應留置專用板手於容器閥柄上，以備緊急時遮斷氣源。
5. 搬運容器時應裝妥護蓋。
6. 容器閥、接頭、調整器、配管口應清除油類及塵埃。
7. 應輕緩開閉容器閥。
8. 應清楚分開使用中與非使用中之容器。
9. 容器、閥及管線等不得接觸電焊器、電路、電源、火源。
10. 搬運容器時，應禁止在地面滾動或撞擊。
11. 自車上卸下容器時，應有防止衝擊之裝置。
12. 自容器閥上卸下調整器前，應先關閉容器閥，並釋放調整器之氣體，且操作人員應避開容器閥出口。

7-1-3 乙炔熔接與氣體熔接裝置

裝修中最常見的氣銲是氧與乙炔的氣銲，在職業安全衛生設施規則第214條就針對使用乙炔熔接裝置、氣體集合熔接裝置從事金屬之熔接、熔斷或加熱作業時，應依下列規定：

1. 應於發生器之發生器室、氣體集合裝置之氣體裝置室之易見場標示氣體種類、氣體最大儲存量、每小時氣體平均發生量及一次送入發生器內之電石量等。
2. 發生器室及氣體裝置室內，應禁止作業無關人員進入，並加標示。
3. 乙炔熔接作業三公尺內與氣體集合裝置五公尺範圍內，應禁止吸菸、使用煙火及有火花之虞應加以標示。
4. 應將閥、旋塞等之操作事項明顯示於易見場所。
5. 移動式乙炔熔接裝置不得設於高溫、通風不良及強烈振動之場所。
6. 爲防止乙炔氣體與氧氣管線混用，應採用專用色別區分，以資識別。
7. 熔接裝置之設置場所，應有適當之消防設備。
8. 從事該作業者，應佩載防護眼鏡及防護手套。

7-1-4 氣銲作業安全守則

在室內裝修使用的氣銲作業中，應該遵守的安全守則敘述如下：

1. 從事氣銲工作應佩戴適當之有濾色用遮光眼鏡、著防護衣、戴手套，並應預防高熱之火花濺入鞋內。
2. 裝拆橡皮軟管及接頭時，手套或手上均不得沾有油污。
3. 從事氣銲場所及下方，不可有可燃性物料，以免被飛濺火花所燃。應置備適當的防止火花掉落、飛濺之措施，及適當之防火設備。
4. 延放橡皮軟管時，避免絆倒行人，更不可放在行車道上，以免被車輛輾裂漏氣，不可將橡皮軟管拖越物料之尖銳邊角處。
5. 軟管接合處須以專用管夾鎖緊，與吹管接合處應加裝逆火防止裝置。各接點使用前，應檢查有否接錯、鬆動或有漏氣現象。
6. 容器及管線在未完全隔絕及測定可燃性和有毒氣體及氧氣濃度之前，嚴禁入內作銲切工作。
7. 更換吹管前應先關閉壓力調節出口閥，不得以捏住皮管方法更換。
8. 凡遇氧氣乙炔鋼瓶、橡皮軟管、壓力調節器等漏氣時，應即關閉氧氣及乙炔鋼瓶的出口閥，熄滅附近火種，並備滅火器以防萬一。
9. 若發現火焰回燒橡皮管現象時，應趕快關閉鋼瓶上之開關，並將皮管拆除，再用滅火器滅火。
10. 壓縮氣體鋼瓶必須隨時置於手推車格架上或加以綁緊。
11. 鋼瓶與工作物之間須保持足夠距離，以免銲切火花、溶渣引燃鋼瓶氣體。
12. 乙炔鋼瓶之氣閥打開後，專用扳手要留在氣閥上，備緊急時可立即將氣閥關閉。
13. 移動或搬運鋼瓶應小心直立移動，不可有拖拉、推倒、滾動、衝擊等激烈之動作。

14. 空鋼瓶必需作「已用完」或「空瓶」之標示加以識別，應將凡而緊閉，並與其他充氣之鋼瓶隔離。
15. 儲存或使用乙炔氣時，均應將乙炔鋼瓶豎立及固定。
16. 檢查開關時，須以肥皂水試漏，絕不可使用點火方式試漏。
17. 鋼瓶吊裝時，不可用鋼繩捆綁，應使用專用吊籠吊裝。

7-1-5 電銲機設備

銲接在目前建築與室內裝修是不可或缺的金屬接合技術，要如何防範使用電銲機引起之感電災害？常應用在工業之生產或維護作業之中，而交流電弧銲接設備因其重量輕，搬運簡便且價格低廉，是目前業界廣泛使用的銲接設備，但因爲銲接作業時，一般手工電銲機二次側額定電流比較高，而一次側電壓常爲220V，二次側開路電壓常爲50伏特至100伏特之間，而產生電弧電壓，因此在作業中有觸電的危險性，應需注意。

7-1-6 電銲機感電災害防止對策

在電銲機使用時稍不注意容易引起感電災害，在裝修工程管理應執行感電防止對策如下：

1. 電銲機應依規定加裝自動電擊防止裝置。
2. 電銲機之電源開關打開送電後，無論是銲接中或停止銲接狀態，使用者身體都不可碰觸電銲夾頭之帶電部或其前端之電銲條。
3. 電銲機電力設備之電源側及負載側電源連接端子不得裸露在外，應加裝絕緣套管或防護板。
4. 電銲機之銲接柄及電源線應保持絕緣狀態良好，同時每次工作前須自行檢點。

7-1-7 電銲作業安全守則

在室內裝修使用的電銲作業中，應該遵守的安全守則如下敘述：

1. 電銲人員應佩戴電銲面罩、皮手套、皮手臂袖、圍裙或膠鞋。
2. 電銲時弧光不可直照眼部或皮膚，從事銲接工作應穿長袖工作服，並遮蓋身體所有露出之部分，如圖7-7、圖7-8。
3. 應使用絕緣良好的電銲把手，以防漏電。
4. 於良導體機器設備內之狹小空間或於高度兩公尺以上之鋼架上作業時從事電銲工作，應使用裝有自動電擊防止裝置的電銲機。
5. 應防電銲條觸及身體，更不可用電銲條點燃香煙。
6. 電銲工作場所，應圍妥遮光屏障，以防弧光傷人眼睛。

7-7 使用電銲面罩

7-8 穿長袖工作服

7. 工作場所通風應良好，必要時應使用換氣通風扇，幫助通風。
8. 於高處作業電銲火花四濺，影響現場人員及機器設備安全，其下方有乙炔鋼瓶或可燃物品更屬危險，應先將危險環因素去除，及採取適當防止火花掉落。
9. 電銲作業前，應事先清除四周易燃危險物，並準備滅火器。
10. 電銲機接地線不得連接在油管或其他代化學品之管路上。
11. 每一個電銲機接地線，必須確實接妥後才可接通電源。接地線不可用裸銅線亦不可用鐵板、鐵條、鋼筋等替代。
12. 電銲的電纜線應使用合格包以厚橡皮的電銲軟線。並合於電流量，與電銲機之接合部分絕緣必須包紮良好，橫越通道之電纜，若無法架高，則必須設保護蓋。
13. 作業人員清除銲渣時，必須使用防護眼鏡等防護具。
14. 不可將電銲把手置入水中冷卻，否則很容易感電。
15. 對盛裝或盛裝過的可燃性氣體或液體之容器，實施銲接修理工，有爆炸的危險，對該項容器應先行澈底清洗，並經測定及檢查無安全顧慮後，始可施工。
16. 在潮濕地點從事電銲作業應穿絕緣安全鞋。
17. 搬移電銲機時需先切斷電源。
18. 電銲作業人員於工作完畢後，應確實將電銲機電源切斷。
19. 不可赤手或戴濕手套於潮濕之處更換銲條。
20. 銲接後所剩之銲條，不可隨便丟棄，以免燙傷他人。

7-1-8 良好銲接施工的必要條件

在裝修中金屬銲接要達到良好的施工要求，需考慮要有:優良銲接技術人員、銲接技術監理人員、銲接接合材料、電銲設備、正確的銲條、正確的電壓與電流、良好的作業空間、安全工程管理等。例如在鋼骨銲接常見的缺陷有龜裂、氣孔、銲喉不足等，都需注意，不能有上述情形。良好銲接施工的必要條件，其詳細敘述如下：

1. 銲接工程人員須經銲接技術考驗合格方得施工。
2. 施工現場或廠區的銲接監造人員，必須具備專業的銲接知識及實務經驗，能指揮與監督整體工程的能力。
3. 選擇銲接性良好的母材，銲接性能不好的母材，容易發生裂紋影響結構安全，所以應選擇銲接性良好的母材。
4. 電銲機的種類及形式非常多，應選用合乎機能的機種，如薄板類的銲接應採用低電流或穩定性大的機種。
5. 須正確選擇銲條，不同的銲接母材會因爲厚板與鋼材強度的不同，所以要選擇適當相同系列的銲條。
6. 電銲的電流、電壓及速度應適當。
7. 在狹窄的作業空間銲接，不良的姿勢或不安全的工作架施工，不易獲得良好的銲接。

8. 在安全工程管理應注意施工中對感電、火災、有害氣體、遮風、遮光的安全防範措施。

9. 須注意保護週邊表面，以免被銲接火星燒傷。

7-2 裝修金屬材料及五金配件

金屬材料大致分爲鐵材、鋼材和合金三種。所謂五金是指金、銀、銅、鐵與錫這五種常見的金屬元素。在台灣常見的五金店或連鎖店，服務範圍廣泛，所販售的並不限於這五種金屬。

金屬是一種具有光澤、容易導電、富有延展性、易傳熱等性質的物質。屬於金屬的物質有金、銀、銅、鐵、錳、鋅等，通常在一大氣壓及攝氏25℃常溫下，金屬都是固體，只有汞是液態。下列針對裝修金屬材料、裝修金屬五金配件與五金材料表面處理方式敘述。

7-2-1 裝修金屬材料

1. 合金：

   合金是由二種或多種化學元素組成，其主要元素是金屬混合物。一般純金屬太軟、太脆或是高化學活性，並不適合使用，所以會將不同金屬以特定比例組合，形成合金。合金的目的是要使金屬降低脆性、提高硬度、抗蝕性、顏色多樣與增加光澤，例如在合金銅的黃銅是指銅鋅合金。如圖7-9的銅製扶手，更能展現銅的質感與光澤。

   在室內裝修建材使用較爲廣泛的不鏽鋼，就是爲含鎳元素的合金鋼。不銹鋼(stainless steel)材質又可分爲鎳鋼與鉻鋼。合金在碳鋼中加入超過10%的鎳、鉻與鉬就成爲不鏽鋼，其分爲304、316、318 三等級，主要是鎳含量的多寡而有所不同。一般不鏽鋼鐵窗、鐵門，圍牆以304等級製作，就可達到其效果和目的。不鏽鋼優於一般鋼材最主要的有不會生鏽、韌性強與免塗裝，是現代建築及室內裝修良好的鐵材用料。鋼(steel)若其含碳量在 0.15~0.3%之間，稱爲構鋼，適於輾軋，如：型鋼、鋼管、鋼板，但較不適合作熱處理加工。

2. 貴金屬：

   貴金屬是指罕見並具有高經濟價格的金屬元素，有顯著的光澤與高度導電性。金、銀除了使用在工業上，比較常使用在珠寶、飾品、貨幣與藝術品。貴金屬金、銀、鉑與鈀等貴金屬都有編號登錄；在鉑族元素，包括釕、銠、鈀、鋨、銥與鉑。如圖7-10的純金999金塊，就是貴金屬。

3. 貧金屬：

   貧金屬又稱其他金屬，貧金屬約定俗成地包括鋁、鎵、銦、錫、鉈、鉛與鉍。有時候包括鍺、銻與釙在內。在裝修工程中使用鋁與鉛材料居多。鋁(Aluminum)材爲使其不易氧化增加其耐久與美觀其表面可再經陽極處理，使其更利於當成建材使用，目前鋁材使用於裝修中最大量的爲鋁窗、鋁門、鋁格柵、拉門懸吊軌道、鋁飾條、手把與嵌入式把手等，應用極爲廣泛。如圖7-11的鋁錠，是鋁擠或壓鑄的原料，可製作加工多樣的產品。鉛在裝修中使用於實驗室、醫院、診所與檢驗場所等居多，常用於有射線的場所，例如X室的空間，或需要有鉛板組隔的空間，須有專屬證照與有經驗技術者施作，施作後並能通過檢驗，才能使用。

4. 鍛造：

鍛造在室內裝修已經使用一段很長的時間，他是金屬壓力加工方法之一，如圖7-12。鍛造是在坯料加熱後，利用手工打錘、鍛錘或壓力機等錘擊與加壓壓力的方式改變金屬原料的形狀，使能夠有一定形狀、一定機械性能、尺度與改變金屬組織的加工工藝物件。鍛造依據加工時的工件溫度可分爲熱鍛、溫鍛與冷鍛。裝修常使用的鍛鐵(wrought iron)，其含碳量在0.45%以下又稱爲熟鐵，其特性是晶粒細、韌性強與熔點高。

5. 鑄鐵：

是屬於鐵類金屬材料，鑄鐵其韌性極差，鑄鐵(cast iron)含碳量在1.7%以上的特性是晶粒粗、硬度大與溶點低。

7-9 銅製扶手

7-10 金塊

7-11 鋁錠

7-12 鍛造藝術窗

7-2-2 裝修金屬五金配件

通常附屬於門窗工程之金屬附件都稱爲門窗五金，就是我們常說的小五金。材料有鋼製品、不鏽鋼製品、鋁合金、銅製品、銅合金、鐵材與鑄鐵製品等。在室內裝修常用的五金配件精緻多樣，有窗、門與鎖的配件，如下：

1. 門窗五金配件有：地鉸鏈、門鉸鏈、窗鉸鏈、門鎖、窗鎖、窗栓、天地閂、門弓器、門止、橫推拉門五金、摺疊門五金、逃生推把，如圖7-13門鉸鏈。
2. 門窗鉸鏈分爲：旗型、蝴蝶型、彈簧型、自動鉸鏈、搗擺用鉸鏈，如圖7-15自動鉸鏈。
3. 門鎖形式分爲：喇叭鎖、水平鎖、牛角鎖、鎖、磁片鎖、晶片鎖、電控鎖、陽極鎖、陰極鎖、電子密碼鎖、指紋鎖等，如圖7-16嵌入式拉門鎖的應用。

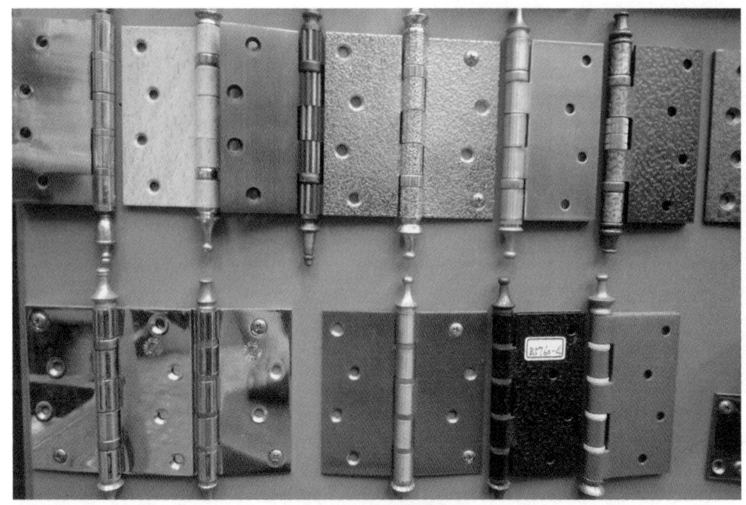

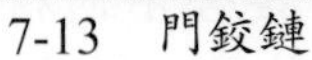

7-13　門鉸鏈

7-14　水平鎖

7-15　自動鉸鏈

7-16　嵌入式拉門鎖

7-2-3　五金材料表面處理方式

在室內裝修五金製造時所採用表面處理方式有：本色表面處理、鍍鉻表面處理、鍍鋅表面處理、烤漆表面處理與特殊表面處理等方式，其表面處理另有平光面、亮光面與砂光面的多種選擇。

鋁合金材料適合作的表面處理的方式有：陽極處理、發色處理、粉體烤漆處理。就以上敘述，在金屬工作表面處理的目的，最主要是防鏽蝕、改變色澤與增加美感。

7-3　金屬加工

金屬的加工早期以電銲居多，但是材料與加工機具的進步，已讓各式金屬加工更多樣化。如在鋼結構的連接方法有傳統銲接、螺栓連接與鉚釘連接，如圖7-17、圖7-18鋼構螺栓連接，在工業界中，佔最重要地位的熔接方法爲電弧熔接；最常用銲接法是電銲；最常見的氣銲是氧乙炔氣銲，不鏽鋼是以氬銲的方法銲接，如圖7-19、圖7-20。

7-17
鋼構螺栓連接1

7-18
鋼構螺栓連接2

7-19
不鏽鋼氬銲接

7-20
不鏽鋼銲接平滑

銲接法的優點是設計彈性大、可減少工時、可接合不同材料 ，但是須注意殘留應力的問題，當銲接量體大的時候，須經結構精密計算，避免應力殘留如圖7-21。銲接完成後是否紮實及達到精準要求，需通過檢驗，如圖7-22，在業界常用的銲接檢驗法有射線照像法、超音波法、滲透液法，敲擊法並不能爲銲接做檢驗。

7-21　銲接注意殘留應力

7-22　銲接需通過檢驗

7-3-1　金屬門扇、門框及窗扇加工

除應參照CNS之規定外，包含但不限於下列所述：

1. 金屬門扇、門框及窗扇所使用之金屬材料應符合 CNS之規定，且不得有彎曲變形，並應正確組立及固定所需的全部補強金屬料、螺栓、螺母及塡隙片。
2. 「建築五金」規定以外之必要五金及配件，應符合設計圖説之功能需求及不鏽鋼製品或不會腐蝕之材料，其餘隱藏部分至少應採用耐腐蝕或已施防銹處理之材料。
3. 直軸門、窗轉動時，應在開啓處以特製之鎖軸予以固定。
4. 所有金屬門扇、門框及窗扇須照設計圖所示立面式樣製作，其細部尺寸經設計單位核可時，可配合裝修面材之整體性適度調整，並須與混凝土或砌磚工作配合連繫，所有大小開口、孔洞均應預留，不得事後敲鑿。
5. 金屬作業中工件施以表面處理，其表面處理的目的是爲了更耐磨、更耐蝕以及美觀。

7-3-2 金屬門扇加工規定

1. 門扇之縱向加強件間距不大於15公分，以點銲加強件與面板之內面銲接。
2. C型鋼應以滿銲與面板之內面銲接，銲接之周緣修飾與鄰面齊平。
3. 銲接時應使用氬氣電銲，銲縫不得露於表面，銲接處須研磨平滑，並與毗鄰之表面密接，門扇之成品應牢固、平直、無缺陷。
4. 玻璃嵌裝開口應作槽形，轉角斜接，押條退縮，固定螺栓爲平頭式。
5. 五金系統之榫口、加勁、鑽孔、成型等配合工作應於工廠完成。露出型五金及隱藏式關門器均應加補強金屬板，補強金屬板不得露明，門檔應銲於室外雙扇門之外側。
6. 門扇與門之間距不得大於3㎜，與地板之淨距除另有規定，不得大於10㎜。

7-3-3 金屬門框加工規定

1. 轉角以斜接或平接方式爲之，其一截面之深度與寬度均應滿銲，扣件應爲隱藏式。
2. 銲接點應研磨平滑，使之能與毗鄰表面平齊。
3. 預留玻璃及墊片之押條安裝孔，玻璃押條固定螺栓之間距不得大於25㎜，固定螺栓須鑽孔埋設。
4. 成型押條：於框架角處以45° 斜角式或對接式固定，在非公共區可用螺栓固定，所有應爲埋頭式。
5. 預留消音墊片安裝孔。
6. 將臨時門撐器安裝於框架底部。
7. 五金系統之榫口、加勁、鑽孔、成型等配合工作應於工廠完成。外裝型五金及隱藏式關門器均應加補強金屬片，補強金屬片不得露明，門舌片應預留空隙。

7-4 鋼製門窗工程

金屬門窗中除鋁門窗外，以鋼製門窗應用最廣，鋼料因強度大，耐火性佳，故應用於防火門、金庫門，及倉庫、廠房門窗等。框樘及窗扇均利用各軋壓製成之鋼材斷面而構成，因鋼料強度大，框料只需甚小斷面即可，玻璃採光面積也相對變大，故一般廠房及防火建築等採用甚廣。

7-4-1 鋼製門

1. 產品之金屬門扇、門框及窗扇材料及其配件、必要之五金品質應符合圖説之規定，並提送原製造廠商出具之出廠證明文件及保證書本，成品出廠時應貼黏製造、檢驗標籤。
2. 經完成出廠檢驗後，須用適當之材料包裝其外露部分，在四角採用瓦楞紙包裝妥當，以防運輸時碰傷並防水泥漿或其他材料玷污金屬材料表面，與混凝土或污工牆接觸部份之邊緣，須預留1cm以上寬度不得包覆以利粉刷。

3. 所有金屬門扇、門框及窗扇在搬運時，均應輕取輕放，施力均勻，不得任意拖拉，致使金屬材料變形，置放時均須在適當墊料上垂直放置，不得平放、堆疊或負重。

7-4-2 鋼門樘、門扇的安裝

1. 於搬運或安裝過程中，保護層若受到損傷則需加以復原。當不再會遭受附近其他未完成工作所損害時才可以將保護層除去。
2. 將欲進行金屬製品飾面及安裝面附近之雜物清除乾淨並與各相關工程施工單位協調金屬製品之安裝工作。
3. 在安裝前，須對安裝之門扇及門框表面及開口檢查有無缺陷，如有發現應立即給予修正。
4. 施工期間其表面應加保護以防擦撞、污漬及不得使結構體承受超額荷重造成損害。
5. 各項配件固定於結構體內者，應事先預埋牢固在正確位置，安裝預埋件若需銲接應做好防鏽處理，使用五金時，須按照五金製造廠商之樣板及說明書指示。
6. 所有金屬門扇、門框及窗扇必須依據設計圖示且經現場正確墨線位置平直配置安裝，門框須以地板高程為標準，若地板高程不同時，則以錨片延伸到結構樓板。
7. 安裝金屬製品組件時，應先安裝支撐及錨座，垂直及水平均應對齊、牢固不致產生扭曲或損壞其表面。
8. 門框須垂直與相鄰牆壁排列整齊作固定，側框的固定至少二處，且其中心間距不得大於60公分，並盡量隱密其固定件或繫件，如必須外露時應與其鄰接金屬顏色搭配門框固定完成後以砂漿在現場灌滿充填之，並以填縫劑封邊。
9. 門扇之安裝須使開關動作平順，且無雜音之現象。
10. 表面塗裝油漆如為金屬加工品在面漆刷塗前， 應先以紅丹漆刷塗以防生鏽。
11. 清理
    (1) 安裝時不慎沾上水泥、砂漿應在未乾固前依金屬製品廠商的建議方法、清水沖洗或濕布將金屬製品的表面清理乾淨。
    (2) 使用與填縫劑相容之溶劑，清除多餘或污染之填縫劑。
    (3) 並將本工作所產生廢棄物清理乾淨。

7-4-3 鋼製窗

室內裝修活動橫拉鋼製窗在台灣少有使用，使用較多是鋼製固定框樘，利用鋼料強度大的優點，其框架只需較小的斷面即可，台灣的擠型鋼料種類甚少，大都由鋼板以折床製作出所需尺度銲接組裝而成。

7-4-4 鋼捲門

室內裝修的鋼捲門常施作在車庫、倉庫、廠房、商店、百貨公司與地下室車庫，鋼捲門的鎧片密接，可作為防火區劃的防火門，是利用溫度控制啓動開關的裝置，當溫度達70℃時，開關的保險絲會熔毀而啓動鋼捲們自動下降關閉，達到防火區劃的目的。

鋼捲門的門片是使用厚度1.6mm以上的鋼板或不鏽鋼板製作而成，依每組門扇的橫向水平訂製細長型的鎧片密接而成。在捲門二側裝有導軌，裝馬達帶動鏈條，使門扇可上下升降，達到進出、防盜與防火的主要目的。

7-4-5 鋼製旋轉門

室內裝修的鋼製旋轉門以公共場所居多，如銀行、百貨公司、展場、酒店、餐廳與辦公大樓，上述場所常面臨大馬路的高塵量而裝設鋼製旋轉門，可以時常保持關閉的狀態，人員的進出又可以隨時推動門扇，一般是以單向迴轉，以圓心爲軸的設計，搭配四扇互相對稱垂直的門扇而成，如圖7-23。旋轉門的優點:防止灰塵、防止冷暖氣熱損耗、阻隔噪音與防北風的侵襲等。如是安裝金屬框玻璃門地鉸鍊時應注意地鉸鍊水平精準度、地鉸鍊開閉方向與玻璃門整體重量。

7-23 鋼製旋轉門

7-4-6 掛裝式不鏽鋼板施工

1. 施工前對於現場應先加以勘察，須等水電、空調、管線等隱蔽部份完成後，才可以安裝不鏽鋼板料。
2. 準備妥當的不鏽鋼板材料，應配合工地施工進度，才運到工地。
3. 安裝工作應與其他工程配合，並確實精確安裝於圖示位置，保持平直美觀之外形。
4. 各項配件固定在結構體內者，應配合進度固牢預埋於結構體內。
5. 安裝時配件如須銲接，應於電銲牢固後，再塗紅丹防銹漆。
6. 安裝不鏽鋼板片的水平及垂直均應對齊，安裝配件不能扭曲或過大的應力而損壞飾面。
7. 不銹鋼板安裝完成後，須等其他工程完成後，才撕去保護膜。

7-5 鋁窗、鋁門工程

建築材料隨工業之進步，不斷推陳出新，鋁質材料具有耐久、耐氣候、耐蟲害、美觀與氣密度佳等特性，在變遷之下鋁窗取代傳統木製門窗，現在已經是建築業採用的標準材料。

7-5-1 鋁窗運送、儲存及處理

1. 鋁窗製作完成經出廠檢驗後，需用PE膠布保護鋁窗，與RC接觸背框不須包PE膠布，以防運輸時碰傷並防水泥漿沾污鋁料表面。

2. 所有鋁窗在搬運時，均應輕取輕放，用力均勻，不得任意拖拉，致使鋁料變形。
3. 置放時均須在適當墊料上垂直放置，不得平放，堆疊或負重，如圖7-24。
4. 鋁窗包裝上應附掛製品檢驗識別卡，明顯標示每一窗框及窗扇之類別、尺度與編號，如圖7-25。

7-24　鋁門窗垂直放置

7-25　檢驗識別標示

7-5-2　鋁窗框安裝前準備工作

1. 現場測量，以確定鋁窗尺度無誤。
2. 標示安裝基準墨線，水平、垂直及進出線至少各一條。
3. 檢查預留開口與鋁窗尺度，如有偏差，應予修改。
4. 安裝窗户之表面應爲垂直、平整及無尖銳突出物。
5. 牆上開口處不得有混凝土、砂漿或其他材料殘渣。

7-5-3　鋁窗框安裝施作程序

1. 鋁質窗框組立應垂直準確，與相鄰介面之相對位置應正確，如圖7-26。
2. 與不相容金屬接觸之鋁表面，應施加一層有油漆或鋅鉻黃塗料以資分隔。
3. 鋁表面與磚工面接觸，外露部份應以塑膠紙等包裹，以免水泥砂漿沾污變色，完工後全部清除乾淨。
4. 所有鋁合金工事及相鄰構造物之間及周圍的縫隙須填滿1：3水泥砂漿，方得進行粉刷。
5. 門窗除依式樣與型料鑲嵌毛刷條外，內外框並應緊密，外門、外窗框外向四周與牆面接著處，於圬工粉刷時，須預留一公分凹槽，待粉刷乾透後，用油槍噴射指定之防水填縫劑一條，以防雨水滲入。
6. 鋁窗若以套合連結法組立時，接縫處應填襯防漏膠布，並用不銹鋼螺絲鎖緊。
7. 安裝時可採用木楔或墊片，將鋁窗對準墨線安裝，如圖7-27。
8. 嵌裝固定片以水泥砂漿固定，固定片厚度1.2㎜以上，間距不得大於50cm及固定片至少每邊一片，長度邊距以10～20cm爲原則。
9. 外牆若是預鑄板時，其與鋁窗的固定方式須依設計圖所示，鋁窗安 裝時並須考慮允許位移限度及配合預鑄板的施工。

10. 安裝時不慎沾上之水泥，灰漿等應在其未乾前以清水沖洗或濕布 拭除；油脂類污物則以中性皂水洗除，所有門窗於裝置玻璃及其他有關之工作完成後，應檢視所有門窗、五金及水孔等，加以適當調整，使啓閉靈活。
11. 大型鋁門窗或一整排拼窗之固定片，應判斷情形必要時用電銲銲牢固定，須注意保護鋁門窗表面，以免被火星燒傷。
12. 可用火藥或氣動鋼釘將鐵件固定於RC結構上，然後與固定片銲牢或將RC結構鋼筋打出與固定片直接銲牢。
13. 拼料安裝時，需複查拼料外部防雨條是否嵌妥；由外面裝入拼料再於內面裝上拼塊，並以螺絲釘牢；拼塊以每隔45公分一個，固定後再以鋁蓋板封蓋拼縫。
14. 表面之PE包裝布如有破損時，請隨即修補以免填塞水泥及粉刷時，水泥沾到鋁窗表面，腐蝕鋁料，造成白斑或黑斑。
15. 四周填塞水泥時，勿過份用力壓塞，以免造成鋁框變形，窗框頂部橫料最容易受壓下彎，尤須注意，如圖7-28。
16. 粉刷或其他工作時，不得在鋁料上搭架或放置重物，以避免破壞鋁料表面及造成鋁框變形。
17. 修飾鋁面保護物應清除乾淨，露面以清潔劑及溫水清洗並擦拭乾淨，並使用與填縫劑相容之溶劑，清除多餘或污染之填縫劑。

7-26 窗框組立準確

7-27 以墊片螺桿調整安裝

7-28 四周填塞水泥

7-29 裝框後以泡棉保護

7-30 測試啓閉順暢

7-31 完成

7-5-4 鋁門安裝作業

1. 各項配件固定於結構體內者，應事先預埋牢固在正確位置，安裝預埋件若需銲接應做好防鏽處理，使用五金時，須按照五金製造廠商之樣板及說明書指示。
2. 所有金屬門扇、門框及窗扇必須依據設計圖示且經現場正確墨線位置平直配置安裝，門框須以地板高程爲標準，若地板高程不同時，則以錨片延伸到結構樓板。
3. 安裝金屬製品組件時，應先安裝支撐及錨座，垂直及水平均應對齊、牢固不致產生扭曲或損壞其表面。
4. 門框須垂直與相鄰牆壁排列整齊作錨碇，側框之錨碇至少二處，且其中心間距不得大於60公分，並盡量隱密其固定件或繫件，如必須外露時應與其鄰接金屬顏色搭配門框錨碇完成後以砂漿在現場灌滿充填之，並以填縫劑封邊。
5. 門扇之安裝須使開關動作平順，且無雜音之現象。
6. 注意開啓方向，注意預留高度，丈量鋁門扇製作尺寸時，依門框實 內扣6mm、高度扣13mm。

7-5-5 鋁門窗安裝注意事項

1. 注意鋁質門窗框組立應垂直準確，使用水平尺確保施做材料之垂直施工，與相鄰介面之相對位置應正確。
2. 注意橫向工作面的水平整齊排列，必要時使用輔助工具支撐。
3. 牆面與鋁門窗台的接合與外露接面應填滿1：3水泥砂漿確實接合，形成緊密接點。
4. 如果有穿孔部位注意其補強，並做好防水填縫。
5. 鋁表面與磚工面接觸，外露部分應以塑膠紙等包裹，以免水泥砂漿沾污變色，若於鋁框四周有不平齊處或其他處鋁料沾有污泥，清潔工均應使用平頭類之工具予以輕刮刷齊，鋁料下框及內扇下橫料，最易沾泥及積砂礫，應以毛刷類工具清除拭淨。
6. 鋁框組垂直水平安裝完成，窗台框料水平面應予保護避免受損。
7. 其他金屬表面應作防腐防鏽塗料保護施作。
8. 氣密鋁窗拆除包裝紙清潔及掀起塞水路縫之木條，應在室內外粉刷工程完畢業後方始施工。
9. 拆除包裝紙所使用小刀片等工具，清潔工應由內扇嵌裝玻璃凹槽處割撕，以免刮傷鋁表面。
10. 按照設計單位指定廠商提供之密封材料，並依圖說規定施作。
11. 剩餘材料之擺放應集中一處放置並做好標示與保護。

7-5-6 鋁板天花板施工

1. 依核准的設計圖說所示天花位置及高度準確放樣，在高度線牆面上做好收邊鋁料釘置。

2. 施工應與其他分項工程配合，工程支撐構件應穩固，如有其他工程管線牴觸，須另有獨立構架，不得將天花支架吊掛於其他管架上。
3. 將吊筋以火藥擊釘槍固定於樓板，間距依施工製造圖的標示施做。
4. 固定吊筋並調整全區水平高度。
5. 檢查水電與空調管線隱蔽部分完成後，才可進行安裝面板工作。
6. 固定面板安裝時，將面板卡於吊架內，完成後面板之水平撓度及耐風強度應符合規定。
7. 如有破損、變形、褪色或沾污之天花板條應於更換。
8. 安裝完成後如有裝修塗層損壞處應以砂紙磨光後，使用與原廠表面修飾相符之塗料予以修補。若補漆痕跡明顯，應於更換新板。

7-5-7 懸吊鋁格柵天花板施工安裝

1. 各承包廠商應密切配合，使工程構件穩固，如有其他工程管線抵觸時，須另備獨立構架，不得將天花板支架吊掛於其他管架上。
2. 施工場所應先勘察，須在水電空調管線隱蔽部分檢驗完成後，才可進行安裝面板工作。
3. 依核准之施工製造圖及設計圖說所示天花板位置及高度準確放樣，在高度線牆面上做好收邊鋁料。
4. 將固定器與吊筋結合後以擊釘槍將固定器固定於樓板，間距依施工圖說內之標示施作。
5. 固定吊筋並調整全區水平高度
6. 固定面板，將面板卡於吊架內，其水平撓度與耐風強度應符合規定。
7. 沾污、變形、破損或褪色之天花板條應更換至工程單位認可。
8. 安裝完成後，裝修塗層損壞處應以砂紙磨光，並使用與原廠表面修飾相符的塗料修補。
9. 如果補漆的痕跡明顯，則應更換新板，完成後，工地清潔。

7-6 金屬樓梯

金屬樓梯的施工常使用於室外與室內，室外與建築融合，展現氣度與宏偉，如圖7-32。室內常爲居室上下垂直空間做連結，但已不是傳統鐵件的金屬樓梯，加入實木踏階與燈光後，更能表現金屬樓梯的力與美，如圖7-33。在室內裝修也出現是爲裝飾上下穿透空間的美感而製作的金屬樓梯，如圖7-34。

1. 暴露於室外的連接點，應有防水、防鏽及防蝕功能。金屬製造與接合時不得扭曲，傷及表面處理，不得扭轉過緊。
2. 相關之五金須鑽孔埋設，凡彎曲之金屬應予矯直，植入水泥混凝土結構體之金屬製品，應以錨座固定，如圖7-35。
3. 在可行的範圍內，儘量將扣件隱藏，除另有指示外，螺栓與螺釘應以鑽孔及埋頭方式栓繫。

4. 鋼銲接應依照圖說之規定。
5. 銲接不得使表面處理變色或扭曲。
6. 清除表面之銲接殘渣及銲接之氧化物。
7. 本色表面處理，鍍鋅量至少600g/m^2以上。

7-32　與建築融合的氣度宏偉

7-33　金屬樓梯的力與美

7-34　穿透空間美感的金屬樓梯

7-35　室外鋼構樓梯製作

7-7　金屬扶手欄杆

本金屬扶手欄杆說明各類不鏽鋼扶手、金屬欄杆的材料、設備、施工及檢驗相關工作。金屬扶手欄杆製配圖須包括平面及斷面、施工材料、表面處理、銲接的型式等。

7-7-1 金屬扶手及欄杆加工製作

1. 扶手及欄杆之材料如下列所述：

   鋼鐵製、不鏽鋼製、鋁及鋁合金製、銅及銅鋅合金製、塑鋼製、木製及其他材料製，並應依據設計圖說之規定辦理。
2. 前述材料之擠型或斷面厚度不得小於設計圖所選定之製造廠商產品細部設計之尺寸。
3. 當玻璃爲扶手及欄杆構成材料之一時，除圖說另有規定外，一律採用安全玻璃，並符合圖說之規定，其尺寸、規格應能承受圖說規範引述之合理外力及荷重，且不得小於契約圖說之規定。
4. 鋼料、金屬料之加工及製作應在具有經驗、設備之工廠內加工製作，承包商應聘請具有工程經驗之工程師負責辦理品管工作。
5. 各成品在工廠製成後，須先經試併完善再分別編號，運至工地依式組立，在工地不得隨意切割、併接。
6. 扶手及欄杆的材料、木料或金屬等之表面修飾處理依設計圖規定，完成後並以PVC布覆蓋保護，以免損壞。
7. 如需加彎成型者，應以加彎機加彎，並不得變形及損及原材質爲限。
8. 金屬製品銲接加工時，不鏽鋼應採氬銲後打磨至平整光滑。
9. 銲接的銲縫不得露於表面，且須平直、光滑，不得有離縫、歪斜。
10. 組合後搬運時，以PE塑膠泡棉包裝，以免損壞。

注意事項：

1. 產品中之鋼料來源應檢附鋼料輻射線檢驗報告。
2. 本項作業爲責任施工，完成驗收後，應由承包商、製造、安裝廠商共同出具1年以上保固切結書正本。
3. 運送至現場的產品應完好無缺。
4. 產品儲存時應保持乾燥及良好之保護措施，並與地面、土壤隔離。
5. 搬運時應防止碰撞及刮傷，並備妥修補用漆適時修補。
6. 在惡劣氣候及週遭溫度低於5℃時，不得安裝。
7. 其他現場環境特別時，可參考製造、安裝廠商之建議辦理。

7-7-2 一般安全欄杆的施工

1. 安裝工作應符合設計圖說所示之線形，不得有扭曲等缺點。
2. 所有銲接接頭應以電銲，加工後不得有變形不勻之情形，銲接處應 打磨處理光滑，不得有離縫及歪斜，並與其相銜接之表面一致，不得有斑痕瑕疵。
3. 接合或加強鐵件之表面應以製造商建議之溶劑清洗以除去油脂，再以強力鋼絲刷或吹砂除去散鏽，鏽蝕及其他外物，埋入混凝土者其表面不得油漆。
4. 經檢查合格後，製品應以塑膠布包覆，以免受污損，等安裝完成並無被沾污時，始可除去包覆物，並以機油磨擦光亮。

7-7-3 不銹鋼欄杆扶手

1. 電銲工作時，應附電銲工的資格合格證明書。
2. 產品中之鋼料來源應檢附鋼料輻射線報告。
3. 在惡劣氣候及週遭溫度低於5℃時，不得安裝。
4. 使用不鏽鋼板或管材，其規格須符合CNS規定，無磁之SUS304材料。
5. 表面處理：可分鏡面、毛絲面或依設計圖所示。
6. 補強、固定繫件：使用鋼製表面鍍鋅
7. 螺絲釘：使用符合CNS規格之SUS304不鏽鋼螺絲釘。
8. 一般於現場不鏽鋼工程施工需銲接時，多採用氬銲機低溫銲

7-7-4 金屬欄杆施工

1. 鋼質橋欄杆之組立，應符合設計圖説之線形與高程。
2. 相鄰兩欄杆間需彼此互成一線，其許可差應在3mm以內。
3. 各接合點應於工廠內標記搭配記號。
4. 欄杆支柱應按設計圖説所示位置，垂直裝設，中心距間需用連串短弦銲接組成，以符合所需彎度。
5. 完成後之欄杆應呈現平滑、整齊之表面。

7-8 重點整理

一、須了解良好銲接施工的必要條件。

二、對於鋼製產品的施作了解。

三、對於鋁窗安裝施作程序了解。

7-9 習題練習

一、請列舉 7 種金屬天花板之優點？

二、請列舉 5 項門窗五金配件施工前準備應注意事項。

三、依建築使用類組爲B-1、B-2、B-3 組及I類者外，按其樓地板面積每一百平方公尺範圍内以具有一小時以上防火時效之牆壁、防火門窗等防火設備，試述裝修防火金屬門框施工時應注意事項爲何？

四、金屬類裝修材料如不鏽鋼板、鋁板、鍍鋅鋼板加氟碳烤漆或噴漆，不鏽鋼板可以毛絲面、鏡面或表面發色、鍍鈦等處理，此類型材料多用於室内外天花板與室内外牆面與門框、門扇等，請列舉説明 4 種施工後材料檢查(測)項目。

捌 裝修塗裝

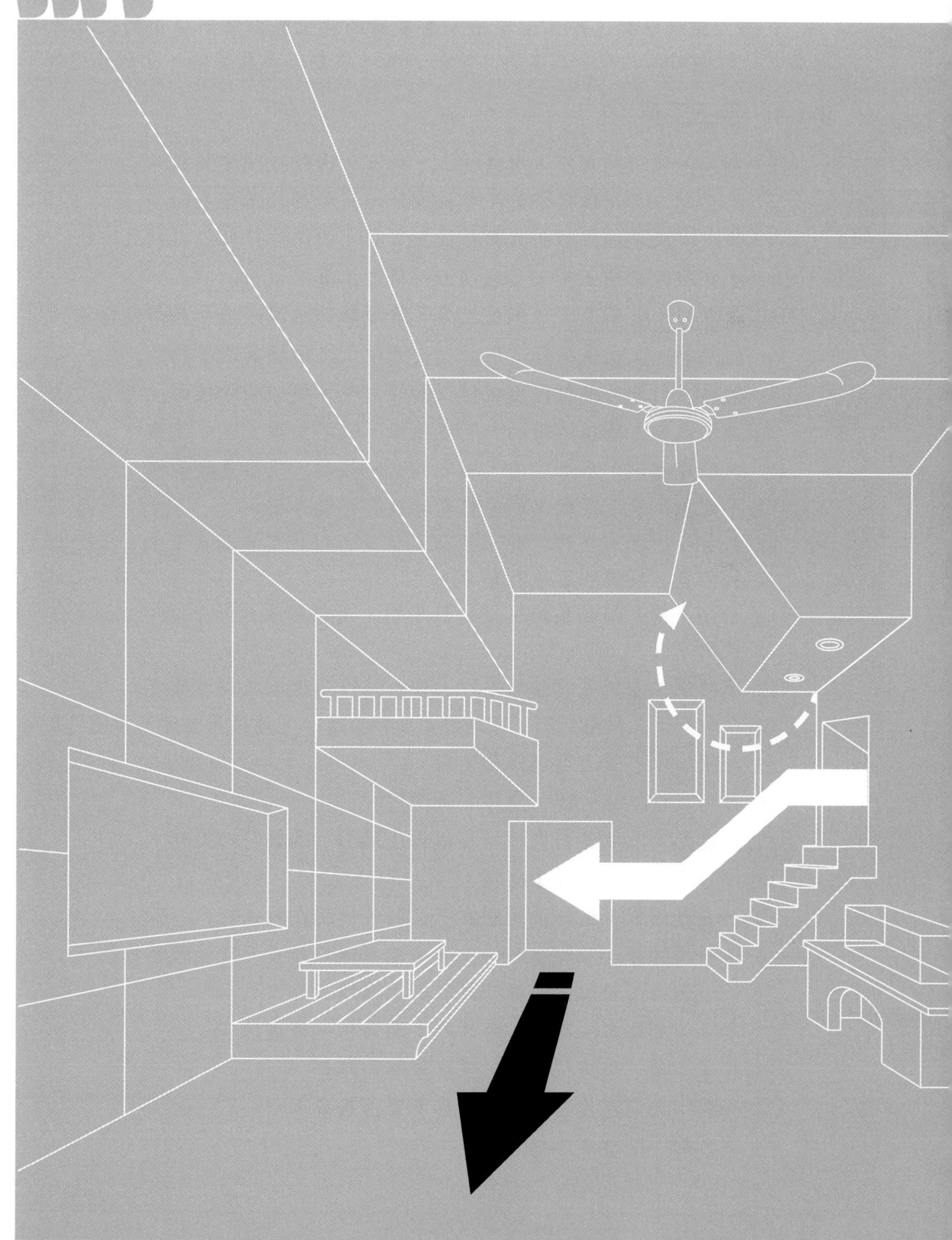

本章主要說明油漆的材料、施工及檢驗之相關規定，以及依據契約設計圖說所註明須油漆塗裝的施工作業，例如內外牆、柱、天花板、金屬構件及其他構造物等，包括打底、填縫與披土等附屬工作，並能督導技術人員做好符合施工圖說之規定。

8-1 塗裝工具

裝修工程的塗裝工序非常繁瑣，在不同的施工點，其所使用的工具亦不相同，就其常見的塗裝工具有手工工具、電動工具、氣動工具及其他，分別敘述如下：

8-1-1 手工工具

1. 刮刀：又稱補土刀，用於補土、批土，由鋼板沖壓製成。
2. 橡皮刮刀：彈性橡膠製品柔軟性佳，用於補批弧型表面。
3. 推刀：天花板或牆面大面積批土工具，與泥作修飾鏝刀似之。
4. 手拌板：又稱土捧，置放補土材料之工具。
5. 清潔刀：又稱凸刀，鋼板較厚，清除牆面水泥殘渣、表面殘留物。
6. 鐵鋼刷：又稱鐵抿仔，用於刷去素材上之鐵鏽與附著物。
7. 鐵鎚、釘沖：搥打浮出板材表面的釘子，使凹陷於板面。
8. 直型毛刷：油性漆用刷，刷毛較短，吸漆量較少，方便施作。
9. 直型厚毛刷：水性漆用，刷毛較長、較軟，吸漆量較飽和。
10. 羊毛刷：刷毛柔軟，刷痕較爲細緻乳膠漆專用。
11. 排筆：以羊毛束於竹管，狀如毛筆，再以竹簽串拼成寬約5寸之扁毛刷，用於染色、刷透明漆或乳膠漆。
12. 曲柄毛刷：形如馬蹄，又稱馬蹄刷，用於刷木器洋干漆、二度底漆、透明漆使用。
13. 滾筒刷：手柄可連接伸縮桿，伸長施作高度，使用方便。
14. 平板刷：又稱培克刷，可調整高度和角度，可連接伸縮桿，常使用在踢腳板。
15. 毛筆、水彩筆：局部修飾使用。
16. 矽利康槍：施打矽利康作業時使用。
17. 粘度杯：測試漆料與稀釋溶劑粘度比例，如福特四號杯。
18. 漆料手提桶：塑膠手提桶。
19. 加長伸縮桿：配合滾筒刷與平板刷，使用在較高處。
20. 漆料攪拌棒：調和塗料的棒子，以不鏽鋼居多，清洗較爲方便。
21. 吸汲器：漆料溶劑大桶裝吸取到小桶的工具。
22. 墨斗：劃線定位使用，於二點之間彈出一條直線。
23. 抹布：染色後擦拭均勻，吸水性越高越好。
24. 合梯：於高處作業時使用，爲木製梯居多。
25. 電工鉗：開啓油漆桶蓋。

26. 一字起子：開啓油漆桶蓋。
27. 美工刀、剪刀：割切薄皮、夾板脱膠等。
28. 照明電燈：砂磨時檢視牆面的平整性。

8-1-2 電動工具

1. 電動磨砂機：研磨被塗物表面層。
2. 電動吸塵磨砂機：研磨被塗物表面層，可立即收集粉塵。
3. 工業用吸塵器：清潔吸附施工場所的粉塵。
4. 電動攪拌機：塗裝漆料時，用於充分攪拌均勻漆料。
5. 通風扇：工作時保持通風，減輕溶劑揮發對人體危害。

8-1-3 氣動工具

1. 空氣壓縮機：空氣壓縮高壓儲存，噴塗各式漆料之用。
2. 風管：連接空氣壓縮機與噴槍的管子。
3. 過濾器：過濾高壓空氣的水分，使噴槍空氣潔淨。
4. 自動送漿機：利用泵浦壓力，將漆液經由管子送至噴槍、噴漆動力仍由空壓機提供。
5. 噴槍：噴槍形式可分爲重力式、吸取式、壓力式，分別敘述如下：
   (1) 重力式噴槍：塗料罐在噴槍上方，利用重力將塗料送至噴嘴。如早期噴金蔥漆、磁磚漆、蛭石漆、透明漆等皆是。
   (2) 吸取式噴槍：塗料灌在噴槍下方，使空氣高速通過時利用眞空吸力將塗料吸引至噴嘴。
   (3) 壓力式噴槍：塗料置於塗料桶內，利用塗料桶內之壓力，透過軟管將塗料送至噴嘴。常使用於大面積噴塗。
6. 噴嘴：依使用目的有多種形式，噴嘴及杯子的容量都不相同。
7. 氣動磨砂機：研磨被塗物表面層細緻。
8. 吹塵槍：吹起被塗物表面磨砂後附著的粉塵。

8-2 油漆塗裝的目的

塗裝的主要目的是用來表現物品美觀耐用的特色，並增加其價值與使用年限。在裝修工程中的油漆塗裝過程，爲了防止金屬類製品氧化鏽蝕與保護木作表面不受污漬，更可表現色彩的美感與提高完成作品的價值。除了與產品外形、結構有關係外，塗裝其所表現的表面顏色，在視覺效果上佔有重要地位，因爲塗裝可以做出不同的感官視覺效果與質感與附加價值。

8-2-1 毛刷的清洗方法

在日常生活中的水取用是方便的，所以常大量沖洗物件，但是油漆溶劑就不能如此浪費，如遇到各種不同塗料種類時，清洗方法如下敘述：

1. 刷漆告一段落或完成之時，在清洗之前須將吸附在毛刷內的漆料在漆桶邊內緣順刮幾下，使毛刷內的漆料流入桶內。
2. 水性水泥漆或乳膠漆塗料只要用水清洗即可，手握刷漆握柄，刷毛向下順著漆刷的刷毛方向清洗，避免折損刷毛。
3. 依所使用塗料之種類，選擇適當的溶劑清洗。若使用調和漆刷子需用松香水溶劑稀釋清洗；油性水泥漆則使用甲苯溶劑稀釋清洗。
4. 毛刷在短時間內如要繼續使用的話，可將其浸入溶劑或水中，短期保存，以溶劑或水隔絕空氣，以免毛刷乾掉，隔天施工直接把溶劑或水瀝乾即可使用。
5. 若是完成油漆工程收工時，漆刷則需完全洗淨並乾燥再保存。

8-3 油漆塗料認識

塗料是一種經過化學提煉與合成後的液態或粉態材料，透過施工塗覆在被塗物的表層，經乾燥固化附著於表面，具有一定強度的連續固態塗膜，達到強化被塗物防護、保養、美化裝飾與特殊功效。

油漆塗料通常是由塗膜的展色劑與著色料組成。因爲主要原料與稀釋劑的不同，所製成的油漆也有所差異，其塗料種類如下：

8-3-1 塗料種類

塗料依其性質和用途有不同之特性，CNS對油漆的分類有：

(1)油性塗料　(2)磁漆　(3)拉克　(4)凡立水　(5)乳化塑膠漆

(6)木漆用透明塗料　(7)普通底漆　(8)防蝕底漆　(9)防蝕漆　(10)耐熱漆

(11)防銹漆等十一種。其中有關裝修工程所用之塗料種類和性質分類如下：

1. 水性水泥漆

   由水溶性壓克力樹脂配合了耐鹼性、耐候性良好之顏料及其他添加劑調練而成。

2. 油性水泥漆

   由合成樹脂大多爲溶劑型壓克力樹脂爲主體，配合耐鹼、耐候型顏料及其他添加劑調練而成，耐候性相當良好，附著力及光澤度亦甚佳，用刷塗、滾塗、噴塗等方式施塗均可。

3. 合成乳膠漆

   乳膠漆爲乳化塑膠漆的簡稱，其系統相當多，在水性水泥漆未盛行前，水性系列的塗料大都以乳膠漆爲主，其優點是品質好、遮蓋力佳、耐酸鹼性，顏色由電腦程式配方，顏色均勻質感佳，價格略高，需精良施工技術，如圖8-1、圖8-2。

8-1　乳膠漆

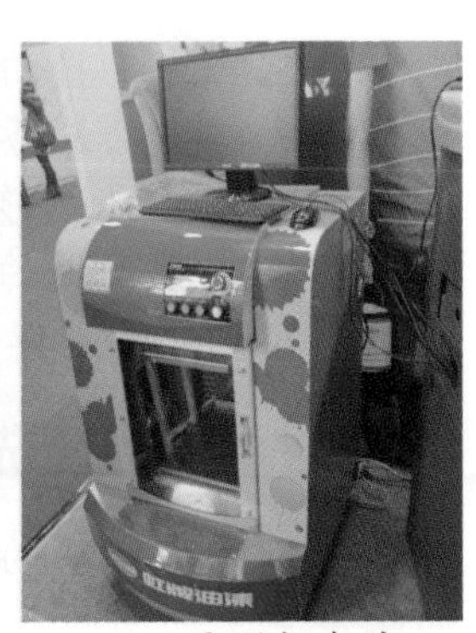
8-2　電腦調色機

4. 塑膠漆

爲民國60～70年代常用的漆類，現已被水泥漆、乳膠漆所取代。優點是價廉，缺點是漆料存放有結塊現象，底層原有色相遮蓋力較差，易露底材易脫落，無法耐酸鹼性。

5. 調合漆

一般是由長油性醇酸樹脂與顏料及各種添加劑，調練而成之塗料，具有良好的耐候性及光澤度，抗水、耐濕及附著力良好調和油漆，含有揮發性有機物質，常用於木製品與金屬製品。目前亦有不含揮發性有機物質的水性調合漆在業界使用。如圖8-3

8-3 水性調合漆

6. 硝化棉噴漆

又稱爲拉卡、噴漆、快乾漆、眞漆，多種稱謂，是以消化性纖維素及樹脂爲主體，配合顏料、添加劑調製而成。硝化棉頭度底漆、二度底漆及透明漆，其稀釋劑濃稠調配以福特四號杯檢驗，廣用於木皮與木材塗裝工程，如圖8-4、圖8-5。

8-4 福特四號杯

8-5 木器著色劑

7. 油性凡立水

凡立水是絕緣漆的俗稱，此種塗料在業界名稱種類繁多，有金油、尼斯、假漆等不同名稱，是一種由酚醛樹脂、乾性油、溶劑與催乾劑爲原料，具有保護、裝飾或特殊性能的透明漆膜，經加熱聚合調練而成的塗料，其成品透明或稍帶些淡黃色的塗料。特性：易乾耐用，可刷、可噴、可烤，並能耐酸和油。於變壓器、線圈、漆包線之含浸或塗裝，有防潮、散熱、絕緣、固定、保護線路板及美觀等作用。

8. 鋁粉漆

市面上一般均稱之爲銀粉漆、銀粉凡立水，其實它並非添加銀的粉粒所做，而是由鋁粉粉末調練乾性油或合成樹脂而成的一種用於暴露在室外之金屬物的塗料，與汽車製品用之銀粉漆性質不同，用途亦不同。

9. 黑凡立水

這是以瀝青、柏油爲主體，必要時加入耐候性樹脂及溶劑調練而成一種黑色液狀之塗料，其附著效果及耐候性、耐衝擊性良好，一般用於鐵皮防銹，木材防蛀用凡立水。

10. 紅丹漆

由醇酸樹脂及特殊樹脂配以高成份紅丹粉精製而成之防銹漆。漆料內含鉛，爲橙紅色，防銹性能佳達92%，爲鋼鐵構造物良好之防銹底漆，其容易施工，附著力強，耐水性、耐油性佳，乾燥迅速。

11. 蟲膠漆

蟲膠漆俗稱洋干漆，是動物性天然樹脂塗料，此漆刷塗乾燥快速，施工容易，但不耐熱，受熱會出現白化現象。

12. 生漆

爲歷史悠久道地傳統塗料，主要成分是漆酚（Urushiol）、膠質、蛋白質與水分等物質。生漆中的漆酚很容易造成過敏、皮膚癢的現象，生漆較容易乾燥的溫度是 20° C~30° C之間，台灣的夏天是使用生漆創作的好時節。常表現於供桌、佛桌、古董展示架、特殊工藝品。

13. 其他塗料：如圖8-6、圖8-7、圖8-8、圖8-9。

8-6　各式水泥漆

8-7　水性外牆塗料

8-8　外牆防塵漆

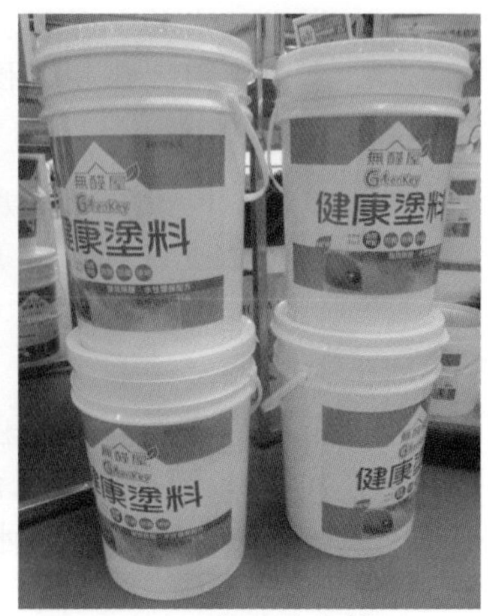

8-9　除甲醛塗料

8-3-2 底漆的作用

在台灣的氣候條件，一般牆面都會因水分過多而有鹼化出現，在潮濕的環境空間更爲嚴重，潮濕是影響漆面品質的基本原因。所以在塗刷面漆之前底漆的作用如下：

1. 先刷一層底漆可增加面漆的附著力。
2. 可達耐水、防水、抗鹼化的作用。
3. 對於整體漆膜的持久性與美化質感達到保護的效果。

8-3-3 面漆的作用

面漆的作用是爲了保護被塗物件，並增其質感與光澤的美觀效果，另外在防鏽與阻燃的功能也是有極大的貢獻，其功能敘述如下：

1. 保護作用：

   面漆塗料可爲裝修居家空間提供各種不同的保護層面，例如塗膜的厚度、硬度、耐磨係數、耐氣候、耐化學物質侵蝕等不同的保護功能，如圖8-10。

2. 裝飾作用：

   面漆藉著色彩的搭配，質感與光澤創造空間美感，展現創作風格，並提高裝修工程裝飾美觀效果，如圖8-11。

3. 特殊作用：

   面漆塗料依建築物不同的需求功用，如鋼構防火阻燃等特殊用途或防鏽而配製。

8-3-4 稀釋劑

在裝修塗料用料同時，因對塗料濃度需做適度的比例調配，以利刷塗，而其所用的調薄劑稱爲稀釋劑。在裝修塗裝工程中，常見使用的稀釋劑如下：

1. 水：用於水性水泥漆、乳膠漆、壓克力性質漆。
2. 松香水：用於調和漆或磁漆。
3. 香蕉水：用於消化棉塗料的二度底漆、平光噴漆、透明噴漆。
4. 甲苯：用於油性水泥漆、PU環氧樹酯，如圖8-12。
5. 酒精：用於早期的洋干漆、或染色劑。

8-10　作品刷漆保護

8-11　色彩的搭配

8-12　甲苯

8-3-5 填充材料

使用於補縫、披土修平等用。

1. 石膏粉：加速補土硬化，如圖8-13。
2. 冷膠：同木工用白膠，拌入補土增加黏著性。
3. 石粉：大理石等之礦石研磨粉末。
4. AB膠：二劑型硬化塡縫劑。
5. 海菜粉：作爲補土之膠結材料。
6. 水性矽利康：塡縫用。
7. 油性塡泥：一爲木器塡泥、一爲汽車補土。
8. 紅土朱、黃土粉：塡土染色。
9. 白水泥：可部份代替石粉。

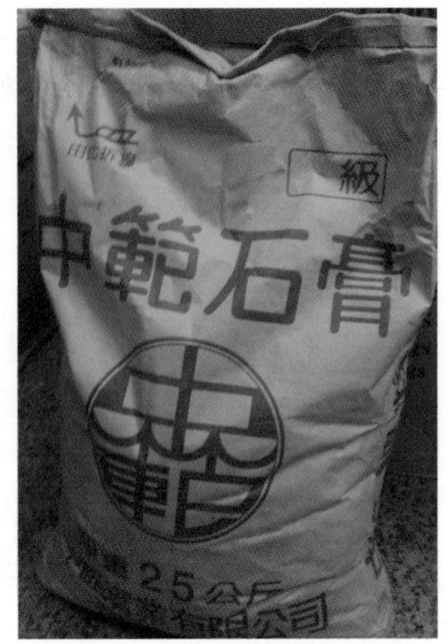

8-13 石膏粉

8-3-6 補土與批土

在牆面刷塗前底材處理工程中所稱的「補土」與「批土」的分辨。

1. 補土：是以塡縫劑塡補木材因爲釘孔所產生的洞，或天然孔洞與毛細孔，用石膏粉摻土色粉，加白膠混合而成。一般可分爲牆面補土與木作補土。
2. 批土：用石膏粉與專用批土的混合，將塗裝面整面批過，等乾後使用適當之砂紙，裝在手持式磨砂機將其磨光滑。以塡補木作表面的毛細孔，增加木材表面的平滑、細緻，並可增加底漆塗料的附著力，如圖8-14、圖8-15。

8-14 批土

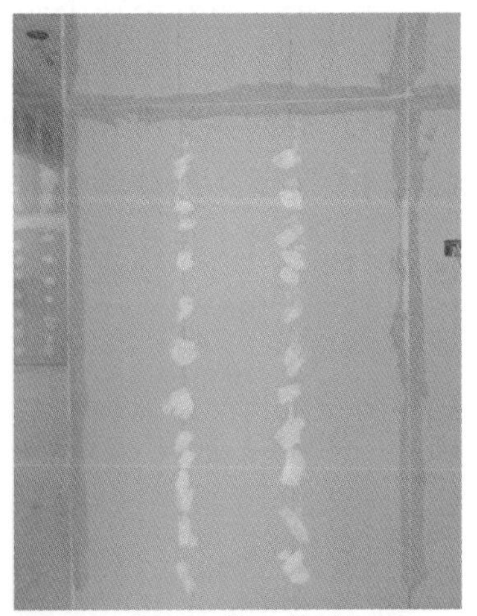
8-15 補土作業

8-4 油漆施工面積計算

油漆施作面積計算，常因爲施作物件不同有明顯差異。例如建築外牆、室內牆面刷漆、透明噴漆或是鐵件烤漆等，皆有所不同，在面積計算常有平方公尺、坪、式、尺、樘與件等出現。

8-4-1 不同物體面積的計算

各物體均有其面積，計算之方法有其一定的公式，在此，僅就一般最常見者，附圖公式說明如下：

1. 正方形、長方形：圖8-16

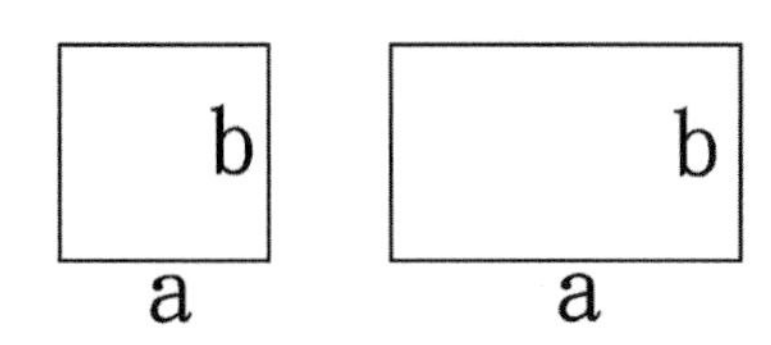

A＝a×b

面積＝長×寬

2. 梯形：圖8-17

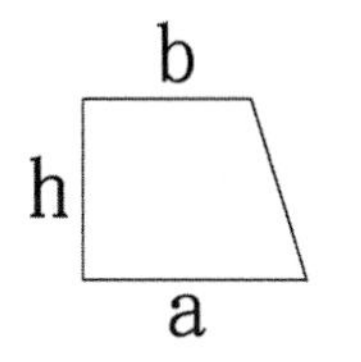

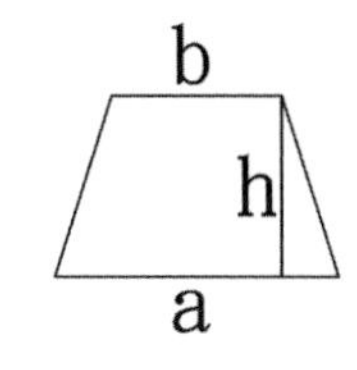

A＝(a+b)×h÷2

面積＝(上底＋下底)×高÷2

3. 圓形：圖8-18

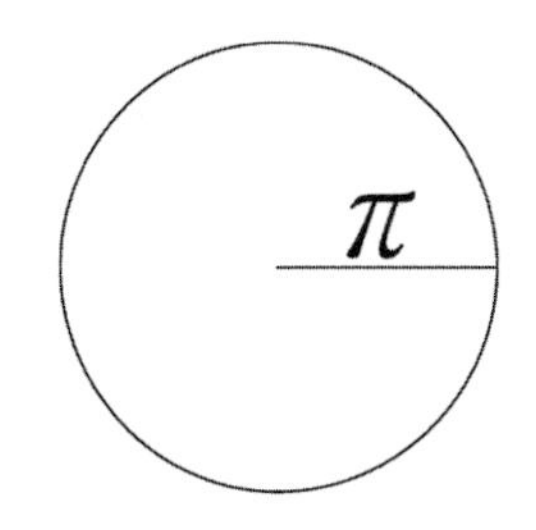

A＝π×r2

面積＝半徑×半徑×圓周率

圓周率＝3.1416

4. 圓柱體：圖8-19

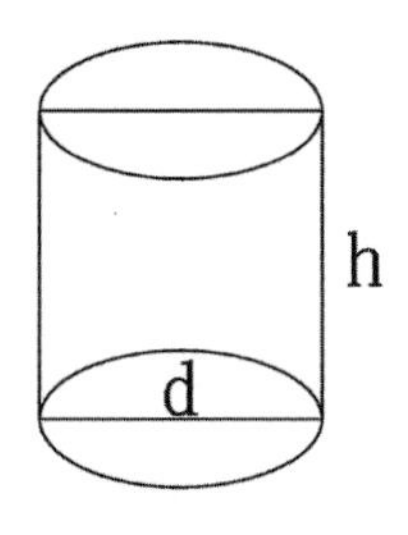

面積＝圓周率×直徑×高

A＝π×d×h

圓周率＝3.1416

5. 橢圓形：圖8-20

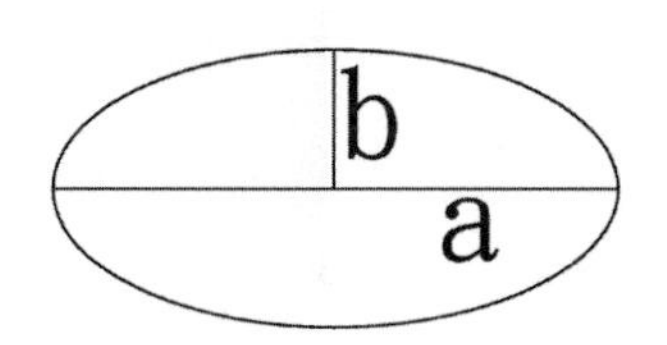

A＝a×b×π

面積＝長半徑×短半徑×圓周率

圓周率＝3.1416

8-4-2　刷漆面積概算

一般需估算室內裝修用漆量，避免塗刷到一半時因漆料不足，而需再添購漆料的麻煩，而且添購的品牌、編號與製造日期有所差異，以免買到不同顏色，而產生色差。一般情形塗刷的面積計算方式如下：

首先，計算要塗刷的面積，一般內牆塗裝的概算公式如下：

1. 總塗刷面積=四面牆壁面積＋天花板塗刷面積
2. 地坪面積×2.8=四面牆壁塗刷總面積
3. 地坪面積=天花板塗刷總面積

【以45坪的空間塗料計算案例】

45坪的總塗刷面積=45×2.8（四面牆壁面積）＋45（天花板總塗刷面積）=171坪

每1公升的塗料約可刷3坪面積

因此171坪／3坪＝57（公升）

結論：40坪的空間所需的漆量是57公升

台灣目前常使用的面積計算以「平方公尺」與「坪」爲單位居多。

例如：有一辦公室空間，長度是20公尺，寬度是12公尺，求面積?

平方公尺面積算法：20×12＝240平方公尺

坪面積算法：20×12×0.3025＝72.6坪

8-5　各式牆面塗刷施作程序

室內裝修的牆面塗刷因其不同的面材而有所差異，有平頂清水模水泥漆塗刷、內牆水泥漆刷塗、合板牆面塗刷、石膏板牆面塗刷、矽酸鈣板牆面塗刷、水泥板牆面塗刷、預鑄式隔間牆面塗刷等。

8-5-1　塗刷的方式

裝修塗裝工程常見施作方式有刷塗、滾塗、噴塗、刮塗與其他，其工法敘述如下：

1. 刷塗

   施工簡便，是最常見的施工法，塗刷前須用水浸濕刷毛再沾取塗料施作，一般刷塗作業時，刷毛沾浸塗料以1/2～2/3爲宜，刷塗的塗膜表層會出現漆刷紋，動作要均勻迅速，不要留下刷痕，暫停工作或收工需在牆角、門窗或柱位，避免在平整牆面暫停工作或收工。如圖8-21、圖8-22。

8-21 刷塗水泥漆

8-22 水泥牆面刷塗水泥漆

8-23
滾輪滾塗水泥牆面

8-24
滾輪滾塗水泥漆

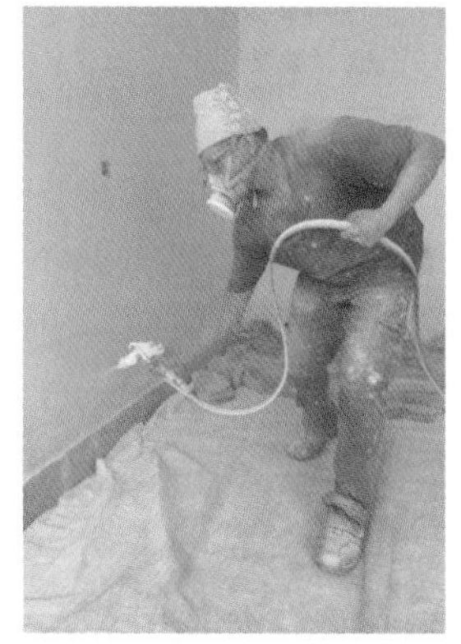

8-25
室內水泥漆噴塗作業

2. 滾塗

滾塗施工方式比刷塗快，須先將滾筒潤濕後沾取塗料，均勻同向滾刷，速度不宜過快，滾輪需重疊三分之一，可免去滾筒交接處的痕跡，如圖8-23、圖8-24。

3. 噴塗

塗層質量是較好的施工方式，其施工漆料粘稠度的比例很重要，粘度過高塗層會形成橘皮，過低會出現垂流，噴嘴和牆面一般相距約30公分，並應視其不同漆料與工程作業而調整噴塗距離，調整好壓力與噴嘴大小，如圖8-25、圖8-26。

8-26　戶外噴塗完成

4. 刮塗

採用刮板、刮刀或梳形鏝刀刮塗批土或厚質塗材，不可一次刮塗過厚及多次往返刮塗，以免裂開。運用成熟的技術，可得到相對滿意的效果。

8-5-2　平頂清水模水泥漆塗刷

一、施工前注意事項

1. 凡對施工有影響之場地情況，均應先勘查，並須在場地情況合乎施工條件下，經設計單位核准後，才可開始塗裝工作。
2. 承包商須對水泥漆之塗料材質，屬原廠之原封包裝，施工時不得摻雜其他材料礦物填縫劑等，稀釋量不得大於20%，以免影響塗裝材料之品質。
3. 新拌混凝土澆置完成後三週以上才可以塗裝，以防濕度過高，使第一次批土降低附著力。
4. 施工前將無須塗裝的部份予以遮蓋，防止施工時的污染。
5. 塗裝時混凝土表面溫度不得高於40℃。

二、施工步驟

1. 土屑刨平、機械磨光：施作前應清潔塗裝面，使表面均勻平滑、無氣泡、流痕及高低不平等現象，所有油漬、污物、鬆散物及其他雜物均除去。
2. 平頂第一次批土：使用水泥＋海菜粉＋水，應待徹底乾透後，以砂紙研磨平再施作第二次批土。
3. 平頂第二次批土：以塗料＋樹脂充份攪拌施作完成，待批土乾透，以砂紙研磨平滑再刷塗水泥漆。
4. 研磨：以120番號以上之砂紙研磨，使表面平滑細緻。
5. 塗刷第一度底漆：如使用滾筒施工須以2道施作，且須達到規範膜厚之標準。
6. 檢查若有不平、色澤不均之處，則必須重新批土、研磨、補漆。
7. 塗刷第二次面漆。
8. 檢查及修整：所有新完成之油漆面應作適當之保護至油漆層完全乾燥爲止，經刷漆之物件於漆面層未完全乾燥前不得搬動或放置物品。
9. 完工現場清潔。

8-5-3 內牆水泥漆刷塗

1. 底面處理：刷漆前已安裝之電器設備、五金或門窗邊應貼膠帶以防污染，施工前檢查牆面，殘餘水泥渣雜物需以刮片去除，如有裂縫、釘孔等，先用石膏填補再以砂紙磨平。
2. 批土：材料應經認可，並等乾燥才可將牆面全面批平，不得局部施作。
3. 研磨：批土完成待乾後使用120番號以上之砂紙研磨，以手觸摸應平滑細緻，粉末清除乾淨。
4. 刷底漆：檢視底漆是否與面漆同顏料，並充分攪拌均勻，牆面須全面漆過。
5. 檢查及整修：底漆乾燥後再進行漆刷紋磨平工作，使用燈光照射檢視細緻，磨平後粉末再次吸附乾淨。
6. 塗刷面漆：檢視面漆無誤並充分攪拌均勻，須等底漆乾燥後方可進行面漆工作，漆刷紋需細緻。
7. 完工後清潔：設備面蓋應等刷漆完成後再安裝，並清潔點交。

8-5-4 合板牆面塗刷

一、施工前注意事項

油漆前先確認牆面壁板是否平整，釘子是否都有確實釘進角材。

二、施工步驟

1. 板面整修：施作表面須整平並清理乾淨，如圖8-27。
2. 補土：使用AB膠、填縫劑填補合板接合處與釘孔，如圖8-28、圖8-29。

3. 批土：以石膏粉與專用批土混合後，將板面整面批過，可使用燈光加強照明，看到批土的表面層是否批塗均勻，如圖8-30。
4. 砂磨：待批土乾後使用150番號之砂紙或電動磨砂機，將其研磨光滑。
5. 打油底：防止被塗裝面的滲色，可分爲平光油性水泥漆、噴漆底漆、調和漆等塗刷方式。
6. 底漆：使用水泥漆刷塗第一次打底，可先刷垂直方向。
7. 面漆：第二次刷水平方向，面材質感均勻且具保護功能，如圖8-31。

8-27　板面整修

8-28　充份攪拌AB膠

8-29　AB膠填補合板

8-30　合板批土

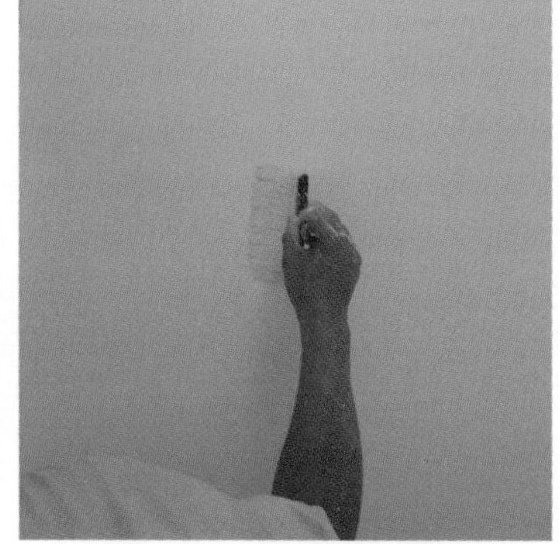
8-31　水平方向刷塗

8-32　面漆完成

8-5-5 石膏板牆面塗刷

1. 板面整修：油漆前須先檢視鎖入石膏板的螺絲是否凹陷於板 面，並清除浮屑、污物。
2. 補土：使用AB膠或嵌補材料確實補平板材與板材接縫處與螺絲孔，以避免縮凹的情況發生。
3. 砂磨：待補土乾後使用150番號之砂紙或電動磨砂機磨平。
4. 底漆：目的在於增加被塗裝面與塗料間的附著力。
5. 面漆：使被塗裝牆面達到平整均勻。

8-5-6 矽酸鈣板牆面塗刷

1. 板面整修：油漆前須先清除浮屑、污物及油漬，如高低差超過2mm以上時，須以適當方法磨平。
2. 補土：刮除隆起及其他突出物，以合格嵌補材料補平凹洞及裂痕，使其與表面紋理相吻合，乾硬後以砂紙磨平。
3. 批土：石膏粉與專用批土混合，將塗裝面整面均勻批過，並待乾。
4. 砂磨：待乾後以150翻號以上之砂紙或電動磨砂機，並加強燈光照明，將塗裝面研磨細緻。
5. 底漆：塗刷第一度底漆，目的在於增加塗裝面與塗料間的附著力。
6. 面漆：呈現塗裝面材的質感，亦有保護矽酸鈣板的作用。如圖8-38。

8-33 木作完成1

8-34 接縫補土2

8-35 批土修飾3

8-36 細緻磨砂4

8-37 噴塗底漆5

8-38 面漆完成

8-5-7 預鑄式隔間牆面塗刷

一、施工前注意事項

1. 表面於施作前應予清潔，所有油漬、污物、鬆散物及其他雜物均除去。
2. 凡對施工有影響之場地情況，均應先勘查，並須在場地情況合乎施工條件下，經設計單位核准後，方可開始塗裝工作。

二、施工步驟

1. 土屑剷平、機械磨光，使用核可嵌補材料補平板塊與板塊接縫處。
2. 批土：以石膏粉與專用批土混合後，將塗裝面整面批過，可使用燈光加強照明，看到批土的表面層是否批塗均勻。
3. 研磨：以120番號以上之砂紙研磨，使表面平滑細緻。
4. 塗刷第一度底漆，增加塗裝面與塗料間的附著力。
5. 檢查若有不平、凹洞與針孔之處，必須修飾批土、研磨平整。
6. 塗刷第二次面漆，呈現塗裝面的質感與保護功能。

8-5-8 防火塗料塗裝

1. 施工前檢查裝修材料之表面狀況，其表面之污漬、水份、灰塵、鬆動之表層與有妨礙塗佈的各種雜質，均應予以清除乾淨並完全乾燥。
2. 防火塗料可能爲油基性或水性，可能會損及周邊製品之腐蝕，施工現場的門、窗、牆、開關箱、設備與管線盒等事先應掩蓋以免噴到。
3. 室內裝修用防火塗料的塗裝方式可使用滾塗、刷塗、噴塗等方式進行施工。
4. 使用前須充分攪拌5～10分鐘，使用後蓋緊桶蓋，以確保品質，應存放於室內通風良好或不受陽光照射處。儲存期限應依原製造廠規定要求。
5. 室內裝修用防火塗料乾膜厚度應達經濟部標準檢驗局檢驗合格之規定。
6. 塗裝表面如有碰撞或刮傷，可先用砂紙將表面研磨，再上塗室內裝修用防火塗料至規定厚度。
7. 施工後清理場。

8-6 木作塗裝施作程序

木材塗裝以透明塗裝居多，其目的是要表現木材本身紋理之美。但木材是不均勻物質，色素、色澤分佈不一，需適當調整處理，使心材與邊材的顏色差異性降低。木材對水分吸附極強，膨脹與收縮會影響塗裝效果。

另一原因是塗裝形式的變化，塗裝增加家具美觀與藝術價值之外，尚要求增加家具的保護性與耐久性質。

8-6-1 木材塗裝的功能

1. 保護木材表面以免受汙染，避免老朽以及損傷。
2. 增加木材的耐濕性、耐油、藥、水性、防蟲、防菌性及硬度。
3. 阻斷水分在木材表面自由出入，以防止木材變形。
4. 增加木材的色彩、光澤、平滑性、立體感等，間接增加木製品的商品價值，如圖8-39。
5. 爲保有家具之木質自然紋路，在塗裝方式上可採用本色透明處理和染色透明處理，仿古典色透明處理三種，如圖8-40。

8-39　實木噴漆保護

8-40　維持木質自然紋路

8-6-2 木作底漆

底漆分爲二大類：

1. 砂磨底漆：此種底漆的目的在於增厚塗膜，容易砂磨，適用於中高光澤的厚膜，多數傳統的木器與木皮塗裝底漆常使用。
2. 陳化底漆：美國傳統家具須加以陳化，使其外表呈現古老的顏色，此種底漆的功能爲抑止陳化塗料的透入以便於上陳化塗料後之擦拭。

8-6-3 木皮透明漆塗裝法

上透明漆的方式有使用排筆手刷的方式，也可使用噴槍噴塗的方式，大面積採用噴槍噴塗的方式居多。

透明漆的施工方式主要如下：

1. 檢視木作完成的櫥櫃或木皮面是否完整，使用香蕉水擦拭多餘的殘膠與流汗手印污漬鉛筆痕。如圖8-41。
2. 研磨木作貼皮表層：較大面積採用電動或氣動磨砂機均勻研磨，使用手工研磨應順著木紋紋路方向，避免對木作貼皮造成損害。
3. 木皮表面粉塵清潔：使用吸塵器吸表面粉塵或使用吹塵槍吹走粉塵，亦可以使用抹布減少表面的粉塵附著。
4. 採用排筆手刷的方式或採用噴槍噴塗的方式上第一次的二度底漆，待乾時間約40分鐘，視氣候濕度與空間通風情況。
5. 待乾後觸摸第一次塗刷的木皮表面感覺更爲粗糙，再使用180番號砂紙研磨，此時表面產生白色粉末，漸漸的木皮表面變的細緻。
6. 除去粉塵重複噴塗3～4次的二度底漆，每次都須待乾後再上漆，使木皮表面的毛細孔填滿，待乾一天後研磨，質感更細緻。

7. 點色修補：在上面漆前，針對木作貼皮面有損傷處做點色修補，其點色修補會有痕跡，應細緻小心施作與木作貼皮同色。
8. 面漆噴塗：面漆施作工法與噴塗二度底漆是相同的，差別在於透明面漆的用料不同，施作前細緻研磨清潔過，才能噴塗最後一道面漆。
9. 面漆分爲亮光透明噴漆與平光透明噴漆二種，面漆須噴塗1～2次後就完成。亮光與平光的程度又分不同的百分比，如75%、50%。

8-41　木皮整理乾淨1

8-42　毛刷染色2

8-43　擦拭均勻3

8-44　底漆噴塗4

8-45　底漆乾後研磨5

8-46　待乾後安裝玻璃完成6

8-6-4　南方松實木塗刷法

近年來台灣的裝修工程使用南方松的數量增多，南方松護木油，水性與油性均有，可抗紫外線且耐戶外氣候，室外南方松經過日照與下雨侵蝕後，沒有刷護木油的南方松 較會出現端面裂痕，使用護木油可延長使用年限並且美觀。不可塗刷消化性纖維塗料的二度底漆與透明漆，因爲塗刷後無法保護室外南方松，而且容易剝離，其南方松實木塗刷施作程序如下：

1. 南方松素材整理，先塗上專用護木漆。
2. 木作施作工程人員裁切鎖上不銹鋼螺絲安裝
3. 鐵件、石材、窗邊維護，以免沾到護木漆。
4. 第一次打底，順著木紋方向塗刷。
5. 需注意漆刷續接痕跡.因爲漆刷重疊處顏色會比較深
6. 氣候潮濕或下雨不得施作
7. 砂紙研磨
8. 塗刷第二次，待乾。
9. 經工程單位指定塗刷次數後完工
10. 清理工地現場清潔

8-6-5 木器塗裝法

木作木器塗裝施工前含水率應控制在15%以下才可以施工，室外一般不可以使用透明漆，因爲透明漆無法抵抗紫外線，其填充料與顏料耐氣候性的保護也較差。

木作木器在室內裝修的塗裝大都採透明漆與調合漆方式，其透明漆與調合漆施作方式分別敘述如下：

一、木器透明漆施作程序

1. 材面整修：檢視實木完整性，使用砂紙將粗糙毛邊、粉屑、油脂或污物除去，節疤、釘眼或接頭以嵌補材料補之。
2. 研磨實木表層：砂紙以手工順著木紋紋路方向研磨。
3. 表面粉塵清潔：使用吸塵器、吹塵槍或抹布，減少表面的附著粉塵。
4. 上第一次底漆：以排筆手刷的方式或噴槍噴塗方式上第一次的二度底漆，待乾時間約40分鐘，視氣候濕度與空間通風情況。
5. 研磨：待乾後觸摸塗刷的木器表面，是粗糙的感覺，再以180番號砂紙研磨產生白色粉末，漸漸的木器表面光滑細緻。
6. 除去粉塵重複噴塗3～4次的二度底漆，每次都須待乾後再上漆，使實木表面的毛細孔填滿，待乾完全後研磨，使質感更細緻。
7. 點色修補：在上面漆之前，應針對實木表面有瑕疵做點色修補。
8. 面漆噴塗：面漆施作工法與噴塗二度底漆是相同的，差別是透明面漆的用料不同，施作前一樣都要研磨除塵，再噴最後一道的面漆噴塗。面漆又分爲透明亮光噴漆與透明平光霧面噴漆二種。面漆須噴塗1～2次後才完成。
9. 清理工地現場清潔。如圖8-47～圖8-50

8-47
材面整修後刷底漆

8-48
噴塗二度底漆

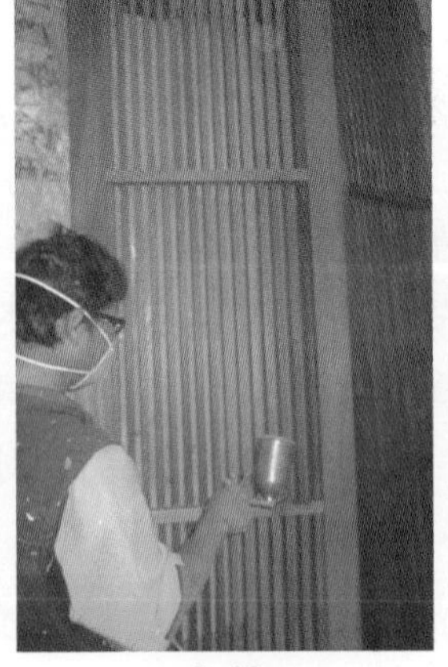

8-49
研磨後面漆噴塗

8-50
完工清潔

二、木器刷調合漆施作程序

素地整理→抑樹酯→塗底度→補土填孔→砂紙研磨→塗中度→砂紙研磨→塗面層→清理工地現場清潔

8-7　金屬塗裝

一般使用塗裝的金屬，以俗稱黑鐵的鐵件爲主。金屬如不銹鋼、鋁、銅材等，均以陽極處理、電鍍處理。現在鋁料件也使用粉體塗裝方式塗裝。以下就其金屬塗裝基本工法敘述。

8-7-1　金屬表面塗裝

金屬使用的塗料、填補材料均以油性爲主，面材可使用調合漆或噴漆。其施工步驟敘述如下：

1. 在金屬表面塗裝之前，需將所有雜物如油脂、鐵屑、鱗片及污物清除。若有鏽蝕應以鋼刷或噴砂處理，再以砂紙研磨。
2. 噴漆前門、牆、開關箱、設備、管線盒等事先應掩蓋以免噴到造成清潔上的困難。
3. 地面需防護處理，避免漆料滲入地面，污染到石材或是磁磚。
4. 素地整理
5. 塗紅丹漆防鏽底漆，如圖8-51。
6. 塗第二層防鏽漆
7. 塗調合底度
8. 砂紙研磨
9. 塗中度底漆
10. 修補、砂紙磨平
11. 上塗：面漆完成
12. 清潔工地現場

8-51　塗紅丹漆防鏽底漆

8-7-2　鋼料之塗裝

1. 鋼質材料之防鏽塗裝,一般都在工廠先行一度處理，現場裝配再塗第二度。如圖8-52。
2. 鋼構件應避免在溫度超過40° C時油漆,以免引起起泡。
3. 鋼料表面溫度低於露點,且天候下雨、刮風、有霧或濕氣時，不得塗佈油漆，以免造成水氣凝結。

8-52　紅丹漆防鏽

8-7-3　鋼構造防火漆塗裝

1. 施工前須確實檢查施作部分表面狀況、結構表面之水分、灰塵、污垢、鏽蝕鬆動之表層及有妨礙噴塗之各種雜質均應予以清除乾淨。
2. 施工現場之門、牆、開關箱、設備、管線盒等事先應掩蓋以免噴到。

3. 附著於鋼構之各種五金如套管、夾具、管線支架、掛鉤等，應於噴塗前先完工。
4. 風管、水管管線須等防火漆完工後再施作，以免影響工程品質。
5. 施工方法可採塗刷、滾刷或噴塗方式完成。
6. 防火時效漆使用前充分均勻攪拌5～10分鐘，使用後蓋緊桶蓋，應存放於常溫下、通風良好或不受陽光照射處。
7. 防火時效漆之噴塗量應依所需之防火時效對照原廠所提供之塗佈量實際施工，施工時先使用濕膜厚度計量測濕膜厚度，待完全乾固後，再以乾膜厚度計量其乾膜厚度即可。
8. 防火層經完全乾固及養護，至少7天後，以乾膜儀器測量乾膜厚度達法定標準之規定厚度，始可上塗面漆。
9. 如因碰撞、刮傷或其他原因造成防火漆受損時，可用砂紙或動力工具，將表面研磨，再以鋼構防火塗料塗上，乾燥後再上塗面漆。

8-53　鋼構造防火漆塗裝

8-8　塗裝施工注意事項

1. 油漆要遠離火源，注意安全，如電箱總開關、廚房等，地下室密閉空間作業的含氧濃度需超過18%，並隨時保持換氣或通風。
2. 噴漆用空氣壓縮機與磨砂機產生噪音需注意，避免擾鄰。
3. 浴室或潮濕空間應用不鏽鋼釘子，上漆後才不會浮現鏽蝕的情況。
4. 油漆顏色編號經業主、設計師與廠商三方確認才可施作。選擇的色板與編號要保留，方便日後對色與購買，如圖8-54。
5. 水泥牆粉刷完成須等多日乾燥，不可直接施作刷漆工程，如圖8-55。
6. 補縫使用水性矽力康，不可使用酸性、油性或中性，以免無法上漆。
7. 研磨時注意避免環境汙染，不可讓粉塵四處飄散，造成擾鄰。
8. 刷漆前的漆料須充分攪拌均勻，以免顏料分離及沉澱，如圖8-56。

8-54　確認顏色與編號

8-55　粉刷乾燥才能刷漆

8-56　漆料充分攪拌均勻

9. 不論水性漆或油性漆，噴漆料須先過濾，漆面才會均勻細緻。如圖8-57。

10. 刷漆時如漆刷掉毛或灰塵附著須立即處理，以免留下痕跡。

11. 門窗框、玻璃與地板於塗刷油漆前，要做好保護，避免被漆噴到，造成清潔上的困難，如圖8-58。

12. 噴漆要平整，面漆噴漆需均勻噴塗，不能有垂流或橘皮現象發生，如圖8-59。

13. 剩餘漆料或溶劑不可倒入排水管，以免造成排水管變形或阻塞。

8-57　漆料絲網過濾

8-58　窗户貼紙保護

8-59　垂流現象

8-8-1　噴漆作業場所施工注意事項

依據營造安全衛生設施標準，在噴漆作業場所的勞工安全衛生考量，應依下列相關規定辦理，以保障施作勞工。

1. 工作場所內的有害氣體、蒸氣、粉塵，應視其性質，採取密閉設備、局部排氣裝置、整體換氣裝置或以其他方法導入新鮮空氣等適當措施。
2. 勞工作業環境空氣不能超過有害物容許濃度標準的規定。
3. 如勞工有發生中毒之虞時，應停止作業並採取緊急措施。
4. 勞工暴露於有害氣體、蒸氣、粉塵等之作業時，其空氣中濃度超過八小時日時量平均容許濃度、短時間時量平均容許濃度或最高容許濃度者，應改善其作業方法、縮短工作時間或採取其他保護措施。
5. 有害物工作場所，應依有機溶劑、鉛、四烷基鉛、粉塵、特定化學物質等有害物危害預防法規之規定，設置通風設備，並使其有效運轉，如圖8-60。
6. 牆面粉刷作業高於2公尺以上時，屬高架作業，施工架設置護欄，並定時檢查維修，施工者需使用安全帶、戴用安全帽等相關防護措施，如圖8-61。

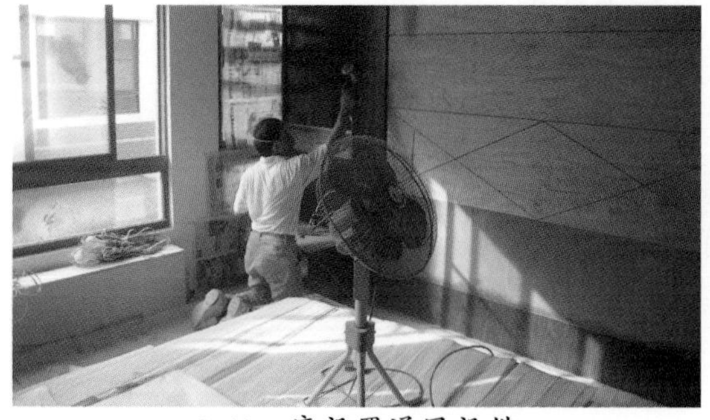

8-60　應設置通風設備

8-61　安全施工架

 8-9 裝修塗裝缺陷的原因與處置對策

在室內裝修塗裝工程中，產生不良的因素很多，有的事先就可發現其徵兆，有些是在工作中或是完工後才會發現，導致這些不良的原因，有的是可控制的，有些是無法預期及不可抗拒，當不良原因發生時要如何處置呢?一般是從發生的原因及處置因應對策，再配合工程進行中條件實際狀況，研判解決的方法。

在裝修塗裝工程中的缺陷原因常見的泥作粉光牆面、木作木器、木作貼木皮、金屬與合板、矽酸鈣板，石膏板接縫塗裝等等缺失，當有處置方法及因應對策後，再執行計畫，但有很多不特定因素的存在。所以本單元依序的將塗裝前、施工中及事後可能發生的不良現象，就其現象表徵與不良原因，及事前的預防對策以及施塗後塗膜表面之處置方式敘述如下：

8-9-1 刷痕

一、產生現象：

油漆塗料在施作完成後，塗膜留有明顯的毛刷刷痕。

二、發生原因：

1. 塗料品質不良，缺乏流展性。
2. 所施作塗裝的塗料黏度太濃。
3. 所使用的毛刷刷毛不良，或刷塗力道不均。
4. 速乾型塗料，用刷塗方式施作。

三、防範對策：

1. 慎選優良口碑好的油漆塗料。
2. 加入適量稀釋溶劑，調配適當塗料濃度。
3. 選擇良好的毛刷，均勻刷塗。
4. 過於快乾的塗料，需用噴塗方式施作。

四、補救與處置：

1. 以棉球包沾溶劑輕拭其塗面
2. 待塗膜乾燥後充分研磨表面，再重新施塗作業。

8-9-2 白化

一、產生現象：

塗膜整面顏色局部爲淡白，且塗膜上有白霧狀的情況。

二、發生原因：

1. 被塗物、盛裝容器、稀釋溶劑或毛刷內含有水分。
2. 施作環境低溫或高濕，溶劑揮發過快。
3. 噴塗時空氣壓縮桶內含有太多水分。
4. 塗膜局部接觸較高溫之物。

三、防範對策：

1. 容器擦拭乾淨，選擇良好的稀釋溶劑。
2. 避免在低溫高濕的天候環境施作，若需施作，可加適量的防白水就是緩乾稀釋劑。
3. 空氣壓縮桶應每天放水，噴塗時應加裝氣體過濾裝置。
4. 透明噴漆類，不可直接在塗面放置較熱之物件。

四、補救與處置：

1. 施作時如出現白化現象時，應速添加防白水。
2. 輕微白化發生時，可稍加熱乾燥或用棉球包沾溶劑擦拭。
3. 白化嚴重時，等塗膜乾燥再研磨後，重新塗裝。

8-9-3 橘皮

一、產生現象：

塗膜表面不細緻，呈橘皮狀；常發生在噴塗施作時。

二、發生原因：

1. 塗料之黏度過高，缺乏流展性。
2. 塗料乾燥時間過快，施工技巧不佳。
3. 機具、工具選用及調整不當。

三、防範對策：

1. 加入稀釋溶劑調整適當黏度，選擇流展性優良途料。
2. 選慢乾途料或調整其乾燥速度，改善施工技巧與習性。
3. 選擇正確的機具與工具施作且妥善調整。

四、補救與處置：

1. 在塗膜面層噴塗較稀之途料或溶劑。
2. 以棉球包沾溶劑作圓形擦磨使之平坦。
3. 等全面乾燥後再研磨細緻，重新施塗作業。

8-9-4 垂流

一、產生現象：

油漆塗料施塗後，塗膜面呈波浪下垂產生流涎狀。

二、發生原因：

1. 稀釋塗料時，稀釋溶劑添加過量。
2. 塗料乾燥過於緩慢，且施塗過厚。
3. 被塗物之材質過於平整光滑，附著力不佳。
4. 塗料材質不良，稀釋溶劑選用不當。
5. 塗裝施作技術不熟練。

三、防範對策：

1. 適當添加稀釋溶劑之用量。
2. 施塗時應分次，不可一次塗過厚。
3. 被塗面應做粗化處理，增加附著能力。
4. 慎選優良塗料，配合正確的稀釋溶劑。
5. 常發生在新手的噴塗施作，須改善施工技巧與習性。

四、補救與處置：

等塗膜硬化後將垂流處以磨砂磨至細緻，再重新施塗。

8-9-5 針孔

一、產生現象：

塗膜有點狀小孔，如針孔之情形。

二、發生原因：

1. 塗膜中過量落塵、氣泡或黏度過高。
2. 稀釋溶劑選用不當或錯誤。
3. 填充劑或底漆之乾燥不完全。
4. 塗料與被塗物面之溫差過大。
5. 施塗時，一次即行厚塗作業。
6. 塗料之硬化劑添加過多或不當；且無靜置時間。
7. 行加溫乾燥時，溫度過高或急劇加熱。
8. 行噴塗方式作業時，空氣中有油、水分之存在。

三、防範對策：

1. 清掃作業環境，過濾塗料並調整其黏度。
2. 選用適當稀釋劑，可用黏度杯測黏度。（福特四號杯）
3. 俟底層塗料乾燥充分後，始可行上塗作業。
4. 盡量減少此溫差的存在且慎予施塗。
5. 施塗時塗膜厚度適中，不可一次即行厚塗。
6. 硬化劑依比例適量添加，攪拌後應有熟成靜置時間。
7. 調整乾燥溫度，緩慢加溫，不可過劇。
8. 清潔空氣壓縮機之油份及水分。

四、補救與處置：

1. 針孔情況輕微可等乾燥後研磨細緻，再次施塗。
2. 情況嚴重則應予補土或去除表層重新施作。

8-9-6 粉化

一、產生現象：

塗膜經一段時間表層出現粉末，擦拭後又會再發生。

二、發生原因：

1. 塗料與添加劑選用調配不當。
2. 被塗面與塗料性質不能搭配。
3. 環境因素造成，如陽光照射、雨水侵蝕與時間等造成粉化。

三、防範對策：

1. 慎選優良塗料施工。
2. 瞭解被塗物性狀，並選用適當塗料。
3. 瞭解環境因素等變數，選用該施作場合適合塗料。

四、補救與處置：

1. 如出現剝離或附著不良時應刮去表層，才可再行施塗。
2. 若粉化前失光情況，可再施作新塗料，防止繼續粉化。
3. 粉化輕微時，可擦去粉層再行施塗。

8-9-7 不乾

一、產生現象：

塗料施塗後，經長久時間，塗膜仍不能乾燥。

二、發生原因：

1. 塗料品質不良或塗料中有水分或油脂。
2. 被塗物面有水、油脂或蠟質等附著物。
3. 添加塗料之稀釋溶劑或硬化劑比例錯誤。
4. 溫度太低，未達乾燥所需的條件溫度。
5. 木材材面含有樹脂或鹼份過強，導致不乾。
6. 酸性與鹼性著色劑錯誤相混使用。

三、防範對策：

1. 不可使用混入油、水分之塗料。
2. 被塗物面層需清理乾淨，不得有水、油脂或蠟質。
3. 遵守廠商調配說明，並按規定比例添加。
4. 調整乾燥所需溫度，不能調整應停止作業。
5. 將材面樹脂除去或中和。
6. 不可將不同性質之相反物，任意搭配混合使用。

四、補救與處置：

1. 施作空間加溫加速乾燥或延長乾燥靜置時間使之乾燥。
2. 長時間靜置或加熱後面層仍不乾，或是乾後呈彈性膠狀，就應去除面層，再行施塗。

8-9-8 剝離

一、產生現象：

塗料施塗後附著不良，經少許外力塗面表層有脫落現象。

二、發生原因：

1. 被塗物與塗料中有水、油脂與灰塵等物。
2. 被塗物表面光滑密度高，附著力差。
3. 塗料的品質不良極易收縮，或被塗物與塗料性質不合。

三、防範對策：

1. 徹底清理被塗物面之清潔，塗料中不可有水分等。
2. 粗磨被塗物增加表面粗糙，以提高附著力。
3. 慎選適用的塗料，必須是兩者相容性質。

四、補救與處置：

使塗膜剝離，慎選塗料、研磨細緻後，重新施塗。

8-9-9 變色

一、產生現象：

塗膜色澤與原來色澤不相同，包括泛黃現象。

二、發生原因：

1. 塗膜經陽光直射，或是其他物品附著。
2. 塗料儲存過久或高溫乾燥時，引起的變色。
3. 塗料、著色劑、色料、硬化劑用量不當。

三、防範對策：

1. 外部應使用能抗紫外線的塗料，且應清除表層不潔物。
2. 塗料儲存過久變質不宜使用，加熱乾燥溫度不可過高。
3. 慎選塗料、著色劑、色料、硬化劑，及按規定添加使用。

四、補救與處置：

1. 附著力良好時，可於研磨細緻後，重新施塗。
2. 若有剝離現象發生，則應去除塗膜再重新施塗作業。

8-9-10 裂紋

一、產生現象：

塗料施塗後產生裂積紋，如蜘蛛網狀裂痕。

二、發生原因：

1. 施作時塗膜過厚。
2. 木材含水率太高。
3. 上、下層漆料性質不相容。
4. 下層漆未乾就塗上層漆。
5. 施工環境溫度下降過快。

三、防範對策：

1. 嚴守施工技術、避免一次過分塗厚。
2. 選用乾燥木材施作。
3. 避免不同廠牌性質之漆料疊層塗裝施作。
4. 須待下層漆完全乾透後再塗上層漆。
5. 氣候溫度變化過快，應立即停工。

四、補救與處置：

將裂紋部分之塗料去除，研磨細緻後重新施塗。

8-9-11 起泡

一、產生現象：

塗膜下的水分或揮發性成分蒸發引起表面起泡浮腫。

二、發生原因：

1. 被塗物木材含水率太高。
2. 塗料、稀釋用之溶劑中或毛刷含有水分。
3. 補土填眼工作不良。
4. 工地環境低溫高濕，溶劑揮發過快。
5. 受到太陽光直接照射。

三、防範對策：

1. 選用乾燥木材施作。
2. 選擇優良的塗料與稀釋溶劑。
3. 選用優良填縫塗料做好補土填眼工作。
4. 避免低溫高濕環境天候作業。

四、補救與處置：

1. 使用電動磨砂機磨平重新塗刷。
2. 除去漆膜重新塗刷。

8-9-12 稀釋劑不溶解

一、產生現象：

油漆塗料於加入稀釋溶劑後，不能充分調合與溶解作用。

二、發生原因：

1. 油漆塗料儲存過久，變質不良。
2. 稀釋溶劑的溶解力不佳。
3. 稀釋溶劑使用錯誤或不當。

三、防範對策：

1. 宜慎選塗料並注意塗料容器包裝標示的日期。
2. 可加入較強的溶劑稀釋，並充分攪拌能溶解時，則尚可使用。
3. 依照廠商標示使用正確調配添加，不可錯用各種溶劑。

四、補救與處置：

1. 若錯加少量稀釋溶劑，徵兆不明顯，應再正確添加稀釋溶劑。
2. 將不能溶解的塗料妥善廢棄。

8-9-13 吐色、滲色

一、產生現象：

底層的顏色爲上層漆融化，浮現於表層。

二、發生原因：

1. 底層與上層塗料之性質不合。
2. 下塗層料還未乾燥，就施作上層塗料作業。
3. 上層塗料使用溶解力過強的稀釋溶劑。

三、防範對策：

1. 須了解塗料間之相容性等性質。
2. 底層充分乾燥後，才可再施作上一層塗料。
3. 稀釋溶劑使用必須正確。

四、補救與處置：

1. 塗膜乾燥研磨細緻後，改刷較深色澤，如黑色、藍色覆蓋塗裝。
2. 浮色嚴重時，應去除表層重新施塗。

8-9-14 遮蔽能力不佳

一、產生現象：

塗膜施作數次仍露出下層塗料顏色。

二、發生原因：

1. 塗料使用前未充分攪拌均勻。
2. 塗料稀釋溶劑使用過多。
3. 塗膜底層與面層塗料之色澤選用不當。
4. 刷塗技術不好，噴塗膜厚稀薄或塗料不足。

三、防範對策：

1. 塗料在使用前應充分攪拌均勻。
2. 適量的添加稀釋溶劑，不可過量。
3. 底層與面層塗料色澤應相同。
4. 施作技術需熟練，塗料稀釋不可過多。

四、補救與處置：

1. 多次的施塗，但會費時、費工又費料。
2. 等乾燥後，選用適當塗料再行塗裝覆蓋。

8-9-15 結塊及膠化

一、產生現象：

塗料儲存黏度增高，形成固化與不溶性膠體彈性狀物現象。

二、發生原因：

1. 儲存的環境條件不佳，時間過久，超過可使用期限。
2. 塗料的樹脂或其他添加劑不良產生所致。
3. 人爲的疏忽導致漆料產生結塊。

三、防範對策：

1. 漆料儲藏空間的通風與溫濕度必須良好，儲存不可過久，且應在保存期限內用完。
2. 施作調配應該考慮樹脂及各添加劑相互之關係因素。
3. 避免人爲不良因素，如用後應將塗料蓋子密封蓋緊。

四、補救與處置：

1. 漆料膠化或結塊硬固就不能再使用。
2. 輕微時若能攪拌均勻則尚可用。
3. 添加溶解力較強之稀釋劑，攪拌後如能溶解，過濾後可用。
4. 漆料表面結皮，將結皮撈起，皮下的餘料攪拌還是可使用。
5. 油性塗料在使用後，剩餘料可在上加入少許稀釋溶劑，不必攪拌，蓋緊後靜放，上面比較不易結皮。

8-10 白華現象

台灣是高濕海島型氣候，建築物的水泥牆壁常出現白粉毛狀物，以水泥爲底的貼壁紙常翹起或剝落，擺家具的牆壁常出現黴菌，其處理常無法根治，爲居家環境帶來莫大困擾，這現象稱爲「白華」或「吐露」，又稱作壁癌。

8-10-1 白華產生的原因

會出現白華現象是因爲濕度高、溫度低與水分透氣慢等三個因素。在水泥硬化過程中，水分蒸發後會殘留碳酸鈣、碳酸鎂、碳酸鋇、硝酸鹽與硫酸鈣等化學物質。

牆壁漆面會脫落原因是因爲水分在蒸發過程中產生變化，使漆膜與牆面分離，也將牆內水泥的碳酸鈣釋出，碳酸鈣與空氣中二氧化碳結合產生碳酸氫鈣，就是牆面鼓起與起泡的白粉毛狀物。

8-10-2 白華是環境潮濕之指標

白華現象就是俗稱的壁癌，壁癌的出現是水泥牆壁受水氣侵蝕，變化產生的白色粉狀積沉物，在淤積牆上造成牆面塗料、壁紙剝落、鼓起與起泡，所以水氣是壁癌主要的原因。如圖8-62。由上所述認知，意識到壁癌對於牆壁的結構爲害與有礙觀瞻之外，更警示牆壁的裂縫、滲水或漏水之所在，甚至於對整個居家環境潮氣，提出預警的指標，所以對室內居空間應隨時檢視屋內狀況，並適時修繕。如圖8-63。

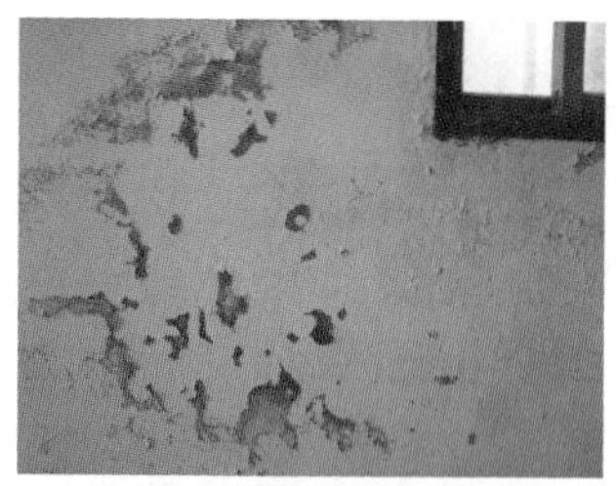

8-62 內牆白華現象

8-63 搭架施作滲水裂縫

8-10-3 處理白華的方式

白華主要原因是牆面水氣入侵，水泥中的碳酸鈣與水氣產生作用發生變化，需有效阻絕水氣來解決白華的問題，處理方式各有不同，效果程度當然也不盡相同。以從室內牆面處理白華的方式如下：

1. 刮刀刮除白華漆面浮起粉屑後，重新批土待乾，砂紙研磨整平，塗上防水漆或刷塗油性漆。
2. 刮刀刮除白華面漆脫落處後，刷塗彈性水泥或其他能夠阻絕水氣的防水塗料，面積越大效果越好，待乾後批土，砂紙研磨牆面之後，再刷二道水泥漆完成。
3. 使用電動或氣動打鑿機，把白華牆面打毛，出現點條狀凹洞再刷塗彈性水泥，可在彈性水泥中加入其他防水材料。待乾批土整平，砂紙研磨過後，再刷二道水泥漆完成。
4. 使用電動或氣動打鑿機，把牆面水泥粉刷層打到見底，看到紅磚牆或混凝土結構牆，塗上加防水劑的彈性水泥，水泥粉刷打底，面層水泥粉光待乾之後批土，砂紙研磨過，再刷二道水泥漆完成。
5. 使用電動或氣動打鑿機，把牆面水泥粉刷層打到見底，看到紅磚牆或混凝土結構牆，塗上加防水劑的彈性水泥，水泥粉刷打粗底，表層貼壁面磁磚。

上述施作的5種方式，以4或5效果較好，但相對施作成本費用較高，須有預算的考量與規劃執行施作方式。如圖8-64外牆施作完成。如圖8-65陽台防水漆完成。

8-64 外牆施作完成

8-65 陽台防水漆完成

8-11 重點整理

一、認識塗裝工具及油漆塗裝的目的。

二、油漆塗料的認識。

三、了解油漆施工面積的計算方法。

四、了解不同塗刷方式與施作程序。

五、了解塗裝工程的缺陷處置與對策。

六、認識什麼是「白華」及處理方式。

8-12 習題練習

一、室內裝修木作工程使用木材爲易燃性材料，當木材受到高溫時，得使用不同性質之防火劑以達到防火效果，請說明(一)表面法，及(二)注入法之處理方式。

二、請說明一般室內輕隔間牆之板材安裝後，其接縫批土程序爲何？

三、請列舉4項裝修用仿石質複層塗料受漆面施工前應準備(檢查)工作。

四、室內裝修用防火塗料施工中應注意哪些事項？請列舉 5 項說明。

玖 玻璃及壓克力安裝作業

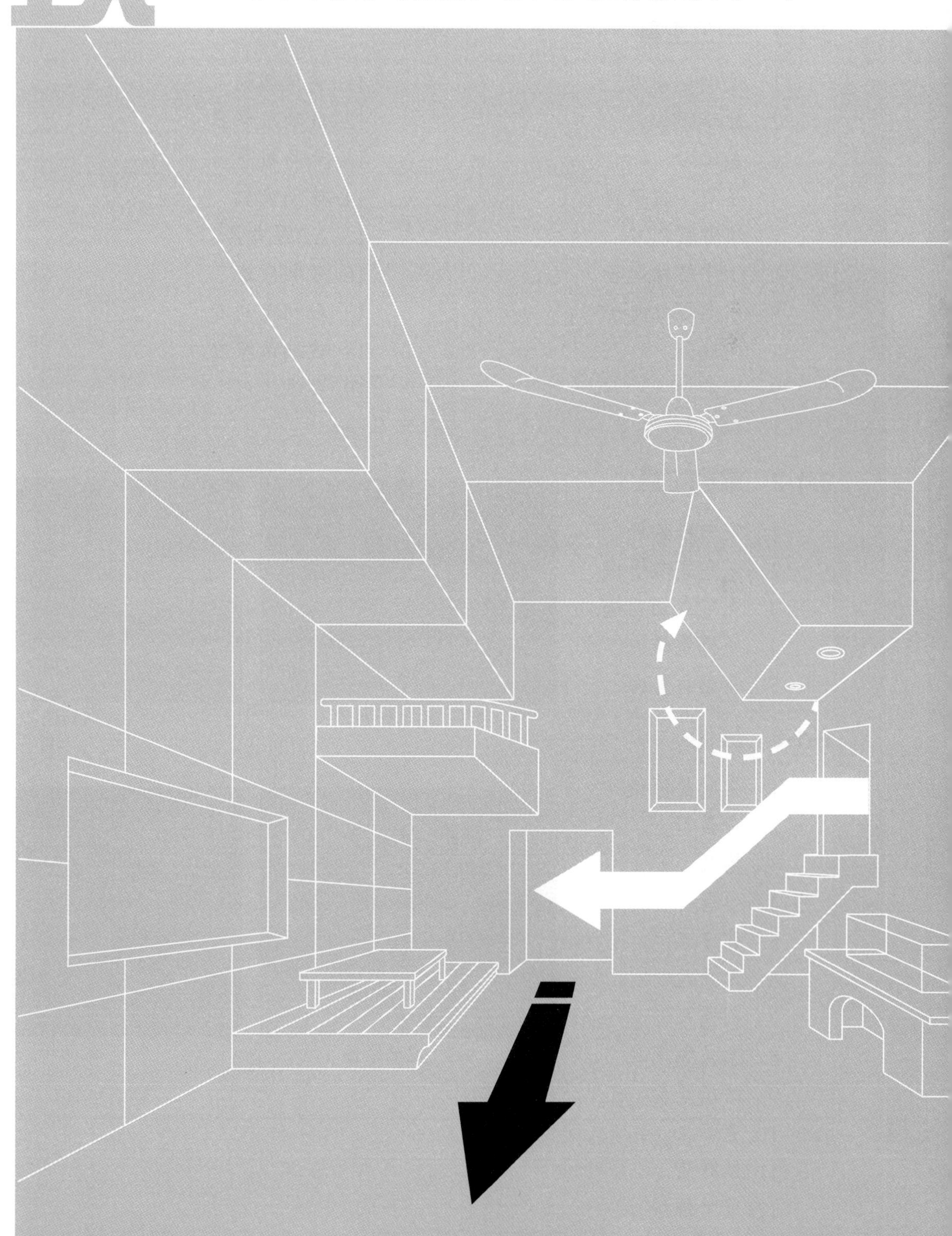

本章說明在玻璃及壓克力安裝作業中，能了解玻璃及壓克力的材料、品質、施工步驟及工法，並能督導技術人員做好合乎施工圖說之規定。

9-1 玻璃基本工具

在玻璃加工與安裝實務常使用的工具，分別敘述如下：

9-1-1 手工工具

1. 玻璃切割刀
2. 玻璃鑽管
3. 美工刀
4. 尺夾、玻璃鋏
5. 填縫膠刮刀
6. 十字螺絲起子
7. 一字螺絲起子
8. 玻璃鉗
9. 剪定鋏
10. 鋼索鉗
11. 尖尾鐵鎚
12. 玻璃敲擊器
13. 六角板手
14. 玻璃吸盤
15. AB膠夾具
16. 矽利康槍
17. 矽利康刮刀
18. 玻璃清潔刀
19. 白鐵修刀

9-1-2 電動工具

1. 電動砂輪機
2. 充電式起子機
3. 充電式切割機
4. 手持電鑽
5. 電動打鑿機

9-1-3 其他

1. 雷射墨線儀
2. 奇異筆
3. 捲尺
4. 竹尺
5. 井字尺
6. 三角尺
7. 割圓尺
8. 桌角割圓尺
9. 防滑手套
10. 青石
11. 紙膠帶
12. 紫外線燈

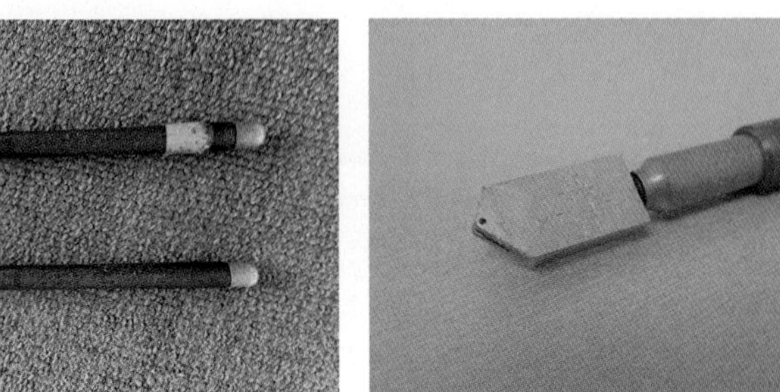

9-1 玻璃切割刀　　9-2 玻璃切割刀

9-3 玻璃吸盤

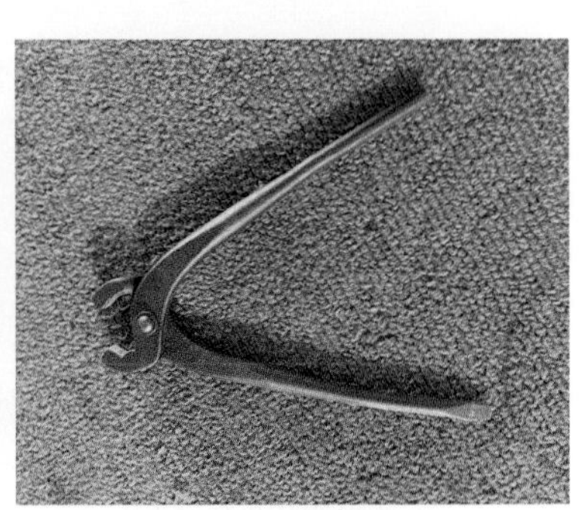

9-4 玻璃鉗

9-2 玻璃的種類

9-5 玻璃帷幕牆

玻璃目前在建築物多樣化的使用，對於採光、隔熱、隔音等多功能的運用，製造技術更爲發達，且早已廣泛使用於玻璃帷幕牆。

本章節從玻璃市場應用的範圍加以說明，將其主體區分爲基礎玻璃和加工玻璃。當板玻璃於形成材後，可直接切裁使用，亦可作爲加工玻璃的素材，而稱之基礎玻璃。另外玻璃的鑽孔、切角、磨邊與水刀等的加工，板玻璃得因其他不同層次的加工或複合加工，來增加產品的特性。

9-2-1 玻璃的種類

1. 普通平板玻璃
2. 壓花型板玻璃
3. 色板玻璃
4. 超白玻璃
5. 鐵絲網玻璃
6. 反射玻璃
7. 鏡面玻璃（明鏡玻璃）
8. 強化玻璃
9. 熱硬化玻璃（熱處理增強玻璃）
10. 曲面彎曲玻璃
11. 磨砂平板玻璃（噴砂玻璃）
12. 膠合安全玻璃
13. 磨光玻璃
14. 複層玻璃
15. 鑲嵌玻璃
16. 雕刻玻璃
17. 彩繪玻璃
18. 玻璃磚
19. 夾紗玻璃
20. 防彈玻璃
21. 窯燒玻璃
22. 烤漆玻璃
23. 輕質玻璃地板
24. 膠合裂紋玻璃
25. 眞空濺射鍍膜、低輻射玻璃、Low-E
26. 防輻射鉛玻璃（X-Ray Glass）
27. 透明鏡玻璃（雙面鏡）
28. 防火玻璃
29. 加鉛玻璃
30. 泡沫玻璃
31. 玻璃纖維
32. 塑膠材料玻璃
33. 奈米、光觸媒玻璃
34. 結晶化玻璃、大理石紋玻璃
35. 網印玻璃
36. 浪型玻璃板
37. 電控液晶玻璃
38. 金屬網入板玻璃
39. 其它玻璃

9-2-2 基材玻璃

基材玻璃是指在玻璃生產工廠的產品，如普通平板玻璃、壓花型板玻璃、色板玻璃、超白玻璃、鐵絲網玻璃與反射玻璃等，稱爲基材玻璃。其相關敘述如下：

1. 普通平板玻璃

   又稱透明玻璃或清玻璃，表面平滑且無波紋，具極佳透光性。尺寸從1.9mm至19mm，可於施工現場裁切。適用於建築門窗、室內裝潢及家具桌板玻璃，亦可提供製造各種加工層次的素材。如表9-1所列爲各廠家生產尺寸提供參考，選用前宜洽廠商了解各項產品訊息，如台灣玻璃公司也有生產厚度1.1mm、1.3mm厚度的基板，可供給不同功能的需求。

表9-1 各廠家生產玻璃尺寸

品名		最大寸法(mm)			
	厚度mm	臺灣玻璃	NSG板硝子	日中央硝子	AGC旭硝子
浮式板透明玻璃	1.9	1829×1524	1219×610	1219×610	1219×610
	3	3048×2134	2438×1829	2438×1829	1829×1219
	5	3658×2438	3658×2438	3658×2438	3658×2438
	6	3353×2438	4267×2921	4267×2921	4572×2921
	8	3353×2438	7620×2921	7620×2921	7620×2921
	10	3353×2438	7620×2921	7620×2921	7620×2921
	12	3353×2438	10160×2921	10160×2921	10160×2921
	15		10160×2921	10160×2921	10160×2921
	16	10160×3353			
	19	10160×3353	10160×2921	10160×2921	10160×2921

2. 壓花型板玻璃

   是在玻璃成型同時，於滾筒面圖案模造壓花而成。當光線通過壓花玻璃達到擴散的目的，使視線得以遮斷，其模樣型式多樣，使裝飾更豐富與活潑，如圖9-6。

3. 色板玻璃

   在玻璃的製程原料中，添加微量的鐵、鎳或結晶狀或非結晶狀的金屬元素作爲著色劑，高溫生成不同的色澤而得，經控制閘門進入錫槽，經浮式法製造而成，色板玻璃可減少熱源穿透並節省能源。通常有藍色、綠色、茶色、灰色、粉紅色、瑚珀色等的變化。

4. 超白玻璃

   也稱超透明玻璃、水晶玻璃或低鐵玻璃，其玻璃透光度90%以上，而一般光板玻璃透光度則約73%左右，而且略帶綠色，是因將玻璃中氧化鐵成份降至最低，應用於特殊商場空間，或光學上及帶有顏色玻璃加工性效果最佳。

5. 鐵絲網玻璃

是採壓延方式，於玻璃成型同時將金屬網或線封入，具有防火特性功能，有磨光板與壓花型板二種。又稱線入、網入板玻璃。網形有直線、方格、菱形等。在火災中破裂時會因爲有金屬線支撐，可防止玻璃結構散開，可做防煙垂壁，良好的防煙效果，可以暫時讓火煙不致快速擴散，爭取逃離時間，是可用於防火門窗的玻璃，如圖9-7。

6. 反射玻璃

反射玻璃是有較高的熱反射能力而保持良好透光性的平板玻璃，或稱金屬反射玻璃，熱反射玻璃也稱爲鏡面玻璃，有茶色、褐色、金色、灰色、紫色、青銅色及淺藍色等各色。鍍金屬膜的熱反射玻璃還有單向透像的作用，白天在室內能看到室外景觀，而室外卻看不到室內的景象，用於建築與裝飾。

9-6 壓花型板玻璃

9-7 鐵絲網玻璃

9-2-3 加工玻璃

室內裝修常使用上述基材玻璃，再加工製成功能性與裝飾性的玻璃，豐富且多樣的機能，可隔熱、隔音、隔紫外線、隔紅外線與裝飾美化玻璃，針對基材玻璃加工介紹如下：

1. 鏡面玻璃（明鏡玻璃）

鏡面玻璃是用浮式玻璃加工處理，就是我們所稱的鏡子，其影像清晰。鏡子具有像金屬一樣平滑光亮的表面，反射光線的效果最好。鏡面玻璃的加工在一片玻璃的背面鍍上一層薄薄的銀，就可以做出一面反射效果很好的鏡子。

2. 強化玻璃

是將普通玻璃裁切成需要的尺寸後，經加熱到接近軟化點時退出，使玻璃表面急速冷卻，使分子間的結構產生變化來加強其韌度，與同等厚度普通玻璃比較，增3～5倍的強度，在遭受破損後，會迅速細裂成小顆粒，不致造成重大傷害，又稱安全玻璃，強化玻璃製造後就不能再切割。

3. 熱硬化玻璃

又稱熱處理增強玻璃（Heat Strengthened Glass），相同於強化玻璃的熱處理過程，將板玻璃加熱至軟化點約攝氏620度後退出緩慢冷卻，冷卻過程較慢，比強化玻璃不易產生自發性破壞。與同等厚度普通玻璃比較，具有2倍的強度，製造後不能切割。熱硬化玻璃破損時，不會造成立即性破壞，破片可能出現較多形狀。

4. 曲面彎曲玻璃

彎曲玻璃加工除壓擠法外，還有水平式彎曲加工，就是板玻璃保持水平於加熱爐中，利用自重或機械的外力使之成形如所定要求的形狀，再經徐冷後而製成。應用於車輛、建築物造型形、旋轉大門、景觀弧形窗、樓梯、扶手、天窗、弧形魚缸。彎曲玻璃也可以做彎曲強化玻璃，就是在彎曲成形後不久，施以急速冷卻可得彎曲強化玻璃。

5. 磨砂平板玻璃

磨砂平板玻璃（ground glass），又稱噴砂玻璃、毛玻璃、霧玻璃，是用透明平板玻璃的一面，運用高壓空氣噴射出金剛砂破壞玻璃表面，使其喪失原有的光澤與透明度，形成透光但無法透視的玻璃。

9-8 膠合玻璃

6. 膠合安全玻璃

膠合玻璃是兩片或兩片以上的玻璃，經由聚乙烯丁樹脂在玻璃中間塑合而成，中間薄膜可以是透明、有顏色的或是有其他目的機能特殊膜膠合玻璃。聚乙烯醇縮丁醛（PVB）是一種常使用的支撐物，它具有強力的結合力、高光學清晰度、易黏於各種不同的表面、高韌性和高彈性的樹脂，如圖9-8、圖9-9。

9-9 防爆金屬強化膠合玻璃

7. 磨光玻璃

是指一般平板玻璃經過磨光處理，表面十分平滑具有光澤，而幾無波紋之玻璃，分單面磨光和雙面磨光兩種。

8. 複層玻璃

複層玻璃又稱中空玻璃，是將兩片板玻璃以一定的間隔平行固定，並封入乾燥空氣或惰性氣體而成，其目的在於隔音、斷熱與防止結露性能之提高。複層玻璃製造後不能切割，如圖9-10。

9-10 複層玻璃

9. 鑲嵌玻璃

早期歐洲教堂內窗户或壁面上的彩色玻璃，由彩色玻璃與鉛條所組合各式圖案。其製作是先在框中畫出圖案，且決定圖案的顏色，以玻璃切割刀切割完成，再以鉛條圍閉銲接後，裝上窗框完成。

10. 雕刻玻璃

雕刻玻璃是將設計圖案雕刻於玻璃上，在玻璃上表現出立體視覺美感，雕刻完成再逐步噴砂或上色處理，其噴砂過程是應用耐噴砂橡膠貼紙多層次噴砂與直壓式噴砂處理，其雕刻方式有浮雕、沉雕、逆浮雕、透雕、圓雕等多種技法，更立體多樣，層次分明。

11. 彩繪玻璃

彩繪依照所需圖形設計，先以黑色線條構圖，再以彩繪色料在各線條構圖內塗滿，等待乾燥時間較長，加工過程需在無塵室製造才能呈現出高檔優質的產品。如果以同色系構圖，需以漸層的層次變化搭配燈光投射，更能展現無限變化的美感。

12. 玻璃磚Glass Masonry Units

玻璃磚是由造型鑄造過後的兩片玻璃組合而成，其玻璃厚度約5～6mm。因形式似磚體，可疊砌成牆，具有複層玻璃的隔音特色。玻璃磚在室內裝修玻璃運用具有隔熱，隔音及防火之性能，但必須爲固定窗。常於牆面取光之用，也可爲砌於外牆鑲嵌之用，但須注意防水工程。

13. 夾紗玻璃

又稱絹絲玻璃、棉紙玻璃、蠶絲玻璃、金絲玻璃與銀絲玻璃等，是以中間所夾材質不同而產生不同名稱。加工與安裝需注意夾層內滲水問題，如圖9-11。

14. 防彈玻璃

防彈玻璃是由多層防彈採光板，也就是特殊平板或彎曲玻璃，與高分子樹脂膠膜經高溫聚合在一起，表面被覆防磨表層，特殊的防磨處理，耐衝擊強度是玻璃的250倍，防彈玻璃破損時其破片成片狀，可減少傷害。常使用在銀行、商店、博物館、精神醫療中心、森林採筏機械窗、電車隔窗、火車車窗等。

15. 窯燒玻璃

將所需圖案設計完成，放置所製作的模具，經過800℃高溫窯燒製成，上色採用釉料後與玻璃熔合不褪色，立體精緻廣受歡迎，但製作繁瑣，成本較高，如圖9-12。

9-11　夾紗玻璃

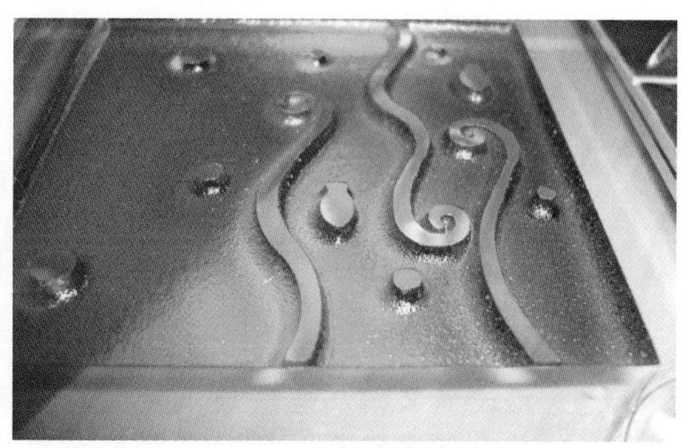

9-12　窯燒玻璃

16. 烤漆玻璃

是以低溫漆料噴附於玻璃表面，可加工一般顏色、特殊花紋、銀粉、螢光於許多玻璃材料上，顏色變化極多，使用廣泛。

17. 輕質玻璃地板

由普通平板玻璃及強化安全玻璃，以較高性能耐撕裂的中間膜膠合而成的玻璃組合。可以行走在玻璃表面來，例如樓梯及走道，更使得建築物的功能性拓展到新奇的感官空間。

18. 膠合裂紋玻璃

又稱爲碎花玻璃、冰裂玻璃或裂花玻璃。是使用三片強化玻璃Poly vinyl butyral膜膠合而成，再使用尖銳的敲擊器，敲破夾在中間那片的強化玻璃，始之破裂，形成碎花紋路。

19. 眞空濺射鍍膜、Low-E

又爲低輻射隔熱多層膠合玻璃，玻璃之間有多道金屬鍍膜，具有高透明、抗熱、抗紫外線與省能，其對紫外線和紅外線的熱輻射的反射率很高，有效率達67%，但仍然能夠留住陽光和視野，可視光的透過率爲60%，太陽的可見光不被阻擋，室內很亮。如果另外要滿足超強隔音、隔熱的要求，可以在LOW-E中空玻璃中充裝惰性氣體，更能減低氣體的熱傳導能力。

20. 防輻射鉛玻璃（X-Ray Glass）

如鉛玻璃，含鉛量較高（Pb0,80～90%）用於製造「輻射玻璃窗」（radiation window），這種玻璃透明帶有點黃色，具有抵擋伽瑪射線的能力。另外一種高鉛含量的玻璃可用來「銲接」玻璃，此種玻璃含有75%的氧化鉛，於400℃時即可熔化，利用此特點，可以銜接玻璃，多爲防輻射鉛玻璃、醫療院所、核電所採用。

21. 透明鏡玻璃（雙面鏡）

透明鏡玻璃是用來監視、保全和監控，隱藏保護觀察者，降低環境干擾因素。在照明充足的房間，透明鏡看起來像一面鏡子，但另一方面看起來卻是普通有色玻璃。透明鏡玻璃的高反射率極高透光率，所產生效果既隱蔽又可以清楚看到被視察的區域。透明鏡用於醫院、監管、觀察室、警察局、特別空間設計等等。

22. 防火玻璃

防火玻璃是將防火膠注入玻璃層内經縮聚，優化複合而成的消防產品。它是在玻璃與玻璃之間注入透明的防火黏膠，基本厚度約爲1.5mm以上，達到f60A等級的進口防火玻璃，目前以台灣的防火測試標準厚度約在24mm～25mm，遇火後會膨脹阻火阻熱及達到防火等級的要求，此玻璃可隔火陷又隔熱。

23. 鉛玻璃

鉛玻璃又稱爲鉛鉀玻璃、火石玻璃、水晶玻璃。因其透明與折射度似天然水晶，鉛玻璃含氧化鉛其含鉛量至少24%，價錢較高，但易熔好處理，氧化鉛可使玻璃的光線折射率更好，顯得晶瑩剔透。其特性比其他玻璃軟，切割、塑造、磨光與雕刻都容易，比較高級的雕花玻璃製品、透鏡與稜鏡，由鉛玻璃製成的居多。

24. 泡沫玻璃

泡沫玻璃是以玻璃爲原料，加入發泡劑經高溫發泡成型，製成具多孔獨立封閉氣泡的無機非金屬材料。其製造方式是依據玻璃軟化點與發泡劑產生氣體作用溫度相互配合下，使的內部氣泡相互獨立、封閉。泡沫玻璃具有防火、防水、耐腐蝕、耐燃、防蛀與尺寸穩定性高的特點，室內裝修常應用在管線的斷熱材料、建築物屋頂與冷藏庫的隔熱材等，經濟價值高。

25. 玻璃纖維

玻璃纖維就是強迫將熔融的玻璃液通過細孔，得到玻璃的細線，就是玻璃纖維。分短纖與長纖，其主要用途分爲二方面，較短的可織成厚墊作爲絕緣體，如建築物的屋頂或外牆都有玻璃纖維，在夏天可減少外面的熱量傳入屋內，在冬天可防止屋內的熱量外流。較長的玻璃纖維可以用來強化塑膠，其質地輕、堅固且能防水，又易於模子定型與上色。強化玻璃塑膠使用非常廣泛。

26. 塑膠材料玻璃

塑膠材料玻璃，由於其製造過程單純且價格便宜，眼鏡鏡片、相機鏡頭及汽車車燈等產品漸被塑化玻璃所取代，成爲新潮流。但由於其材料性質過軟及抗熱性不足，受強光照射下會變形或溶化，所以並非各種製品都適用，裝修目前還少用。

27. 奈米、光觸媒玻璃

奈米玻璃是在玻璃表面加上奈米結構而達到自潔的效果。奈米玻璃分二類，一是利用蓮葉效應，在玻璃表面加上疏水性的奈米粒子結構，玻璃表面不易沾塵汙，在下雨時水珠輕易滾落將塵汙帶走，形成自潔的效果。另一類奈米玻璃，是在其表面加上奈米光觸煤，形成一層水膜，常見的是二氧化鈦光觸煤，在光照射後依附在水膜表面，塵污很容易在下雨時自潔。

28. 結晶化玻璃、大理石紋玻璃

以特殊成份玻璃材料加熱到1000℃～1100℃時會產生許多細微結晶化，此結晶板稱爲結晶化玻璃，這種玻璃可以生化學結晶，形成類似大理石的花紋，稱爲結晶化玻璃人工大理石。另有陶瓷玻璃因表面結晶化玻璃相似，但材質不同。

29. 網印玻璃

又稱網版玻璃、遮蔽玻璃，應用色板玻璃膠合網點印刷，產生視覺上效果，能阻隔陽光又保持透視性，用於帷幕外牆不會造成環保光害，也可用於室內裝修空間隔屏。厚度在4mm ～19mm均有，如圖9-13。

30. 浪型玻璃板

浪型玻璃板有嵌鐵絲網及無嵌鐵絲網二種。因使用的位置不同可分用於重疊蓋及平蓋者二種，如圖9-14。

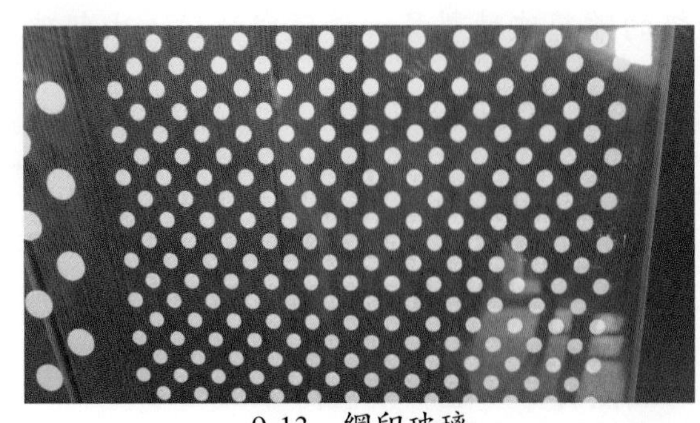

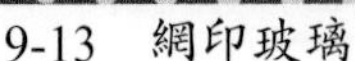
9-13　網印玻璃

9-14　浪型玻璃板

31. 電控液晶玻璃

    採用類似液晶的極性狀顆粒懸浮於特殊液體中作成乳化薄膜，按下按鈕通電後，電控液晶玻璃從霧白色不透光轉變為透明的狀態，使玻璃在白霧狀和透明狀之間瞬間地切換，達到使視線穿透或阻隔的效果。當關閉電源，液晶分子會呈現不規則的散佈狀態，使光線無法射入，讓電控玻璃呈現不透明白霧狀的外觀。

    特性：

    (1) 電源關閉時液晶分子呈現不規則的散佈狀態，使光線無法射入。
    (2) 按鈕通電後，電控液晶玻璃從霧白色不透光轉變為透明的狀態。
    (3) 經由電壓調整，透明效果可依電壓大小做透明度調整。
    (4) 速度快，從透明變化至不透明可瞬間完成。
    (5) 安全與隔音性能強，適用於辦公室、會議室等需隱蔽性之隔間。
    (6) 可使用一般開關、聲控、光控、溫控、遙控及遠程網路控制皆可。

32. 其它玻璃

    太陽能板、液晶面板、光學鏡片、手機面板等。

9-2-4　玻璃安裝配件

1. 嵌塑膠條：主要用於鋁、不鏽鋼門窗。
2. 填縫劑：門窗裝配玻璃時，固定部份使用填縫料。常用在鋁、不鏽鋼、鋼門窗。
3. 橡膠帶：鋁、不鏽鋼、鋼門窗。
4. 加勁條：用以取代金屬框柱，使開口呈現完全玻璃面。
5. 墊塊、墊圈、墊片、膠帶、雙面膠、填縫料、矽利康。
6. 戶車、上軌道、下軌道。
7. 櫥櫃用西德鉸鏈、浴室鉸鏈。
8. 地鉸鏈、上下夾角、玻對玻固定件及鉸鍊。
9. 磁性止水條。

9-2-5 玻璃重量計算

玻璃重量計算：

橫尺寸×直尺寸×厚度×2.5（密度）=重量（kg）

（m×m×mm×2.5=kg）

例如：10mm厚的玻璃一才是多重？

一尺＝30.3cm

0.303×0.303×10×2.5＝2.295公斤

所以10mm厚的玻璃一才是2.295公斤

9-3 玻璃的加工

在玻璃加工中對隔熱、隔音、隔絕紫外線、隔絕紅外線玻璃之功能，並要求透光度等效能。一般市面上最常見的是隔熱貼紙、LOW-E玻璃、反射玻璃、微反射玻璃、中空複層玻璃、膠合玻璃等。而眞正隔熱效果功能在於阻隔多少的紅外線，因紅外線是太陽光主要的熱能來源，又具有高透明度，其可見光穿透率50%，因此絕大多數隔熱玻璃皆有高阻隔紅外線功能。

9-3-1 玻璃的熱加工與冷加工

玻璃的加工區分熱端作業與冷端作業二種。

一、熱端作業

熱加工（Hot Work）指加工之玻璃材料於窯爐中在高溫熱熔狀態下進行之作業，又稱爲窯口作業，常用於模型壓製、砂模鑄造（翻砂）、脫蠟鑄造、熱塑。

窯口作業又稱爲坩堝窯爐作業、熱作、熱加工，以及熱端加工，只要是以坩堝窯爐中熔融的玻璃膏爲加工材料，並配合使用加熱爐、徐冷爐，以及馬椅、熱塑與吹製、砂模鑄造等工具組進行加工作業者，都屬於窯口作業。

二、冷端作業

冷加工（Cold Work）指加工之玻璃材料於常溫中進行加工之作業，例如玻璃之裁切、磨邊、打洞、硬化、強化、噴砂、膠合、烤漆、複層、鑽雕、彩繪、網板印刷、彎曲、膠合壓花、鏡面、鑲鉛處理與蝕花處理等。

9-3-2 玻璃的加工方式

玻璃加工的技術，可以提升玻璃原有基材的價值，創造獨特的美感。在台灣的玻璃加工是室內設計者、建築師、業主與玻璃加工廠商所商議討論完成的結果。其各式加工如下：

1. 研磨加工：分爲斜邊、磨光斜邊、光邊、細邊、倒角邊、削邊，如圖9-15。
2. 鑽孔：以玻璃鑽管打洞，須以水或油潤滑鑽頭冷卻鑽頭來輔助鑽孔作業，並可將玻璃鑽磨打洞切削之後的粉末帶走，如圖9-16。

3. 表面處理：使用金鋼砂噴磨玻璃表面的噴砂、雕蝕法、蝕雕法、印刷、V型磨雕法等表面加工處理，在家具與精緻櫥窗經常使用，如圖9-17、圖9-18。

9-15
磨邊加工

9-16
鑽孔加工

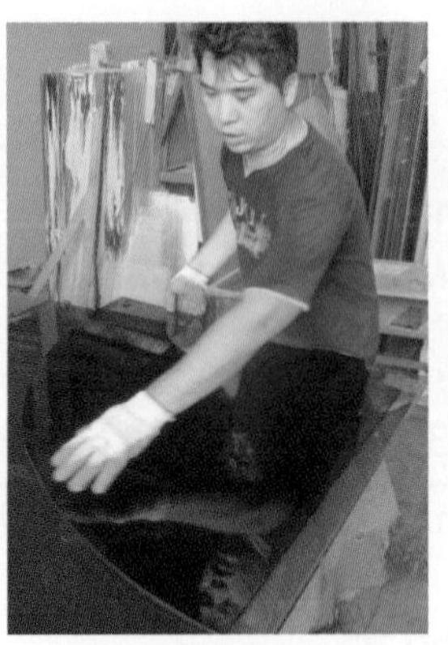
9-17
玻璃變型切割

9-18
電腦輔助切割玻璃

9-4 玻璃安裝施作程序

玻璃安裝是將玻璃裝配於門窗框、櫥櫃、桌面、天花板等。所用的材料有壓條、塑膠襯墊、矽膠等材料固定玻璃，如圖9-19。

9-19
安裝使用塑膠襯墊固定玻璃

9-4-1 地鉸鏈玻璃門扇安裝

1. 依施工圖說於現場安裝位置地面切割挖洞埋設地鉸鏈，並注意機座水平與相鄰界面材質厚度，並等待水泥乾固後才可安裝門扇。
2. 其規格尺寸皆爲所指定的等級及型式。訂製玻璃的開孔、鑽孔、切角尺寸及預留空隙均應符合要求。
3. 玻璃使用厚度在8mm～12mm且需爲強化玻璃。
4. 有框式門扇，如：不鏽鋼框、鋁合金框、木作框與鐵製框。
5. 無框式門扇玻璃須開孔，五金包角，夾具固定，AB膠固定。
6. 安裝時需注意上下軸心垂直準確，相關配件需鎖緊，以免鬆動有異音及危險發生。
7. 玻璃表面須保持清潔，不得有灰塵、腐蝕物及殘渣等雜物。
8. 把手安裝完成，調整門扇關門啓閉速度。
9. 清潔現場，貼上已安裝完成標示警語，以防撞擊發生危險。

9-4-2 不鏽鋼固定框玻璃安裝

1. 依據施工圖說或現場玻璃安裝處之開孔尺寸，裁切玻璃使嵌合及空隙均符合要求。
2. 玻璃表面須保持清潔：安裝表面不得有灰塵、腐蝕物及殘渣等雜物。
3. 安裝現場玻璃應參考設計圖說，並應符合送工地核准之樣品。

4. 施工現場之負責人須確實督導施工廠商，每一個玻璃片皆爲所指定的等級及型式。
5. 將聚氯丁合成橡膠墊塊置於玻璃片底部1/4長度位置。墊塊使玻璃與框架距離至少1.5mm以上，並使玻璃固定於開孔位置上。
6. 安裝並固定玻璃，以填隙料填滿玻璃與押條之間所有的空隙。
7. 安裝用的膠帶不要拉長或使膠帶變形，且長度應與玻璃完全相同，安裝至窗框後，其縫隙應達到密不透水。
8. 玻璃總體面積大之無立柱設計，須於玻璃相接處預留縫隙，並於其後加置勁條(玻璃立柱)加強。
9. 面積較大的玻璃，本身自重較重，應以塑膠壓條，直接壓入槽內再施打環氧樹脂填縫料使其固結並防水。
10. 驗收前須徹底清除所裝玻璃上之污漬、油漆、粉刷或其他有礙觀瞻之物，並擦拭潔淨。

9-4-3 淋浴乾溼分離玻璃安裝

1. 現場丈量所要安裝玻璃尺寸，並注意地面水平及牆面垂直。
2. 依圖面所示材質訂製，注意開門方向與玻璃五金安裝開孔位置。
3. 將玻璃安裝於人造石、不鏽鋼或石材底部，底座與玻璃間應加入軟質墊片，一則可假固定並可防震，以免晃動大時破裂。
4. 門片五金安裝完成，套入止水條，測試開啓或推拉順暢。
5. 在玻璃接合處以矽利康填縫，填縫時在縫的邊緣貼上紙膠帶，如此避免沾污玻璃並可以很確實將矽膠填滿縫隙。
6. 填縫完成再以軟橡膠刮刀，將矽利康抹至平，以求平順之填縫面。
7. 安裝完成，現場垃圾帶走，填縫料乾固後，才可以沖刷清洗。

9-4-4 鋁窗玻璃安裝

一、鋁窗玻璃安裝準備工作

1. 所有門窗玻璃之安裝均須單孔爲一整塊玻璃，不得拼接，除另有規定外。
2. 依施工圖或現場玻璃安裝處之開孔尺度，裁切玻璃使嵌合空隙符合要求。
3. 玻璃表面須保持清潔，不得有灰塵、腐蝕物及殘渣等雜物，凡發霉、變色、斑點、扭曲、波紋之玻璃不得使用；一經發現須全面更換。
4. 雨天、溫度低於5℃以下或框架受雨、霜、水滴凝結而潮濕時，勿進行玻璃安裝與填縫料施作。

二、施工方法

1. 鋁門窗拆下，將鋁門窗固定螺絲拆下，並在各窗框做上記號，避免無法辨識。
2. 安裝膠帶其長度應與玻璃完全相同，安裝至窗框後，其縫隙應密不透水，不得拉長或使膠帶變形。

3. 將墊塊置於玻璃片底部1/4長度位置。墊塊應使玻璃與框架距離至少1.5mm以上，並固定於玻璃之開孔位置上。
4. 安裝並固定玻璃，以填縫料填滿玻璃與押條之間所有的空隙。固定玻璃方法有壓緣止檔及襯墊（壓條、槽鋁）止檔兩種形式。
5. 塑膠壓條則在玻璃安裝後，自下邊框的頂端開始安裝塑膠條，當全部均勻嵌下後即可。
6. 依記號序裝回鋁門窗，並螺絲固定之。
7. 填縫料乾固之後，始可清潔。

9-4-5 木窗玻璃安裝

木門窗的玻璃安裝，其施工程序要點如下：

1. 聘請有經驗的師傅施作
2. 確認玻璃是否爲工程司、設計師、業主所指定的規格、顏色、樣式、尺寸。
3. 丈量尺寸時採台制或公制均可，寬與長各減3mm註記尺寸，並量對角線檢視是否爲直角。
4. 依所丈量尺寸，使用玻璃裁切專用鑽石筆裁割玻璃，並磨削銳角以防受傷
5. 搬運欲安裝的玻璃至安裝場所放置時，須保護完整，不使玻璃缺角磨損及弄髒牆面
6. 釘製木門窗玻璃的三角形木押條，其押條顏色應與安裝的門窗顏色一致，可先行油漆再裁剪斜切密接，以4分長的鐵釘或銅釘釘著於門窗的木料框架內。
7. 釘製的鐵釘或銅釘不可碰觸玻璃，避免玻璃破裂。

9-4-6 固定玻璃安裝

壁面或隔間嵌入式固定玻璃的安裝，一面是固定的框式，一邊是活動的壓條，精確丈量尺寸，確認所指定玻璃種類切割加工，以氣動打釘槍、銅釘或1寸鐵釘方式固定，如固定玻璃內有裝燈的壁面造形，可選用螺絲釘鎖固，以便日後燈具換修方便，才不會損壞木壓條。有不規則或是弧度曲面玻璃，需先打樣板在工廠加工完成後，才於現場安裝。

9-4-7 明鏡於壁面的安裝

鏡面在室內裝修的壁面施工，可分爲二種施作方式：

以大片明鏡直接安裝的大板施工法，另一種是切割成各種形式的連續拼接施工法。施作程序如下：

1. 選用無波紋鏡面裁割尺寸，並需施工技術專精者施作。
2. 安裝壁面如果是磁磚，須先水洗通風乾燥才施作。
3. 有貼壁紙、壁布的牆面，須先拆除，必免妨礙基板的接著。
4. 壁面不平整、土牆或灰泥牆應避免直接安裝。

5. 明鏡背面保護層不要直接與金屬夾片接觸，須插入緩衝材。
6. 明鏡與安裝牆面需留3mm的間隙。
7. 連續拼接施作凹凸需控制在正負1mm以內，並對準銜接處。
8. 銜接處縫隙寬度如以充填填縫時以3～4mm爲主，不填時在周圍留1mm的縫隙。
9. 如貼於外牆須有四周邊框，並以中性矽利康完全填縫，以防雨水滲入玻璃邊緣或內部。
10. 完工清潔乾淨並應給於適當的保護

9-4-8 活動玻璃層板

活動玻璃層板可用鑽石刀切割所需尺寸，四周再以磨光機研磨，有各式的光邊處理方式。活動隔板的銅珠，有公銅珠與母銅珠，母珠通常在裝潢木作人員施工時，就已事先鑽孔打入固定完成，公珠再依所需高度鎖入，活動玻璃層板常使用的的厚度有5mm、8mm、10mm，視其寬度，增其厚度，玻璃在安裝時需注意不能刮傷家具漆面，以免事後修補。

9-4-9 玻璃磚牆施作程序

玻璃磚應用在室內室外均可，一次施作完成便能使一道牆的兩面受用，可增加室內的明亮，有防熱隔音功能，但不能承受載重。需要特別注意的是，砌築玻璃磚牆時，最高不得超過3公尺。玻璃磚施作程序如下：

1. 在砌築玻璃磚隔牆的面積與形狀計算數量和排序。
2. 在玻璃磚牆四周彈出牆身墨線，並標高立好皮數桿。
3. 與玻璃磚相接的建築牆面的側邊整修平整垂直。
4. 依玻璃磚的排列做出基礎底腳，底腳一般略小於玻璃磚的厚度。
5. 如玻璃磚是砌築在木質或金屬框架中，應先將框架固定妥當。
6. 玻璃磚以白水泥：細砂1：1水泥漿，白水泥要有適當的稠度。
7. 作好防水層先上一層砂漿底層，但不得將砂漿撥攤形成溝槽。
8. 開始砌第一道玻璃磚，用橡膠槌敲打磚塊至定位，勿使用金屬工具敲打調整。繼續至塗布砂漿飽滿，再砌後續磚道。
9. 於水平接縫每60cm設置一錨定板。錨定板無續接貫通鑲板之兩端如必須接續，其搭接不得少於15cm。補強筋不得跨越伸縮縫。
10. 在砂漿仍爲塑性狀態且未固結前將接縫整平並形成凹槽，以濕布將玻璃磚面上之多餘砂漿拭除乾淨。
11. 砂漿完全凝固後，玻璃磚砌築完成後，即進行表面勾縫。先勾水平縫，再勾豎縫，縫的深度要一致。

9-5 玻璃安裝的注意事項

玻璃在加工完成後到安裝時，均應遵照行政院公共工程委員會所訂定之搬運與堆存的施工規範。

9-5-1 玻璃搬運與堆存

9-20 玻璃中間用柔軟物墊隔開

9-21 妥善置放

1. 分類裝箱，箱與箱不得相疊，且之間需留有通道，以便取放。
2. 裝箱進場，於工地裁切，以免搬運損壞，但強化玻璃則需照圖施工後再裝箱進場。
3. 玻璃載運時不可顛簸、倒箱需保持豎放，且不可互相摩擦，玻璃與玻璃中間應用柔軟物墊隔，如圖9-20。
4. 搬運時需檢查木箱是否牢固，需注意工人之體力，以少量多次方式搬運，且須注意不可重放，造成損壞。
5. 搬運時使用吸盤，置放時需水平輕放，並避免與金屬直接接觸，放置時注意正、反面，也就是凹凸面。
6. 必須注意沙子或硬物等飛入玻璃夾層內刮傷玻璃表面。
7. 置放空間地面需平坦牢固，且有屋頂以防日曬雨淋，並有堅固之木板墊放玻璃，並妥爲覆蓋，如圖9-21。
8. 需保持乾燥，以免玻璃發霉，木箱或繩子腐朽

9-5-2 玻璃施工注意事項

1. 玻璃安裝須在氣溫高於5℃，且安裝前24小時內預測不下雨之天氣下完成。
2. 玻璃安裝宜在內部整修大致完成後再裝配。
3. 凡發霉之玻璃或工程單位認爲玻璃板有明顯之損耗斑點、扭曲、波紋時不得使用，若經發現須全面更換。
4. 窗玻璃若有輕微弧度時，其安裝時應以凸面朝外。
5. 磨砂或壓花玻璃其磨砂面、壓花面應朝內側安裝。
6. 框架內玻璃墊條、壓條或環氧樹脂填縫料等，力求密實以防漏水。
7. 玻璃自裝配至完工階段，應具保護貼紙，以防止污染或破損。
8. 安裝玻璃施打矽利康時應注意施打時之氣候及接著面之溼度、矽利康種類及顏色與十字交叉時接打時間及方式 。
9. 矽利康的接著對拉力、壓力與扭力的應力較好，對剪力最差。
10. 熱硬化玻璃、強化玻璃、複層玻璃現場安裝時，如玻璃尺寸錯誤，就不能裁切、磨修。
11. 玻璃安裝施工完成後，應清除表面泥水或油漆塗裝污染；清除多餘的填縫料；黏貼接縫沒有乾固並未達該有強度應警示標記避免碰撞。
12. 玻璃或鏡子的計價單位尺度進位計算應事先明確，避免紛爭。

13. 玻璃安裝用的黏劑成份其彈性材料，在凝結後應具有伸展性、復原性與防剝落。
14. 玻璃載運到工地存放時，不得有任何損耗扭曲、波紋等與儲存於遮蔽空間不要太陽直射。

9-5-3 玻璃需要退貨的原因

在玻璃安裝前的運送、儲存都應謹慎處理，應以製造商之原裝運至工地，且儲存於遮蔽空間，放置時須垂直安放，除另有規定外不得平放或堆疊。對於材質錯誤、厚度錯誤、尺寸錯誤、樣式錯誤、加工方式錯誤，或是破裂、磨損、刮傷、波紋、發霉、變色、斑點、腐蝕、缺角與扭曲之玻璃不得使用，需重新製作。

9-6 壓克力

壓克力是英文Acrylics的音譯，Acrylics是丙烯酸與甲基丙烯酸類化學物品的總稱。

壓克力板的製作可分擠出（extrusion）和澆鑄（casting）二種。擠出的製作大都以PMMA粒子爲原料，以壓克力製造押出機進行押出所得之板材，市面上稱爲押出板。而澆鑄的製程又可分成單體模具澆鑄（cell casting）和連續澆鑄（continuous casting）二種，是將糊漿狀原料澆鑄在模具中經過化學反應所得之板材，稱爲澆鑄板。

9-6-1 壓克力常用工具

壓克力加工施作機具，並無須特別，一般裝修木作的施工機具、銅與鋁的加工具均可使用。常使用的工具敘述如下：

捲尺、鋼直尺、直角尺、線切刀、手工鋸、手工雕刻刀、鋸檯裁切機、花鉋機、雕刻機、拋光機、鑽孔機、模具熱壓成型機、吹塑成型機、真空吸塑成型機、線熱折彎機、雷射激光機、手提電動圓鋸機、手提電鑽、雷射水準墨線儀等。

9-6-2 壓克力的種類

1. 透明壓克力
2. 半透明壓克力
3. 色板壓克力
4. 非透明壓克力
5. 耐衝擊壓克力
6. 磨砂面板壓克力
7. 人造大理石壓克力
8. 花紋板壓克力

壓克力有粉狀、顆粒狀、板片狀、棒狀與管狀。另外MMA也可以和多種不同的其他單體原料聚合而成共聚合物（Co-polymers），該等共聚合物可爲固體粒料，再經射出成型製成各式不同零件或產品，可以是液體型態，製成各種不同用途之樹脂，再將各種不同的添加物加入MMA中聚合後，就可製成壓克力人造大理石複合材料，利用模具押出成型，例如浴室內的浴缸、面盆、水槽與檯面，運用非常廣泛。

9-6-3 壓克力的特性

壓克力板的特性是:具有耐候性、耐衝擊性高、可塑性高、易於加工、高透光度、高表面硬度、耐化學溶劑、可印刷、可雕刻、光澤度好等特性。

9-6-4 壓克力的加工

壓克力的加工方式分別敘述如下：

1. 機械加工：裁切、鉋平、電腦CNC雕刻、布輪拋光、鑽石拋光。
2. 熱成型加工：模具熱壓成型、吹塑成型、眞空吸塑成型、線熱折彎。
3. 黏合加工：UV膠接合法、AB膠二液型、溶液型、市售配好的接合劑。
4. 雷射加工：雷射切割、雷射激光雕刻。
5. 表面加工：電腦字切割貼膜、噴漆、絹版印刷、網版印刷、油墨印刷、鍍膜、染料上色、手工雕刻。

9-6-5 壓克力安裝施工

1. 依施工製造圖説之要求施作，符合安裝位置與核准樣品安裝。
2. 室外壓克力安裝前一天內預測不下雨之天氣下完成，且安裝溫度應高於5℃，不致引起變質。
3. 壓克力安裝應該在內部裝修與塗裝工程完成後再安裝。
4. 壓克力安裝前檢視表面應該清潔乾淨，不能有破裂、發霉、腐蝕、斑點、變色、刮傷、扭曲、波紋與缺角等，如有上述情況應於退貨，重新定製再於安裝，如已經安裝也應拆下更換。
5. 壓克力安裝於單孔內需爲一整塊壓克力，不得拼接。另有規定除外。
6. 安裝固定壓克力板，應以矽利康填縫料填滿壓克力與壓條的空隙。
7. 安裝時候如不愼沾到水泥漆、水泥或灰漿，應用濕布擦乾淨。
8. 壓克力安裝後應妥善保護，以防止撞擊、刮傷或污染。
9. 清潔工地。

如上述的壓克力固定安裝施工之外，另有天花板的壓克力安裝，於室內裝修木作工程時已用木製材質分割適當尺寸，框內再釘造型裝飾線板，可依裝修後所需的尺寸丈量切割或訂製，因爲需大型裁切鋸檯與專用鋸片，通常在工廠完成裁切，其安裝固定方式是壓克力由上面放置框架內即可，是屬於活動式嵌入不打矽利康，日後燈具更換容易，天花板所使用的壓克力厚度約5mm，尺寸不宜過大，否則會因爲自重而下沉，面積如超大，木框中間必需有木條加強結構。

9-7 重點整理

一、對玻璃種類的認識。

二、對於玻璃加工後的運用

三、了解各種玻璃在室內裝修的施作程序。

四、了解壓克力種類、加工與安裝。

9-8 習題練習

一、室內裝修工程裝配衛浴玻璃門片，爲配合設計尺寸、安全、機能、五金裝設等需求，玻璃可能之前置加工作業有哪些？請寫出 5 種。

二、請就建築物使用之門、窗或隔間、欄杆、扶手等經指定爲浮式玻璃時之運送、儲存及處理應注意事項。

拾 壁紙、地毯與窗簾施工作業

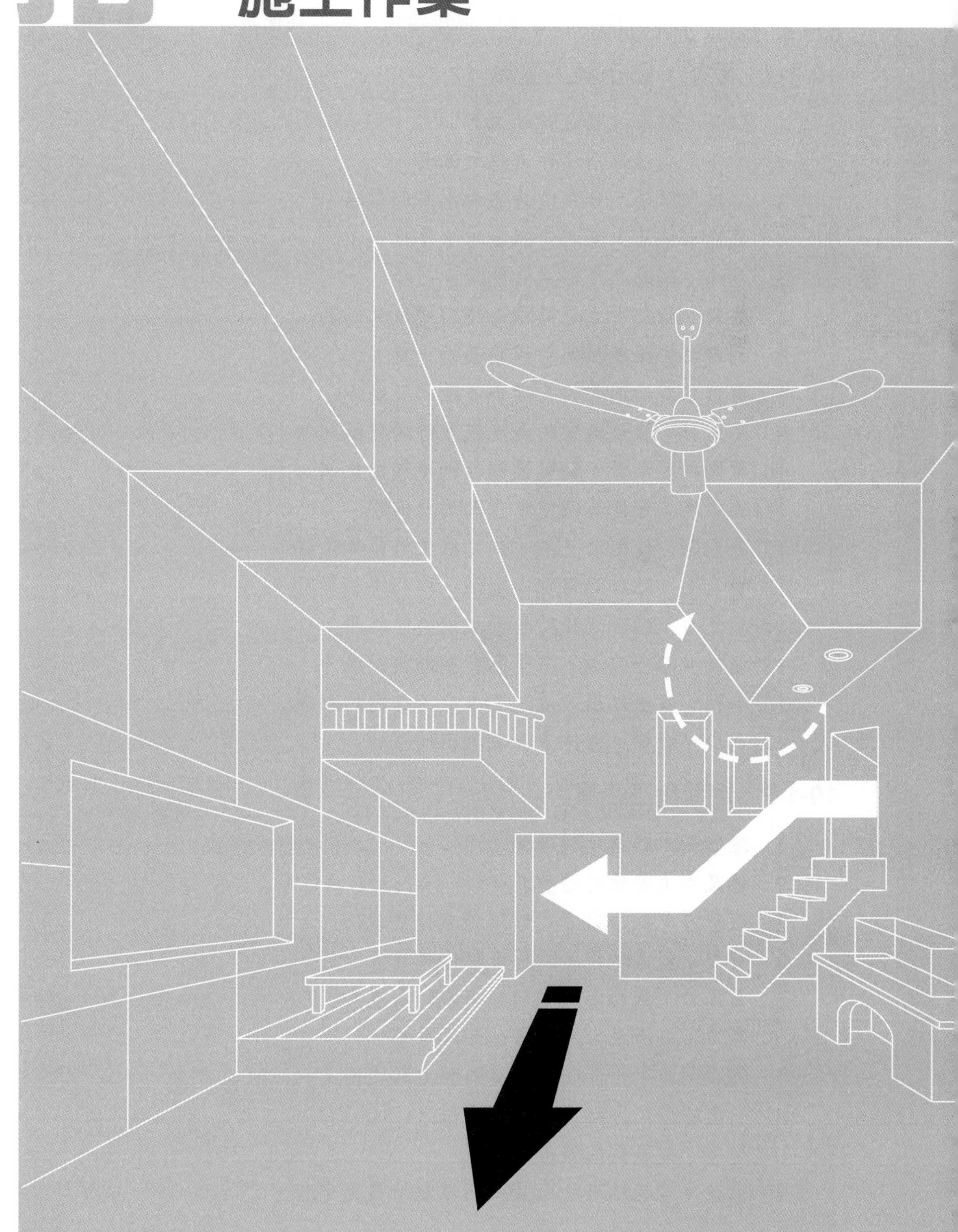

本章在壁紙、地毯與窗簾作業中，能了解對於材料、品質、施工步驟及工法，並能督導施作技術人員做好合乎施工圖説之規定。

 10-1　基本工具簡介

在壁紙、壁布、地毯與窗簾的施作過程，其工具使用分別敘述如下。

10-1-1　壁紙、壁布施工工具

1. 鉛錘：作垂直點記號的工具。
2. 墨斗：放樣彈出施作直線之工具。
3. 雷射水準儀：可測定垂直與水平的儀器。
4. 氣泡水平尺：可測定短距離水平點。
5. 合梯：輔助高度作業時使用。
6. 捲尺、竹尺：丈量貼作面積與壁紙的量具。
7. 刮刀：去除泥粒，整修牆面的平整。
8. 剪刀：裁切適當的長度或多餘的壁紙。
9. 美工刀：裁切適當的長度或多餘的壁紙。
10. 漿糊調製容器：調製漿糊粘稠度適當比例。
11. 佈膠機：可使捲軸壁紙背面均勻佈膠。
12. 長毛刷：使用於壁紙、牛皮紙上的漿糊佈膠。
13. 短毛刷：貼合過程刷平壁紙，以利平整緊貼。
14. 壓克力：貼合過程轉角壁紙擠壓、推平。
15. 滾輪：貼合完成，滾平壓實壁紙接縫處。
16. 水桶：盛水之用，清洗毛巾或海綿內的黏膠。
17. 毛巾、海綿：擦拭多餘或溢出的膠。

10-1-2　地毯施工工具

1. 蹬緊器：鋪貼地毯蹬緊之用。
2. 捲尺：丈量地毯的量具。
3. 裁剪刀：以手推方式適用於地毯之裁切。
4. 剪刀：裁剪地毯，以符合現場尺寸。
5. 美工刀：裁切海綿或地毯適當的長度。
6. 刮刀：去除泥粒，整修地面的平整。
7. 佈膠刮刀：平齒狀，可塗佈強力膠之用。
8. 熱溶膠帶：浮貼式連接地毯用。
9. 熨斗：熨燙熱熔膠帶。
10. 滾輪：地毯貼好於表層來回滾動使其更平整。

10-1-3 塑膠地磚施工工具

1. 捲尺：丈量施作尺寸之用。
2. 刮刀：去除地面泥粒，整平之用。
3. 墨斗：放樣彈出施作直線之工具。
4. 美工刀：裁切塑膠地磚適當的長度。
5. 佈膠刮刀：平齒狀，可均勻塗佈地面感壓膠之用。
6. 海綿：擦拭多餘或溢出的膠。
7. 滾輪：地磚貼合完成後，來回滾動使其更平整。

10-1-4 窗簾施工工具

1. 捲尺：丈量施作尺寸之用。
2. 電鑽：可鑽水泥牆或金屬框。
3. 衝擊式起子機：鎖合螺絲之用。
4. 螺絲起子：鎖合螺絲之用。
5. 合梯：輔助窗簾高度安裝使用。
6. 吸塵器：吸附鑽孔時的粉塵。
7. 熨斗：安裝完成現場修飾整平。

10-2 壁紙

CNS11491對壁紙作以下定義:系以紙製、纖維製、塑膠製或金屬箔片製等爲材料，表面有各種不同修飾之加工品，以膠合劑黏貼於牆壁或天花板上。最小有效寬度分爲52cm、92cm、122cm三種。若買賣雙方有協議時，從其協議。有效長度由買賣雙方協議定之。

一般壁紙上層爲合成樹脂的材料居多，其樣式繁多、施工簡易快速，價格經濟，因樣式花紋與色澤變化多，在壁面的選擇與搭配，更能使空間柔和效果更爲豐富。壁紙如遇水或潮濕環境與較熱場所，接合處更容易脫落。

壁紙的黏貼材料以澱粉系粘著劑黏貼，施工容易，其價格及品質，因壁紙質料的不同，差異極大。

10-2-1 壁紙種類

壁紙種類分爲一般壁紙與防焰性壁紙二種。市面上壁紙樣式繁多，流行變化速度相當快，常有今年的樣式隔年就不再生產。壁紙以成捲居多，規格寬50公分，長10公尺，爲主要供貨尺寸，但其尺度都會多一些，例如寬度會是52公分，長度會超過10公尺。其市售壁紙常見名稱有：平面壁紙、浮雕壁紙、全紙壁紙、塑膠壁紙、發泡壁紙、金箔壁紙、腰帶壁紙、絨質壁紙、和式門紙、泡棉壁紙、風景壁紙、樹葉壁紙、羽毛壁紙、石材雲母壁紙、其他壁紙等。

10-2-2　壁紙面積的計算

台灣的壁紙以寬50公分，長10公尺爲單位計算用量，每捲爲1.5坪，以支爲計價單位，縱使拆開後只貼一小部分，也是算1.5坪的施作費用，其面積計算如下：

寬50公分×長10公尺

0.5公尺×10公尺＝5平方公尺

5平方公尺×0.3025＝1.5坪

10-2-3　壁紙拆除施工

壁紙、壁布貼過一段時間有泛黃或剝落現象，如要修繕重貼，其施工步驟敘述如下：

1. 施作環境保護，如大理石、木地板、櫥櫃、家具與燈具等。
2. 採取必要防護措施，避免腐蝕性鹽酸及粉塵傷害施作人員。
3. 如是塑膠壁紙，須先撕掉或用齒狀刮刀破壞表面不吸水面層。
4. 以清水或清水中加入少量鹽酸，使用毛刷塗刷於壁紙上潤濕。
5. 亦可用噴水器採多次噴水滲入底紙，軟化漿糊黏著層。
6. 使用刮刀將已浸濕之壁紙底紙刮除乾淨，並保持良好通風。
7. 壁紙拆除完成，垃圾集中處理，現場清理乾淨。

10-1　壁紙底紙刮除乾淨

10-2　舊壁紙拆除作業

10-2-4　壁紙施工作業

一、前置作業：

1. 核對施工圖說：與原設計單位確認，並交由專業技術人員施工。
2. 材料清點：尺寸核對、工具檢查、環境測定、溫度與溼度紀錄。
3. 施工環境勞工安全衛生措施規劃。
4. 丈量核對尺寸，確認被貼面板平整、乾燥、清潔。

5. 被貼面需乾燥、平整、乾淨。油污、污漬均須去除清理，不得有滲水或發霉情況。
6. 凹洞、縫隙須先補平，如圖10-3、圖10-4。鐵釘或螺絲頭須凹陷於表面，避免鏽染壁紙，油性原子筆或蠟筆須先打磨清除或批土覆蓋。
7. 使用與牆面色澤相近的補土，必要時全面打底，或以白膠加強。

10-3　凹洞、縫隙須先補平1

10-4　凹洞、縫隙須先補平2

二、準備壁紙黏貼材料

1. 澱粉系粘著劑：使用時以清水適當稀釋，5℃以下時停止作業。
2. 白膠樹酯：轉角、接縫、疊接及需要黏膠補強之處。
3. 強力膠：壁紙、壁布在貼小轉角時，修飾加強用。
4. 底紙：牛皮紙、棉紙、壁紙底紙。

三、鋪貼施工：

1. 調整漿糊：澱粉系粘著劑加水稀釋至適當粘稠度。
2. 貼底紙：塗佈漿糊須適量均勻，需待紙質潤濕完全後方能鋪貼。
3. 壁紙以長於實際貼合長度剪裁，因預留修邊裁切用，均勻佈膠，待潤溼完全，再行鋪貼，如圖10-5。
4. 依照鋪貼計畫施作，保持壁紙垂直並以短毛刷由上至下，由中間至兩側推擠刷平，避免底部氣泡留存，如圖10-6。
5. 如有花紋或圖案的壁紙要注意拼接花紋、圖案的完整性，常用對口或搭口裁接方式。
6. 壁紙接縫處以刮板或滾輪整平，同時使用海綿、抹布擦拭溢出之粘著劑及周邊受粘著劑汙染處。
7. 運用壓克力刮板及美工刀裁切預留多餘壁紙、集中收集避免粘著劑汙染周邊牆面及地面，如圖10-7、圖10-8。
8. 環境復原，清潔整理，工具維護，如圖10-9、圖10-10。

10-5
預留修邊裁切用

10-6
短毛刷推擠刷平壁紙

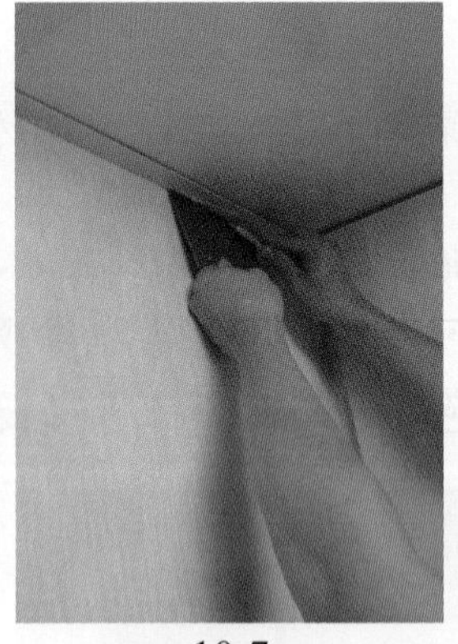
10-7
壓克力板及
美工刀裁切壁紙

10-8
裁切多餘壁紙

10-9
完成並環境清潔1

10-10
完成並環境清潔2

10-2-5 壁紙施工注意事項

1. 貼壁紙前須先確定被貼面平整，必要提出適當的修補工法。
2. 出線孔處需整片貼過，再切出出線孔，不可用零料拼貼。
3. 粘貼後如隆起或有氣泡，可用針刺孔或割開，注入粘膠壓平即可。
4. 黏膠稠度要適中，需過濾不能有雜質，貼好才會平整。
5. 在轉角窗角處，較會影響剝落的地方塗抹白膠處理，避免翹曲。
6. 潮濕易長霉的壁面，可加適量的防霉劑均勻塗抹，避免黴菌產生。
7. 如需對花，應抽兩捲攤開比對紋路，避免無法對花的情況發生。
8. 壁紙貼上壁面，先檢視色澤是否一致，有無陰陽色或嚴重色差。
9. 注意壁紙廠商標示順貼或正反貼鋪貼方向，如圖10-11。
10. 壁紙在切割時要精準，不能有毛邊，整體才會美觀。
11. 壁紙佈膠要均勻，著膠後放置讓底紙吸著水份軟化再做鋪貼，如圖10-12。
12. 貼時如有溢膠，使用濕海綿擦拭，避免事後的泛黃、污漬。
13. 如有踢腳板收邊，爲防止地面溼氣，壁紙可不用貼到底。
14. 可留下同一批編號的壁紙，以作爲事後修補壁紙時運用。

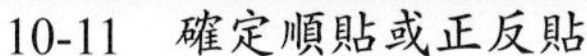
10-11　確定順貼或正反貼

10-12　底紙吸水份軟化再貼

10-2-6　壁紙施工常見問題

一、材料因素：

1. 左右色差：印刷、厚度、壓花左右不均。
2. 同批色差：塗層色差產生段落深淺，不易察覺。
3. 製造壁紙機械，印刷沾染油墨。
4. 接縫明顯：裁邊不良、左右色差。
5. 壓花對板不良、對花長度不等距。

二、人為因素：

1. 壁紙存放或搬運過程邊緣遭擠壓碰撞，使其受損，以至接縫不良。
2. 漿糊太稀薄，造成黏著不良。
3. 塗佈不均或摺疊不當，造成折線無法復原現象。
4. 應對花而沒有對花，或是鋪貼方向錯置。
5. 壁紙接縫處使用硬板硬刮使接縫表面受損。
6. 施工時溢漿，擦拭清除不完全，導致黏漿乾後產生色差 。

10-3　壁布

壁布材質有尼龍、麻、棉、紗、玻纖等材料，其背襯有紙質、布質、塑膠等。使用壁布其優點爲較具價值感、柔軟和厚實溫馨感，具高貴氣派感，具富吸音性。缺點爲容易附著灰塵，不容易保養，價格也較壁紙貴。壁布早期多使用在商業空間，現有住宅空間也都廣泛使用壁布。

10-3-1　壁布質料

在壁布質料中，常見有自然纖維、人造纖維、絲絨壁布、塑膠耐燃壁布、麻紗壁布與金線壁布，分別敘述如下：

1. 自然纖維：

   麻、棉、紗等材質，質感樸素、紋理柔和順暢，其一般尺寸有寬度53公分與90公分，長度有10公尺。

2. 人造纖維：

以人造纖維爲主要材料，也有與自然纖維混紡。人造纖維壁布尺寸寬度因廠牌不同而異，一般有75、90、120及140公分，長度有33公尺。

3. 絲絨壁布：

面層爲絨毛，底層爲布，布質柔軟、色澤發亮，價格也較高，一般較少全面鋪貼僅空間點綴使用較多，其規格大多幅寬四尺半，長度成捲不限。

4. 塑膠耐燃壁布：

又稱爲無針孔塑膠耐火壁布，具有耐燃功能。

10-3-2 壁布功能與規格

1. 依使用功能可分：

防焰壁布、耐磨壁布、吸音壁布、無塵壁布、防火壁布、塑膠防火壁布、耐磨防火壁布等。

2. 壁布規格：

因廠牌不同而異，其規格寬度爲3尺～4.5尺，長度約50～90尺。

10-3-3 壁布施工作業

對於塑膠耐燃壁布或說明防火塑膠壁布之材料、設備、施工及檢驗等相關規定如無特殊規定時，工作內容應包括但不限於防火塑膠壁布、黏著劑、接邊處理、其零料、配件

一、壁布施工準備工作：

對施工有影響之牆面情況，均應先加以勘察，並須在牆面情況合乎施工條件下，各類管線及開孔位置等部份檢驗完成後，方可開始防火塑膠壁布之黏貼工作。黏貼的膠合劑，採用塑膠壁布原製造廠商建議，具有抗霉及不沾污壁布之產品。

二、壁布鋪貼施工過程：

1. 黏貼之牆面的平整程度，如有不平整之牆面，須披土整平，另黏貼壁布應在正常溫度及濕度下，方可進行。
2. 塗佈膠合劑於壁布之背後，並依製造廠商之說明書黏貼，施工應注意使接縫垂直，水平方向不得有接縫。
3. 重疊之接縫應緊密接合，承包商應使用捲筒、刷子或寬刀以排除氣泡、皺摺及水泡等缺陷。
4. 承包商應視實際需要整修布邊，務使接縫處之顏色及花色，與其他部位一致，並使接縫整齊美觀。
5. 所有內外轉角處均應爲整塊壁布。
6. 壁布貼妥後，應以溫水及清潔劑，以海綿除去壁布接縫滲出之膠合劑，並予擦乾。

10-4 地毯

地毯能使人感受地板帶來的溫暖、安靜、良好的質感與彈性，同時也能形成視覺的焦點。地毯可以將地板、家具等裝修材料融合在一起，也可以在視覺上改變房間的大小及形狀。

地毯也能減少噪音、隔離地板，增添舒適感與美觀，其花紋與顏色可形成室內寬闊的氛圍，有保溫及吸音效果。

地毯的製造原料有羊毛、人造纖維、麻、棉、尼龍丙烯或混紡等。

10-4-1 地毯種類

依防焰性能認證實施要點中對地毯的種類計有：梭織地毯、植簇地毯、合成纖維地毯、手工毯、滿鋪地毯、方塊地毯、人工草皮與面積二平方公尺以上之門墊及地墊等地坪鋪設物。

地毯分類：依用途分滿鋪、方塊地毯、塊毯、門墊及地墊等其他。

滿鋪地毯以及方塊地毯適合鋪設於辦公室、會議廳等公共空間。

一、滿鋪地毯

整捲式可依實際需要鋪滿整個地面，可分爲單色或彩色圖案兩種。尺寸規格:國產品寬12尺×長75～100尺，進口品寬13.2尺（4M）×長75～100尺，地毯厚度有9mm、12mm、15mm、36mm，也有不同厚度的圖案地毯，也因爲這種地毯的鋪設方式並不會界定出特殊的空間，因此能簡化家具的安排。滿鋪地毯是最常用的地毯，一般使用9mm、12mm厚圈毛較多。

二、方塊地毯

CNS13924方塊地毯係採組合方式，其爲固定形狀之纖維製地毯織物，又稱爲地毯磚。以單塊互相接合而成，可組合成不同顏色，接合方式分爲平接及鋸齒接。

三、手工毯

通常以小面積塊狀地毯或條毯呈現，因面積不大，爲了展現豪華細緻的手工質感，大都使用天然材質製作，以增加其價值感。

四、梭織地毯

在CNS13591中，是指以具備吊綜打緯裝置之織機，雙層毛簇之織機或亞契斯敏斯達織機所織製之有毛簇地毯，如圖10-13。

1. 其種類依織法不同分爲三種：威爾頓地毯、雙面地毯、亞契斯敏斯達地毯。
2. 其種類依毛簇紗形狀不同，分爲六種：剪開毛簇(平整)、剪開毛簇(高低)、縲圈毛簇（平整）、縲圈毛簇（高低）、剪開／縲圈併用（平整）、剪開／縲圈併用（高低）。

10-13 梭織地毯

五、植簇地毯

在CNS13592，係指在基布上以針簇機將毛簇紗刺入而形成毛簇，並於背面使用黏膠以固定毛簇而成之地毯，如圖10-14。

10-14　植簇地毯

六、聚氯乙烯塑膠地毯

在CNS3216，係以聚氯乙烯（PVC）樹脂爲主要原料製成之建築用塑膠地毯。其材料使用適當可塑劑、安定劑、著色劑及添加物，依需要以適當之纖維材料積層之。

七、人工草皮

以100%合成纖維爲原料，透氣及透水性佳，室內外都適合使用，有眞草的實質感覺又不需花費時間照顧，在都市中有綠美化的效果。市面上的尺度有多種規格，大都以整捲方式。

10-15　門墊

八、門墊及地墊

1. 門墊：

   其材質以合成纖維或橡膠居多，功能以除塵、吸水、止滑、美觀及作爲內外空間之區隔，如圖10-15、圖10-16。

2. 地墊：

   以發泡塑膠材質，活動式鋸齒狀接合之安全地墊最常見。也包括其他材質之地坪鋪設物。

10-16　作爲內外空間之區隔

10-4-2　滿鋪地毯施工步驟

1. 施工製造圖說確認，並交由專業技術人員施工。
2. 檢查工具、清點材料、核對尺寸、環境測定、溫溼度紀錄。
3. 地板表面之砂礫、灰塵或油漬須清除或洗刷乾淨。
4. 地面有裂縫、凹凸不平、起沙或脫殼現象，應先處理平整。
5. 施工前水電、空調及管線完成後，才可施作地毯鋪裝工作。
6. 混凝土樓地板面必須乾燥，始可鋪設地毯。
7. 鋪設前將高密度海綿四邊塗抹強力膠，黏貼於地面。
8. 將整捲地毯，依規格方向，全面展開於地面。
9. 將地毯按裝釘耙帶，沿著牆邊以鋼釘固定。
10. 以蹬緊器蹬緊地毯，將牆邊多餘之地毯剪掉。

11. 將地毯四邊翻起背面塗抹強力膠，地面四周也塗抹強力膠。
12. 等強力膠表層面乾不沾手時單邊壓貼，再用蹬腳器調整拉緊貼合。
13. 使用吸塵器清理地毯表面之細碎絨毛，清理乾淨並移出工地。
14. 鋪發泡塑膠布等適當材質於地毯上保護，驗收後始得移除。

10-4-3 方塊地毯施工作業

1. 將地毯展開於室溫24小時以上。膠合劑亦置放24小時以上。
2. 地板表面之砂礫、灰塵或油漬須清除或洗刷乾淨。
3. 地面有裂縫、凹凸不平、起沙或脫殼現象，應先處理平整。
4. 施工前水電、空調及管線完成後，才可施作地毯鋪裝工作。
5. 混凝土樓地板面必須乾燥，始可鋪設地毯。
6. 測量場地之實際尺度，以確定地毯設計圖說鋪設。
7. 所有接合處之線位，應事先以墨線放樣。
8. 依照製造商之建議，使用V形刮刀100%均勻塗佈黏著劑。
9. 上膠後應等10～30分鐘，視膠之接合力情況，再行鋪設地毯。
10. 兩塊地毯接合時避免色差，按原廠批號裁剪接合不可混雜。
11. 地毯應同向裁剪接合，有圖案接合處應密合，門口處應避免接合。
12. 爲使接合處達到完全之密合，須以踢腳器整合。
13. 地毯鋪貼後，以34kg滾輪來回滾動使地毯完全膠著密合。
14. 經過整平及滾壓後之地毯，48小時內不准行走使用。
15. 使用吸塵器清理地毯表面之細碎絨毛，清理乾淨並移出工地。
16. 鋪發泡塑膠布等適當材質於地毯上保護，驗收後始得移除。

10-4-4 塊狀地墊施工安裝

1. 產品搬運至工地應小心，不得投擲、不可擠壓，應平放。
2. 鋪塊狀地墊之混凝土面應充分乾燥後始可施作。
3. 鋪塊狀地墊於木質地板上，此地板裝釘須穩固，表面平整。
4. 鋪貼前須清掃污泥、灰塵、細砂、油污及垃圾。
5. 安裝時鋪開塊狀地墊並攤平於正確位置，不可使用黏著劑。
6. 清理完成地墊，用吸塵器清理塊狀地墊表面之面紗。
7. 將本工作所產生碎片清理乾淨並移出工地。

10-4-5 地毯施工注意事項

1. 施工前工地清理乾淨，樓地板不可過於潮濕避免影響地毯的品質。
2. 被貼地面不能有砂礫，因鋪貼時收邊會有不平整的情況。
3. 地面的水電管線應埋入，地毯不可鋪貼在管線上。

4. 貼於磁磚或木地板上，需檢視磁磚有無拱起，木地板是否平整。
5. 地毯搬運不可拖拉與地面摩擦，因地毯織線會脫線與斷線。
6. 地毯貼於架高式地板上，踩踏面夾板厚度需足夠。
7. 天花板的水電冷氣管線完成後，才可施作地毯鋪裝工作。
8. 地毯門框入口收邊厚度要注意是否影響到門的開啓。
9. 滿鋪時避免地毯翹邊，須先放置到地毯平順後再上膠貼合。
10. 地毯的毛面方向不可錯置，會產生陰陽色影響整體的美感。
11. 佈膠要依規定施作，貼合後地毯才會平順無波紋的情況產生。
12. 貼樓梯陰陽角的接合要加壓條或固定配件處理，止滑以策安全。
13. 避免在出入口與動線區接合，因常走動使得地毯織線造成脫落。
14. 地毯施工接合面要平整，滾輪重壓處理使地毯貼著更貼合。
15. 完工後避免其他工程施作，做好防護，驗收後始得移除。
16. 地毯的防焰標示是否符合相關規定。

10-5 塑膠地磚

塑膠地磚於日治時期至今，廣泛應用在室內裝修地板工程的主要建材，在複合材料上面加上一塑料層，經高壓高熱壓製而成，所以具有高強度性、高耐磨性、高硬度及高耐水性，其塑料層是由氧化鋁及樹脂合成，使用於辦公及商業空間。

10-5-1 塑膠地磚種類

塑膠地磚又稱爲PVC地磚，是由聚氯乙烯製成的地板；其製作方式分爲透心地磚與複合材質地磚二種類型。透心地磚以整塊PVC製成，耐磨度較高；複合材質地磚爲多層次結構合成，花色與款式有較多的選擇。

塑膠地磚的包裝因尺度不同而有所差異，如果是整捲式的塑膠地毯其寬度是200公分，也就是6.6尺，計算坪數與地毯相同。下列依市面上常見的不同尺寸包裝，其每坪箱內的片數。

1. 每塊尺寸爲1尺×1尺，一坪是36片。
2. 每塊尺寸爲1.5尺×1.5尺，一坪是16片。
3. 每塊尺寸爲0.5尺×3尺，一坪是24片。
4. 每塊尺寸爲2尺×2尺，一坪是9片。

10-5-2 水性感壓膠

水性感壓膠爲貼塑膠地磚的黏著劑，此產品爲純水性壓克力乳化製品，符合環保需求，水份揮發後具感壓黏性，對於透心地磚及塑膠地磚等地面材，具有良好之黏貼效果。

於施工地面之處理須平整，乾燥，清潔，並避免地面有油汙或鬆軟情形。如果地面不吸水或較難吸水，則膠可能無法完全乾燥，會造成貼合不良。感壓膠需放置陰涼處，避免陽光直接照射，若未完全使用完畢，須將封口封好，以防膠體乾燥凝固。如施作於木質地板或水泥地板須注意下列現象：

1. 木質地板：不可有彎曲變形之現象。
2. 水泥地板：不能有起砂，凹凸不平之現象。
3. 水泥新地面：需待完全乾燥後才可佈膠施工，不可使用於潮溼地面。

10-5-3 感壓膠施工佈膠方式

1. 施工用地磚先平放堆置，以消除地磚彎曲變形，防止黏貼不平整。
2. 以標準鋸齒塗佈刀塗佈施工，以確保塗佈之均勻性。
3. 塗膠後約20分鐘，待水份揮發黏著性增強時，才開始貼地磚。
4. 若需修正貼合不良處，須在一小時內修正。
5. 貼上地磚後要用壓力輪加壓，以確保完全黏合。
6. 施工後24小時內，避免人員走動與物品移動，防止貼合地磚移位。

10-5-4 塑膠地磚施工作業

1. 鋪貼塑膠地磚之混凝土面應以1：3水泥砂漿或自平水泥施作，等充分乾燥後始可鋪貼地磚。
2. 如地磚鋪貼於木質地板上，此地板須裝釘接縫穩固，表面平整使能充分膠合。
3. 鋪貼前須清掃灰塵、細砂或油污，否則將導致地磚剝離凸起，如圖10-17。
4. 在房間中間劃準垂直線，將膠合劑使用平齒刮刀均勻刮平於地面，如圖10-19。
5. 依此基線向四邊鋪貼，貼磚須邊線靠齊，以手掌壓緊貼實，中間不得留有空氣，並隨時校正線縫正齊，必要時用特製小木槌輕擊，使其貼實平整，如圖10-20、圖10-21。
6. 待貼地磚放置切勿滑動，因接合處容易溢出膠合劑而污染地磚表面。
7. 鋪貼進行之順序，先沿基準線鋪貼一列，或鋪貼標籤十字交叉點之四塊然後再由中央向牆壁延伸。
8. 如踏在已鋪貼之地磚上工作時，應注意不可沾污表面，又地磚之紋路，應縱橫交錯，以緩和其伸縮作用。
9. 冬季低溫地磚鋪貼，常有局部膠合不良之處，須用噴燈略予加熱補救，但切勿加熱過度，以免地磚發生收縮致接縫處分離。
10. 地磚鋪貼後，須以橡膠滾輪或適當之工具作充份之滾壓，以增加黏著之效果，尤以牆壁邊緣爲要。
11. 由地磚接合處擠出之地磚膠合劑，須用濕布抹拭乾淨。而後打地板臘至光亮平滑爲度。
12. 地磚鋪貼後隨即使用，對膠合效果甚爲有利，但較重物品在上面拉動時，地磚會滑動，故應避免。
13. 放置較重的或尖銳底腳之家具，下面應墊較厚之平板或橡膠片。

10-17
鋪貼前須清掃

10-18
材料清點與尺寸核對

10-19
凹痕鏝刀將黏膠均勻塗佈

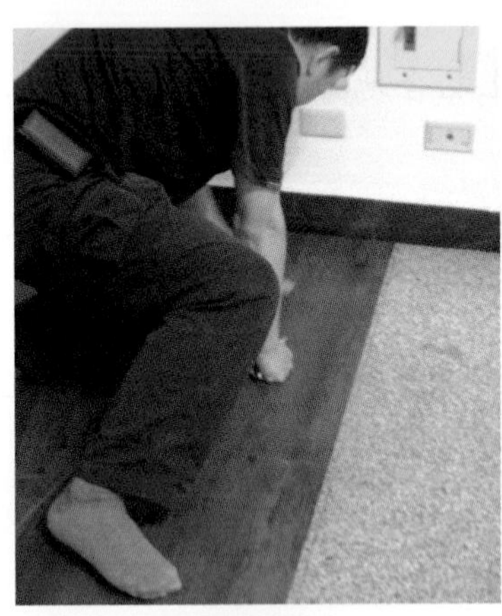

10-20
鋪貼壓緊貼實

10-21
地磚間之接縫需平整

10-22
清潔地磚鋪面

10-5-5 乙烯基塑膠地毯施工

1. 安裝乙烯基塑膠地毯前的混凝土表面應乾燥且無油脂及油漆污染。
2. 磨掉高突之地面，並用水泥薄漿或地板整平劑，填補裂縫及低凹處。
3. 對黏劑及底塗料有害之物質應予清除。
4. 安裝乙烯基塑膠地毯前，應依據塑膠地毯製造商之建議做黏著試驗及潮濕試驗。
5. 安裝前24小時，將塑膠地毯及相關材料在鋪設處展開放置，以消除因長期捲置造成之變形。
6. 依照每個房間、場所或地區所選定之材料、顏色、設計及圖案安裝。
7. 依照黏膠製造商之建議，使用槽形鏝刀塗佈黏劑至均勻厚度。
8. 鋪設時應使對應邊相等。地毯之鋪設範圍應自一端牆至另一端牆，包括櫥櫃下方之空間，地板有開口、與牆交接處，及門檻底部之塑膠地毯應予適當切割。
9. 地板不同高度之鄰接處應以斜角收邊緣條收頭，並使收邊帶與垂直接面密合。須確實排除所有氣泡及皺紋。

10. 地板與牆的接縫應予擠壓至緊密程度，並經工程單位檢查認可。
11. 乙烯基塑膠地毯鋪面以熱熔接方式將多鋪面地毯組合成單張，外觀應不見接縫痕跡，並壓平黏著於結構體。
12. 多餘之黏膠，應依照製造廠商建議之材料及方法移除。
13. 使用重型滾筒滾壓整體鋪面，各牆邊來回滾壓更爲重要。
14. 黏劑固定且接縫熔合整平之後，將地板上蠟打光。
15. 鋪設完成應使用牛皮紙或瓦楞板臨時性保護，驗收後始得移除。

10-5-6 塑膠導電地磚施工作業

1. 安裝塑膠導電地板之混凝土表面應乾燥且無油、脂、油漆污染。高突之處應予磨平，低凹處則以填補整平。
2. 若無特殊規定，塑膠導電地磚安裝前至少72小時內，及安裝後至工程司驗收前，施工處所之溫度應維持在21℃以上。
3. 安裝於現有地坪時，則原有地面材應清除完全始可施作。
4. 依施工製造圖所示之材料、顏色、設計及圖案進行安裝。
5. 依製造商之建議安裝接地銅導線，並將銅導線與地面接地端接妥。
6. 塗佈混凝土底層塗料，須等塗料完全乾燥後方得塗佈黏膠。
7. 依黏膠製造商之建議，使用凹痕鏝刀將黏膠塗佈至均勻厚度。
8. 安裝時應使兩邊地磚切割爲等寬度，並將牆面之間之地面完全鋪滿。地板突出物周圍、牆邊及門檻下方之地磚應予切割貼合。
9. 在不同高度地板之鄰接處鋪設時，應設置斜角邊帶，邊帶應與垂直面切合。地磚與地面間之氣泡與空隙均應消除，並以滾輪壓實。
10. 地磚間之接縫應平整且互爲垂直。
11. 地板鋪面與牆邊接觸之接縫處應予擠實。
12. 多餘之黏膠及材料應依製造廠商建議之材料及方法清除。

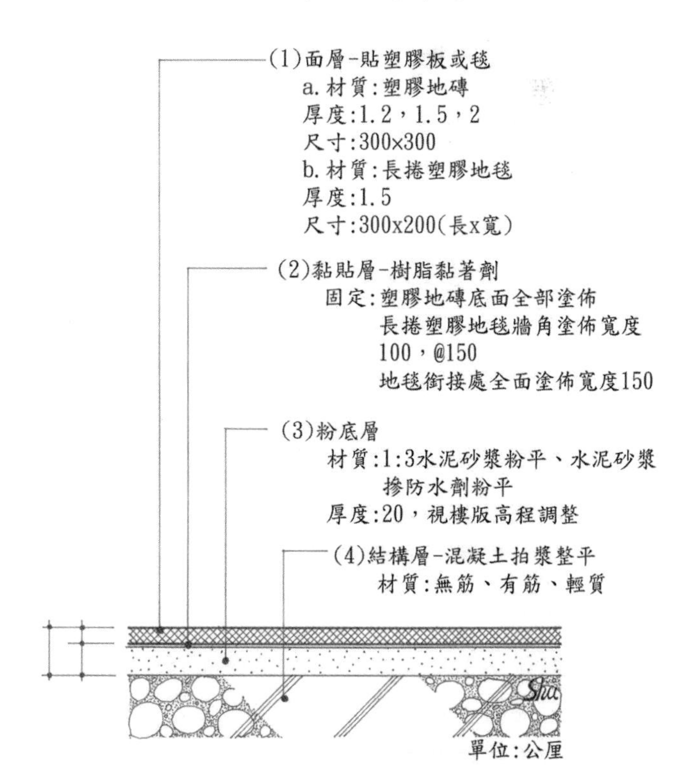

10-23 塑膠地磚施工

13. 相鄰之地磚花色應交錯排列，且同一花色走向之地磚應分開與其他花色混合，以使顏色及花樣之配合均勻。
14. 依製造商建議之方式清潔與擦亮塑膠導電地磚，勿在地板面上蠟。
15. 來往頻繁區域之塑膠導電地磚鋪面應作臨時性之保護，經驗收後 始得將保護移除。

10-6 窗簾

窗簾可以靈活地控制私密性，光線和熱量，也可以吸收一部分噪音，與其覆蓋面積、面料厚度以及摺層深度成正比，一般窗簾布的寬度稱之爲幅寬。

窗簾主要爲遮光、調光、吸音及隱密功能，使室內空間感覺更細緻美觀，提升視覺效果，近年來窗簾多樣化的設計，使消費者有更多的選擇，如圖10-24、圖10-25。

10-24 窗簾襯托空間質感

10-25 紗簾兼具美感及實用

10-6-1 窗簾種類

常用窗簾種類型式有紗簾、布簾、珠簾、編織簾、紙纖簾、垂直簾、横型簾、金屬簾、絲錦繡簾與其他。

一、布簾

是一般家居最常使用的窗簾種類，由窗布、窗紗、輔料、軌道四部分組成：

1. 依結構分爲：簡易式、導軌式、盒式
2. 依形式分爲：普通簾、升降簾、羅馬簾
3. 依採光分爲：透光、半透光、不透光
4. 依開啓方式分爲：左右拉簾，如圖10-26、捲簾、百折簾及繫綁式

10-26 左右拉簾

二、成品簾

1. 捲簾：上捲式操作，將傳統布簾，用極簡方式表現。能遮陽又能透視窗外的陽光捲簾，是觀景窗最理想的選擇。控制方式分爲珠鍊式、半自動、制動式。

   依不同面料特性，可分爲：

   (1) 遮光捲簾
   (2) 遮陽捲簾

(3) 採光捲簾

(4) 木織捲簾，如圖10-27

(5) 竹質捲簾

10-27　木織捲簾

2. 摺簾：上拉式操作，以珠鍊控制爲主，樣式簡約不占空間。因不易拆洗，已漸漸被捲簾所取代。

依功能不同，可分爲：

(1) 日夜簾

(2) 風琴簾，如圖10-28

(3) 百折簾

10-28　風琴簾

但另外蜂巢簾因具有獨特的蜂巢設計，能有效隔絕熱的傳遞，外形簡約有個性，是目前設計常見的產品。

3. 百葉簾：上拉式操作以拉繩控制，葉片可內外轉動調整遮光的角度，是控制光線和隱私最佳的選擇，而且通風良好，適用範圍廣泛。尤其是鋁合金百葉窗，色澤亮麗不怕潮濕，價格經濟實惠。

百葉簾依材料可分爲：

(1) 鋁合金百葉

(2) 木片百葉，如圖10-29

(3) 塑膠百葉

(4) 布質百葉

10-29　鋁合金百葉

齒輪式百葉簾的組件：

(1) 頂箱、箱蓋、托架、卷軸、捲筒、限制器、齒輪、拉線

(2) 百葉片、梯帶、伸降繩

(3) 底軌、底蓋、尾扣

繩索式百葉簾的組件：

(1) 頂箱、箱蓋、托架、轉軸、轉筒、傾轉器、旋轉繩、旋轉繩把手、制止器、拉繩、繩扣

(2) 百葉片、梯帶、伸降繩

(3) 底軌、底蓋、尾扣

10-30　木片百葉

旋轉棒式百葉簾的組件：

(1) 頂箱、箱蓋、托架、轉軸、轉筒、傾轉器、旋轉棒旋轉棒把手、制止器、拉繩、繩扣

(2) 百葉片、梯帶、伸降繩

(3) 底軌、底蓋、尾扣

4. 片簾：材質與捲簾相同。操作方式左右移動。樣式簡約，不僅使用於窗户、落地窗，更可以使用於室內當活動隔屏，在韓國、日本廣受歡迎，因使用習

慣與民情不同，目前國內使用者不多。

5. 直立簾：以寬7.5cm～12.7cm葉片，可左右橫向操作，葉片可調角度，控制光影變化效果佳。材質同捲簾外尚有金屬材質。
6. 其他：珠鍊、拉門、床幔、線簾、燈罩、金屬簾。

10-31　金屬簾

10-6-2　窗簾五金配件與用途

1. 軌道：安裝固定於牆壁或窗框上，懸吊窗簾，支撐窗簾所有重量以供布簾開合使用。有滑輪式金屬軌道、金屬藝術軌道、木頭藝術軌道、直立式軌道、百摺軌道、捲簾軌道、線簾專用軌道、伸縮軌道等。
2. 布襯：包覆於布簾上方摺景位置，維持布簾筆挺有彈性。
3. 鉤環：布簾與軌道之連結。有金屬插勾、塑膠插勾、孔眼、魔鬼氈、金屬夾等。
4. 扶帶：布簾收於旁邊環束固定使用。
5. 掛座：供扶帶使用將布簾收於窗邊固定使用。
6. 垂重：增加布簾垂度，增加美感。
7. 拉繩固定器：附有拉繩之窗簾，應以固定器固定拉繩，並附加警語。（中華民國101年12月行政院發函通知）

10-6-3　窗簾的計算方式

通常窗簾計價是以布料費用、軌道、車工、配件、安裝與利潤。

一、成本分析：

1. 布料：以實作用布量計算，一般以碼爲計算單位。
2. 軌道：依現場條件及不同樣式而選擇合適的軌道。
3. 車工：布品縫製費用，依樣式、材質而有不同。
4. 安裝：依現場、數量、時間做衡量計算。
5. 配件：包含專用五金配件及飾品加工。
6. 利潤：一般包含於布料計算，數量較大或多家比價時以總價之百分比計算。

二、窗簾計算重點

1. 通常以尺、碼、窗、樘、才、户計算。公共工程標案及營造業常以m^2、平方公尺、一式、樘計算。
2. 羅馬簾、捲簾、百葉簾以才爲計價單位，以實際尺寸計價。但如果小於製造商規定基本才數時，需以基本才計價。
3. 直立簾以才爲計價單位
4. 對開簾以碼爲計價單位。其幅寬依布料不同而定，從3～6尺及大幅寬9、10尺都有，常見者爲4.5～5尺，長度以買賣雙方協議而定，大致上以方便搬運爲優先考量。

5. 窗簾布的計算方式：常用計算單位爲尺或碼寬度×2÷布寬＝幅數，一般會取整數。幅數×（高度＋1尺）÷3＝碼數，高度多加1尺爲上下折布用，如有對花高度需再加對花尺寸。

6. 片簾計價實例：
   (1) W=實際製作窗寬
   (2) N=指定片數
   (3) H=實際製作窗高
   (4) 單片幅寬=W+〔(N-1)×8cm〕／N
   (5) 單片幅寬×H=單片才數
   (6) 單片不足基本才時，以單片基本才×N=總才數
   (7) 單片足夠基本才時，以W×H=總才數
   (8) 總才數×單價/才=總價

7. 蛇型簾計價實例：
   (1) 以幅寬300cm之無縫紗施作：W=280cm，H=240cm，窗簾盒限制：12cm
   (2) W=實際製作窗寬，H=實際製作窗高
   (3) 以滑輪間距6cm計算(滑輪間距因廠牌不同而異)
   (4) 用布量：280cm/6=47(間距數)，47×12cm=564cm
       564cm+30cm=594cm=19.6尺約爲20尺
   (5) 車工：280×2/150=3.84進位以4幅計
   (6) 軌道：280/30.3=9.5進位取整數以10尺計

8. 百葉窗簾計價實例：
   (1) H=實際製作窗高
   (2) W=實際製作窗寬
   (3) W×H=才數
   (4) 才數×單價=金額/窗
   (5) 不足基本才時，以各家廠商訂定的基本才計算之。

10-6-4 窗簾設計與製造

1. 依現場玻璃窗所需窗簾大小尺寸製作
2. 除另有規定外，每檔之遮陽窗簾爲整片製作，不得二片連結。
3. 遮陽窗簾布與馬達或其它配件連結方式以高週波銲接；或依各原廠提供固定方式，經設計單位認可。
4. 窗簾布切割及加工製作，不得產生毛邊現象
5. 窗簾之上擺摺布須在6公分以上，下擺摺布須在15公分以上。
6. 裁布縫製依實際窗户大小長度之2倍～2.5倍布量製作

10-6-5 手動雙開窗簾安裝施工

1. 核對施工圖説須與原設計單位確認，並交由專業技術人員施工。
2. 確認安裝位置、工具檢查、環境測定、溫溼度紀錄。
3. 依實際丈量之窗户尺寸施工。
4. 手持電鑽鑽孔，鎖好軌道支撐架。
5. 安裝固定軌道。
6. 安裝配件：鉤環、扶帶、掛座及拉繩固定器等
7. 吊掛窗簾。
8. 安裝完後，須操作試用是否正常，並清潔現場。

10-6-6 電動遮光窗簾安裝施工

1. 安裝前確認安裝位置是否正確，並交由窗簾專業技術人員施作。
2. 管狀馬達固定座須確實依據現場按裝位置圖所示施工。
3. 安裝管狀馬達及遮陽窗簾布時須調水平。
4. 安裝完後須操作調整全暗遮光窗簾布之最高及最低點位置。
5. 電源接至馬達同步開關器。
6. 同步升降測試至操作正常。
7. 布質製產品必要時以蒸汽熨斗整燙。
8. 包裝產生的垃圾需帶走，並清潔作業現場。

10-6-7 電動幕簾安裝施工

1. 軌道之支撐鋼料骨架以膨脹螺絲固定於混凝土樓板上。
2. 軌道再固定於支撐鋼料骨架上。
3. 調整軌道水平。
4. 懸掛幕簾及横幕。
5. 安裝完後須操作測試使用至正常。
6. 包裝的垃圾需帶走，並清潔作業現場。

10-6-8 捲簾安裝施工

1. 承包商在捲簾安裝前應先勘察安裝現場，並須確定合乎安裝條件。
2. 捲簾安裝需確實水平、垂直，有適當之間隙，以便於窗户五金安裝。
3. 捲簾與玻璃之間距至少5cm。
4. 電動馬達至建築物電源開關接線須事先預留完成。
5. 調整捲簾使易於安全操作並防止故障發生。
6. 安裝後教會業主能自行執行調整、操作及清理。
7. 安裝完成後，依照專業廠商建議方式清理捲簾表面。
8. 包裝的垃圾需帶走，並清潔作業現場。

10-6-9 摺簾安裝施工

1. 承包商在摺簾安裝前應先勘察安裝現場，並須確定合乎安裝條件。
2. 摺簾安裝要保持水平、垂直及確實，要有適當之間隙，以便於窗户五金安裝。
3. 摺簾全放下時，邊緣須與開口面齊平。
4. 頂部軌道須安裝於開口面之頂部，且須與窗框面齊平。
5. 摺簾與玻璃之距離不可近於5cm。
6. 電動馬達至建築物電源開關接線須事先規劃，接線完成。
7. 調整摺簾使易於安全操作並防止故障發生。
8. 安裝完成須訓練一位業主能自行執行調整、操作及清理。
9. 安裝完成後，依照專業廠商建議方式清理摺簾表面。
10. 安裝完成後驗收前摺簾表面須加適當材料保護，否則受損之摺簾應予更換。
11. 操作方式分手動式與電動式二種。

10-6-10 水平百葉窗簾安裝施工

1. 水平百葉窗簾安裝前應先勘察安裝現場，並須確定合乎安裝條件。
2. 安裝窗簾要保持水平及垂直，與相鄰之單元要成直線。
3. 爲防止頂部軌道下垂，其支撐點應向中央調整。
4. 相鄰單元間要有適當之間隙，以便於打開窗户。
5. 百葉窗簾關閉時與玻璃之間距至少2.5cm。
6. 頂部軌道安裝須與窗框面齊平。
7. 葉片傾斜控制器打開時，葉片邊緣須與開口面齊平。
8. 頂部軌道爲嵌壁式時，須使用隱蔽式扣件安裝。
9. 調整百葉窗簾使易於安全操作，並防止故障發生。
10. 安裝完成後，依專業廠商建議方式清理百葉窗簾表面。

10-6-11 垂直百葉窗簾安裝施工

1. 垂直百葉窗簾安裝前應先勘察安裝現場，並須確定合乎安裝條件。
2. 安裝窗簾要保持水平及垂直，與相鄰之單元要成直線。
3. 爲防止頂部軌道下垂，其支撐點應向中央調整。
4. 相鄰單元間要有適當之間隙，以便於打開窗户。
5. 百葉窗簾與玻璃之距離不可近於5cm。
6. 頂部軌道安裝須與窗框面齊平。
7. 頂部軌道爲嵌壁式時，須使用隱蔽式扣件安裝。
8. 調整百葉窗簾使易於安全操作並防止故障發生。
9. 安裝完成後，依照專業廠商建議方式清理百葉窗簾表面。

10-6-12 橫式軌道窗簾裝掛步驟

1. 先將固定軌道用的壁面支架，鎖在距離軌道兩端約 6cm的位置上。
2. 於窗框上緣 3cm水平的位置，將固定支架鎖上。
3. 窗簾布兩端有其左右設定，窗簾交接處會預留1寸的邊界，而窗簾兩邊會預留 2 寸。
4. 將 S 型窗簾掛勾插入窗簾布所預設的折疊處上
5. 由窗簾交接處開始向外側懸掛；通常中間位置的掛架，都會設定成可讓窗簾交界處重疊的前後設計。
6. 在懸掛最後一個掛勾時，不管仍剩下幾個掛架，都必須直接跳過，然後安裝在軌道兩側的固定掛架。
7. 窗簾布收納掛勾的位置，通常都會設定在窗簾由上往下的 2/3 處。
8. 量好距離後，將窗簾布收納掛勾黏上即可。

10-6-13 窗簾施工注意事項

1. 選用木製窗簾要注意材質與日照時數，避免變形與褪色。
2. 布料選擇時要注意幅寬與長度，是否足夠整個窗户的用料。
3. 丈量窗户時窗邊要蓋過 6～10 公分遮光，避免出現餘光。
4. 木作窗簾盒須預留適當與足夠的深度安裝多層軌道。
5. 布與布的接法，對花、對色對布紋的走向都須一致。
6. 窗簾布接的車縫線要算準在內角才能呈現整體質感。
7. 布邊要內摺並車布邊，才不會產生織布線邊脫線。
8. 窗簾安裝須注意是否影響衣櫃或高櫃門板的開啓。
9. 扣環、螺絲、滑桿、滾輪配件需用不銹鋼或防鏽材質。
10. 螺絲鎖在天花板注意板材材質，避免收拉開啓脫落。
11. 窗簾使用拉繩需注意安全，最好以拉繩固定器固定之。
12. 鑽孔時泥灰與紅磚粉，需使用吸塵器吸附乾淨。
13. 防焰窗簾布都須有消防法規之防焰標示。
14. 安裝時手漬不要弄髒牆面，以免事後補漆。

10-7 重點整理

一、對於窗簾壁紙地毯施工工具的使用時機。

二、了解壁紙的貼合與拆除的過程。

三、了解地毯與塑膠地磚施工過程。

四、窗簾形式與安裝過程的認知。

10-8 習題練習

一、黏貼塑膠耐燃壁布施工應注意事項爲何？請至少列出 5 項。

二、請列舉5種室內裝修施工窗簾布料。

三、室內裝修鋪設兩塊地毯接縫接合時之施工要求爲何？請至少列出 5 項。

拾壹 勞動部學科公告試題

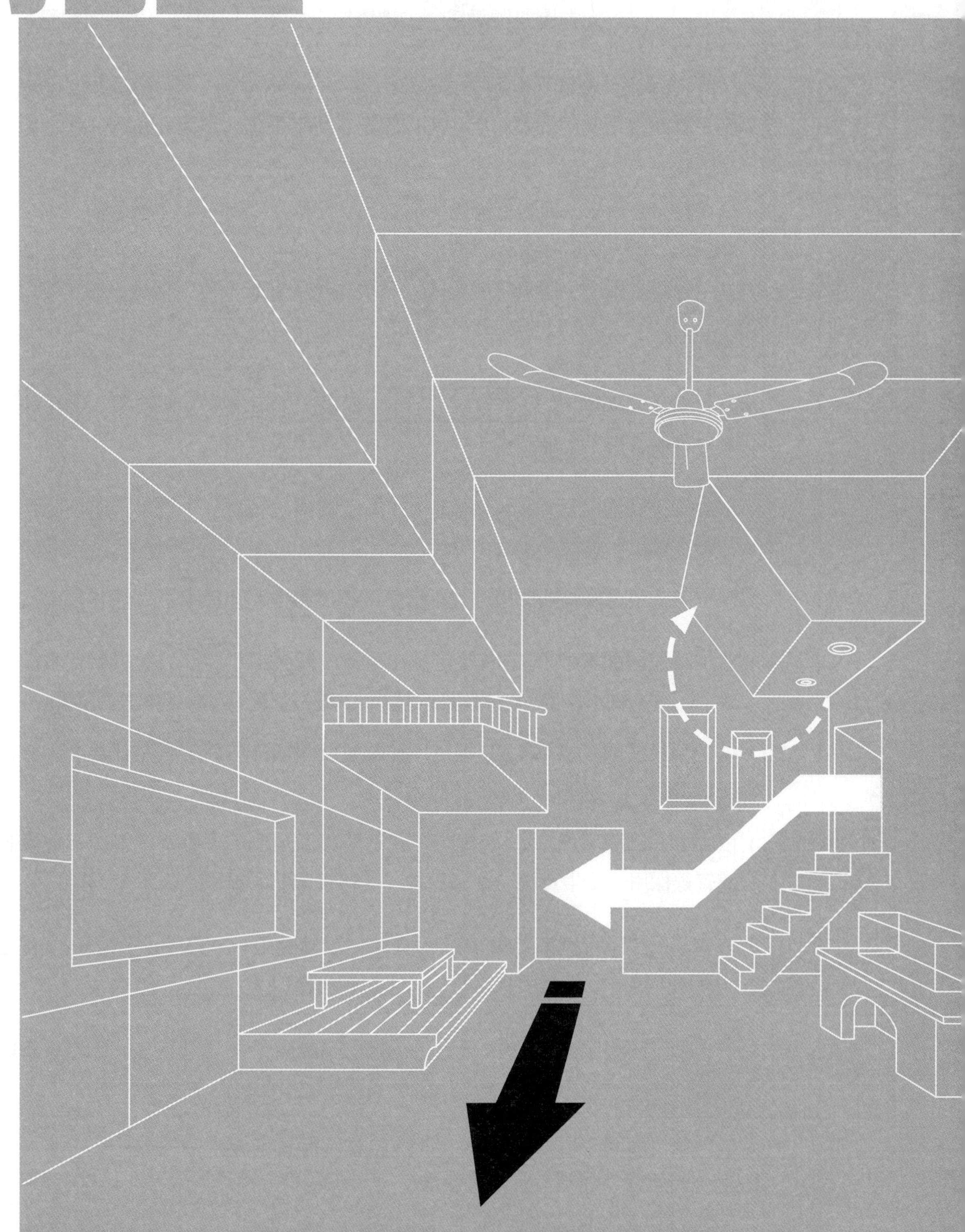

11-1 圖說判讀

單選題

1.(3) A　　A 左圖符號係為　①轉彎標記　②方向標記　③剖面標記　④立面標記。

2.(3) 施工圖面常用文字簡寫符號中 GL 代表　①水平線　②天花板線　③地盤線　④視平線。

3.(3) 施工圖面常用文字簡寫符號中 DW 代表　①門　②下樓　③門連窗　④落地窗。

4.(3) 施工圖面常用文字簡寫符號中 ℄ 代表　①天花板高度　②地平線　③中心線　④剖面線。

5.(3) 材料構造圖例中 代表　①窗簾　②輕質牆　③鬆軟之保溫吸音材疊席類　④地毯。

6.(2) 依中華民國國家標準 CNS 規定，在施工圖中 ——D—— 代表　①消防送水管　②排水管　③風管　④冷水管。

7.(3) 製圖中文字書寫原則採用　①正楷字　②黑體字　③仿宋字 ④美術字。

8.(2) 依中華民國國家標準 CNS 規定，在電氣設備圖中 此符號代表配電系統之　①電力總配電盤　②電燈分電盤　③電力分電盤　④電燈總配電盤。

9.(3) 依中華民國國家標準 CNS 規定，在圖號及圖樣佈置時，A 是代表　①結構圖　②空調圖　③建築圖　④消防設備圖。

10.(2) 依中華民國國家標準 CNS 規定，在消防設備圖例，火警系統管線及播音設備系統管線採用　①中實線　②細實線　③粗實線　④虛線　表示。

11.(3) 依中華民國國家標準 CNS 規定，在電信設備圖中 ——TV—— 代表　①電話線　②共同天線　③電視天線用管線　④電視出線口。

12.(1) 依中華民國國家標準 CNS 規定，在電信等設備圖中 代表　①電信管線下行　②電信管線上行　③電信管線接地　④電信線出線口。

13.(3) 依中華民國國家標準 CNS 規定，在給排水等設備圖中 ——S—— 代表　①氧氣管 ②冷水管　③蒸汽管　④熱水管。

14.(3) 依中華民國國家標準 CNS 規定，電氣設備圖中，├─○ 代表 ①電風扇 ②吸頂燈 ③壁式白熾燈 ④吊燈。

15.(4) 依中華民國國家標準 CNS 規定，在電氣設備圖中 [⊖] 代表 ①白熾燈 ②日光燈 ③吸頂燈 ④單地板插座。

16.(3) 依中華民國國家標準 CNS 規定，尺度線應使用 ①粗實線 ②中實線 ③細實線 ④虛線。

17.(2) 依中華民國國家標準 CNS 規定，在圖樣圖式準則中，材料構造圖例 ////////// 表示 ①石塊 ②磚牆 ③地盤 ④混凝土。

18.(3) 依中華民國國家標準 CNS 規定，在圖樣圖式準則中 ─╱╲╱─ 左圖符號是 ①地界線 ②指示線 ③截斷線 ④剖面線。

19.(3) 依中華民國國家標準 CNS 規定，在設備圖說標準圖例中，下圖符號表示為何？ ①火警警報管 ②廣播系統管 ③消防水管 ④自動灑水管系統。

── F ──

20.(1) 依中華民國國家標準 CNS 規定，在電氣設備圖說標準圖例中 [◢] 表示 ①電燈總配電盤 ②分電盤 ③漏電開關箱 ④安全開關。

21.(1) 石材於施工前，應繪製施工詳圖，依 CNS11567 建築製圖規定，其比例以 ① 1：1 ～ 1：50 ② 1：60 ～ 1：100 ③ 1/100 ～ 1/150 ④ 1：150 ～ 1：200 為宜。

22.(4) 依中華民國國家標準 CNS 規定，在給排水工程之圖說標準中，下圖符號代表飲水用之 ①回水管 ②排水管 ③給水管 ④飲水管。

－ DWS －

23.(4) 依中華民國國家標準 CNS 規定，在圖樣圖式準則中，CL 表示天花板線、FL 表示地板面線而 GL 表示 ①建築線 ②視平線 ③中心線 ④地盤線。

24.(3) 依中華民國國家標準 CNS 圖例規定，建築物之平面詳圖、立面詳圖，其比例尺不得小於 ① 1/10 ② 1/30 ③ 1/50 ④ 1/100。

25.(4) 依中華民國國家標準 CNS 規定，在建築結構圖符號，構材編號「WB」係表示 ①梁 ②柱 ③牆 ④牆樑。

26.(2) 依中華民國國家標準 CNS 規定，在建築結構圖符號，構材編號「C」係表示 ①梁 ②柱 ③牆 ④牆梁。

27.(3) 依中華民國國家標準 CNS 規定，建築結構圖符號，構造編號「SRC」係表示 ①鋼筋混凝土造 ②鋼構造 ③鋼骨鋼筋混凝土造 ④磚構造。

28.(1) 依中華民國國家標準 CNS 規定，建築圖號中之英文代號「G」代表何種圖面？ ①瓦斯設備圖 ②結構圖 ③電器設備圖 ④給排水設備圖。

29.(4) 依中華民國國家標準 CNS 規定，建築圖號中之英文代號「P」代表何種圖面？ ①瓦斯設備圖 ②結構圖 ③電器設備圖 ④給水、排水及衛生設備圖。

30.(3) 依中華民國國家標準 CNS 規定，下圖給排水及衛生設備符號表示爲何？ ①排水管 ②給水管 ③通氣管 ④回水管。

— — — — —

31.(2) 依中華民國國家標準 CNS 規定，左圖之消防符號在消防設備圖中代表 ①火警警鈴 ②警報發信器 ③揚聲器 ④手動報警機。

32.(3) 依中華民國國家標準 CNS 規定，設備圖例標準 左圖之電信、電鈴、電器符號在設備中代表 ①電信管線上行 ②電信管線下行 ③電信管線上、下行 ④電信管線平行。

33.(2) 依中華民國國家標準 CNS 規定，建築圖符號及圖例 左圖之門窗編號符號在配置圖例中代表 ①落地窗 ②普通窗 ③甲種防火窗 ④氣密窗。

34.(3) 依中華民國國家標準 CNS 規定，設備圖例標準，W、D、H 文字簡寫符號代表 ①高度、長度、深度 ②深度、寬度、高度 ③寬度、深度、高度 ④長度、深度、高度。

35.(1) 依中華民國國家標準 CNS 規定，設備圖例標準，－ DWR －之給排水及衛生設備圖例中代表飲水用之 ①回水管 ②飲水管 ③給水管 ④排水管。

36.(2) 凡不能用視圖或尺度表達之資料，用文字表示稱之爲 ①符號 ②註解 ③線條 ④字法。

37.(1) 比例圖中 1：50 之精細度比 1：200 精細度爲 ①高 ②低 ③相等 ④無法比較。

38.(3) 依中華民國國家標準 CNS 規定，建築各層結構平面圖，由各層地板面以上距離多少平切下視 ① 1.0m ② 1.2m ③ 1.5m ④ 1.8m。

39.(4) 依中華民國國家標準 CNS 規定，此符號『#』代表規格號碼；在竹節鋼筋材料 #6 代表竹節鋼筋直徑爲 ① D6 ② D12 ③ D18 ④ D19。

40.(2) ø10 ㎜表示？ ①半徑 10 ㎜ ②直徑 10 ㎜ ③每邊長 10 ㎜ ④圓周長 10 ㎜。

41.(1) R10 ㎜表示？ ①半徑 10 ㎜ ②直徑 10 ㎜ ③每邊長 10 ㎜ ④圓周長 10 ㎜。

42.(3) 施工圖上之比例尺為 1/50，表示圖形是？ ①實際比例尺寸 ②放大比例尺寸 ③縮小比例尺寸 ④任意比例尺寸。

43.(2) 本立體圖的正視圖為 ① ② ③ ④

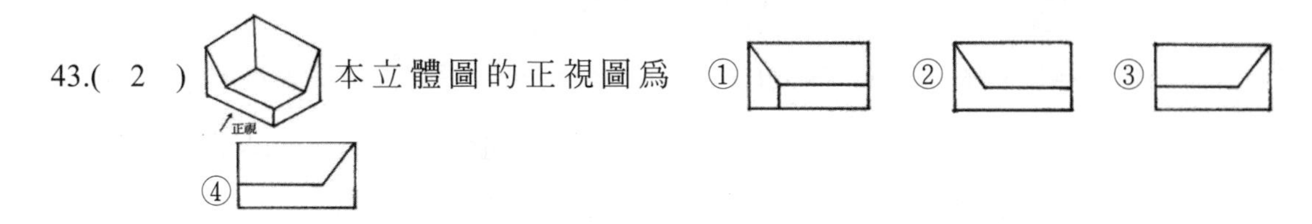

44.(2) 本立體圖的右側視圖為（第三角投影法） ① ② ③ ④

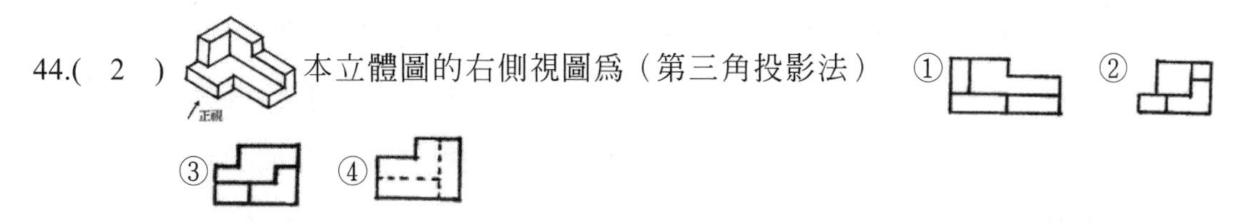

45.(4) 左圖為已知上圖為俯視圖及下圖為正視圖， 請選擇符合正確之右側視圖 ① ② ③ ④

46.(2) 實物 40 公尺在比例尺 1/200 之圖樣應表示為多少公分長？ ① 10 ② 20 ③ 30 ④ 40。

47.(3) 依 CNS11567 之 A1042 規定建築物之平面圖、立面圖，其比例尺不得小於 ① 1/50 ② 1/100 ③ 1/200 ④ 1/500。

48.(3) " 1B "左圖之建築圖例是表示此磚牆的厚度為 ①一塊磚的磚厚 ②一塊磚的磚寬 ③一塊磚的磚長 ④一塊磚的磚重。

49.(2) 房屋外部主要裝修一般標示於 ①平面圖 ②立面圖 ③剖面圖 ④透視圖。

50.(3) 施工立面圖上註明 2FL 是指 ①地盤 ②中心線 ③二樓樓版面 ④地下二樓。

51.(3) 構造物之剖面圖，如右圖上層細線 是表示 ①油漆 ②敲平 ③粉刷 ④不須加工。

複選題

52.(124) 依 CNS11567 之 A1042 建築圖符號及圖例規定，下列哪些屬於材料、構造圖例？ ① ② ③ ④

53.(124)下列圖例表示哪些爲正確？ ① 表示鋼筋混凝土 ② 表示網 ③ 表示輕質牆 ④ 表示石材。

54.(123)依 CNS11567 之 A1042 建築設備圖表示法規定，下列哪些屬於消防設備符號？

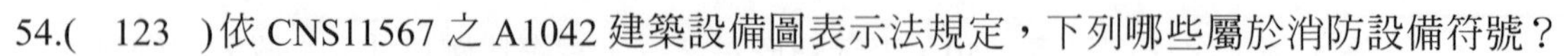

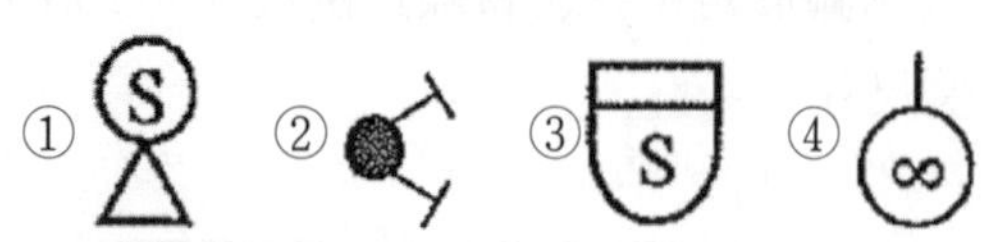

55.(134)依中華民國國家標準 CNS11567 之 A1042 建築設備圖表示法規定，下列設備符號表示名稱哪些爲不正確？ ① FHC表示電燈總配電盤 ② Ⓛ表示報警標示燈 ③ 表示消防栓箱 ④ 表示自動灑水送水口。

56.(13) 依中華民國國家標準 CNS11567 之 A1042 建築設備圖表示法規定，下列設備符號表示何者不正確？ ① 表示水霧自動灑水頭 ② 表示避難方向指標 ③ G 表示接地型單地板插座 ④ G 表示接地型專用單插座。

57.(24) 依中華民國國家標準 CNS11567 之 A1042 建築設備圖表示法規定，下列哪些符號爲電器設備符號？ ① ② H ③ C ④

58.(234) 依中華民國國家標準 CNS11567 之 A1042 建築設備圖表示法規定，下列電器設備符號表示名稱哪些爲正確？ ① 表示電力分配電盤 ② 表示接地 ③ J F 表示風扇出線口 ④ 表示地板線槽地線盒。

59.(14) 依中華民國國家標準 CNS11567 之 A1042 建築設備圖表示法規定，下列哪些符號爲空調及機械設備符號？ ①── CHS ── ②── DWR ── ③── SW ── ④── CWR ──

60.(12) 依中華民國國家標準 CNS11567 之 A1042 建築設備圖表示法規定，下列哪些符號爲電信、電鈴、電視設備符號？ ① ② ③ E ④

61.(14) 依中華民國國家標準 CNS11567 之 A1042 建築設備圖表示法規定，下列哪些符號爲給排水及衛生設備符號？ ① ② E ③── T ── ④── RD ──

62.(234) 依據 CNS11567-A1042 建築製圖規定，下列哪些爲空調及機械設備圖例之符號？

① ② ③ ④── CHR ──

63.(134) 依據 CNS11567-A1042 建築製圖規定，下列哪些爲電氣設備圖例標準圖例之符號？ ① ② ③ ④ H

64.(123) 依據 CNS11567-A1042 建築製圖規定 下列哪些爲給排水及衛生設備符號？

① —D— ② FD ③ ④ IC

65.(234) 依據 CNS11567-A1042 建築製圖規定，下列哪些爲電信、電鈴、電視設備符號？

① T ② ③ PT ④

66.(123) 依據 CNS11567-A1042 建築製圖規定，下列哪些建築圖符號及圖例之常用文字簡寫符號爲正確？ ① W：寬度 ② H：高度 ③ DW：門連窗 ④ VL：水平線。

67.(234) 依據 CNS11567-A1042 建築製圖規定，哪些爲空調及機械設備圖例之符號？

① M ② ③ — RD — ④ 300×200

68.(14) 依據 CNS11567-A1042 建築製圖規定，哪些爲電氣設備圖例標準圖例之符號？

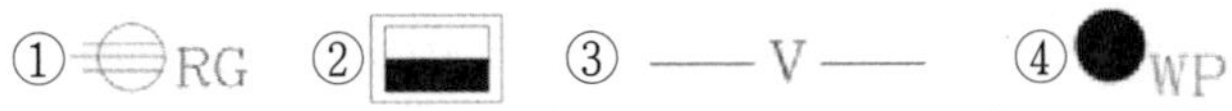

① RG ② ③ —V— ④ WP

69.(13) 依據 CNS11567-A1042 建築製圖規定，哪些爲電信、電鈴、電視設備符號？

① ② ③ —T— ④

70.(124) 依據 CNS11567-A1042 建築製圖規定，哪些爲給排水及衛生設備符號？

① T ② —DWR— ③ ④

71.(12) 依據 CNS11567-A1042 建築製圖規定，下列哪些建築圖符號及圖例之常用文字簡寫符號爲正確？ ① CL：天花板線 ② GL：地盤線 ③ XL：最大長度 ④ HL：垂直線。

72.(13) 依據 CNS11567-A1042 建築製圖規定，有關線條用途種類中，「虛線」之用途爲 ①隱蔽線 ②中心線 ③配管 ④地界線。

73.(14) 依據 CNS11567-A1042 建築製圖規定，下列哪些圖號之英文代號原則爲錯誤？ ① X：結構圖 ② G：瓦斯設備圖 ③ W：污水處理設施圖 ④ D：電氣設備圖。

74.(24) 依據 CNS11567-A1042 建築製圖規定，有關線條用途種類中，「單點線」之用途爲 ①隱蔽線 ②中心線 ③地界線 ④建築線。

75.(124) 依據 CNS11567-A1042 建築製圖規定，下列哪些爲建築結構圖基本符號用途中之「構造」符號？ ① SRC：鋼骨鋼筋混凝土造 ② B：磚構造 ③ F：加強磚造 ④ W：木構造。

76.(123) 依據 CNS11567-A1042 建築製圖規定，下列哪些爲「平面詳圖」之比例尺原則？ ① 1/5 ② 1/10 ③ 1/30 ④ 1/60。

11-2　丈量及放樣

單選題

1.（ 2 ）下列何者不是常用的量具　①曲尺　②墨斗　③捲尺　④直角尺。

2.（ 3 ）下列何者不是常用的定線工具？　①墨斗　②錘球　③折尺　④水平管。

3.（ 1 ）水平管放樣時，管內水面靜止，液面呈曲面狀態，在訂定水面高度時下列何者正確

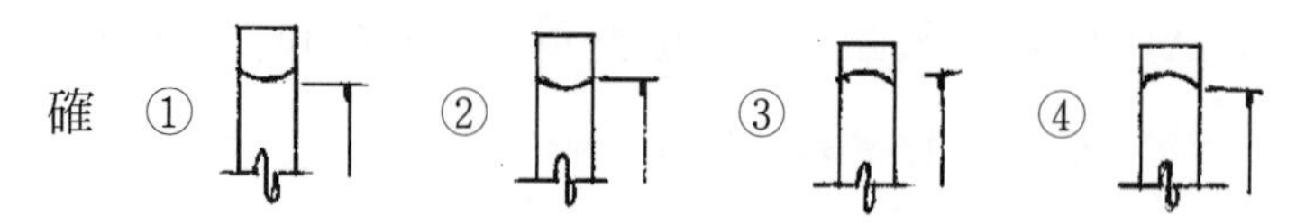

4.（ 3 ）墨斗放樣工作先後次序　①定點→註記→引線→彈線　②註記→定點→引線→彈線　③定點→引線→彈線→註記　④彈線→定點→引線→註記。

5.（ 2 ）安置物體欲保持水平，最簡便的方法採用　①曲尺　②水平尺　③鉛球　④折尺。

6.（ 3 ）檢查三角形是否爲直角，常用三邊的比爲　①1：2：3　②2：3：4　③3：4：5　④4：5：6。

7.（ 4 ）測量上所稱距離，係指兩點間之　①高低距離　②垂直距離　③斜線距離　④水平直線距離。

8.（ 4 ）下列敘述，何者爲錯誤？　①布捲尺測量比鋼尺測量誤差大　②放樣工作重要，必須小心謹慎　③木材可以「才」作爲計算單位　④1 甲 =3000 坪。

9.（ 2 ）墨斗所使用之墨線應使用何種材質？　①尼龍線　②棉線　③塑膠線　④橡膠線。

10.（ 3 ）垂直或水平放樣作業時，應先　①拉水線　②彈墨線　③定位置點　④做註記標示。

11.（ 3 ）使用透明水管來測量水平是利用　①畢氏定理　②萬有引力定律　③連通管原理　④虹吸管原理。

12.（ 2 ）在比例尺 1/200 的圖面上，以足尺量得長度爲 5 公分的牆面，實際上其長度爲　①6 公尺　②10 公尺　③15 公尺　④40 公尺。

13.（ 2 ）放樣作業之次序，下列何者爲先？　①註記　②定點　③拉線　④彈線。

14.（ 3 ）丈量現況柱、梁尺寸的目的，以下敘述何者爲錯誤？　①判斷建築物結構配置情形　②控制其影響空間設計的因素　③爲計算敲除數量的依據　④爲分間牆配置的參考依據。

15.(4) 下列何者不是建築物室內裝修常使用的丈量放樣工具　①捲尺　②雷射測距儀　③直角尺　④尺二磚。

16.(2) 放樣符號"　　　"是表示　①中心線　②正確線　③錯誤線　④轉移線。

17.(1) 在比例尺 1/50 的圖面上，施工人員以捲尺量得長度為 10 公分的牆面，實際代表長度為　① 5 公尺　② 10 公尺　③ 15 公尺　④ 20 公尺。

18.(3) 下列何者不能作為直接量測水平的工具？　①水準尺　②水桶水準器　③錘球　④連通管水準器。

19.(1) 如下圖之放樣符號是表示　①中心線　②正確線　③錯誤線　④轉移線。

複選題

20.(13) 下列哪些為可直接量測水平的工具？　①氣泡式水準尺　②垂球　③雷射水準儀　④墨斗。

21.(124) 下列哪些屬於墨斗放樣之工作內容？　①彈線　②引線　③錄影　④定點。

22.(124) 下列哪些非屬透明水管測量水平之原理？　①畢氏定理　②萬有引力定律　③連通管原理　④虹吸管原理。

23.(123) 下列哪些屬於室內裝修丈量放樣工具？　①捲尺　②錘球　③墨斗　④釘槍。

24.(124) 有關室內裝修一般常見的魯班尺上半部為文公尺，下列哪些為用於陽宅、神位、佛具尺寸之吉凶的度量衡之文字？　①財　②離　③苦　④本。

25.(12) 下列哪些為室內裝修垂直放樣工具？　①錘球　②經緯儀　③平板儀　④透明水管。

26.(124) 下列哪些為泥作師傅砌磚時常用放樣工具？　①捲尺　②錘球　③鏝刀　④墨斗。

27.(34) 室內裝修可用下列哪些方法或工具檢查為直角？　①雷射測距儀　②水平尺　③鋼角尺　④畢氏定理。

28.(124) 下列何者為室內裝修工地常用的定線工具？　①墨斗　②鉛錘　③折尺　④水平管。

29.(234) 下列何者為室內修工地常用的丈量放樣工具　①三角板　②雷射墨線儀　③直角尺(曲尺)　④捲尺。

30.(123) 丈量室內裝修工地現場柱、樑尺寸的目的，下列敘述何者正確？ ①了解建築物結構配置情形 ②掌握空間設計的影響因素 ③作爲分間牆配置的參考依據 ④計算拆除數量的依據。

31.(134) 下列何者常作爲室內裝修工地直接測量水平的工具？ ①水準尺 ②鉛錘 ③水平管 ④雷射水平儀。

11-3 相關法規

單選題

1. (3) 下列何者不是「建築法」所稱之建築設備 ①防空避難 ②消雷 ③兼作廚櫃使用之隔屏 ④保護民眾隱私權等設備。

2. (2) 「建築法」規定之建築執照，包括下列何者 ①室內裝修許可 ②拆除執照 ③修繕執照 ④改建執照。

3. (1) 建築物未經申請直轄市、縣（市）（局）主管建築機關之審查許可並發給執照，而擅自使用者，可以處下列何種比例以下之罰鍰，並勒令停工補辦手續 ①千分之五十 ②百分之一 ③百分之二 ④百分之三。

4. (4) 建築物室內裝修如妨害或破壞保護民眾隱私權設施時 可以處罰室內裝修從業者多少金額至新台幣三十萬間之罰鍰 ①新台幣一萬元 ②新台幣二萬元 ③新台幣三萬元 ④新台幣六萬元。

5. (3) 所謂室內裝修從業者，不包括下列何者 ①開業建築師 ②營造業 ③室內裝潢業 ④室內裝修業。

6. (2) 室內裝修業從事室內裝修施工業務者，應置專業施工技術人員至少幾人以上 ①二人 ②一人 ③三人 ④五人。

7. (1) 「建築物室內裝修管理辦法」所稱之審查人員，係指辦理審核圖說及竣工查驗之人員。請問以下何者非規定之審查人員 ①營造廠之專任工程人員 ②經內政部指定之專業工業技師 ③直轄市主管建築機關指派之人員 ④審查機構指派所屬具建築師、專業技術人員資格之人員。

8. (1) 申請室內裝修審核時，檢附之室內裝修圖說中，平面圖及立面圖之比例尺不得小於 ①一百分之一 ②二百分之一 ③三百分之一 ④無規定。

9. (2) 直轄市、縣（市）主管建築機關或審查機構針對建築物室內裝修進行審核時，下列何者不是必審之項目 ①申請圖說文件應齊全 ②建築物所在之土地權利證明文件 ③裝修材料應符合「建築技術規則」之規定 ④不得妨害或破壞防火避難設施、防火區劃及主要構造。

10. (4) 依「建築物室內裝修管理辦法」，室內裝修專業技術人員未依審核合格圖說施工者，當地主管機關查明屬實後，得予以多少期限之停止執行職務處分 ①一個月以上三個月以下 ②三個月以上六個月以下 ③一年以上二年以下 ④六個月以上一年以下。

11.(2) 集合住宅爲具有共同基地及共同空間或設備，並有幾個住宅單元以上之建築物 ①二個 ②三個 ③五個 ④十個。

12.(4) 依「建築技術規則」規定，經中央建築機關認定，符合耐燃一級之不因火熱引起燃燒、熔化、破裂變形及產生有害氣體之材料，可視爲 ①防火材料 ②耐燃材料 ③耐火板 ④不燃材料。

13.(2) 建築物之內部裝修材料中，經中央建築主管機關認定符合耐燃三級之材料，可視爲 ①防火材料 ②耐燃材料 ③耐火板 ④不燃材料。

14.(2) 防火構造之建築物，自頂層起算不超過四層之各樓層，其承重牆壁應具有幾小時之防火時效 ①半小時 ②一小時 ③二小時 ④三小時。

15.(3) 防火構造之建築物，自頂層起算超過第四層至第十四層之各樓層，其柱應具有幾小時之防火時效 ①半小時 ②一小時 ③二小時 ④三小時。

16.(2) 具有一小時以上防火時效之牆壁，如果爲鋼筋混凝土造者，其厚度應達幾公分以上 ①五公分 ②七公分 ③十公分 ④十二公分。

17.(3) 下列何者不是「建築技術規則」規定之防火設備 ①防火門 ②防火窗 ③室內消防栓 ④裝設於防火區劃處之撒水幕。

18.(1) 一般的防火構造建築物，如果未備有有效自動滅火設備者且總樓地板面積足夠者，應按多少總樓地板面積，以具有一小時以上防火時效之防火區劃分隔 ①一千五百平方公尺 ②五百平方公尺 ③一千平方公尺 ④二千平方公尺。

19.(2) 貫穿防火區劃牆壁之風管，應在貫穿部位任一側之風管內裝設防火閘門或閘板，其與貫穿部位合成之構造，應具有多少小時以上之防火時效 ①半小時 ②一小時 ③二小時 ④三小時。

20.(2) 貫穿防火區劃牆壁之電力管線，與貫穿部位合成之構造，應具有多少小時以上之防火時效 ①半小時 ②一小時 ③二小時 ④三小時。

21.(4) 集合住宅之分戶牆，其牆壁應具有多少小時防火時效 ①三小時 ②半小時 ③二小時 ④一小時。

22.(3) 屬供公眾使用之建築物且作商業使用之建築物進行室內裝修時，下列何者其內部裝修材料得不受限制 ①天花板 ②內部牆面 ③天花板周圍之壓條 ④高度超過一點二公尺固定於地板之隔屏。

23.(4) 住宅之建築物使用類組爲 ① A-1 ② C-2 ③ D-5 ④ H-2。

24.(4) 建築物使用類組爲 D-3、D-4、D-5 組供教室使用部分，其走廊二側有居室者，其走廊之寬度規定爲何？ ①寬度 1.2 公尺以上 ②寬度 1.5 公尺以上 ③寬度 1.8

公尺以上　④寬度 2.4 公尺以上。

25.(1) 十四層以下集合住宅之樓面居室之任一點至樓梯口之步行距離最長不得超過 ① 50 公尺　② 30 公尺　③ 60 公尺　④ 40 公尺。

26.(3) 建築物通達地面上一定層數之樓層以上，且各樓層之樓地板面積均超過一百平方公尺者，依規定均應設置戶外安全梯或特別安全梯。前述所謂一定層數指　①六層樓　②十層樓　③十五層樓　④二十五層樓。

27.(1) 醫院、戲院、電影院、歌廳、演藝場，營業面積在一千五百平方公尺之商場，舞廳、遊藝場、集會堂、市場等用途之建築物、其樓梯級高與級深規定分別爲　① 18 公分以下、26 公分以上　② 20 公分以下、21 公分以上　③ 20 公分以下、24 公分以上　④ 12 公分以下、25 公分以上。

28.(2) 十層以上露臺、陽臺、室內天井之欄桿設置高度不得小於　① 3 公尺　② 1.2 公尺　③ 1.1 公尺　④ 90 公分。

29.(4) 利用天窗採光，有效採光面積按其採光面積之幾倍計算　①五倍　②二倍　③四倍　④三倍。

30.(4) 除以厚十公分以上金屬以外之不燃材料包覆者以外，金屬製造之煙囪應離開木料等易燃物多少公分以上　① 10　② 25　③ 30　④ 15。

31.(1) 除了高低不同之天花板外，一般居室及浴廁之天花板淨高不得低於多少公尺 ① 2.1　② 2.4　③ 1.9　④ 2。

32.(2) 下列何者非避難器具？　①緩降機　②出口標示燈　③避難繩索　④滑台。

33.(1) 下列何者並非「消防法」中規定的供公眾使用場所？　①總樓地板面積小於三百平方公尺的餐廳　②總樓地板面積大於五百平方公尺的旅館　③醫院　④總樓地板面積大於二百平方公尺的補習班。

34.(2) 建築物管理權人未依規定設置或維護消防安全設備，於發生火災致人於死者，須接受何種處罰？　①六個月以上六年以下有期徒刑　②一年以上七年以下有期徒刑　③二年以上八年以下有期徒刑　④三年以上九年以下有期徒刑。

35.(1) 未依規定設置、維護消防安全設備，經通知限期改善，逾期不改善或複查不合規定者，處其管理權人多少新台幣罰鍰？　①六千元以上三萬元以下　②五千元以上二萬元以下　③一萬元以上四萬元以下　④二萬元以上六萬元以下。

36.(1) 下列何者非正確規定？　①學校教室爲公共場所，屬於消防法中的甲類場所　②商場爲消防法中的甲類場所　③幼兒園爲乙類場所　④三溫暖爲甲類場所。

37.(3) 以下何者非屬「消防法」中定義的消防安全設備？ ①高樓緩降機 ②滅火器 ③防火區劃 ④警報設備。

38.(4) 依「建築物室內裝修管理辦法」規定，專業技術人員登記證供所受聘室內裝修業以外使用者，當地主管建築機關應於查明屬實後，報請內政部 ①予以警告 ②予以六個月以上停止執行業務處分 ③予以一年以下停止執行業務處分 ④廢止其登記許可並註銷登記證。

39.(2) 下列何者非「建築物室內裝修管理辦法」所稱之室內裝修從業者？ ①開業建築師 ②消防設備師 ③營造業 ④室內裝修業。

40.(1) 依「建築物室內裝修管理辦法」係依據下列何項法律授權訂定？ ①建築法 ②營造業法 ③建築師法 ④公寓大廈管理條例。

41.(2) 依「建築物室內裝修管理辦法」規定，室內裝修不得妨害或破壞消防安全設備，其申請審核之圖說涉及消防安全設備變更者，應依「消防法規」規定辦理，並應於 ①申請設計圖說審核前 ②施工前 ③竣工前 ④申請竣工查驗前 取得當地消防主管機關審核合格之文件。

42.(3) 依「建築物室內裝修管理辦法」規定，專業技術人員經依該辦法規定廢止登記證，未滿 ①一年 ②二年 ③三年 ④四年者，不得重新申請登記。

43.(3) 下列何者非「建築法」所稱之建築物主要構造？ ①基礎 ②主要梁柱 ③非承重牆壁之分間牆 ④樓地板。

44.(1) 依「建築物室內裝修管理辦法」規定，從事室內裝修施工業務之室內裝修業者，應置 ①專業施工技術人員一人以上 ②專業設計技術人員一人以上 ③專業工地管理人員一人以上 ④專業繪圖人員一人以上。

45.(1) 依「建築物室內裝修管理辦法」規定，專業技術人員十年內受停止執行職務處分累計滿二年者，當地主管建築機關應查明屬實後，報請內政部 ①廢止登記證 ②予以警告 ③處新台幣 6 萬元以上罰鍰 ④處新台幣 30 萬元，以下罰鍰。

46.(2) 依「建築物室內裝修管理辦法」規定，專業技術人員有下列何項情事者，當地主管建築機關應查明屬實後，報請內政部視其情節輕重，予以警告或 6 個月以上一年以下停止執行職務處分？ ①逾期未申領登記證 ②未依審核合格圖說施工 ③未如期完工 ④處新台幣 30 萬元以下罰鍰。

47.(1) 依「建築物室內裝修管理辦法」規定，室內裝修涉及消防安全設備者，應由 ①消防主管機關 ②主管建築機關 ③商業主管機關 ④勞工主管機關 於核發室內裝修合格證明前，完成消防安全設備竣工查驗。

48.(3) 「建築法」所稱建築執照不包含下列何者？ ①建造執照 ②使用執照 ③開工執照 ④雜項執照。

49.(4) 依「建築法」規定，建築物之基礎、梁柱、承重牆壁、樓地板、屋架或屋頂，其中任何一種有過半之修理或變更者，稱爲 ①新建 ②增建 ③改建 ④修建。

50.(2) 依「建築法」規定，建築物應依核定之使用類組使用，其有變更使用類組或有「建築法」第 9 條建造行爲以外之主要構造、防火區劃、防火避難設施、消防設備、停車空間及其他與原核定使用不合之變更者，應申請變更 ①建造執照 ②使用執照 ③拆除 ④處新台幣 30 萬元以下罰鍰。

51.(1) 依「建築法」規定，建築物非經領得 ①使用執照 ②建造執照 ③雜項執照 ④拆除執照，不得接水、接電及使用。

52.(3) 依「建築法」規定，建築物之室內裝修材料應合於 ①消防法 ②電業法 ③建築技術規則 ④營造業法 之規定。

53.(1) 依「建築法」規定，下列何者應維護建築物合法使用與其構造及設備安全？ ①建築物所有權人、使用人 ②建築物設計人 ③建築物承造人 ④建築物監造人。

54.(4) 依「建築法」規定，室內裝修從業者應經 ①法務部 ②勞動部 ③行政院公共工程委員會 ④內政部 登記許可，並依其業務範圍及責任執行業務。

55.(3) 依「建築物室內裝修管理辦法」所稱室內裝修不包含下列何者？ ①固著於建築物構造體之天花板 ②內部牆面 ③活動隔屛 ④分間牆之變更。

56.(2) 依規定，在屋頂內之樓層，且其樓地板面積未達該建築物建築面積三分之一者，稱爲 ①夾層 ②閣樓 ③地下層 ④屋頂層。

57.(1) 依「建築技術規則」規定，承受本身重量及本身所受地震、風力外並承載及傳導其他外壓力及載重之牆壁，稱爲 ①承重牆 ②帷幕牆 ③非承重牆 ④防火牆。

58.(4) 依「建築技術規則」規定，建築物主要結構構件、防火設備及防火區劃構造遭受火災時可耐火之時間，稱爲 ①耐燃材料 ②耐火板 ③不燃材料 ④防火時效。

59.(1) 依「建築技術規則」規定，在標準耐火試驗條件下，建築構造當其一面受火時，能在一定時間內，其非加熱面溫度不超過規定值之能力，稱爲 ①阻熱性 ②耐燃性 ③不燃性 ④防焰性。

60.(1) 依「建築技術規則」規定，不燃材料係指混凝土、磚或空心磚、瓦、石料、鋼鐵、鋁、玻璃…及其他經中央主管建築機關認定符合 ①耐燃一級 ②耐燃二級 ③耐燃三級 ④耐燃四級 之不因火熱引起燃燒、熔化、破裂變形及產生有害氣體之材料。

61.(4) 依「建築技術規則」規定，學校教室天花板之淨高不得小於多少公尺 ① 2 ② 2.1 ③ 2.5 ④ 3。

62.(3) 依「建築技術規則」規定，集合住宅係指具有共同基地及共同空間或設備。並具有 ①一個 ②二個 ③三個 ④四個 住宅單位以上之建築物。

63.(2) 依「消防法」規定，地面樓層十一層以上建築物、地下建築物及中央主管機關指定之場所，其管理權人應使用附有 ①耐燃標示 ②防焰標示 ③不燃標示 ④防火時效標示 之地毯、窗簾、布幕。

64.(2) 依「各類場所消防安全設備設置標準」規定，室內消防栓設備屬於 ①警報設備 ②滅火設備 ③避難逃生設備 ④消防搶救上之必要設備。

65.(4) 下列何者非屬「各類場所消防安全設備設置標準」規定之滅火設備？ ①滅火器 ②室外消防栓設備 ③自動撒水設備 ④緊急廣播設備。

66.(1) 下列何者非屬各類場所消防安全設備設置標準規定之各類場所消防安全設備？ ①防空避難設備 ②滅火設備 ③警報設備 ④避難逃生設備。

67.(3) 下列何者非屬各類場所消防安全設備設置標準規定之避難逃生設備？ ①標示設備 ②避難器具 ③特別安全梯 ④緊急照明設備。

68.(1) 依「消防法施行細則」規定，室內裝修施工時，應另定 ①消防防護計畫 ②防空避難計畫 ③勞工安全計畫 ④施工管理計畫 ，以監督施工單位用火、用電情形。

69.(3) 依「空氣污染防制法」規定，各級主管機關得對排放空氣污染物之固定污染源及移動污染源徵收 ①噪音防制費 ②污水防制費 ③空氣污染防制費 ④廢棄物處理費。

70.(4) 依「建築技術規則」規定，管道間之維修門應具有 ① 1/4 小時 ② 1/2 小時 ③ 3/4 小時 ④ 1 小時 以上之防火時效。

71.(1) 依「建築技術規則」規定，特別安全梯之樓梯間及排煙室之四週牆壁，應具有一小時以上防火時效，其天花板及牆面之裝修，應為 ①耐燃一級 ②耐燃二級 ③耐燃三級 ④耐燃四級 材料。

72.(2) 依「建築技術規則」規定，下列何種防火門應可隨時關閉，並應裝設利用煙感應器連動或其他方法控制之自動關閉裝置，使於火災發生時自動關閉？ ①常時關閉式防火門 ②常時開放式防火門 ③定時關閉式防火門 ④定時開放式防火門。

73.(4) 依「建築技術規則」規定，各級政府機關建築物其各防火區劃內之分間牆應以 ①耐燃二級材料 ②耐燃三級材料 ③耐火板 ④不燃材料 建造。

74.(4) 依「建築技術規則」規定，自室內經由陽台或排煙室始得進入之安全梯，稱為 ①戶外安全梯 ②室內安全梯 ③一般安全梯 ④特別安全梯。

75.(4) 依「建築技術規則」規定，建築物室內裝修材料、樓地板面材料及窗，其綠建材使用率應達總面積 ①百分之十二 ②百分之二十三 ③百分之四十五 ④百分之六十 以上。但窗未使用綠建材者，得不計入總面積檢討。

76.(2) 依「建築技術規則」規定，綠建材係指經 ①中央衛生主管機關 ②中央主管建築機關 ③中央勞工主管機關 ④中央消防主管機關 認可符合生態性、再生性、環保性、健康性及高性能之建材。

77.(3) 依「建築技術規則」規定，具有出入口通達基地地面或道路之樓層，稱為 ①防火層 ②屋頂層 ③避難層 ④夾層。

78.(2) 依「建築技術規則」規定，連棟式或集合住宅之分戶牆，應以具有 ①半小時 ②一小時 ③二小時 ④三小時 以上防火時效之牆壁及防火門窗等防火設備與該處之樓板或屋頂形成區劃分隔。

79.(2) 依「空氣污染防制法」規定，營建工程之空氣污染防制費由下列何者徵收？ ①中央主管機關 ②直轄市、縣（市)）主管機關 ③鄉、鎮、市公所 ④村里長辦公室。

80.(1) 建築物室內裝修法規之管理係為確保 ①公共安全 ②公共衛生 ③公共交通 ④都市觀瞻。

81.(2) 室內裝修指固著於構造體之天花板、內部牆面或高度超過 ①一公尺 ②一點二公尺 ③一點五公尺 ④二公尺 固定之隔屏或兼作櫥櫃使用之隔屏裝修。

82.(4) 室內裝修從業者指不包括 ①開業建築師 ②營造業 ③室內裝修業 ④土木技師。

83.(2) 室內裝修專業技術人員依其執業範圍可分為 ①設計與監造 ②設計與施工 ③設計與管理 ④施工與管理。

84.(3) 建築物室內裝修審核圖說合格後，並領得 ①合格証明 ②變更使用執照 ③許可文件 ④室內裝修執照 後，始得施工。

85.(2) 建築物室內裝修工程完竣後，經竣工查驗合格後，核發 ①許可文件 ②合格証明 ③使用執照 ④室內裝修執照。

86.(3) 建築物室內裝修之分間牆位置變更增加或減少應經 ①建築師 ②專業設計技術人員 ③開業建築師 ④專業施工技術人員 之簽證負責。

87.(2) 室內裝修業將登記證供他人從事室內裝修業務者，依法 ①撤銷 ②廢止 ③作廢 ④扣留 其室內裝修業登記許可證並註銷登記證。

88.(3) 建築物室內裝修審核圖說時，若無前次使用執照或室內裝修平面圖屬實者得以 ①建築師 ②專業設計技術人員 ③開業建築師 ④專業施工技術人員之簽證符合規定之現況圖替代之。

89.(3) 開業建築師所簽證符合規定之替代現況圖之比例尺不得小於 ①五十分之一 ②一百分之一 ③二百分之一 ④五百分之一。

90.(2) 建築物非屬室內裝修申請人所有，其申請室內裝修審核圖說時應檢附 ①土地使用權同意書 ②建築物使用權同意書 ③室內使用權同意書 ④租賃使用權同意書。

91.(2) 申請室內裝修審核圖說時之裝修平面圖之比例尺不得小於 ①五十分之一 ②一百分之一 ③二百分之一 ④五百分之一。

92.(2) 申請室內裝修審核圖說時之裝修立面圖之比例尺不得小於 ①五十分之一 ②一百分之一 ③二百分之一 ④五百分之一。

93.(2) 申請室內裝修審核圖說時之裝修剖面圖之比例尺不得小於 ①五十分之一 ②一百分之一 ③二百分之一 ④五百分之一。

94.(1) 申請室內裝修審核圖說時之裝修詳細圖之比例尺不得小於 ①三十分之一 ②五十分之一 ③一百分之一 ④二百分之一。

95.(1) 不燃材料相對於 ①耐燃一級材料 ②耐燃二級材料 ③耐燃三級材料 ④耐火材料。

96.(2) 耐火板包括 ①耐燃一級材料 ②耐燃二級材料 ③耐燃三級材料 ④耐火材料。

97.(3) 耐燃材料包括 ①耐燃一級材料 ②耐燃二級材料 ③耐燃三級材料 ④耐火材料。

98.(3) 分隔建築物內部空間之牆壁稱為 ①分界牆 ②分戶牆 ③分間牆 ④分室牆。

99.(2) 分隔住宅單位與住宅單位區劃間之牆壁稱為 ①分界牆 ②分戶牆 ③分間牆 ④分室牆。

100.(2) 高層建築物之防火區劃自第十一層以上部分，如備有效自動滅火設備者，得免計算其有效範圍樓地板面積之 ①三分之一 ②二分之一 ③四分之一 ④十分之一。

101.(3) 建築物使用類組為 A-1、B-1、B-2、D-1、D-2 組者，在避難層之每處出入口寬度不得小於 ①一公尺 ②一點二公尺 ③二公尺 ④二點一公尺。

102.(3) 建築物之直通樓梯為安全梯者，其步行距離得計算至進入樓梯間之 ①第一階 ②平台 ③防火門 ④最後一階。

103.(4) 政府機關設置供行動不便者使用設施，其避難層出入口淨寬度不得小於 ①七十五公分 ②八十公分 ③九十公分 ④一百二十公分。

104.(2) 施工之工作場所高度在 ①一公尺 ②二公尺 ③三公尺 ④四公尺 以上者，應採取適當之墜落災害防止設施。

105.(3) 建築物專有部分之樓地板維修費用，由該樓地板 ①上方 ②下方 ③上下方 ④無規定 之區分所有權人共同負擔。

106.(4) 管理權人可不使用附有防焰標示之地毯、窗簾、布幕、展示用廣告板之場所爲何？ ①地面樓層達十一層以上之建築物 ②地下建築物 ③中央主管機關指定之場所 ④公共廁所。

107.(2) 依「消防法」之主管機關在中央爲 ①營建署 ②內政部 ③消防署 ④警政署。

108.(2) 室內裝修管理辦法之主管機關在中央爲 ①營建署 ②內政部 ③消防署 ④警政署。

109.(2) 下列何者不屬於避難逃生設備 ①緩降機 ②昇降機 ③避難梯 ④避難橋。

110.(2) 依「建築技術規則」規定，耐火板係指：木絲水泥板、耐燃石膏板及其他經中央主管建築機關認定符合 ①耐燃一級 ②耐燃二級 ③耐燃三級 ④耐燃四級之材料。

111.(3) 依「建築技術規則」規定，耐燃材料係指：耐燃合板、耐燃纖維板、耐燃塑膠板、石膏板及其他經中央主管建築機關認定符合 ①耐燃一級 ②耐燃二級 ③耐燃三級 ④耐燃四級之材料。

112.(3) 依「建築技術規則」規定，特別安全梯之梯間裝修四週牆壁及天花裝修材料要求爲何？ ①耐火板 ②耐燃材料 ③不燃材料 ④防焰材料。

113.(2) 下列何者室內裝修工程，應受建築物室內裝修管理辦法規範，不得隨意施作 ①地毯 ②天花板 ③木地板 ④牆面油漆。

114.(2) 滅火設備中之滅火器，於規定場所內，步行距離 ① 10 公尺 ② 20 公尺 ③ 30 公尺 ④ 40 公尺 以內，必須配置。

115.(1) 建築物達十一層以上之樓層，其火警自動警報設備之設置，以 ①偵煙型 ②差動型 ③定溫型 ④補償型 爲原則。

116.(3) 建築物所有權人、使用人未維護建築物合法使用與其構造及設備安全者，應依法處新台幣 ①二萬元 ②四萬元 ③六萬元 ④十萬元 以上三十萬元以下罰鍰。

117.(2) 樓地板面積達 ① 200 ② 300 ③ 500 ④ 1500 平方公尺以上之餐飲業廚房，必須以防火時效一小時以上之防火牆及防火門窗區劃分隔。

118.(4) 下列何者爲建築物室內裝修管理辦法所規範之「室內裝修」行爲？ ①張貼壁布 ②牆面油漆 ③施作家具 ④拆除室內分間牆。

複選題

119.(24) 室內裝修施工由非專業技術人員從事室內裝修施工業務時，當地主管建築機關查明屬實後，將予以下列何種處分？ ①告誡 ②警告 ③註銷登記證 ④六個月以上一年以下停止室內裝修業務。

120.(24) 進行室內裝修時，依「各類場所消防安全設備設置標準」之消防安全設備施工，消防設備士可以辦理哪些工作？ ①設計 ②裝置 ③監造 ④檢修。

121.(123) 滅火設備種類包括有哪些？ ①自動灑水設備 ②消防砂 ③室內消防栓 ④消防專用蓄水池。

122.(14) 警報設備種類包括有哪些？ ①緊急廣播設備 ②室內消防栓設備 ③避難方向指示燈 ④手動報警設備。

123.(124) 避難逃生設備包括有哪些？ ①滑竿 ②緊急照明設備 ③排煙設備 ④出口標示燈。

124.(34) 消防搶救上之必要設備包括有哪些？ ①自動灑水設備 ②室內消防栓設備 ③消防專用蓄水池 ④排煙設備。

125.(234) 地面樓層達十一層以上建築物室內裝修，下列哪些材料應使用附有防焰標示？ ①桌布 ②地毯 ③窗簾 ④布幕。

126.(234) 避難逃生設備之避難器具包括有哪些？ ①避難指標 ②滑台 ③救助袋 ④緩降機。

127.(134) 避難逃生設備之標示設備包括有哪些？ ①出口標示燈 ②緊急照明燈 ③避難方向指示燈 ④避難指標。

128.(24) 某室內裝修公司置有專業施工技術人員及專業設計技術人員各一名，其不可執業之範圍爲 ①室內裝修設計之業務 ②建築物設計之業務 ③室內裝修施工之業務 ④變更使用執照之業務。

129.(12) 辦理室內裝修專業施工技術人員登記證時，應具備 ①規定之乙級技術士證 ②講習結業證書 ③畢業證書 ④駕照 。

130.(23) 室內裝修業有下列哪些情事者，其登記證會被註銷？ ①受停業處分累積滿二年 ②受停止換發登記證處分累計三次 ③受停業處分累計滿三年 ④受停止換發登記證處分累計二次 。

131.(34) 室內裝修專業技術人員有下列哪些情事者，將註銷其登記證？ ①五年內受停止執行職務處分累計滿一年 ②受停止換發登記證處分累計二次 ③受停止換發登記證處分累計三次 ④十年內受停止執行職務處分累計滿二年 。

132.(13) 垂直貫穿樓板之管道間應以具有一小時防火時效之 ①牆壁 ②隔屏 ③防火門窗 ④鐵捲門與防火樓地板形成區劃分隔 。

133.(23) 貫穿防火區劃牆壁或樓地板之風管，應在貫穿部位任一側之風管內裝設防火閘門或閘板，其與貫穿部位合成之構造，並應具有 ①耐燃合板 ②不燃材料 ③一小時以上之防火時效 ④半小時以上之防火時效 。

11-4 安全維護

單選題

1.(3) 從事磁磚黏貼工作，利用石材或磁磚切割機切割磁磚，請問下列哪一項不是必要護具？ ①耳罩 ②護目鏡 ③手套 ④防塵口罩。

2.(2) 工作場所及公共區域之安全標誌、安全標示的安全辨識顏色及設計原則，適用於事故防範、火災防護、衛生危害資訊與緊急疏散等目的，其中表示急救(站)、緊急出口等安全顏色為 ①紅色 ②綠色 ③橙色 ④黃色。

3.(3) 在潮濕工作場所使用電動工具時，應優先考量防止下列何種災害發生？ ①撞擊 ②刺痛 ③感電 ④扭傷。

4.(2) 餐廳廚房於營業期間暫停營業整修廚房，為避免感電意外，下列哪一個措施對感電無幫助？ ①廚房牆面、地面應保持乾燥 ②裝修技術人員應核實進場材料數量 ③廚房用電非帶電金屬部份應接地及裝置漏電斷電器 ④電器設備應經常檢修，如發現漏電，應即停止用，要求修理。

5.(2) 雇主對下列那種勞工要實施有機溶劑特別危害健康檢查？ ①鋼筋工 ②油漆工 ③水泥工 ④木工。

6.(1) 裝設於機械控制面板或控制箱表面用手按壓按鈕使機械停止之緊急停止裝置顏色為 ①紅色 ②藍色 ③綠色 ④白色。

7.(4) 安全標示之外形為圓形者，通常用於何處？ ①一般安全之說明事項 ②警告事項 ③注意事項 ④禁止事項。

8.(3) 安全衛生標示中警告事項之外形為下列何種形狀？ ①正方形或長方形 ②圓形 ③尖端向上之正三角形 ④尖端向下之正三角形。

9.(1) 高壓氣體之貯存，依規定在其周圍多少距離內不得放置有煙火及著火性、引火性物質？ ①2公尺 ②3公尺 ③4公尺 ④5公尺。

10.(3) 勞工於礦纖板、石膏板等材料構築之夾層天花板從事作業，為防止勞工踏穿墜落，規劃安全通道時，於天花板支架上架設適當強度且寬度在多少公分以上之踏板？ ①10 ②20 ③30 ④40。

11.(2) 作業場所中，噪音超過多少分貝，即應標示並公告噪音危害之預防事項，使勞工皆知？ ①85 ②90 ③95 ④100 分貝。

12.(3) 雇主僱用勞工於二公尺以上高度之開口部分所設置護欄，下列何者錯誤？ ①上欄杆高度應在90公分以上 ②除必須之進出口外，護欄應圍繞所有危險之開口

部分　③上欄杆任何一點於任何方向加四十五公斤之荷重而無顯著變形之強度　④護欄應有上欄杆、中欄杆、腳趾板及杆柱等構材。

13.(3) 勞工於室內工作場所主要人行道寬度至少應有多少公分？　① 60　② 80　③ 100　④ 120。

14.(3) 勞工使用之移動梯，下列敘述何者有錯誤？　①需有堅固之構造　②材質不得有顯著之損害、腐蝕　③寬度應在 20 ㎝以上　④應採取防止滑溜或其他防止轉動之必要措施。

15.(4) 下列何項不是手工具所造成傷害的直接因素　①衝擊　②割切　③電擊　④場所零亂。

16.(4) 下列何者不屬於安全使用手工具的原則　①選擇良好的材質　②工作前應配戴適當的防護設備　③選擇適合工作所需之手工具　④開關不可裝置於接地線上。

17.(4) 室內裝修施工前，爲確保人員免於感電，需採取斷電，下列何者不是其主要危害來源　①供電設備　②手工具　③電源線　④清理搬運廢棄物。

18.(4) 室內裝修施工中較常遭遇物體飛落災害的工作是　①供電設備斷絕　②貼壁紙　③供水設備斷絕　④貼磁磚。

19.(1) 室內裝修施工中較常遭遇感電災害的工作是　①電動工具使用　②貼磁磚　③清理搬運　④框架拆除。

複選題

20.(123) 依職業安全衛生設施規則規定，雇主對於室內工作場所，應依規定設置足夠勞工使用之通道，下列哪些爲不正確？　①應有適應其用途之寬度，其主要人行道不得小於 0.9 公尺　②各機械間或其他設備間通道不得小於 60 公分　③自路面起算 1.5 公尺高度之範圍內，不得有障礙物但因工作之必要，經採防護措施者，不在此限　④主要人行道及有關安全門、安全梯應有明顯標示。

21.(124) 依高架作業勞工保護措施標準規定，使勞工從事不同高架作業時，應減少工作時間，每連續作業 2 小時，應給予作業勞工多少休息時間，下列哪些爲正確？　①高度在 2 ～ 5 公尺者，至少有 20 分鐘休息　②高度在 5 ～ 20 公尺者，至少有 25 分鐘休息　③高度在 20 公尺以上者，至少有 30 分鐘休息　④高度在 20 公尺以上者，至少有 35 分鐘休息。

22.(124) 依營造安全衛生設施標準規定，下列哪些爲正確？　①進入營繕工程工作場所作業人員，應正確戴用安全帽　②工作場所儲存有易燃性物料時，應有防止太陽直接照射之遮蔽物　③高度 1.5 公尺之工作場所，應訂定墜落災害防止計畫　④對廢止使用之開口部分應予封閉，以防止勞工墜落。

23.(14) 依營造安全衛生設施標準規定，施工中對於施工場所材料之堆放，應置放於穩固、平坦之處，整齊緊靠堆置及下列哪些為正確？ ①磚堆置高度不得超過 1.8 公尺 ②瓦堆置高度不得超過 2 公尺 ③材料儲存位置鄰近開口部分時，應距離該開口部分 1.8 公尺 ④管料之置放，避免在電線上方或下方。

24.(14) 依營造安全衛生設施標準規定，施工中對於袋裝材料之儲存，為保持其穩定，下列哪些為正確？ ①堆放高度不得超過 10 層 ②至少 3 層交錯一次方向 ③ 6 層以上部分應向內退縮，以維持穩定 ④交錯方向易引起材料變質者，得以不影響穩定之方式堆放。

25.(12) 勞工於高度 2 公尺以上施工架上從事作業時，下列哪些為正確？ ①活動式踏板使用木板時，寬度應在 20 公分以上 ②活動式踏板厚度應在 3.5 公分以上 ③板長方向重疊時，應於支撐點處重疊，其重疊部分之長度不得小於 10 公分 ④工作臺應高於施工架立柱頂點 1 公尺以上。

26.(124) 依職業安全衛生設施規則規定，雇主對於使用之合梯，下列哪些為正確？ ①具有堅固之構造 ②其材質不得有顯著之損傷、腐蝕等 ③梯腳與地面之角度應在 45 度以內 ④有安全之防滑梯面。

27.(124) 依職業安全衛生設施規則規定，雇主對於使用之移動梯，下列哪些為正確？ ①具有堅固之構造 ②其材質不得有顯著之損傷、腐蝕等現象 ③寬度應在 16.5 公分以上 ④應採取防止滑溜或其他防止轉動之必要措施。

28.(123) 依職業安全衛生設施規則規定，雇主設置之固定梯子，下列哪些為正確？ ①具有堅固之構造 ②應等間隔設置踏條 ③踏條與牆壁間應保持 16.5 公分以上之淨距 ④梯子之頂端應突出板面 45 公分以上。

29.(124) 依職業安全衛生設施規則規定，雇主對於使用之移動梯，下列哪些為正確？ ①具有堅固之構造 ②其材質不得有顯著之損傷、腐蝕等現象 ③寬度應在 25 公分以上 ④應採取防止滑溜或其他防止轉動之必要措施。

30.(14) 依營造安全衛生設施標準規定，雇主依規定設置之護欄以木材構成者，其規格下列哪些為正確？ ①上欄杆應平整，且其斷面應在三十平方公分以上 ②中間欄杆斷面應在二十平方公分以上 ③腳趾板高度應在五公分以上，厚度在一公分以上，並密接於地盤面或樓板面舖設 ④柱杆斷面應在三十平方公分以上，相鄰間距不得超過二公尺。

31.(134) 依營造安全衛生設施標準規定，雇主對於磚、瓦、木塊或相同及類似材料之堆放，下列哪些為正確？ ①置放於穩固、平坦之處 ②整齊緊靠堆置，其高度不得超過 2 公尺 ③整齊緊靠堆置，其高度不得超過 1.8 公尺 ④儲存位置鄰近開口部分時，應距離該開口部分 2 公尺以上。

32.(23) 依營造安全衛生設施標準規定，雇主使勞工於高度 2 公尺以上施工架上從事作業時，應供給足夠強度之工作臺，工作臺設置哪些爲正確？ ①工作臺寬度應在 30 公分以上並舖滿密接之踏板 ②工作臺寬度應在 40 公分以上並舖滿密接之踏板 ③工作臺應低於施工架立柱頂點 1 公尺以上 ④工作臺應低於施工架立柱頂點 1.2 公尺以上。

33.(24) 依營造安全衛生設施標準規定，雇主使勞工於高度二公尺以上施工架上從事作業時，應供給足夠強度之工作臺，工作臺之活動式踏板使用木板時，哪些爲正確？ ①木板寬度應在 20 公分以上，厚度應在 2.5 公分以上 ②木板寬度應在 20 公分以上，厚度應在 3.5 公分以上 ③木板寬度大於 30 公分時，厚度應在 5 公分以上 ④木板寬度大於 30 公分時，厚度應在 6 公分以上。

34.(14) 不燃材料不因大火引起 ①燃燒、熔化 ②火焰、閃光 ③噪音、震動 ④破裂、變形之現象。

35.(24) 下列那種材料屬於耐燃一級 ①耐火板 ②玻璃 ③耐燃材料 ④空心磚。

36.(13) 下列那種材料非屬於耐燃一級 ①耐火板 ②玻璃 ③耐燃材料 ④空心磚。

37.(24) 常時關閉式防火門之規定爲 ①不得裝設門鈴 ②自行關閉之裝置 ③標示常時開放防火門等文字 ④不得裝設門止。

38.(123) 貫穿防火區劃牆壁或樓地板之 ①電力管線 ②通訊管線 ③給排水管線 ④牆面線 與貫穿部位合成之構造，應具一小時以上之防火時效。

39.(34) 排煙風道 (管) 貫穿防煙壁部分之空隙應以 ①耐燃材料 ②耐火板材料 ③不燃材料 ④水泥砂漿 填充。

40.(24) 營造用各類物材之儲存、堆積及排列，不得儲存於距 ①廁所 ②庫門 ③窗樘 ④升降機 等二公尺範圍以內。

41.(23) 高度二公尺以上工作場所、勞工作業有墜落之虞者，何者不是適當之防止設施 ①安全帶及安全網 ②工作燈 ③對講機 ④護欄、護蓋。

42. (12) 爲防止物體飛落，且置於高處之位能超過 12 公斤．公尺之物件有飛落之虞者，應予以 ①物件固定之 ②使勞工戴用安全帽 ③設廣播喇叭 ④設照明燈具。

43.(134) 勞工以電銲、氣銲從事熔接、熔斷等作業時，何者爲應置備之護具？ ①安全面罩 ②耳塞 ③防護眼鏡 ④防護手套。

44.(34) 使用對地電壓在一百五十伏特以上之移動式電動機具，爲防止因漏電而生感電危害，下列敘述哪些可有效預防感電危害？ ①裝設溼度計 ②裝設溫度計 ③裝設漏電斷路器 ④採用接地線連接於接地極。

11-5　施工機具

單選題

1.(　2　) 現場切割薄板玻璃時要用　①水刀切割刀　②玻璃切割刀　③雷射切割刀　④電熱線切割刀。

2.(　1　) 面貼二丁掛磁磚要用　①勾縫刀　②金屬鏝刀　③平頭鏝刀　④圓角鏝刀　將填縫砂漿壓入並勾平以強調水平線(條)。

3.(　4　) 既有鋼筋混凝土牆面在法規及結構容許情況下，要打開一片採光窗，爲避免造成破壞面積過大及日後造成漏水現象宜採用　①大鐵鎚敲打破碎　②電動打石機打除　③混凝土鑽孔機連續鑽孔　④混凝土切割機切割。

4.(　2　) 爲達成玻璃或鏡面接縫填補效果良好，宜將灌裝於筒狀容器之矽力康膠，於施打時配合用　①空壓機　②填縫槍　③噴槍　④罐裝瓦斯　將矽力康膠均勻壓出至接縫處，再以刮刀修平。

5.(　3　) 輕鋼架明架礦纖板天花施工，遇到邊緣不足一塊礦纖板寬度時，要將板材切割時宜用　①鏝刀　②電鑽　③美工刀　④鐵板剪　裁切。

6.(　4　) 下下列工具組，何者不是砌磚施工時之工具　①墨斗、水線、垂球　②桃型鏝刀、填縫鏝刀、方鍬　③角尺、捲尺、氣泡水平尺　④金屬鏝刀、內外角鏝刀、木槌。

7.(　1　) 下列工具組何者不是木作施工時之主要工具　① 20 磅鐵鎚、活動鈑手　②平鉋刀、平頭鑿　③修邊機、砂磨機　④弓形鑽、弓鋸。

8.(　3　) 下列何者爲錯誤　①蹬緊器是滿鋪地毯之工具　②佈膠機是貼壁紙之工具　③噴霧器是貼壁布的工具　④滾壓輪是鋪設塑膠地磚的工具。

9.(　2　) 現場木作裝修工程，木工多會採用下列何者電動工具作爲現場工作鋸台，以利裁、切、鋸使用　①角度切斷機　②電動切溝機　③手提電動鉋　④電動鑽孔機。

10.(　2　) 電動機外殼接地的目的主要是爲防止　①斷電　②感電　③通電　④充電。

11.(　4　) 下列敘述何者爲不正確？　①工地吊掛料件應估計重量　②吊起料件之重心應在吊鉤正下方　③吊起時應注意工件是否滑脫　④吊掛作業範圍內容許工作人員自由進出。

12.(　2　) 水泥牆面面層粉刷的工具爲　①外角鏝刀　②金屬鏝刀　③板尺　④內角鏝刀。

13.(　1　) 塗裝作業常用來作爲大面積刷塗之羊毛刷稱爲　①排筆　②鬃毛刷　③水彩筆　④塗裝筆。

14.(3) 使用空氣釘槍釘薄夾板，強度較佳之釘為 ①鋼釘 ②單腳直釘 ③雙腳ㄇ型釘 ④浪型釘。

15.(2) 主要用於鋸割曲線及不規則形，尤其是內封閉曲線的機具是 ①手提圓鋸機 ②手提式線鋸機 ③手電鉋 ④手電鑽。

16.(3) 水泥牆面粉刷時刮平的工具 ①刮刀 ②鏝刀 ③板尺 ④砂紙。

17.(2) 牆面瓷磚施作前之泥作施工打底用工具為何？ ①鐵鏝刀 ②木鏝刀 ③鋸齒鏝刀 ④嵌縫刀。

18.(2) 室內裝修放樣用工具，曲尺係指 ①直尺 ②直角尺 ③折尺 ④曲線尺。

19.(4) 下列何者，不是屬於現場水泥砂漿拌合的器具？ ①量斗 ②方鏟 ③拌合鐵板 ④刮尺。

20.(3) 砌磚摔漿的工具是以 ①方鏟 ②磚鏟 ③桃形鏝刀 ④水杓最好。

21.(2) " " 左圖之砌磚工具是 ①菱形鏝刀 ②桃形鏝刀 ③粉刷鏝刀 ④磚鏟。

22.(2) 泥工工具中之磚鑿是用來 ①砌磚 ②切磚 ③粉刷 ④刮縫。

23.(1) 下列何者非屬放樣使用之工具？ ①刮尺 ②水準器 ③垂球 ④墨斗。

24.(1) 測定水平線，如無水準儀，可用什麼工具代替？ ①透明水管 ②垂球 ③角尺 ④板尺。

25.(4) 使用透明 PVC 膠管測水平時，下列何者對其測定結果沒有影響？ ①管內有氣泡 ②管內水位未靜止 ③管內堵塞 ④管內盛水量多寡。

26.(3) 檢查牆面內角是否直角宜採用 ①量角器 ②六折尺 ③直角尺 ④游標卡尺。

27.(4) 一般裝潢木工較常使用何種手工之鋸切工具？ ①美式板鋸 ②框鋸 ③鋼鋸 ④折合鋸。

28.(4) 板面貼覆有美耐板之工作物，以何種手工具修整邊緣較適合？ ①粗平鉋 ②細平鉋 ③長鉋 ④美耐板專用鉋刀。

29.(3) 捲尺前端附有鋼鉤，用畢捲返時其前後移動距離是多少？ ① 2 ㎜ ② 5 ㎜ ③視鋼鉤厚度而定 ④不一定。

30.(4) 下列那一種量具，可用來量取圓柱之周長？ ①鋼尺 ②游標卡尺 ③自由角規 ④捲尺。

複選題

31.(23) 下列施工機(器)具之功能，哪些為不正確？ ①手電鑽為木工工作鑽孔用 ②震動電鑽為鑽頭前端迴轉的同時，鑽軸同時作高速往復震動，此種手電鑽最適合在硬質木板上作鑽孔操作 ③手提式電動圓鋸機，又稱為電動手鋸，可用於多種鋸割，尤其適用於小面積的嵌板鋸割 ④手提式電動線鋸機機不但可鋸切外曲線，也可以鋸切封閉曲線。

32.(123) 凡在建築工地之室內裝修時，使用機械施工者，應遵守哪些規定？ ①不得作其使用目的以外之用途，並不得超過其性能範圍 ②應備有掣動裝置及操作上所必要之信號裝置 ③自身不能穩定者，應扶以撐柱或拉索 ④各項機械均需專業執照。

33.(123) 依機械設備器具安全防護標準規定，攜帶用以外之手推刨床，應具有符合何項規定之刃部接觸預防裝置；但經檢查機構認可具有同等以上性能者，得免適用其之一部或全部？ ①覆蓋應遮蓋刨削工材以外部分 ②具有不致產生撓曲、扭曲等變形之強度 ③可動式接觸預防裝置之鉸鏈部分，其螺栓、插銷等，具有防止鬆脫之性能 ④手推刨床之刃部接觸預防裝置，其覆蓋之安裝，應使覆蓋下方與加工材之進給側平台面間之間隙在10毫米以下。

34.(134) 依機械器具安全防護標準規定，手推刨床應具備下列哪些項目 ①設可固定刀軸之裝置 ②設置離開作業位置即可操作之動力遮斷裝置 ③動力遮斷裝置應易於操作 ④動力遮斷裝置應具有不因意外接觸、振動等，致手推刨床有意外起動之虞之構造。

35.(13) 依機械器具安全防護標準規定，有關手推刨床哪些為正確？ ①應設置遮斷動力時，可使旋轉中刀軸停止之制動裝置 ②遮斷動力時，可使其於15秒內停止刀軸旋轉者 ③應設可固定刀軸之裝置 ④應設置離開作業位置才可操作之動力遮斷裝置。

36.(23) 依機械器具安全防護標準規定，下列何項為正確？ ①圓盤鋸應設置圓盤鋸之正撥預防裝置 ②圓盤鋸應設置圓盤鋸之鋸齒接觸預防裝置 ③反撥預防裝置之撐縫片及鋸齒接觸預防裝置經常使包含其縱斷面之縱向中心線而和其側面平行之面，與包含圓鋸片縱斷面之縱向中心線而和其側面平行之面，位於同一平面上 ④木材加工用圓盤鋸，使撐縫片與其面對之圓鋸片鋸齒前端之間隙在10毫米以下。

37.(24) 依機械器具安全防護標準規定，圓盤鋸應設置遮斷動力時可使旋轉中圓鋸軸停止之制動裝置；但下列圓盤鋸，何者不在此限： ①圓盤鋸於遮斷動力時，可於12

秒內停止圓鋸軸旋轉者 ②攜帶用圓盤鋸使用單相串激電動機者 ③未設有自動輸送裝置之圓盤鋸，其本體內藏圓鋸片或其他不因接觸致引起危險之虞者 ④製榫機及多軸製榫機。

38.(123) 依機械器具安全防護標準規定，圓盤鋸之 ①圓鋸片 ②帶輪 ③皮帶 ④推板 於旋轉中有接觸致生危險之虞者，應設置覆蓋；但圓鋸片之鋸切所必要部分者，不在此限。

39.(124) 依機械器具安全防護標準規定，手推刨床應於明顯易見處標示何事項 ①製造者名稱 ②製造年月 ③有效刨削深度 ④額定電壓。

40.(12) 依機械設備器具安全防護標準規定，圓盤鋸應於明顯易見處標示哪些？ ①額定電壓 ②額定功率或額定電流 ③適用之圓鋸片之內徑範圍 ④鋸齒接觸預防裝置，標示適用之圓鋸片之內徑範圍及用途。

41.(134) 依職業安全衛生設施規則規定，雇主設置固定式圓盤鋸、帶鋸、手推刨床、截角機等合計五台以上時，應指定作業管理人員負責執行下列何事項？ ①指揮木材加工用機械之操作 ②檢查運輸用機械及其安全裝置 ③發現木材加工用機械及其安全裝置有異時，應即採取必要之措施 ④作業中，監視送料工具等之使用情形。

42.(123) 依職業安全衛生設施規則規定，雇主不得以下列何種情況之吊鏈作為起重升降機具之吊掛用具及構件 ①延伸長度超過百分之五以上者 ②斷面直徑減少百分之十以上者 ③有龜裂者 ④吊鉤或鉤環及附屬零件，其斷裂荷重與所承受之最大荷重比之安全係數，應在四以上。

43.(234) 依職業安全衛生設施規則規定，雇主不得以下列任何一種情況之吊掛之鋼索作為起重升降機具之吊掛用具 ①鋼索一撚間有 10% 以下素線截斷者 ②直徑減少達公稱直徑百分之七以上者 ③有顯著變形或腐蝕者 ④已扭結者。

44.(24) 依職業安全衛生設施規則規定，下列哪些不正確？ ①雇主不得使用已變形或已龜裂之吊鉤、鉤環、鏈環，作為起重升降機具之吊掛用具 ②雇主得使用已斷 2 股子索者之纖維索、帶，作為起重升降機具之吊掛用具 ③雇主不得使用有顯著之損傷或腐蝕者之纖維索、帶，作為起重升降機具之吊掛用具 ④雇主對於吊鏈或未設環結之鋼索，其兩端非設有吊鉤、鉤環、鏈環或編結環首、壓縮環首者，可能作為起重機具之吊掛用具。

45.(134) 依職業安全衛生設施規則規定，雇主使勞工以捲揚機等吊運物料時之規定下列哪些正確？ ①吊掛之重量不得超過該設備所能承受之最高負荷，且應加以標示 ②可得供人員搭乘、吊升或降落 ③吊鉤或吊具應有防止吊舉中所吊物體脫落之裝置 ④錨錠及吊掛用之吊鏈、鋼索、掛鉤、纖維索等吊具有異狀時應即修換。

46.(124) 依職業安全衛生設施規則規定，雇主使勞工以捲揚機等吊運物料時之規定下列哪些正確？ ①吊運作業中應嚴禁人員進入吊掛物下方及吊鏈、鋼索等內側角 ②應避免鄰近電力線作業 ③電源開關箱之設置，應有防漏電裝置 ④應設有防止過捲裝置，設置有困難者，得以標示代替之。

47.(134) 下列圓盤鋸說明哪些是正確？ ①手持式圓盤鋸：以電動馬達或磁力驅動用來進行鋸切加工作業的機械設備 ②固定式護罩：以臨時固定的方式連結在馬達上的護罩，以防止人員接觸導板平面上方的鋸片 ③移動式護罩：通常設置在導板平面的下方，防止人員接觸固定式護罩無法保護到的鋸片部份 ④撐縫片：與鋸片同平面的金屬零件，當鋸片鋸切後防止加工件密合而夾住鋸片，造成圓盤鋸卡住或鋸片破裂。

48.(23) 圓盤鋸之材料、安裝方法、緣盤應符合下列哪些規定？ ①緣盤之直徑在固定側應小於移動側 ②圓鋸軸之夾緊螺栓，應爲不可任意旋動者 ③使用於緣盤之固定用螺桿、螺帽等施有防鬆措施，以防止制動器制動引起鬆動 ④緣盤之直徑在固定側應大於移動側。

49.(13) 下列圓盤鋸說明哪些是正確？ ①除了圓盤鋸使用或正常操作時需要的開口之外，圓盤鋸外部的封閉部份不可以有不必要的開口，以避免人員接觸導電部份 ②圓盤鋸導板平面下方應裝置固定式護罩；導板平面上方應裝置移動式護罩，以防止人員與鋸片或圓盤鋸的可動件接觸 ③將圓盤鋸的集塵系統可拆除部份拆除之後，人員無法經由集塵系統的開口部份接觸到圓盤鋸的可動部位 ④圓盤鋸應配置安全護罩裝置，且此安全裝置應使用特定工具時無法拆除。

50.(123) 木作平頂天花板施工過程中，常用之電動工具有下列哪些？ ①手提式線鋸機 ②手提式電鑽 ③手提式圓鋸機 ④手提式電銲機。

 11-6　相關施工作業

單選題

1.(　3　) 大理石的舖設工程　①用乾式　②必須用濕式　③有乾、濕兩種施工方法　④以乾式較佳。

2.(　3　) 砌磚前應將磚　①秤重量　②隨地亂放　③充分吸收水份　④在烈日下曝曬乾。

3.(　3　) 一般防水粉刷，水泥與砂之比例下列何者為宜　①1:4　②2:1　③1:2　④1:5。

4.(　1　) 砌磚工作程序下列敘述何者正確？　①摔漿→撥漿→刮漿→砌頭　②摔漿→刮漿→撥漿→砌頭　③撥漿→摔漿→刮漿→砌頭　④刮漿→砌頭→摔漿→撥漿。

5.(　3　) 砌磚灰縫大小因考慮磚塊規格，一般採　①3～5公釐　②5～15公釐　③8～10公釐　④8～20公釐。

6.(　3　) 建築石材之耐久性，依據其抵抗何種作用的能力而定　①強度　②硬度　③風化　④吸水率。

7.(　3　) 海菜粉用於下列何項較恰當？　①砌磚　②打底粉刷　③磁磚鋪貼　④清水磚牆勾縫。

8.(　2　) 水泥粉光施工中的灰誌是以　①2：1　②1：3　③2：3　④3：4　之水泥砂漿作為主。

9.(　4　) 水泥砂漿拌合後，超過　①15分鐘　②30分鐘　③45分鐘　④60分鐘　即不得使用。

10.(　2　) 金屬作業中工件施以表面處理，下列何者　①更耐磨　②更耐衝擊　③更耐蝕　④美觀　不是其表面處理的目的。

11.(　3　) 下列敘述何者與鋁門窗無關？　①擠製　②陽極氧化處理　③鍍鉻　④耐蝕。

12.(　1　) 下列何者屬於鐵類金屬材料　①鑄鐵　②鋁　③鉻　④銅。

13.(　4　) 銲接法的優點下列何者不正確　①設計彈性大　②減少工時　③可接合不同材料　④不會殘留應力。

14.(　1　) 最常用銲接法　①電銲　②電阻銲　③氣銲　④超音波銲。

15.(　3　) 最常見的氣銲　①氫氧氣銲　②空氣乙炔氣銲　③氧乙炔氣銲　④氫乙炔氣銲。

16.(　4　) 下列何者不屬於弱電設備　①電話系統　②播音、廣播系統　③火警警報器　④緊急照明系統。

17.(3) 水管內有空氣存在時 ①不影響 ②會增加 ③會阻礙 ④隨溫度（環境與水）改變 流水速度。

18.(3) 排水及通氣管路完成後，其耐壓試驗得分層、分段或全部進行，並應保持多久而無滲漏現象爲合格？ ① 2 小時 ② 1.5 小時 ③ 1 小時 ④ 0.5 小時。

19.(2) 下列何者不是闊葉樹種 ①烏心石 ②肖楠 ③柚木 ④櫸木。

20.(4) 下列何者樹種爲闊葉樹種 ①肖楠 ②雲杉 ③檜木 ④梧桐。

21.(3) 下列何者木質最硬 ①紅木 ②雲杉 ③石櫧（赤皮） ④楓木。

22.(2) 理想的室內裝修用角材，其含水率應達到多少百分比以內較好？ ① 10% ② 18% ③ 24% ④ 30%。

23.(2) 木材所含水份在某種溫度與濕度下，與大氣濕度達成平衡狀態時，謂之 ①飽和含水量 ②平衡含水量 ③游離含水量 ④生材含水量。

24.(2) 常用的喇叭鎖，其適用門扇的厚度約爲 ① 24 ～ 40 ㎜ ② 32 ～ 45 ㎜ ③ 35 ～ 50 ㎜ ④沒有限制。

25.(2) 一般插榫之厚度以不小於木材厚度 ① 1/2 ② 1/3 ③ 1/4 ④ 1/5 爲準。

26.(2) 木心板作曲線結構下列何種加工方法最正確？ ①將板材浸泡水裡 ②取適當等距間格，鋸切深度約 5/6 ③用熱水軟化 ④使用噴燈烘烤。

27.(3) 實木抽屜前板與側板的接合方式以何種接合最佳？ ①釘接 ②指接 ③鳩尾榫接 ④膠接。

28.(4) 門扇內以木角材，外以塑膠材質當門面，經高壓一體成型製成爲 ①空心夾板門 ②玻璃纖維門 ③實木雕刻門 ④塑合門。

29.(2) 新作牆面油漆粉刷打底 ①可用舊漆混合作底漆 ②用專用底漆 ③根本不用打底 ④依實際情況，可打底可不打底。

30.(3) 油漆溶劑剩料傾入排水管內會產生 ①管壁增厚 ②滑潤 ③變形腐蝕破裂 ④打通堵塞之情況。

31.(2) 新砌磚牆粉刷面要刷乳膠漆時，需注意牆面 ①是否平整 ②是否乾燥 ③是否垂直 ④是否光潔 ，以免產生白化現象。

32.(3) 金屬加工品在面漆刷塗前，應先以下列何種底漆刷塗以防生鏽？ ①油性凡立水 ②二度底漆 ③紅丹底漆 ④調和漆。

33.(2) 乳化漆塗佈於水泥粉刷牆面時，除需以批土填平毛孔外，至少均塗 ①二層 ②三層 ③四層 ④五層。

34.(3) 下列何者不是水性塗料的優點？ ①火災之危險性少 ②溶劑的毒性問題少 ③防水性佳 ④以水爲稀釋劑。

35.(3) 最基本的木器裝塗步驟是 ①底漆 - 素地整理 - 砂磨 - 面漆 ②砂磨 - 底漆 - 素地整理 - 面漆 ③素地整理 - 二度底漆 - 砂磨 - 面漆 ④二度底漆 - 砂磨 - 素地整理 - 底漆 - 砂磨 - 面漆。

36.(4) 塗裝發生皺紋的原因爲 ①空氣太潮溼 ②材料含水率大 ③空氣太乾燥 ④塗料濃度太高。

37.(3) 何種溶劑的塗料其耐候性較佳？ ①香蕉水 ②酒精 ③松香水 ④水。

38.(3) 木作塗裝修色係指 ①利用面漆之修飾均勻 ②利用著色劑修補 ③利用色漆修飾色差 ④利用香蕉水或溶劑修飾色差。

39.(3) 強化玻璃之強度約爲一般玻璃之 ① 1.5 ～ 2 倍 ② 2 ～ 3 倍 ③ 3 ～ 5 倍 ④ 5 ～ 10 倍。

40.(3) 下列何種厚度之平板玻璃，在目前市面上較不常用？ ① 3 公厘 ② 6 公厘 ③ 9 公厘 ④ 12 公厘。

41.(1) 現場丈量玻璃尺寸時下列何者較不重要 ①安裝位置之日晒及溫溼度變化 ②崁入凹槽之深度及寬度 ③安裝開口處之平直度 ④玻璃大小及搬運路徑。

42.(2) 矽力康接著對下列哪一種應力之效應最差？ ①拉力 ②剪力 ③壓力 ④扭力。

43.(4) 下列何種玻璃可於現場施工時裁切、磨修 ①強化玻璃 ②複層玻璃 ③熱硬化玻璃 ④平板玻璃。

44.(2) PC 耐力板施工時下列何者不正確 ①裁切須用電動工具（碳化鎢鋸片） ②接合處須使用酸性矽力康填膠及 PVC 之襯墊材 ③如須標線作記號時應避免使用尖銳工具標記 ④安裝完成後才能撕掉保護膜。

45.(4) 玻璃安裝施工完成後 下列工作那一項不是立即該處理之工作 ①清除表面泥水或油漆塗裝污染 ②清除多餘之，填縫料 ③黏貼接縫未乾固，未達該有強度警示標記避免碰撞 ④清掃工作環境。

46.(4) 輕鋼架天花 L 型收邊料在柱轉陽角處應 ① 90 度剪開不接 ②上下疊接 ③平面切開插接 ④ 45 度剪開斜角接 較爲美觀。

47.(2) 金屬輕鋼架施工一般長型平面房間天花主吊架方向應採用何向爲宜？ ①長向 ②短向 ③長向、短向均可 ④不須主吊架。

48.(1) 輕鋼架天花應於施工至 ①所有吊架施工完成後 ②放板施工完成後 ③燈具 設備安裝完成後 ④主架安裝完成後 調整彈簧片吊筋長度，固定水平。

49.(1) 輕隔間牆面電源開關、插座部分須在立柱之間補強 ①橫向支架 ②斜角補強支架 ③直向支架 ④十字支架。

50.(2) 輕隔間門框施工須注意下列哪一事項 ①門框邊轉角護角 ②兩側補強立柱 ③上方補強槽鋼 ④門框材料厚度。

51.(4) 輕隔間上下槽立柱多半採用 ①鍍鋅塗裝 ②預力 ③紅丹防銹 ④熱浸鍍鋅輕量型鋼。

52.(1) 採用磨石子地坪施工時，下列何種材料不需使用到？ ①海菜粉 ②水泥 ③石粉 ④寒水石。

53.(2) 整體粉光必須在下列何種時機完成？ ①初凝前 ②終凝前 ③拆模後 ④拆模前。

54.(1) 混凝土的主要功能是 ①抗壓力 ②抗張力 ③抗剪力 ④抗彎力。

55.(4) 依建築技術規則規定工作台之設置採活動板之厚度不得小於 ① 1.6 ② 2.6 ③ 3 ④ 3.6 cm。

56.(3) 磚牆愈底部的磚塊，其抗壓強度 ①愈強 ②愈弱 ③不變 ④等於零。

57.(4) 使用皮數桿砌磚牆，則桿上刻劃之間距等於 ①磚長 ②磚厚 ③磚長加灰縫 ④磚厚加灰縫。

58.(1) 磚牆同一皮以順丁相間疊砌方式稱之為 ①法式砌法 ②英式砌法 ③花式砌法 ④美式砌法。

59.(4) 磚縫留設之寬度，以那種尺度為宜？ ① 1 分 ② 1 寸 ③ 1 吋 ④ 1 公分。

60.(4) 建築物室內裝修工程依規定「分戶牆」材料應符合下列標準？ ①耐燃一級 ②耐燃二級 ③耐燃三級 ④防火時效一小時。

61.(2) 有木板料，其寬 30cm，厚 3cm，長 1.2m 的材積為約 ① 0.4 才 ② 4 才 ③ 40 才 ④ 400 才。

62.(3) 建材合板含有危害呼吸道的污染物 ①甲醇 ②石綿 ③甲醛 ④氢氣。

63.(1) 鋸切美耐板時應選用下列何種鋸片？ ①鋸齒數較多之鋸片 ②鋸齒數較少之鋸片 ③鋸齒角度較小之鋸片 ④鋸齒角度較大之鋸片。

64.(3) 操作手提式修邊機鉋削材料推進速度應 ①視加工成本決定快慢 ②視刀具越銳利越慢 ③視材料軟硬與切削深度大小而定 ④可快可慢隨心所欲。

65.(3) 組裝木製品時，如膠合劑過量必須除去多餘之膠，下列何種方法最正確？ ①等凝固用刀具割除 ②用刮刀將餘膠刮除 ③使用膠刷沾少量水清除再用抹布擦乾

④可用美工刀清除。

66.(4) 圓鋸機縱切木料末端會焦黑現象是何種原因產生？ ①進料速度太快 ②進料速度適當 ③導板出料尾端太寬 ④導板出料尾端太窄。

67.(1) 市面現成簡便鋸台適用於各廠牌手提式圓鋸機，初次使用應如何處置？ ①鋸片平行與垂直校正 ②不需校正 ③校正平行方向 ④校正垂直方向。

68.(4) 從事木工工作者，必須懂得一些基本榫接技術，才可以將木材有效的接合起來。將一接合件一半厚度搭疊於另一接合件之一半厚度上之接合稱爲 ①鳩尾榫接合 ②指接榫接合 ③三缺榫接合 ④搭接合。

69.(2) 以木材特性而言，材質堅硬、具耐久性且木紋緻密，可鉋削出較平整紋路的是 ①邊材 ②心材 ③生材 ④髓心。

70.(1) 木材之製材方法，可分爲徑切與弦切等方法，其中弦切法所產生之弦面材，其性質爲 ①紋理美觀但易變形 ②紋理平行、緻密收縮少 ③柔軟不易變形 ④堅硬不易變形。

71.(1) 木材的含水率降到纖維飽和點以下時，木材即開始收縮，比較以下之收縮何者是正確？ ①弦向＞徑向＞縱向 ②徑向＞弦向＞縱向 ③縱向＞弦向＞徑向 ④縱向＞徑向＞弦向。

72.(3) 不銹鋼（stainless steel）材質又可分爲 ①鋁鋼與鎂鋼 ②碳鋼與鈣鋼 ③鉻鋼與鎳鋼 ④重碳酸鋼與低酸鋼。

73.(1) 鋁 (Aluminum) 材爲使其不易氧化增加其耐久與美觀其表面可再經 ①陽極處理 ②陰極處理 ③酸化處理 ④研磨處理 ，使其更利於當成建材使用。

74.(4) 鋼 (steel) 若其含碳量在 0.25% 以下， 稱爲低碳鋼， 適於輾軋但不適合拿來作 ①型鋼 ②鋼管 ③鋼板 ④熱處理加工。

75.(2) 下列那種不是鑄鐵 (cast iron) 特性，其含碳量在 1.7% 以上的特性 ①晶粒粗 ②韌性強 ③硬度大 ④溶點低。

76.(4) 下列那一種最不適合鋁合金材料作爲其表面處理的方式？ ①陽極處理 ②發色處理 ③粉體烤漆處理 ④毛絲面處理。

77.(1) 依 CNS 規定，英文字母 L 代表爲 ①角鋼 ②槽鋼 ③鋼板 ④圓管。

78.(4) 下列那種不適合作爲銲接的檢驗法？ ①射線照像法 ②超音波法 ③滲透液法 ④敲擊法。

79.(3) 下列那種不是鋼骨銲接的缺陷？ ①龜裂 ②氣孔 ③色差 ④銲喉不足。

80.(2) 下列那種不是鋼筋續接的好方法？ ①搭接 ②勾接 ③瓦斯壓接 ④套管式續接。

81.(1) 下列那種不是金屬烤漆浪板的特性？ ①抗幅射 ②易導熱 ③可回收 ④重量輕。

82.(2) 噴漆時產生橘皮狀 (orange pee) 表面缺失，下列何者不是主要原因？ ①塗料稀釋不當 ②底材不平 ③噴槍壓力不適當 ④噴槍距離太遠或過近。

83.(4) 室內設計工程中最不常見的現場塗裝方式是 ①滾塗 ②刷塗 ③噴塗 ④粉体塗裝。

84.(2) 壁面塗裝施工，下列何者程序為先？ ①刷底漆 ②補土 ③刷面漆 ④砂磨。

85.(1) 油質樹脂漆又稱 ①凡立水 ②泡立水 ③洋乾漆 ④塑膠漆 ，係由合成樹脂、油料、溶劑、催乾劑等配合而成。

86.(3) 下列何項非為塗料之成膜物質？ ①亞麻仁油 ②蟲膠 ③溶劑 ④合成樹脂。

87.(2) 在塗裝過程中主要用來充份填補木材表面之毛細孔，以提高材料表面光滑及厚實感也使面漆容易附著的是 ①一度底漆 ②二度底漆 ③面塗 ④消光。

88.(1) 下列那些步驟非木器、櫥櫃家具烤漆的必要步驟？ ①用火烤 ②補土批土 ③噴底漆 ④噴面漆。

89.(1) 玻璃市場上以下列何種為計量單位？ ①才 ②片 ③ m^2 ④ cm^2。

90.(4) 鉛玻璃主要功能為何？ ①防彈 ②彩繪美化 ③耐高溫 ④防輻射。

91.(1) 下列何種玻璃，比較適用於因震動破裂而造成危害區域？ ①強化膠合 ②彩繪 ③平板 ④壓花 玻璃。

92.(3) 玻璃之計算尺度以何種為進位計算單位？ ① 1 寸進位 ② 2 寸半進位 ③ 5 寸進位 ④ 1 尺進位。

93.(4) 地毯、窗簾、壁布或吊掛布幕，應採用依規定取得之 ①耐燃一級 ②耐燃二級 ③耐燃三級 ④防焰 證明標籤。

94.(3) 有花紋或圖案的壁紙、壁布得先考慮拼接花紋、圖案之完整性，因此拼接方式常用 ①企口或斜拼接 ②搭接或平接 ③對口或搭口裁接 ④交叉接口或槽嵌接。

95.(1) 壁紙粘貼完畢，出現隆起或有氣泡現象可以 ①針刺孔或割刀割開，注入粘劑壓平即可 ②注射稀釋劑 ③鐵鎚捶打即平 ④用熨斗燙平等方式處理。

96.(2) 鋪設塑膠地磚為求介面完善平整須用力壓實，致常有粘劑滲出，故必須 ①刮除 ②及時用濕布抹掉 ③用布沾溶劑擦淨 ④等粘劑自然脫落。

97.(1) 壁布一般都附貼背底紙，其最主要作用是防止 ①脫落 ②花紋 ③起毛 ④撕裂 扭曲退色起縐。

98.(1) 一般壁紙於施作時，如漿糊濃度過高，可添加何種物質稀釋，方便施工？ ①水 ②松香水 ③香蕉水 ④甲苯。

99.(3) 下列何種不是壁紙常用之施工工具？ ①長毛刷 ②塗糊機 ③砂輪機 ④美工刀。

100.(4) 窗簾布的寬度稱之為 ①布寬 ②窗寬 ③碼寬 ④幅寬。

101.(3) 窗簾布料常用計算單位為 ①公尺 ②坪 ③尺或碼 ④立方才。

102.(4) 下列何者不是輕隔間牆施工的正確觀念？ ①施工前提送本輕隔間牆相關材料證明文件給業主 ②搬運材料時要防止碰撞或污損 ③材料儲放應選擇乾燥場地不受日曬雨淋 ④板材或骨料能省則省，儘量利用小料拼接，平整及強度不必考慮。

103.(3) 輕隔間牆工程於何種狀況下不應進場施工？ ①屋頂、外牆及玻璃均已完成無淋雨之虞 ②施工場所無妨礙工程之雜物堆放 ③結構體漏水牆壁濕潤 ④穿越牆體的管線已完成。

104.(2) 下列有關輕隔間牆工程的敘述何者有誤？ ①放樣作業的目的在確定牆體正確位置 ②牆體內的管線應在骨架尚未施做前即先配好 ③於地板面進行下座板（槽鐵）之放樣 ④上座板（槽鐵）之放樣應以鉛垂或雷射為之，使與下座板（槽鐵）確實在同一垂直面。

105.(4) 輕隔間牆工程若加強骨架横支撐，應由下座板（槽鐵）起，每間隔多少公分加裝一支？ ① 30 ② 60 ③ 90 ④ 120 公分。

106.(2) 輕隔間牆工程常採用何種方法固定上下座板（槽鐵）？ ①自攻螺絲 ②火藥擊釘 ③鐵釘 ④強力膠。

107.(1) 輕隔間牆使用石膏板材料封板時，每根立柱皆應鎖螺釘，且為確保板材之確實鎖定於骨架，螺釘間距應為 ① 30 ② 60 ③ 90 ④ 120 公分。

108.(3) 輕隔間牆使用石膏板材料封板時，螺釘鎖定板材於骨架時，應將螺釘鎖至 ①突出於板材面 ②平齊於板材面 ③凹陷入板材面 ④任意隨機決定。

109.(3) 輕隔間牆使用岩綿填充牆體，主要目的在 ①加強結構 ②增加柔軟度 ③防火 ④增加價值感。

110.(3) 輕隔間牆使用接縫貼紙，主要目的在 ①增加牆板柔軟度 ②加強牆板結構 ③修飾接縫 ④防止濕氣。

111.(2) 輕隔間牆於接縫處分次塗佈填縫膠泥，主要目的在 ①增加牆板厚實感 ②避免填縫膠泥乾縮 ③增加價値感 ④防止濕氣。

112.(2) 下列關於輕鋼架天花工程施做之先後程序何者正確？ ①調整水平高度＞安裝吊筋＞配置放樣＞安裝主、副架 ②配置放樣＞安裝吊筋＞安裝主、副架＞調整水平高度 ③安裝吊筋＞配置放樣＞安裝主、副架＞調整水平高度 ④安裝吊筋＞調整水平高度＞配置放樣＞安裝主、副架。

113.(2) 輕鋼架天花工程所用於支撐主架的吊筋，最大容許間距不宜超過 ① 60 公分 ② 120 公分 ③ 180 公分 ④ 240 公分。

114.(4) 屋內線路與電訊線路、水管、煤氣管其間隔，無法裝絕緣物隔離，或採用金屬管、電纜等配線方法，應保持規定距離爲 ① 50 公厘 ② 90 公厘 ③ 120 公厘 ④ 150 公厘。

115.(1) 依規定（電導線）花線適用於 ① 300 伏特 ② 350 伏特 ③ 400 伏特 ④ 500 伏特 以下。

116.(1) 依規定（電導線）花線之使用長度不得超過 ① 3 ② 4 ③ 5 ④ 6 公尺。

117.(4) 給水進水管之管徑大小，應能足量供應該建築物內及其基地各種設備所水量，但不得小於 ① 7 ② 10 ③ 13 ④ 19 公厘。

118.(4) 排水管其橫支管及橫主管管徑小於 75 公厘 (含 75 公厘) 時，其坡度不得小於 ① 1/100 ② 1/80 ③ 1/75 ④ 1/50。

119.(1) 管徑 100 公厘以下之排水橫管，清潔口間距不得超過 ① 15 ② 20 ③ 25 ④ 30 公尺。

120.(3) 砌磚現場放樣工作的先後次序爲 ①定點→註記→引線→彈線 ②註記→定點→引線→彈線 ③定點→引線→彈線→註記 ④彈線→定點→引線→註記。

121.(4) 油性水泥漆應選用下列何者稀釋劑（又稱調薄劑） ①清水 ②酒精 ③甲醛 ④二甲苯。

122.(1) 水性水泥漆應使用何種稀釋劑（又稱調薄劑） ①清水 ②酒精 ③二甲苯 ④甲醛。

123.(3) 噴塗時塗膜產生垂流現象的主要原因爲 ①塗料黏度過高 ②空氣濕度過高 ③一次噴塗過厚 ④噴嘴壓力不足。

124.(3) 噴塗後塗膜產生白霧現象的主要原因爲 ①塗料黏度過高 ②空氣中濕度太低 ③空氣中濕度太高 ④空氣中溫度太低。

125.(3) 噴塗工程發生塗面上塗料中心太薄，會積在外圍形成流滴現象是因爲 ①氣壓過高 ②氣壓太低 ③噴槍口過於靠進噴塗面 ④塗料太稀。

126.(4) 噴漆有時會造成橘皮的現象，下列何種不是產生橘皮的原因 ①塗料太黏 ②噴槍太靠近被塗裝表面 ③噴槍空氣壓力不足 ④塗料太稀。

127.(3) 下列何種漆類非屬於油性塗料 ①調和漆 ②紅丹漆 ③乳膠漆 ④磁漆。

128.(4) 木器塗裝於材面打底後，應先 ①研磨後塗面漆 ②塗面漆後研磨 ③中塗後研磨 ④研磨後中塗。

129.(4) 有關研磨用砂紙下列敘述何者正確？ ①號數數字越大，顆粒越大 ②號數以英文字母排序，Z 顆粒最粗 ③號數以英文字母排序，A 顆粒最粗 ④號數數字越小，顆粒越大。

130.(2) 木材塗裝底漆的主要功能係爲了增加 ①光澤性 ②塡充性 ③耐磨性 ④耐熱性。

131.(2) 下列何種漆類，較適合室內易濕之牆面 ①調和漆 ②水泥漆 ③乳膠漆 ④洋干漆。

132.(3) 以漆的成分而言，底漆內含何者的成分比面漆多？ ①溶劑 ②稀釋劑 ③塡充劑 ④催乾劑。

133.(2) 水性塗料的特點不包括下列哪項？ ①溶劑較不具毒性 ②防水性能佳 ③以水爲稀釋劑 ④較不易引起火災。

134.(2) 油漆溶劑剩餘材料應避免傾倒入工地排水管內，理由是 ①容易造成管壁潤滑 ②管壁可能變形腐蝕 ③管壁強度會加強 ④管壁外觀色彩會產生變化。

135.(2) 塗裝工程補土施作程序應 ①底漆之後施作 ②素材上直接施作 ③中塗漆之後施作 ④面漆完成之後施作。

136.(4) 金屬加工在塗裝面漆之前，常用下列何種底漆塗裝以防生鏽 ①調和漆 ②紅色染料 ③二度底漆 ④紅丹漆。

137.(1) 不銹鋼銲接較佳的方法爲 ①氬銲 ②電銲 ③燒銲 ④銅銲。

138.(4) 下列何者不是安裝金屬框玻璃門地鉸鍊時應注意事項 ①地鉸鍊是否水平 ②地鉸鍊開關方向 ③玻璃門重量 ④玻璃片透明度。

139.(1) 下列何者不是金屬工作表面處理的目的 ①耐衝擊 ②防鏽蝕 ③增加美觀 ④改變色澤。

140.(3) 木作工程美化收邊之主要材料，下列何者最適宜？ ①木心板 ②粒片板 ③線板 ④夾板。

141.(1) 合板是以奇數層之薄木單板經烘乾後，黏著而成，其各層之木板纖維方向是 ①互相垂直 ②互相平行 ③互成 45 度 ④互不相干。

142.(3) 合板的長、寬方向強度接近其主要原因爲 ①每一層合板皆上膠的關係 ②合板由單板層疊而成 ③各單板木理方向成直角相交拼成 ④合板層數爲偶數。

143.(1) 以細碎木片摻以有機膠合劑，經壓合而成之板，稱爲 ①粒片板 ②木心板 ③美耐板 ④化粧板。

144.(2) 貼薄片時，相鄰薄片重疊處，切割後應將下層多餘薄片 ①留住 ②取出 ③加壓 ④佈膠。

145.(3) 使用電熨斗貼合 0.3 ㎜的木薄片時，最好選用 ①強力膠 ②尿素膠 ③白膠 ④ＡＢ膠。

146.(4) 使用氣動釘槍釘固塑膠天花板在木材骨架上時，應選用下列何種型式的釘子？ ①Ｔ型釘 ②浪型釘 ③蚊釘 ④Ｊ型。

147.(1) 使用氣動釘槍釘固 1 分夾板在木材骨架上時，應選用下列何種型式的釘子釘合較牢固？ ①ㄇ型釘 ②浪型釘 ③Ｔ型釘 ④蚊釘。

148.(1) 使用氣動釘槍將角材釘固在水泥地板上時，應選用下列何種型式的釘子？ ①Ｔ型鋼釘 ②Ｔ型鐵釘 ③小Ｔ型釘 ④蚊釘。

149.(2) 木面整理時，下列何者最難清除？ ①殘膠 ②油污 ③砂痕 ④手印。

150.(2) 水泥牆釘固踢腳板，宜採用何種氣動釘槍最適宜？ ①ㄇ形釘槍 ②中 T 釘槍（小鋼炮） ③蚊釘槍 ④鋼釘槍（大炮）。

151.(2) 木薄片作貼面加工前，大都先浸水其主要原因爲 ①先讓薄片收縮以利貼合 ②使薄片先行軟化以利貼合 ③除去樹脂 ④可增加質感。

152.(3) 施作實木封邊上膠時，下列那一項是錯誤的方法？ ①接合面皆擦適量之膠 ②溢出之殘膠用濕布擦拭乾淨 ③膠愈厚愈理想 ④貼合時，實木條應來回移動一下使膠均勻分佈。

153.(4) 在硬木安裝木螺釘的最佳方法是 ①用鐵鎚直接敲入 ②用起子直接旋入 ③先塗些潤滑油再敲入 ④先鑽引孔再用起子旋入。

154.(1) 安裝普通鉸鏈時，宜選擇下列何種木螺釘？ ①平頭 ②圓頭 ③橢圓頭 ④六角頭。

155.(2) 正確的平頭木螺釘安裝，應和板面 ①凸出 2 ㎜ ②凹下 2 ㎜ ③平齊 ④愈深愈好。

156.(2) 抽屜爲了開拉更方便，常於側板裝配那一種五金？ ①止木 ②滑軌 ③活頁 ④木釘。

157.(1) 木製品塗裝前，有節疤或孔洞等缺陷時，應予適當修整及 ①塡補 ②刷漆 ③研磨 ④漂白。

158.(3) 油漆使用時 ①不必攪拌 ②有時要攪拌 ③一定要攪拌 ④攪不攪都可以。

159.(1) 一般刷塗作業時，刷毛沾浸塗料以多少爲宜 ① 1/2 ～ 2/3 ② 1/3 ～ 1/5 ③全部浸入 ④無關。

160.(2) 塗裝鋼鐵結構物時須先 ①水洗 ②除銹 ③脫脂 ④著色 處理。

161.(2) 屬於二液型漆料者爲 ①調合漆 ②環氧樹脂漆 ③氯化橡膠漆 ④氯乙烯樹脂漆。

162.(3) 刷塗硝化纖維素噴漆 (拉卡) 之毛刷用畢，以香蕉水清洗後最好應置放於密閉之 ①油中 ②水中 ③含有溶劑之容器 ④隨意。

163.(1) CNS 規定之紅磚標準尺寸爲 ① 200 ㎜ ×95 ㎜ ×53 ㎜ ② 230 ㎜ ×110 ㎜ ×60 ㎜ ③ 210 ㎜ ×100 ㎜ ×50 ㎜ ④ 210 ㎜ ×100 ㎜ ×60 ㎜。

164.(3) 依 CNS 國家標準規定，一道尙未粉刷的半 B 磚牆，其牆厚度約爲 ① 90 ㎜ ② 100 ㎜ ③ 95 ㎜ ④ 120 ㎜。

165.(2) 下列關於清水磚牆的描述，何者錯誤 ①灰縫需經加工修飾 ②磚牆粉刷時強調灰縫型式 ③平縫爲常見之灰縫修飾 ④凸縫與凹縫爲兩大灰縫之分類。

166.(4) 下列那一項砌磚牆的觀念是錯誤 ①接縫成一鉛垂線會導致載重集中 ②上下疊砌需交互搭扣 ③牆身之接縫以破縫爲原則 ④砌築時磚塊要保持乾燥以保持強度。

167.(1) 下列那些地磚不適用硬底工法 ① 60 ㎝ ×60 ㎝之地磚 ②大量的馬賽克 ③小口磚 ④ 20 ㎝ ×20 ㎝瓷磚。

168.(3) 下列那一項關於粉光的敘述是錯誤 ①牆壁粉光前先用水濕潤 ②水泥 1：砂 3 的比例拌合砂漿，不要任意增加水泥比例 ③打粗底與粉光同時進行 ④砂漿之前先塗一層純泥漿。

169.(1) 崁銅條磨石子的正確施工程序爲 ①粉刷打底→裝銅條→粉刷上度→磨光 ②粉刷打底→裝銅條→磨光→粉刷上度 ③裝銅條→粉刷打底→粉刷上度→磨光 ④粉光→裝銅條→粉刷上度→磨光。

170.(2) 砌普通玻璃磚牆時，哪項敘述錯誤？ ①砂漿可使用水泥 1 份，砂 3 份及防水劑拌合 ②砂漿用水量可以多一些 ③玻璃磚每隔若干塊應豎鋼筋補強 ④玻璃磚牆最兩端宜設伸縮縫收頭處理。

171.(2) 下列關於玻璃安裝作業敘述那一項是錯誤 ①配合安裝的材料有填縫劑及聚氯乙烯墊塊 ②玻璃墊塊需與框架距離在 1.4 ㎜以下 ③除另規定外，玻璃應整塊安裝不得拼接 ④玻璃有瑕疵，雖已安裝仍需全面更換。

172.(3) 下列關於強化玻璃的敘述那一項是錯誤 ①由平板玻璃經熱處理而成 ②需經空氣迅速冷卻處理 ③強化後可依需要尺寸再裁切 ④其產生的均等的壓縮應力可抵銷外壓的張應力而維繫安全。

173.(2) 下列關於膠合玻璃的敘述那一項是錯誤？ ①利用高溫高壓在中間夾 PVB 樹脂膜而成 ②安全性高但不具節能效率 ③中間膜的選擇多，使玻璃具有美感 ④具有隔音效果。

174.(2) 下列關於熱處理增強玻璃的敘述那一項是錯誤 ①製程大致與強化玻璃相同，但冷卻過程較慢 ②玻璃破碎時呈小碎片 ③比強化玻璃不易自然破裂 ④仍具有普通玻璃特性。

175.(3) 下列關於熱處理增強玻璃的敘述那一項是錯誤 ①不能再進行切割 ②不能再鑽孔 ③僅可以再磨邊 ④不能再噴砂處理。

176.(1) 關於石膏板天花板的施作，下述那一項是錯誤 ①施工前看完圖說即可施工 ②高度放樣後，即裝懸吊系統 ③安裝懸吊系統要考慮天花板內其他設備的額外荷重 ④與其他管線有衝突時，應增加吊筋或吊架。

177.(4) 關於一般懸吊式木作天花板的施作，下述哪一項錯誤 ①背襯結構角料間距要考慮板材尺寸 ②膠合劑及鐵釘爲基本使用材料 ③施工前需先了解天花板上安裝的設備位置 ④若天花板高度爲 4m 時，一般皆使用馬椅（A 型梯）施工。

178.(4) 關於天花板的施作程序，下述那一項是對的 ①定水平線→釘邊料→釘縱向材→釘橫向材→封板 ②定水平線→釘邊料→吊筋→釘縱向材→釘橫向材→封板 ③定水平線→釘縱向材→釘橫向材→吊筋→封板 ④定水平線→釘邊料→釘縱向材→釘橫向材→吊筋→封板。

179.(2) 關於輕隔間的施工程序，下述那一項是對的 ①放樣→上下料及立柱角材安裝→管路埋設及隔音 / 隔熱材填充→封板→批土→完工 ②放樣→上下料及立柱角材安裝→第一面封板→管路埋設及隔音 / 隔熱材填充→第二面封板→批土→完工 ③上下料及立柱角材安裝→管路埋設→隔音 / 隔熱材填充→封板→批土→完工 ④放樣→管路埋設→上下料及立柱角材安裝→第一面封板→隔音 / 隔熱材填充→

第二面封板→批土→完工。

180.(3) 關於輕隔間石膏板牆的施工方式，下述那一項是錯誤？ ①依設計圖放樣並留意門或開口位置 ②一般以 30 至 60 ㎝間距將立柱套入上下槽鐵固定 ③立柱後，加強橫料可視需要再施作 ④在門或轉角處需加立柱補強。

181.(3) 關於輕隔間的封面板施作，下述那一項是錯誤 ①面板以縱向固定爲佳 ②自攻螺絲固定的垂直間距約爲 20-25 ㎝ ③螺絲固定若產生歪斜，敲平整處理即可 ④封板前應檢查面板是否完整無暇疵。

182.(3) 依據「屋內線路裝置規則」規定，一般低壓 PVC 絕緣電線之最高容許溫度爲 ① 50 ② 55 ③ 60 ④ 65 ℃。

183.(1) 常用低壓屋內配線以採用下列何種導線爲宜？ ①絕緣軟銅線 ②絕緣硬銅線 ③鋼心鋁線 ④鐵線。

184.(4) 燈具、燈座、吊線盒及插座應確實固定，但重量超過 ① 1 ② 1.7 ③ 2 ④ 2.7 公斤之燈具不得利用燈座支持。

185.(1) 住宅處所之臥房、書房、客廳、餐廳、廚房等，每室至少應裝設 ① 1 ② 2 ③ 3 ④ 4 個插座出線口。

186.(2) 一般電器以接地銅棒作爲接地極，其長度不得短於 ① 0.3 ② 0.9 ③ 1.8 ④ 2.4 公尺。

187.(3) 下列何種顏色可作爲接地線使用？ ①白色 ②黑色 ③綠色 ④紅色。

188.(1) 漏電斷路器主要功能爲可檢出 ①接地電流 ②短路電流 ③過載電流 ④短路電流及過載電流。

189.(4) 導線直徑爲 2.6 公厘以下之實心線，做分歧連接時，其接頭須綁紮 ① 2 ② 3 ③ 4 ④ 5 圈以上。

190.(4) 依「用戶用電設備裝置規則」名詞定義：由總開關接至分路開關之線路爲 ①導線 ②分路開關 ③分路 ④幹線。

191.(3) 依「用戶用電設備裝置規則」名詞定義：最後一個過電流保護裝置與導線出線口間之線路爲 ①導線 ②分路開關 ③分路 ④幹線。

192.(2) 依「用戶用電設備裝置規則」名詞定義：線路或設備與大地或可視爲大地之某導電體間有導電性之連接爲 ①對地電壓 ②接地 ③被接地導線 ④被接地。

193.(4) 依「用戶用電設備裝置規則」名詞定義：被接於大地或被接於可視爲大地之某導電體間有導電性之連接爲 ①對地電壓 ②接地 ③被接地導線 ④被接地。

194.(2) 爲防止連接盒與接線盒之盒內受濕氣侵入，須採用 ①防爆型 ②防水型 ③防塵型 ④開放型。

195.(3) 室內裝修新設窗簾施工計價不含 ①布料錢 ②車工 ③窗簾布清潔 ④軌道。

196.(3) 以圓形或是扁平行的木片或竹片，以繩編織紋理而成的窗簾稱爲 ①金屬捲簾 ②塑膠垂直簾 ③木質簾 ④布質百折簾。

197.(4) 室內裝修窗簾以窗簾布爲材料，但收起時是以一層層折起的方式上下開接爲 ①捲簾 ②垂直簾 ③木質簾 ④百折簾。

198.(3) 有關室內裝修壁紙施工時，下列何者非適用工具 ①美工刀 ②長毛刷 ③鋸齒鏝刀 ④壓克力刮刀。

199.(2) 砌磚施工時砌半磚厚，稱爲 ①丁砌磚 ②順砌磚 ③ 1B ④豎砌皮。

200.(1) 砌磚施工時砌 1 磚厚，稱爲 ①丁砌磚 ②順砌磚 ③ 0.5B ④豎砌皮。

201.(2) 下列木材中何者爲針葉樹種？ ①橡木 ②檜木 ③柚木 ④樟木 。

202.(2) 木作工程中木質薄片貼合後，進行砂磨工作時應 ①垂直木紋砂磨 ②順木紋砂磨 ③沒有限制方向砂磨 ④先順木紋後垂直木紋砂磨 。

203.(3) 下列何種木材無明顯之年輪？ ①烏心石 ②杉木 ③白木 ④松木 。

複選題

204.(123) 爲達到塗裝之目的，充分發揮塗裝效果，應具備以下哪些條件，才能有圓滿的塗裝結果？ ①好塗料 ②好設計 ③好管理 ④好價格。

205.(123) 以下是塗裝適用性之條件的敘述，何者正確？ ①好塗料是指半成品的塗料品質必須良好，具備各性能皆優秀之塗料 ②好設計是指應選擇能匹配塗料及被塗物之適當塗裝系 ③好管理是指應施於充分的塗裝作業管理 ④好價格一定能達到圓滿的塗裝結果。

206.(123) 塗料與塗裝的管理關係到塗裝效果下列敘述何者正確？ ①塗料經塗裝於被塗物表面再經過充分乾燥固化成固狀薄膜 ②在塗裝過程中塗料須具有適當的流動性，由液狀轉移爲固體相 - 即塗料變化爲塗膜的過程 ③塗裝效果受塗裝施工影響 ④塗裝效果不受塗裝環境影響。

207.(124) 爲達成塗裝預期效果，應注意塗裝材料之選擇及確認，下列敘述何者正確？ ①塗裝材料若 CNS 有制定者，原則上應使用符合 CNS 標準者 ②特別記載之說明書上無指示時，應預先對其製造業者、製品等徵求有關人員的確認 ③塗裝材料應將其標籤完整保持，可在已開罐狀態下搬入塗裝現場 ④塗裝材料應接受有關人員的確認其名稱及種別、製造年月日及數量。

208.(124) 在塗裝工程中，實木表面須預先施行處理，下列敘述何者正確？ ①去除垢穢、附著物 ②削除樹脂質層、鏝熨燙燒、以揮發油擦拭 ③順木紋須以研磨紙磨光 ④木節須封閉，裂紋、孔、大縫隙、深凹陷等須填孔填縫，並以研磨紙研磨使表面平滑。

209.(234) 有關裝修塗裝作業，下列敘述何者正確？ ①各塗裝工程，不須預先施行被塗物表面處理 ②塗裝工程之計畫明細表如塗裝工程表及塗裝說明書，有利塗裝施工順利進行，並可作爲塗裝施工完成時之驗收依據，預防可能之驗收糾紛 ③塗裝工程表係簡單明瞭表示塗裝施工程序， 惟對最終修飾程度不詳列 ④塗裝說明書係對塗裝施工內容、質量作較詳細規範者，亦即明示在施工上所要遵守的各種條件及最終修飾程度。

210.(124) 適合塗裝作業，下列敘述何者正確？ ①塗裝場所應保持清潔，必要時應採取無塵狀態場所 ②塗裝作業場所應保持新鮮空氣流通 ③每層塗膜未經充分乾燥即可繼續再施塗下一層 ④應控制適當的溼度，避免多濕時施塗。

211.(23) 依施工規範地毯準備工作，哪些是正確 ①將地毯全面展開於室溫，並保持至少12 小時以上 ②地面有裂縫、凹凸不平、起沙或脫殼現象，應先處理平整 ③水電、空調及管線等隱蔽部分，檢驗完成後，方可開始各種地毯舖裝工作 ④ RC 樓地板面需有 30 天以上之乾燥時間，始可舖設地毯。

212.(12) 依施工規範規定，兩塊地毯之接縫接合時，哪些是正確 ①避免色差 ②有圖案之地毯接合處應完全密合 ③地毯正面之箭頭應同向裁剪及鋪設接合 ④接合部位應設於門口部位，以及光線易照射之位置。

213.(234) 乙烯基塑膠地毯說明，哪些是正確 ①安裝乙烯基塑膠地毯前之混凝土表面材齡至少應達 28 天 ②確保混凝土表面乾燥且無油脂及油漆污染 ③磨掉高突之地面，並用水泥薄漿或地板整平劑，填補裂縫及低凹處 ④塑膠地毯舖設前，確保不低於溫度 21℃。

214.(134) 地毯的施工方式與保養，哪些是正確 ①底層地面須充分乾燥 ②依牆壁邊平鋪在地上，邊上要減少 3 ～ 6 公分以利合牆邊切割用 ③因成本關係，未使用釘帶及熱溶膠帶施工時，該處施工以強力膠雙面佈膠黏貼 ④地毯鋪設完成，應即全部加以檢查。

215.(234) 地毯的種類可區分多種，如依規格分，哪些是正確 ①單片組合地毯 ②整捲地毯 ③活動塊狀地毯 ④無縫地毯。

216.(123) 窗簾的施工丈量窗戶尺寸，哪些是正確 ①在有窗口的窗戶上垂掛的窗簾長度以窗下 10～15 公分爲準 ②落地窗的窗簾則離地板 2～3 公分爲宜 ③突出於陽台或花壇等落地窗，窗簾的懸掛以距離地板上 2～3 公分的長度較合宜 ④厚重的窗簾及蕾絲窗簾並用時，長度應相同。

217.(123) 鋁質百葉窗，如無特殊規定時，工作內容應包括但限於下列哪些項目？ ①鋁擠型板 ②扣件 ③錨碇件 ④布窗紗網。

218.(124) 塑膠耐燃壁布施工之方式，下列哪些是正確的？ ①黏著之牆面之平整程度，如有不平整之牆面，須披土整平 ②黏貼壁布應在正常溫度及濕度下，方可進行 ③重疊之接縫應有足夠之空隙以利接合 ④所有內外轉角處均應爲整塊壁布。

219.(134) 一般壁紙因紙質不同而有不同等級，在價格上，國產與進口之壁紙的價格相差很多，爲求降低成本，而造成品質不佳，品質差的壁紙會有下列何種情形發生？ ①紙質易變色 ②圖案花紋一致無色差 ③紙質太薄易呈現出底材之色 ④寬幅大小不一，張貼時會有誤差。

220.(13) 依建築技術規則，凡裝設於舞臺之電氣設備，哪些是正確 ①舞臺燈之分路，每路最大負荷不得超過 20 安培 ②更衣室內之燈具應使用吊管或鏈吊型 ③燈具離樓地板面高度低於二點五公尺者，應加裝燈具護罩 ④對地電壓應爲 220 伏特以下。

221.(34) 依用戶用電設備裝置規則，下列名詞定義，哪些是正確？ ①幹線：以「啓斷」、「閉合」電路之裝置 ②開關：由總開關接至分路開關之線路 ③實心線：由單股裸線所構成之導線，又名單線 ④管子接頭：用以連接專線管之配件。

222.(24) 依用戶用電設備裝置規則，下列名詞定義，哪些是正確？ ①開關：凡能同時啓斷進屋線各導線之開關又名總開關 ②安培容量：以安培表示之導線容量 ③接戶開關：用以「啓斷」、「閉合」電路之裝置 ④絞線：由多股裸線扭絞而成之導線，又名撚線。

223.(234) 依用戶用電設備裝置規則，電燈、電具及插座分路，對地電壓不得超過一五〇伏，惟符合規定者對地電壓得超過一五〇伏，但不得超過三〇〇伏，哪些是正確？ ①燈具裝置距離地面不小於 1.8 公尺 ②燈具上未裝操作開關 ③電具及插座分路加裝漏電斷路器或採用一種有極性之接地型插頭及插座 ④放電燈具之安定器，應永久固定於燈具內或適當處所。

224.(34) 依用戶用電設備裝置規則，絕緣導線規定，哪些是正確？ ①單線直徑不得小於 3.5 公厘 ②絞線截面積不得小於 1.6 平方公厘 ③絕緣導線線徑在 3.2 公厘以上者應用絞線 ④導線之線徑大於 50 平方公厘者得並聯使用。

225.(12) 依用戶用電設備裝置規則，花線之使用，哪些是正確？ ①照明器具內之配線 ②作爲照明器具之引接線 ③永久性分路配線 ④貫穿於牆壁、天花板或地板。

226.(13) 依用戶用電設備裝置規則，花線不得使用，哪些是正確？ ①門、窗或其他開啓式設備配線 ②吊線盒之配線 ③沿建築物表面配線 ④移動式電燈及小型電器之配線。

227.(123) 依用戶用電設備裝置規則，哪些是正確？ ①花線之使用長度不得超過三公尺 ②電熨斗、電鍋或其他電熱器，其容量達五〇瓦以上及產生溫度於表面上達攝氏一二一度以上，應使用耐熱花線 ③燈具之導線，應依燈具之電壓、電流及溫度，選用適當絕緣物之導線 ④櫥窗外之燈具，不得使用外部配線之型式。

228.(124) 依用戶用電設備裝置規則，合成樹脂可撓導線管，不適用場所或用途，哪些是正確？ ①有危險物質存在之場所 ②燈具及其他設備之支持物 ③電壓低於六百伏特者 ④導線之運轉溫度高於導線管之承受溫度者。

229.(24) 依用戶用電設備裝置規則，合成樹脂可撓導線管，哪些是正確？ ①彎曲處其內彎曲半徑應爲管外徑之 4 倍以上 ②相鄰二出線盒間之合成樹脂可撓導線管，不得超過 3 個彎曲 ③彎曲處其每一內彎角不得小於 60 度 ④管及管間不得直接相互連接，連接時，應使用接線盒、管子接頭或連接器。

230.(123) 下列有關輕隔間牆工程的敘述何者正確？ ①施工前先提送輕隔間牆相關材料證明文件給業主 ②搬運材料時要注意防止碰撞或污損 ③材料儲放應選擇乾燥場地且不受日曬雨淋 ④板材或骨料能省則省，利用小料拼接。

231.(134) 下列有關輕隔間牆工程的敘述何者正確？ ①放樣作業的目的在確定牆體正確位置 ②牆體內的管線應在骨架尚未施做前即先配好 ③於地板面進行下座板（槽鐵）之放樣 ④上座板（槽鐵）之放樣應以鉛垂或雷射爲之，使與下座板（槽鐵）確實在同一垂直面。

232.(124) 下列有關輕隔間牆使用接縫貼紙目的的敘述，何者不正確？ ①增加牆板柔軟度 ②加強牆板結構 ③修飾接縫 ④防止濕氣。

233.(124) 下列何種工程會影響輕鋼架天花工程進場施做時程？ ①窗簾盒安裝 ②天花板內水電配管 ③室內門片安裝 ④天花板內空調配管。

234.(134)關於輕鋼架天花工程施做之先後程序，下列何者不正確？ ①釘收邊條→高程放樣→調整水平高度→安裝吊筋→配置放樣→安裝主、副架 ②高程放樣→釘收邊條→配置放樣→安裝吊筋→安裝主、副架→調整水平高度 ③配置放樣→安裝吊筋→釘收邊條→高程放樣→安裝主、副架→調整水平高度 ④安裝吊筋→調整水平高度→配置放樣→安裝主、副架→釘收邊條→高程放樣。

235.(23) 從材料輕量化及生產、組裝系統化觀點，下列何種材料較適作爲輕鋼架天花板材使用？ ①石板 ②矽酸鈣板 ③礦纖板 ④厚鐵板。

236.(14) 有關輕鋼架隔間牆敘述，下列何者正確？ ①輕隔間牆遇門、窗開口時須另以間柱（立柱）補強 ②輕隔間牆遇轉角時不須另以間柱（立柱）補強 ③輕隔間牆遇隔間相交時不須另以間柱（立柱）補強 ④輕隔間牆其收邊立柱之C型開口須朝內。

237.(134) 下列何者不是輕鋼架天花板工程吊筋常用的固定材料？ ①木螺絲 ②火藥擊釘 ③白膠 ④強力膠。

238.(13) 下列有關輕鋼架天花工程敘述，何者正確？ ①應戴手套進行安置板材作業，主要目的係避免造成板材髒污 ②輕鋼架天花在高程放樣後，應先安裝吊筋再釘收邊條 ③用於支撐主架的吊筋，最大容許間距不宜超過 120 公分 ④天花板內水電配管不會影響輕鋼架天花工程進場施做時程。

239.(34) 裝修工程使用之集成材係指積層之薄板以平行於纖維方向互相疊合，用黏著劑膠合成一體，並具結構耐力之構材謂之，集成材的製造依規定應符合下列哪些規定？ ①集成材至少由 3 塊膠合板積成 ②每塊膠合板之厚度以不超過 3 ㎝爲限 ③膠合板長向如須連接時宜用斜面接合 ④膠合板寬度方向之連接，宜採用對接方式，膠合板相鄰上下之接合須錯開，間隔應爲厚度之 2 倍以上。

240.(124) 下列何者爲裝修工程中木作之接合方式？ ①榫接合 ②鐵釘接合 ③焊接 ④木螺絲釘接合。

241.(13) 下列何者爲裝修工程中木材之優點 ①加工容易，可縮短工程施工期限 ②對熱、電之傳導性大 ③能吸收衝擊與震動 ④對稀鹽和稀酸，無抵抗性。

242.(14) 下列哪些爲不正確？ ①凡樹木生長迅速者，其生長環必緊，稱爲密紋；反之，生長緩慢者則環必寬，稱爲粗紋 ②紋理平行於其邊者，稱爲直紋 ③紋理斜叉者爲斜紋 ④紋理如木材年輪與寬面鋸成 45° 以上者，謂之平紋。

243.(124) 木材腐朽爲菌類繁殖發育所造成，而菌類繁殖發育需 ①適當的溫度 ②充分的營養 ③大量的空氣 ④充分的濕度。

244.(124) 裝修工程中之木材防腐劑應具備 ①防腐性能要強 ②不妨礙油漆之塗佈 (刷) ③易於停留於木材表面 ④化學及物理性質需穩定。

245.(12) 木材之品質下列哪些爲不正確？ ①年輪寬鬆者較年輪緊密者佳 ②木材孔隙所含樹液、樹脂量較少者，其強度與耐久性較差 ③優良之木材，其質地均勻纖維平直無死節 ④良好的木材，以重物擊之，其聲清脆。

246.(123) 木材材積計算計分　①圓木　②正材　③毛木　④支。

247.(14) 木材之材積計算 1 才約爲　① 1 寸 ×1 寸 ×10 尺　② 1 吋 ×1 吋 ×10 呎　③ 0.03cm×0.03cm×3.03cm　④ 3.03cm×3.03cm×303cm。

248.(123) 安全玻璃之說明，下列哪些正確？　①將玻璃進行淬火　②在玻璃中夾絲、夾層而製成的玻璃　③如經強化其玻璃硬度較一般玻璃高　④具鏡面玻璃之功能。

249.(124) 玻璃之性質之強度，下列哪些爲正確？　①普通窗用玻璃之抗壓強度約爲 400kgf/cm^2 以上　②抗拉強度約爲 150kgf/cm^2 以上　③抗彎強度約爲 200kgf/cm^2 以下　④建築物常受風壓，故平板玻璃以抗彎強度較爲重要。

250.(12) 玻璃之熱性質，下列哪些爲不正確？　①比熱小　②熱傳導率小　③熱膨脹係數低　④玻璃局部迅速加熱，則產生不均勻膨脹，由於抗拉強度小，將瞬間破裂。

251.(24) 鐵絲網玻璃之敘述，下列哪些爲不正確？　①是安全玻璃的一種　②玻璃壓入龜甲鋼絲網，經硬化後的而製成　③鋼絲網在玻璃中起增強作用　④破碎時有許多裂縫易飛濺而傷人。

252.(13) 夾層玻璃之敘述，下列哪些爲不正確？　①由單片平板玻璃兩側嵌夾透明塑料薄襯片製成　②經加熱、加壓、黏合而成　③可製成平面不能製成曲面的複合玻璃製品　④夾層玻璃也屬安全玻璃。

253.(123) 鉛玻璃又稱爲　①鉛鉀玻璃　②火石玻璃　③水晶玻璃　④硬玻璃。

254.(12) 對於鈉玻璃之說明何者正確？　①亦稱爲鈉鈣玻璃　②亦稱爲普通玻璃　③鈉玻璃之力學性質較佳　④軟化點較高。

255.(134) 對於玻璃之說明何者正確？　①透明玻璃：指普通平板玻璃，大量用作建築物空間之採光　②不透光玻璃：採用壓花、磨砂等方法而製成透光不透視的玻璃　③裝飾平板玻璃：採用蝕花、壓花、著色等工法製成具有裝飾性的玻璃　④膠合玻璃中，中間夾韌而附黏著力的 PVB 膜，所以不易在衝擊力下被貫穿。

256.(123) 玻璃質絕熱、隔音材料主要有　①泡沫玻璃　②玻璃棉毯　③玻璃纖維　④玻璃馬賽克。

257.(134) 玻璃之性質下列何者正確？　①玻璃之比熱大、熱傳導率大、熱膨脹係數低，若玻璃局部迅速加熱，則產生不均勻膨脹，由於抗拉強度小，將瞬間破裂　②玻璃在常溫下爲一種良性導體　③玻璃具有較高的化學穩定性　④玻璃具有優良的光學性質。

258.(123) 運達工地之玻璃存放，哪些是正確？　①不得有任何損耗　②不得有扭曲、波紋等　③儲存於遮蔽空間　④放置時須水平安放。

259.(123) 玻璃安裝用黏劑成份之彈性材料，凝結後應具有下列何特性？ ①伸展性 ②復原性 ③防剝落力 ④抗壓性。

260.(134) 室內裝修所使用的金屬材料大致可分爲 ①鋼材 ②錫材 ③合金 ④鐵材。

261.(124) 一般附屬於門窗工程之金屬附件統稱爲門窗五金 (俗稱小五金)，其材料可分爲 ①不銹鋼製品 ②銅製品 ③鉛製品 ④鋁製品。

262.(134) 鋁門窗安裝注意事項之敘述下列哪些爲正確？ ①產品之鋁門扇、門樘及鋁窗材料及其配件，必要之五金品質應符合圖說之規範 ②置放時，得平放，堆疊或負重 ③鋁門窗之成品出廠應黏貼製造檢驗標籤 ④提送原製造廠商出具之出廠證明文件。

263.(124) 木材人工乾燥的方式有下列哪些？ ①熱氣乾燥法 ②煮沸乾燥法 ③高壓乾燥法 ④高週波乾燥法。

264.(134) 積層材指利用小或薄材膠合成大或厚材，一般均以 ①羅馬膠 ②環氧樹酯 ③尿素膠 ④水膠 加壓膠合。

265.(124) 矽酸鈣板爲岩綿，水泥等混合材料，質重。以螺絲固定較爲合適，部分國產，部分仰賴進口，其常用厚度有下列哪些？ ① 6mm ② 9mm ③ 10mm ④ 12mm。

266.(123) 混凝土是由下列哪些材料構成？ ①碎石 ②砂 ③波特蘭水泥 ④碎磚拌合成強而耐用的建材。

267.(134) 以波特蘭水泥製作之混凝土具有高度的 ①耐壓性 ②耐延性 ③耐久性 ④耐火性。

268.(124) 水泥之運送、儲存及處理，下列敘述哪些正確？ ①原則上水泥應以散裝運至預拌廠之水泥槽斗儲存 ②散裝水泥應儲存在乾燥防水之槽斗內袋裝水泥應儲存在乾燥防水之庫房或經工程司同意之建築物內 ③袋裝水泥儲存應置於高出地面至少 5CM 之地板上，水泥堆放高度不得超過 13 袋 ④已結塊或工程司認爲已變質之水泥，不得使用於本工程，並應立即整批運離工地。

269.(124) 水泥砂漿粉刷工程使用之工具，依製作材料可分爲金屬鏝刀 (俗稱鐵鏝刀) 和木板鏝刀，依形狀可分爲 ①小鏝刀、船型鏝刀 ②內、外角鏝刀 ③鑿刀、海棉鏝刀 ④修飾用薄鋼鏝刀等多種。

270.(134) 製造波特蘭水泥由下列哪些材料構成？ ①石灰石 ②矽石 ③石膏研磨粉狀 ④黏土或頁岩。

271.(123) 下列哪些是瓷 (磁) 磚鋪貼工程所需之工具設備？ ①切割機、切割刀、小鐵鎚 ②調縫刀、齒型鏝刀、海綿鏝刀 ③磁磚鉗、灰縫杓 ④木板鏝刀、鋁製押板。

272.(134) 面磚的鋪貼有下列哪些方法？ ①平鋪貼面法 ②直鋪貼面法 ③壓著貼面法 ④漿砌貼面法。

273.(234) 面磚之優點有下列哪些？ ①成品之色彩，容易變色 ②硬度高耐蝕，耐酸及耐鹽 ③穩定性高不變形，不褪色及伸縮率低 ④耐候力強，不老化，耐水，耐火，耐磨及耐高壓。

274.(124) 瓷磚剝落之原因有下列哪些？ ①瓷磚品質不良或龜裂，黏著劑強度不足或是黏著與水泥砂漿的界面的破壞 ②瓷磚界面，牆體界面，瓷磚的伸縮縫未妥善預留 ③瓷磚黏著施工時機妥善掌握 ④膠泥塗佈厚度不足或嵌入不足。

275.(124) 一般所稱之墁灰工程之種類有下列哪些？ ①洗石子 ②石灰粉刷 ③磁磚粉刷 ④水泥砂漿粉刷。

276.(124) 依營建署建築工程施工規範規定，油漆施工前凡須油漆之底材表面，應予以適當之處理並充分乾燥，現場環境下列哪些爲正確？ ①相對濕度高於 85% 時，不得將油漆塗布於無遮蔽之表面 ②鋼料之表面因天氣因素，導致塗布之表面凝結水氣時，不得塗布油漆 ③無須理會油漆製造廠商對塗布油漆標的物周遭氣溫高低之限制規定 ④須依油漆製造廠商對塗布油漆標的物周遭氣溫高低之限制規定。

277.(123) 依營建署建築工程施工規範規定，環氧樹脂漆施工前凡須環氧樹脂漆之底材受漆表面，應予以適當之處理並充分乾燥，現場環境下列哪些爲正確？ ①施工環境不可有塵土飛揚情形，以免污染未乾塗料 ②潮濕天候時，相對濕度高於 10% 時，不得將油漆塗布於無遮蔽之表面 ③受漆面須完全乾燥，用含水率測濕計偵測，含水率應在 10% 以下 ④無須理會環氧樹脂漆製造廠商對受漆標的物周遭氣溫高低之限制規定。

278.(123) 依營建署建築工程施工規範規定，水泥漆施工時，下列哪些爲正確？ ①面漆層之表面於施作前應予清潔，所有油漬、污物、鬆散物及其他雜物均須除去 ②施作前混凝土面及水泥粉光面，須刮除隆起及其他突出物 ③以合格嵌補材料補平凹洞及裂痕，使其與表面紋理相吻合，俟乾硬後以砂紙磨平 ④施工前不必將無須噴塗之部份，予以遮蓋，防止施工之污染。

11-7 裝修工程管理

單選題

1.(3) 工作用階梯之設置，其梯級面深度不得小於 ①25 ②20 ③15 ④10 公分。

2.(3) 室內裝修工程中，如作業施工場所高度差超過 ①2.5 ②2 ③1.5 ④1 公尺以上時，應設置能使勞工安全上下之設備。

3.(1) 室內裝修工程中，對於建築物中之非結構分間磚牆之拆除時，應 ①自上至下 ②自下至上 ③自右至左 ④自左至右 ，逐次拆除。

4.(4) 電氣機具施行接地之目的是 ①防止漏電損失 ②電壓穩定 ③測定電流 ④防止感電事故。

5.(3) 壁紙一捲一般核計面積坪數爲 ①2坪 ②1.2坪 ③1.5坪 ④1坪。

6.(3) 一木材長8尺，寬1尺，厚爲2寸，其材積爲 ①14 ②15 ③16 ④17 才。

7.(1) 估算計價時，m^3 表示 ①立方公尺 ②才 ③板呎 ④坪。

8.(2) 牆面高2.2公尺、寬4公尺若貼壁布約需多少坪 ①1.7 ②2.7 ③3.7 ④4.7。

9.(4) 角材所稱之1才是 ①1寸×1.2寸×8尺 ②1寸×1.5寸×9尺 ③1.5寸×1.2寸×7尺 ④1寸×1寸×10尺。

10.(2) 木材計算中B.M.F. (Board measure foot) 是表示 ①坪數 ②板呎 ③才積 ④立方體。

11.(2) 在於對照預定工程進度表與實際工程進度表中，早日發現兩者之出入，爲 ①人事管理 ②工程管理 ③財務管理 ④物料管理。

12.(4) 工作分配表之作用爲 ①控制材料費 ②控制折舊費 ③控制管理工費 ④控制勞務費之分配。

13.(4) 能掌握現存材料的種類及數量，檢視每日工作所需的材料是否夠用，是 ①人事管理 ②工程管理 ③財務管理 ④物料管理。

14.(1) 在機具及電源附近要儘量避免堆置 ①易燃物 ②衛浴器材 ③泥作材料 ④磁場器材。

15.(4) 工地的照明與通風設施是屬於 ①倉儲環境 ②管制環境 ③休憩環境 ④作業環境。

16.(3) 異常氣壓過度、濕熱、噪音及振動是一種不安全的 ①幅射環境 ②生物環境 ③物理環境 ④工廠環境。

17.(3) 核對工程進度是否符合實際進度是屬於 ①物料管理 ②財務管理 ③工程管理 ④人事管理。

18.(2) 袋裝水泥建材按倉儲發放原則是 ①先到後用 ②先到先用 ③後到先用 ④後到摻用。

19.(2) 工地環境衛生是指 ①個人衛生 ②整體作業環境衛生 ③飲食衛生 ④單作業區衛生。

20.(4) 估價工料，因內容複雜，數字計算繁多，操作過程中爲避免錯誤，故常採取 ①工程統計 ②數量計算 ③單價分析 ④複核方式。

21.(3) 技術工作人員，一般分大、小工其作用爲 ①控制材料 ②控制管理 ③控制勞務成本費 ④控制進度 之合理分配。

22.(4) 一空間爲長 5m、寬 4m、高 3m，若地面全部鋪設瓷磚施工，其數量共計爲 ① 18.15 平方公尺 ② 18.15 坪 ③ 6.05 平方公尺 ④ 6.05 坪。

23.(2) 下列何種不是室內裝修工程常用計價單位？ ①樘 ②罐 ③組 ④張。

24.(3) 下列何種不是泥水工程、砌磚工程之估價單位？ ①坪 ②平方公尺 ③平方公分 ④式。

25.(1) 一支 2 寸 ×1.2 寸長 12 尺的角材，其才積爲 ① 2.88 才 ② 28.8 才 ③ 1.44 才 ④ 14.4 才。

26.(2) 立面設計中，常見”牆面留 2 分勾縫”此 2 分係指 ① 0.3 公分 ② 0.6 公分 ③ 1 公分 ④ 2 公分。

27.(2) 下列哪種板材厚度最厚？ ① 10 ㎜玻璃 ② 6 分大理石 ③ 1/2 寸實木面板 ④ 1.5 公分人造檯面。

28.(3) 一住宅空間面積有 160 平方公尺，如用坪數換算約爲？ ① 32 坪 ② 40 坪 ③ 48.5 坪 ④ 56 坪。

29.(2) 一般抽屜牆板材料高度以 ①尺 ②寸 ③才 ④公尺 爲進位計價。

30.(2) 一坪不等於 ① 1.8m×1.8m ② 30.3m^2 ③ 6 台尺 ×6 台尺 ④ 36 才。

31.(4) 一空間爲長 5m、寬 4m、高 3m，若牆面四面全部鋪設瓷磚施工，其數量共計約爲 ① 8.2 平方公尺 ② 8.2 坪 ③ 16.5 平方公尺 ④ 16.5 坪。

32.(3) 一抽屜長 2.5 尺寬 1.8 尺高 5 寸使用 4 分厚樟木抽屜牆板四面施工共計需多少才積？(不考慮損耗範圍) ① 0.9 才 ② 1.8 才 ③ 1.72 才 ④ 3.44 才。

33.(4) 建築物室內裝修工程日報表不包括 ①重要施工項目完成數量 ②供給材料使用數量 ③出工人數 ④車輛駕駛員性別。

34.(2) 記載建築物室內裝修工程日報表，以下何者敘述非爲主要項目？ ①工程進度 ②重要施工項目完成數量之計算金額 ③重要事項紀錄 ④施工取樣試驗。

35.(3) CPM 是將工作項目依順序、時間及相互間之關係編成 ①樹狀式圖表 ②甘特式圖表 ③網狀式圖表 ④直線式圖表。

36.(4) CPM 網狀式圖表最適用於 ①部分工程管理 ②小規模工程管理 ③大規模工程管理 ④複雜度高的工程管理。

37.(1) 以工程管理而言 LF 代表 ①最晚完成時間 ②開始的時間 ③最早完成時間 ④最快完成時間。

38.(3) 以工程管理而言傳統式直線圖表無法顯示出 ①每一作業工期 ②總工期 ③要徑作業 ④天氣狀況。

39.(4) 以工程管理而言傳統式直線圖表最適用於 ①複雜之作業系統進度 ②大規模作業系統進度 ③整體工程作業系統進度要徑作業 ④單一作業系統進度。

40.(4) CPM 網狀式圖表中二結合點間能有幾個箭線 ①四個箭線 ②三個箭線 ③二個箭線 ④一個箭線。

41.(1) 依規定勞工於 ① 2 ② 3 ③ 4 ④ 5 公尺以上高度作業，即應於該處設置護欄或護蓋等防護設備。

42.(2) 高處作業之安全樓梯臨時通道依規定需設置高 ① 80 公分 ② 90 公分 ③ 100 公分 ④ 120 公分 以上之欄杆或護欄。

43.(4) 在通風不充分之場所作業時，應予適當換氣以保持作業場所空氣中氧氣濃度在 ① 15% ② 16% ③ 17% ④ 18% 以上，方可進行作業。

44.(2) 施工用之合梯其梯腳與地面之角度應 ①≦ 60 度 ②≦ 75 度 ③≦ 90 度 ④≦ 120 度 ，兩梯腳間以繫材扣牢，確認其穩固狀態。

45.(1) 材料進場吊放，捲揚機具作業指揮最應防止可能的災害是 ①物體飛落 ②感電 ③缺氧窒息 ④有害氣體中毒。

46.(2) 施工中移動式爬梯其梯之寬度規定應在 ① 25 ② 30 ③ 45 ④ 50 公分以上。

47.(1) 下列那種不安全行為是工地中最應防止的？ ①未使用防護具 ②亂吐檳榔汁 ③上工不守時 ④服裝不整。

48.(1) 使用活動移動梯之作業高度不得超過 ①2公尺 ②3公尺 ③4公尺 ④5公尺。

49.(4) 依「建築物室內裝修管理辦法」之規定，申請竣工查驗時，下列何種圖說文件不必檢附？ ①申請書、室內裝修竣工圖 ②原領室內裝修審核合格文件 ③其他經內政部指定之文件 ④建築物建照執照。

50.(1) 室內裝修完工後，由誰來會同室內裝修從業者向原申請審查機關(構)提出申請竣工查驗 ①建築物起造人、所有權人或使用人 ②建築師或設計師 ③施工廠商 ④施工廠商及設計師。

51.(2) 關於室內裝修竣工圖的修改，若涉及變更原核准之防火區劃應該如何辦理竣工 ①向審查機關辦理報備後申請竣工查驗 ②先辦變更設計核准後，申請竣工查驗 ③向消防機關辦理報備後申請竣工查驗 ④若無違反法規，可申請竣工查驗。

52.(3) 申請室內裝修竣工查驗檢附的所有圖說文件不包括 ①竣工查驗申請書 ②室內裝修材料書 ③原核准建照 ④竣工照片。

53.(2) 竣工查驗檢附的室內裝修材料書中的那些項需與材料證明文件一致 ①廠商名稱、材料尺寸 ②材料名稱、廠商名稱、耐然等級 ③材料名稱、廠商名稱 ④材料尺寸、耐然等級。

54.(1) 竣工查驗檢附的室內裝修材料書中的裝修數量應與何者一致 ①出貨證明 ②廠商名稱 ③耐然等級 ④材料名稱。

55.(1) 室內裝修工程施工中，在同一防火區劃空間中，若將原核准設計圖中的2分石膏板天花板變更為3分矽酸鈣板天花板(惟不降低原使用裝修材料耐燃等級)，應如何處理 ①竣工後，修改竣工圖連同資料送審即可 ②不必處理，直接申請竣工查驗 ③一定要先完成變更設計程序，方可繼續施工 ④一定要拆除，再依原設計圖說施作。

56.(2) 一般申請竣工查驗時圖說與施工現場必須要注意的事項中下列那一項是錯誤？ ①主要構造需與原核准圖說相符 ②同一防火區劃中，可以調整消防灑水頭位置 ③直通樓梯（安全梯）間的防火門需與原核准圖說相符 ④裝修材料需與原核准圖說相符。

57.(3) 施工中若涉及更換材料，下列那一項是錯誤 ①防火門的防火時效不能改變 ②防火門的阻熱性不能改變 ③防火門的五金鉸鍊可任意更換，與消防無關 ④耐然一級的矽酸鈣板可以用同一耐然等級的材料更換。

58.(1) 拆除隔間時，關於維護職業安全措施那一項有誤 ①作業人員不必戴安全帽 ②拆除作業區需設標示，禁止非作業人員進入 ③應由專任人員於現場指揮監督 ④需先規劃好拆除計畫。

59.(4) 以電動破碎機破除室內隔間時，維護職業安全措施下列那一項無須納入考量？①拆除對象有飛落之虞者應先拆除 ②作業人員必須戴安全帽 ③拆除作業區需設標示，禁止非作業人員進入 ④不斷電系統。

60.(2) 在二公尺以上高度從事天花板工程為防止墜落意外，勞工安全衛生上的措施應該要 ①移動施工架時，請架上人員小心 ②應提供移動式施工架給作業人員 ③腰上綁細繩 ④設置約 45 公分欄杆。

61.(1) 一公尺約為多少台尺 ① 3.3 ② 3.025 ③ 3.28 ④ 3.937。

62.(2) 十平方公尺約為多少坪 ① 0.3025 ② 3.025 ③ 3.3 ④ 4。

63.(3) 一坪約為多少才 ① 3 ② 40 ③ 36 ④ 33。

64.(1) 木材 1 才約為多少立方台寸 ① 100 ② 33 ③ 36 ④ 1000。

65.(2) 石材 1 台尺 ×1 台尺約為多少才 ① 9 ② 1 ③ 36 ④ 10。

66.(3) 下列那一項不是一般室內裝修常用的面積單位 ①才 ②坪 ③分 ④平方公尺。

67.(2) 標示為 1：50 比例之書櫃立面圖，用一般的尺去量有 2 公分寬、4 公分高，其實際的面積為多少 m^2 ① 8 ② 2 ③ 4 ④ 6。

68.(4) 一塊長 5 台尺、寬 3 台寸、厚度 0.6 台寸的木板，其才積約為幾才？(不考慮損耗範圍) ① 9 ② 3 ③ 18 ④ 0.9。

69.(3) 120 ㎝ ×150 ㎝的玻璃約為多少才 ① 12 ② 15 ③ 20 ④ 25。

70.(4) 關於工程日報表的目的，以下哪一項不是要掌握的內容？ ①了解天氣影響工期情形 ②了解進度執行情形 ③了解工具使用情形 ④了解施工人員情緒。

71.(4) 關於工程日報表的填寫，對於作業人員的進出場，下列那一項不是必要掌握的內容 ①累計出工人數 ②本日出工人員數量 ③本日出工人員工種類別 ④當日薪資統計。

72.(2) 工程日報表的基本資料記錄裡，以下那一項是常見的格式內容 ①工程名稱、業主、廠商 ②氣候、實際開工日期、預計竣工日期 ③日期、業主、氣候、廠商 ④總工期、剩餘工期、設計師及業主。

73.(1) 工程日報表的每日作業記錄裡，以下那一項是常見的格式內容 ①出勤重要機具、出工人數 ②材料使用情形、當日出工薪資統計 ③現場重要事件、材料證明 ④總工期、剩餘工期。

74.(1) 業主與廠商有工程糾紛時，工程日報表顯示重要的訊息依據，以下那一項更需確實填寫 ①實際開工日期、預計竣工日期、現場重要指示事件 ②材料檢驗情形、當日出工薪資、氣候 ③氣候、契約編號、出工人數 ④出勤重要機具、出工人數、差勤紀錄。

75.(3) 現有二塊木板尺寸分別爲長度 8 台尺、寬度 3 台寸、厚度 0.6 台寸，請問其總材積爲？ ① 1.44 才 ② 14.4 才 ③ 2.88 才 ④ 28.8 才。

76.(3) 現有二塊木板尺寸分別爲長度 3 公尺、寬度 18 公分、厚度 0.9 公分，請問其總材積約爲？ ① 1.62 才 ② 16.2 才 ③ 3.6 才 ④ 36 才。

複選題

77.(13) 有關木材材積計算 (不考慮損耗)，下列計算結果何者錯誤？ ① 1 台寸 ×1 台尺 ×10 台尺＝ 1 才 ② 1 台寸 ×1 台寸 ×10 台尺＝ 1 才 ③ 1 台尺 ×1 台尺 ×10 台尺＝ 1 才 ④ 1 台寸 ×1 台尺 ×1 台尺＝ 1 才。

78.(123) 依「職業安全衛生管理辦法」規定，下列敘述何者正確？ ①雇主應依其事業之規模、性質，設置安全衛生組織及人員 ②雇主應參照中央主管機關公告之相關指引，建立職業安全衛生管理系統 ③雇主應透過規劃、實施、檢查及改進等管理功能，實現安全衛生管理目標，提升安全衛生管理水準 ④雇主不必改進管理功能即可實現安全衛生管理目標，提升安全衛生管理水準。

79.(124) 依「職業安全衛生管理辦法」規定，職業安全衛生組織、人員、工作場所負責人及各級主管之職責，下列敘述那些爲正確？ ①職業安全衛生管理單位：擬訂、規劃、督導及推動安全衛生管理事項，並指導有關部門實施 ②職業安全衛生委員會：對雇主擬訂之安全衛生政策提出建議，並審議、協調、建議安全衛生相關事項 ③置有職業安全（衛生）管理師、職業安全衛生管理員事業單位之職業安全衛生業務主管：備查安全衛生管理事項 ④未置有職業安全（衛生）管理師、職業安全衛生管理員事業單位之職業安全衛生業務主管：擬訂、規劃及推動安全衛生管理事項。

80.(123) 依「職業安全衛生管理辦法」規定，勞工安全衛生組織、人員、工作場所負責人及各級主管之職責，下列敘述何者正確？ ①職業安全（衛生）管理師、職業安全衛生管理員：擬訂、規劃及推動安全衛生管理事項，並指導有關部門實施 ②工作場所負責人及各級主管：依職權指揮、監督所屬執行安全衛生管理事項，並協調及指導有關人員實施 ③一級單位之職業安全衛生人員：協助一級單位主管擬訂、規劃及推動所屬部門安全衛生管理事項，並指導有關人員實施 ④雇主應使相關人員接受勞工安全衛生管理、教育訓練，其執行不必留存紀錄備查。

81.(23) 下列爲木材材積計算(不考慮損耗),何者計算結果正確? ①1台寸×1台寸×12台尺=1才 ②1台寸×1台尺×1台尺=1才 ③1台寸×1.2台寸×12台尺=1.44才 ④1.5台寸×1.5台寸×12台尺=2.25才。

82.(234) 一般而言室內裝修工程估價須具備有豐富的工地經驗,對工程的施工法、材料的性質、材料的價格以及施工環境的控制,才能有準確的估價,下列敘述何者正確? ①工料分析不須依據室內裝修設計圖說 ②選用適當但不同之施工機具會影響工料分析 ③工程估價可預估工料數量爲僱工與採購的依據 ④工程估價可據以控制工程造價,降低工程成本。

83.(234) 下列何者爲室內裝修木作工程估價單常用計價單位 ①立方公尺 ②平方公尺 ③坪 ④組。

84.(124) 下列面積計算及單位換算何者正確? ①長9台尺×寬4台尺=1坪 ②長12.5公尺×寬8公尺=100平方公尺約爲30.25坪 ③長18台尺×寬12台尺=4坪 ④長8公尺×寬5公尺=40平方公尺約爲12.1坪。

85.(234) 泥作打底貼瓷(磁)磚工程工料分析項目及其單位何者正確? ①水泥砂漿單位爲平方公尺 ②磁磚單位爲塊 ③大工小工單位爲工 ④黏著劑單位爲公斤。

86.(134) 木作天花板工程,使用木角材與矽酸鈣板施工,其工料分析應包括哪些項目? ①木角材及數量 ②夾板及數量 ③五金消耗 ④搬運費。

87.(123) 室內裝修工程估算中,一般工料分析應考慮材料、工資、搬運、機具設備等費用,下列敘述何者正確? ①工料分析可計算整個工作單元項目所需的成本 ②工料分析是承包商用以求得合理的各項工程單價之最佳方法 ③經工料分析求得的合理工程單價可作爲填寫估價單的依據 ④工程項目以一式爲單位之工程單價可作爲日後工程數量增減的計價依據。

88.(123) 下列何者爲影響工程估價的重要因素? ①設計施工圖 ②材料種類價格 ③工資價格 ④施工人員。

89.(123) 下列何者爲影響工程估價的相關因素? ①交通遠近 ②現場操作搬運的方便性 ③工程管理方式 ④工具設備耗損折舊。

90.(134) 依職業安全衛生相關法規規定,實施作業環境測定之作業場所,下列哪些是正確? ①顯著發生噪音之作業場所 ②粉塵作業場所或有機溶劑作業場所經地方主管機關指定者 ③粉塵作業場所經中央主管機關指定者 ④有機溶劑作業場所經中央主管機關指定者。

91.(124) 依職業安全衛生相關法規,規定屬特別危害健康之作業,下列哪些是正確? ①噪音作業 ②粉塵作業 ③有機溶劑作業經地方主管機關指定者 ④有機溶劑作業經中央主管機關指定者。

92.(124) 依職業安全衛生相關法規，所定安全衛生工作守則之內容，必須參酌定之者，下列哪些是正確？ ①工作安全及衛生標準 ②防護設備之準備、維持及使用 ③遇事故不必通報及報告 ④急救及搶救。

93.(123) 室內裝修工程日報表，下列何者屬於應填報的內容 ①重要施工項目完成數量 ②供給材料使用數量 ③出工人數 ④車輛駕駛員性別。

94.(134) 下列何者屬於室內裝修工程日報表的主要項目？ ①工程進度 ②施工項目完成數量之金額計算 ③重要事項紀錄 ④施工取樣試驗。

95.(124) 關於工程日報表的紀錄，以下哪些是所要掌握的資訊？ ①氣候對工期影響 ②工程執行進度 ③施工者的情緒 ④材料使用數量。

96.(234) 關於工程日報表的填寫，對於作業人員的進出場，下列哪些是必須掌握的內容？ ①本日出工人員薪資 ②本日出工人員數量 ③累計出工人員數量 ④本日出工人員工種。

97.(12) 依據建築物室內裝修管理辦法相關規定，室內裝修施工從業者應依照核定之室內裝修圖說施工；如於下列哪些情況，應依本辦法申請辦理審核？ ①施工前變更設計 ②施工中變更設計 ③變更色彩 ④變更花樣。

98.(34) 下列哪些敘述正確？ ①室內裝修申請審核之圖說涉及消防安全設備變更者，應依消防法規規定辦理，並應於施工後取得當地消防主管機關審核合格之文件 ②室內裝修圖說經審核合格，領得許可文件後，因故未能於規定期限內完工時，其許可文件不能展延立即失其效力 ③室內裝修圖說經審核合格，領得許可文件後，因故未能於規定期限內完工時，得申請展期 ④室內裝修施工從業者應依照核定之室內裝修圖說施工；如於施工前或施工中變更設計時，仍應依本辦法申請辦理審核。

99.(123) 下列哪些情況，不得於竣工後一次報驗？ ①變更防火避難設施 ②變更防火區劃 ③降低原使用裝修材料耐燃等級 ④不變更分間牆位置。

100.(13) 下列哪些屬於建築物室內裝修管理辦法規定；得檢附經依法登記開業之建築師或室內裝修業專業設計技術人員簽章負責之室內裝修圖說向當地主管建築機關或審查機構申報施工，經主管建築機關核給期限後，准予進行施工？ ①其申請範圍用途爲住宅 ②其申請範圍用途爲小型商店 ③申請樓層之樓地板面積符合十層以下樓層及地下室各層，室內裝修之樓地板面積在三百平方公尺以下者 ④十一層以上樓層，室內裝修之樓地板面積在二百平方公尺以下者。

101.(124) 如依建築物室內裝修管理辦法規定 經依法登記開業之建築師或室內裝修業專業設計技術人員簽章負責之室;內裝修圖說向當地主管建築機關或審查機構申報施工，工程完竣後，應向當地主管建築機關或審查機構申請審查許可 所應檢附文件包括 ①申請書 ②建築物權利證明文件 ③申請人身分證 ④經營造業專任工程人員或室，內裝修業專業施工技術人員竣工查驗合格簽章負責之檢查表。

102.(24) 室內裝修工程完竣後，應由哪些人向原申請審查機關或機構申請竣工查驗合格後，向直轄市、縣（市）主管建築機關申請核發室內裝修合格證明？ ①建築物承造人 ②所有權人或使用人 ③室內裝修從業者 ④建築物起造人。

103.(23) 依建築物室內裝修管理辦法規定；新建建築物於領得使用執照前申請室內裝修許可者，應於領得下列哪些文件，始得使用？ ①建造執造 ②使用執照 ③室內裝修合格證明 ④室內裝修許可。

104.(24) 下列有關建築物室內裝修管理辦法規定，哪些爲不正確？ ①直轄市、縣（市）主管建築機關或審查機構受理室內裝修竣工查驗之申請，應於七日內指派查驗人員至現場檢查 ②經查核與驗章圖說相符者，檢查表經查驗人員簽證後，應於七日內核發合格證明 ③對於不合格者，應通知建築物起造人、所有權人或使用人限期修改 ④室內裝修涉及消防安全設備者，應由消防主管機關於核發室內裝修合格證明後，完成消防安全設備竣工查驗。

105.(134) 室內裝修施工中，直轄市、縣（市）主管建築機關認有必要時，得隨時派員查驗，發現與核定裝修圖說不符者，應以書面通知下列何人停工或修改？ ①起造人 ②管理人 ③使用人 ④室內裝修從業者。

106.(123) 室內裝修從業者有下列哪些情事之一者，當地主管建築機關應查明屬實後，報請內政部視其情節輕重，予以警告、六個月以上一年以下停止室內裝修業務處分或一年以上三年以下停止換發登記證處分？ ①施工材料與規定不符或未依圖說施工，經當地主管建築機關通知限期修改逾期未修改 ②規避、妨礙或拒絕主管機關業務督導 ③受委託設計之圖樣、說明書、竣工查驗合格簽章之檢查表或其他書件經抽查結果與相關法令規定不符 ④未依規定繳交營業稅。

90006　職業安全與衛生（113.01.01.啓用）

1. (2) 對於核計勞工所得有無低於基本工資，下列敘述何者有誤？ ①僅計入在正常工時內之報酬 ②應計入加班費 ③不計入休假日出勤加給之工資 ④不計入競賽獎金。

2. (3) 下列何者之工資日數得列入計算平均工資？ ①請事假期間 ②職災醫療期間 ③發生計算事由之前 6 個月 ④放無薪假期間。

3. (4) 以下對於「例假」之敘述，何者有誤？ ①每 7 日應休息 1 日 ②工資照給 ③出勤時，工資加倍及補休 ④須給假，不必給工資。

4. (4) 勞動基準法第 84 條之 1 規定之工作者，因工作性質特殊，就其工作時間，下列何者正確？ ①完全不受限制 ②無例假與休假 ③不另給予延時工資 ④勞雇間應有合理協商彈性。

5. (3) 依勞動基準法規定，雇主應置備勞工工資清冊並應保存幾年？ ① 1 年 ② 2 年 ③ 5 年 ④ 10 年。

6. (4) 事業單位僱用勞工多少人以上者，應依勞動基準法規定訂立工作規則？ ① 200 人 ② 100 人 ③ 50 人 ④ 30 人。

7. (3) 依勞動基準法規定，雇主延長勞工之工作時間連同正常工作時間，每日不得超過多少小時？ ① 10 ② 11 ③ 12 ④ 15。

8. (4) 依勞動基準法規定，下列何者屬不定期契約？ ①臨時性或短期性的工作 ②季節性的工作 ③特定性的工作 ④有繼續性的工作。

9. (1) 依職業安全衛生法規定，事業單位勞動場所發生死亡職業災害時，雇主應於多少小時內通報勞動檢查機構？ ① 8 ② 12 ③ 24 ④ 48。

10.(1) 事業單位之勞工代表如何產生？ ①由企業工會推派之 ②由產業工會推派之 ③由勞資雙方協議推派之 ④由勞工輪流擔任之。

11.(4) 職業安全衛生法所稱有母性健康危害之虞之工作，不包括下列何種工作型態？ ①長時間站立姿勢作業 ②人力提舉、搬運及推拉重物 ③輪班及夜間工作 ④駕駛運輸車輛。

12.(3) 依職業安全衛生法施行細則規定，下列何者非屬特別危害健康之作業？ ①噪音作業 ②游離輻射作業 ③會計作業 ④粉塵作業。

13.(3) 從事於易踏穿材料構築之屋頂修繕作業時，應有何種作業主管在場執行主管業務？ ①施工架組配 ②擋土支撐組配 ③屋頂 ④模板支撐。

14.(4) 以下對於「工讀生」之敘述，何者正確？ ①工資不得低於基本工資之 80% ②屬短期工作者，加班只能補休 ③每日正常工作時間得超過 8 小時 ④國定假日出勤，工資加倍發給。

15.(3) 勞工工作時手部嚴重受傷，住院醫療期間公司應按下列何者給予職業災害補償？ ①前 6 個月平均工資 ②前 1 年平均工資 ③原領工資 ④基本工資。

16.(2) 勞工在何種情況下，雇主得不經預告終止勞動契約？ ①確定被法院判刑 6 個月以內並諭知緩刑超過 1 年以上者 ②不服指揮對雇主暴力相向者 ③經常遲到早退者 ④非連續曠工但 1 個月內累計達 3 日以上者。

17.(3) 對於吹哨者保護規定，下列敘述何者有誤？ ①事業單位不得對勞工申訴人終止勞動契約 ②勞動檢查機構受理勞工申訴必須保密 ③為實施勞動檢查，必要時得告知事業單位有關勞工申訴人身分 ④任何情況下，事業單位都不得有不利勞工申訴人之行為。

18.(4) 職業安全衛生法所稱有母性健康危害之虞之工作，係指對於具生育能力之女性勞工從事工作，可能會導致的一些影響。下列何者除外？ ①胚胎發育 ②妊娠期間之母體健康 ③哺乳期間之幼兒健康 ④經期紊亂。

19.(3) 下列何者非屬職業安全衛生法規定之勞工法定義務？ ①定期接受健康檢查 ②參加安全衛生教育訓練 ③實施自動檢查 ④遵守安全衛生工作守則。

20.(2) 下列何者非屬應對在職勞工施行之健康檢查？ ①一般健康檢查 ②體格檢查 ③特殊健康檢查 ④特定對象及特定項目之檢查。

21.(4) 下列何者非為防範有害物食入之方法？ ①有害物與食物隔離 ②不在工作場所進食或飲水 ③常洗手、漱口 ④穿工作服。

22.(1) 有關承攬管理責任，下列敘述何者正確？ ①原事業單位交付廠商承攬，如不幸發生承攬廠商所僱勞工墜落致死職業災害，原事業單位應與承攬廠商負連帶補償及賠償責任 ②原事業單位交付承攬，不需負連帶補償責任 ③承攬廠商應自負職業災害之賠償責任 ④勞工投保單位即為職業災害之賠償單位。

23.(4) 依勞動基準法規定，主管機關或檢查機構於接獲勞工申訴事業單位違反本法及其他勞工法令規定後，應為必要之調查，並於幾日內將處理情形，以書面通知勞工？ ① 14 ② 20 ③ 30 ④ 60。

24.(3) 我國中央勞工行政主管機關為下列何者？ ①內政部 ②勞工保險局 ③勞動部 ④經濟部。

25.(4) 對於勞動部公告列入應實施型式驗證之機械、設備或器具，下列何種情形不得免驗證？ ①依其他法律規定實施驗證者 ②供國防軍事用途使用者 ③輸入僅供

科技研發之專用機　④輸入僅供收藏使用之限量品。

26.(4) 對於墜落危險之預防設施，下列敘述何者較爲妥適？　①在外牆施工架等高處作業應盡量使用繫腰式安全帶　②安全帶應確實配掛在低於足下之堅固點　③高度2m 以上之邊緣開口部分處應圍起警示帶　④高度 2m 以上之開口處應設護欄或安全網。

27.(3) 下列對於感電電流流過人體的現象之敘述何者有誤？　①痛覺　②強烈痙攣　③血壓降低、呼吸急促、精神亢奮　④顏面、手腳燒傷。

28.(2) 下列何者非屬於容易發生墜落災害的作業場所？　①施工架　②廚房　③屋頂　④梯子、合梯。

29.(1) 下列何者非屬危險物儲存場所應採取之火災爆炸預防措施？　①使用工業用電風扇　②裝設可燃性氣體偵測裝置　③使用防爆電氣設備　④標示「嚴禁煙火」。

30.(3) 雇主於臨時用電設備加裝漏電斷路器，可減少下列何種災害發生？　①墜落　②物體倒塌、崩塌　③感電　④被撞。

31.(3) 雇主要求確實管制人員不得進入吊舉物下方，可避免下列何種災害發生？　①感電　②墜落　③物體飛落　④缺氧。

32.(1) 職業上危害因子所引起的勞工疾病，稱爲何種疾病？　①職業疾病　②法定傳染病　③流行性疾病　④遺傳性疾病。

33.(4) 事業招人承攬時，其承攬人就承攬部分負雇主之責任，原事業單位就職業災害補償部分之責任爲何？　①視職業災害原因判定是否補償　②依工程性質決定責任　③依承攬契約決定責任　④仍應與承攬人負連帶責任。

34.(2) 預防職業病最根本的措施爲何？　①實施特殊健康檢查　②實施作業環境改善　③實施定期健康檢查　④實施僱用前體格檢查。

35.(1) 以下爲假設性情境：「在地下室作業，當通風換氣充分時，則不易發生一氧化碳中毒或缺氧危害」，請問「通風換氣充分」係指「一氧化碳中毒或缺氧危害」之何種描述？　①風險控制方法　②發生機率　③危害源　④風險。

36.(1) 勞工爲節省時間，在未斷電情況下清理機臺，易發生危害爲何？　①捲夾感電　②缺氧　③墜落　④崩塌。

37.(2) 工作場所化學性有害物進入人體最常見路徑爲下列何者？　①口腔　②呼吸道　③皮膚　④眼睛。

38.(3) 活線作業勞工應佩戴何種防護手套？　①棉紗手套　②耐熱手套　③絕緣手套　④防振手套。

39.(4) 下列何者非屬電氣災害類型？ ①電弧灼傷 ②電氣火災 ③靜電危害 ④雷電閃爍。

40.(3) 下列何者非屬於工作場所作業會發生墜落災害的潛在危害因子？ ①開口未設置護欄 ②未設置安全之上下設備 ③未確實配戴耳罩 ④屋頂開口下方未張掛安全網。

41.(2) 在噪音防治之對策中，從下列哪一方面著手最為有效？ ①偵測儀器 ②噪音源 ③傳播途徑 ④個人防護具。

42.(4) 勞工於室外高氣溫作業環境工作，可能對身體產生之熱危害，以下何者非屬熱危害之症狀？ ①熱衰竭 ②中暑 ③熱痙攣 ④痛風。

43.(3) 以下何者是消除職業病發生率之源頭管理對策？ ①使用個人防護具 ②健康檢查 ③改善作業環境 ④多運動。

44.(1) 下列何者非為職業病預防之危害因子？ ①遺傳性疾病 ②物理性危害 ③人因工程危害 ④化學性危害。

45.(3) 下列何者非屬使用合梯，應符合之規定？ ①合梯應具有堅固之構造 ②合梯材質不得有顯著之損傷、腐蝕等 ③梯腳與地面之角度應在 80 度以上 ④有安全之防滑梯面。

46.(4) 下列何者非屬勞工從事電氣工作，應符合之規定？ ①使其使用電工安全帽 ②穿戴絕緣防護具 ③停電作業應檢電掛接地 ④穿戴棉質手套絕緣。

47.(3) 為防止勞工感電，下列何者為非？ ①使用防水插頭 ②避免不當延長接線 ③設備有金屬外殼保護即可免裝漏電斷路器 ④電線架高或加以防護。

48.(2) 不當抬舉導致肌肉骨骼傷害或肌肉疲勞之現象，可稱之為下列何者？ ①感電事件 ②不當動作 ③不安全環境 ④被撞事件。

49.(3) 使用鑽孔機時，不應使用下列何護具？ ①耳塞 ②防塵口罩 ③棉紗手套 ④護目鏡。

50.(1) 腕道症候群常發生於下列何種作業？ ①電腦鍵盤作業 ②潛水作業 ③堆高機作業 ④第一種壓力容器作業。

51.(1) 對於化學燒傷傷患的一般處理原則，下列何者正確？ ①立即用大量清水沖洗 ②傷患必須臥下，而且頭、胸部須高於身體其他部位 ③於燒傷處塗抹油膏、油脂或發酵粉 ④使用酸鹼中和。

52.(4) 下列何者非屬防止搬運事故之一般原則？ ①以機械代替人力 ②以機動車輛搬運 ③採取適當之搬運方法 ④儘量增加搬運距離。

53.(3) 對於脊柱或頸部受傷患者，下列何者不是適當的處理原則？ ①不輕易移動傷患 ②速請醫師 ③如無合用的器材，需 2 人作徒手搬運 ④向急救中心聯絡。

54.(3) 防止噪音危害之治本對策爲下列何者？ ①使用耳塞、耳罩 ②實施職業安全衛生教育訓練 ③消除發生源 ④實施特殊健康檢查。

55.(1) 安全帽承受巨大外力衝擊後，雖外觀良好，應採下列何種處理方式？ ①廢棄 ②繼續使用 ③送修 ④油漆保護。

56.(2) 因舉重而扭腰係由於身體動作不自然姿勢，動作之反彈，引起扭筋、扭腰及形成類似狀態造成職業災害，其災害類型爲下列何者？ ①不當狀態 ②不當動作 ③不當方針 ④不當設備。

57.(3) 下列有關工作場所安全衛生之敘述何者有誤？ ①對於勞工從事其身體或衣著有被污染之虞之特殊作業時，應備置該勞工洗眼、洗澡、漱口、更衣、洗濯等設備 ②事業單位應備置足夠急救藥品及器材 ③事業單位應備置足夠的零食自動販賣機 ④勞工應定期接受健康檢查。

58.(2) 毒性物質進入人體的途徑，經由那個途徑影響人體健康最快且中毒效應最高？ ①吸入 ②食入 ③皮膚接觸 ④手指觸摸。

59.(3) 安全門或緊急出口平時應維持何狀態？ ①門可上鎖但不可封死 ②保持開門狀態以保持逃生路徑暢通 ③門應關上但不可上鎖 ④與一般進出門相同，視各樓層規定可開可關。

60.(3) 下列何種防護具較能消減噪音對聽力的危害？ ①棉花球 ②耳塞 ③耳罩 ④碎布球。

61.(2) 勞工若面臨長期工作負荷壓力及工作疲勞累積，沒有獲得適當休息及充足睡眠，便可能影響體能及精神狀態，甚而較易促發下列何種疾病？ ①皮膚癌 ②腦心血管疾病 ③多發性神經病變 ④肺水腫。

62.(2) 「勞工腦心血管疾病發病的風險與年齡、吸菸、總膽固醇數值、家族病史、生活型態、心臟方面疾病」之相關性爲何？ ①無 ②正 ③負 ④可正可負。

63.(3) 下列何者不屬於職場暴力？ ①肢體暴力 ②語言暴力 ③家庭暴力 ④性騷擾。

64.(4) 職場內部常見之身體或精神不法侵害不包含下列何者？ ①脅迫、名譽損毀、侮辱、嚴重辱罵勞工 ②強求勞工執行業務上明顯不必要或不可能之工作 ③過度介入勞工私人事宜 ④使勞工執行與能力、經驗相符的工作。

65.(3) 下列何種措施較可避免工作單調重複或負荷過重? ①連續夜班 ②工時過長 ③排班保有規律性 ④經常性加班。

66.(1) 減輕皮膚燒傷程度之最重要步驟爲何? ①儘速用清水沖洗 ②立即刺破水泡 ③立即在燒傷處塗抹油脂 ④在燒傷處塗抹麵粉。

67.(3) 眼內噴入化學物或其他異物,應立即使用下列何者沖洗眼睛? ①牛奶 ②蘇打水 ③清水 ④稀釋的醋。

68.(3) 石綿最可能引起下列何種疾病? ①白指症 ②心臟病 ③間皮細胞瘤 ④巴金森氏症。

69.(2) 作業場所高頻率噪音較易導致下列何種症狀? ①失眠 ②聽力損失 ③肺部疾病 ④腕道症候群。

70.(2) 廚房設置之排油煙機爲下列何者? ①整體換氣裝置 ②局部排氣裝置 ③吹吸型換氣裝置 ④排氣煙囪。

71.(4) 防塵口罩選用原則,下列敘述何者有誤? ①捕集效率愈高愈好 ②吸氣阻抗愈低愈好 ③重量愈輕愈好 ④視野愈小愈好。

72.(2) 若勞工工作性質需與陌生人接觸、工作中需處理不可預期的突發事件或工作場所治安狀況較差,較容易遭遇下列何種危害? ①組織內部不法侵害 ②組織外部不法侵害 ③多發性神經病變 ④潛涵症。

73.(3) 以下何者不是發生電氣火災的主要原因? ①電器接點短路 ②電氣火花 ③電纜線置於地上 ④漏電。

74.(2) 依勞工職業災害保險及保護法規定,職業災害保險之保險效力,自何時開始起算,至離職當日停止? ①通知當日 ②到職當日 ③雇主訂定當日 ④勞雇雙方合意之日。

75.(4) 依勞工職業災害保險及保護法規定,勞工職業災害保險以下列何者爲保險人,辦理保險業務? ①財團法人職業災害預防及重建中心 ②勞動部職業安全衛生署 ③勞動部勞動基金運用局 ④勞動部勞工保險局。

76.(1) 以下關於「童工」之敘述,何者正確? ①每日工作時間不得超過 8 小時 ②不得於午後 10 時至翌晨 6 時之時間內工作 ③例假日得在監視下工作 ④工資不得低於基本工資之 70%。

77.(4) 事業單位如不服勞動檢查結果,可於檢查結果通知書送達之次日起 10 日內,以書面敘明理由向勞動檢查機構提出? ①訴願 ②陳情 ③抗議 ④異議。

78.(2) 工作者若因雇主違反職業安全衛生法規定而發生職業災害、疑似罹患職業病或身體、精神遭受不法侵害所提起之訴訟，得向勞動部委託之民間團體提出下列何者？ ①災害理賠 ②申請扶助 ③精神補償 ④國家賠償。

79.(4) 計算平日加班費須按平日每小時工資額加給計算，下列敘述何者有誤？ ①前 2 小時至少加給 1/3 倍 ②超過 2 小時部分至少加給 2/3 倍 ③經勞資協商同意後，一律加給 0.5 倍 ④未經雇主同意給加班費者，一律補休。

80.(3) 依職業安全衛生設施規則規定，下列何者非屬危險物？ ①爆炸性物質 ②易燃液體 ③致癌物 ④可燃性氣體。

81.(2) 下列工作場所何者非屬法定危險性工作場所？ ①農藥製造 ②金屬表面處理 ③火藥類製造 ④從事石油裂解之石化工業之工作場所。

82.(1) 有關電氣安全，下列敘述何者錯誤？ ① 110 伏特之電壓不致造成人員死亡 ②電氣室應禁止非工作人員進入 ③不可以濕手操作電氣開關，且切斷開關應迅速 ④ 220 伏特為低壓電。

83.(2) 依職業安全衛生設施規則規定，下列何者非屬於車輛系營建機械？ ①平土機 ②堆高機 ③推土機 ④鏟土機。

84.(2) 下列何者非為事業單位勞動場所發生職業災害者，雇主應於 8 小時內通報勞動檢查機構？ ①發生死亡災害 ②勞工受傷無須住院治療 ③發生災害之罹災人數在 3 人以上 ④發生災害之罹災人數在 1 人以上，且需住院治療。

85.(4) 依職業安全衛生管理辦法規定，下列何者非屬「自動檢查」之內容？ ①機械之定期檢查 ②機械、設備之重點檢查 ③機械、設備之作業檢點 ④勞工健康檢查。

86.(1) 下列何者係針對於機械操作點的捲夾危害特性可以採用之防護裝置？ ①設置護圍、護罩 ②穿戴棉紗手套 ③穿戴防護衣 ④強化教育訓練。

87.(4) 下列何者非屬從事起重吊掛作業導致物體飛落災害之可能原因？ ①吊鉤未設防滑舌片致吊掛鋼索鬆脫 ②鋼索斷裂 ③超過額定荷重作業 ④過捲揚警報裝置過度靈敏。

88.(2) 勞工不遵守安全衛生工作守則規定，屬於下列何者？ ①不安全設備 ②不安全行為 ③不安全環境 ④管理缺陷。

89.(3) 下列何者不屬於局限空間內作業場所應採取之缺氧、中毒等危害預防措施？ ①實施通風換氣 ②進入作業許可程序 ③使用柴油內燃機發電提供照明 ④測定氧氣、危險物、有害物濃度。

90.(1) 下列何者非通風換氣之目的？ ①防止游離輻射 ②防止火災爆炸 ③稀釋空氣中有害物 ④補充新鮮空氣。

91.(2) 已在職之勞工，首次從事特別危害健康作業，應實施下列何種檢查？ ①一般體格檢查 ②特殊體格檢查 ③一般體格檢查及特殊健康檢查 ④特殊健康檢查。

92.(4) 依職業安全衛生設施規則規定，噪音超過多少分貝之工作場所，應標示並公告噪音危害之預防事項，使勞工周知？ ① 75 ② 80 ③ 85 ④ 90。

93.(3) 下列何者非屬工作安全分析的目的？ ①發現並杜絕工作危害 ②確立工作安全所需工具與設備 ③懲罰犯錯的員工 ④作爲員工在職訓練的參考。

94.(3) 可能對勞工之心理或精神狀況造成負面影響的狀態，如異常工作壓力、超時工作、語言脅迫或恐嚇等，可歸屬於下列何者管理不當？ ①職業安全 ②職業衛生 ③職業健康 ④環保。

95.(3) 有流產病史之孕婦，宜避免相關作業，下列何者爲非？ ①避免砷或鉛的暴露 ②避免每班站立 7 小時以上之作業 ③避免提舉 3 公斤重物的職務 ④避免重體力勞動的職務。

96.(3) 熱中暑時，易發生下列何現象？ ①體溫下降 ②體溫正常 ③體溫上升 ④體溫忽高忽低。

97.(4) 下列何者不會使電路發生過電流？ ①電氣設備過載 ②電路短路 ③電路漏電 ④電路斷路。

98.(4) 下列何者較屬安全、尊嚴的職場組織文化？ ①不斷責備勞工 ②公開在眾人面前長時間責罵勞工 ③強求勞工執行業務上明顯不必要或不可能之工作 ④不過度介入勞工私人事宜。

99.(4) 下列何者與職場母性健康保護較不相關？ ①職業安全衛生法 ②妊娠與分娩後女性及未滿十八歲勞工禁止從事危險性或有害性工作認定標準 ③性別工作平等法 ④動力堆高機型式驗證。

100.(3) 油漆塗裝工程應注意防火防爆事項，以下何者爲非？ ①確實通風 ②注意電氣火花 ③緊密門窗以減少溶劑擴散揮發 ④嚴禁煙火。

90007 工作倫理與職業道德

1. (4) 下列何者「違反」個人資料保護法？ ①公司基於人事管理之特定目的，張貼榮譽榜揭示績優員工姓名 ②縣市政府提供村里長轄區內符合資格之老人名冊供發放敬老金 ③網路購物公司為辦理退貨，將客戶之住家地址提供予宅配公司 ④學校將應屆畢業生之住家地址提供補習班招生使用。

2. (1) 非公務機關利用個人資料進行行銷時，下列敘述何者「錯誤」？ ①若已取得當事人書面同意，當事人即不得拒絕利用其個人資料行銷 ②於首次行銷時，應提供當事人表示拒絕行銷之方式 ③當事人表示拒絕接受行銷時，應停止利用其個人資料 ④倘非公務機關違反「應即停止利用其個人資料行銷」之義務，未於限期內改正者，按次處新臺幣 2 萬元以上 20 萬元以下罰鍰。

3. (4) 個人資料保護法規定為保護當事人權益，多少位以上的當事人提出告訴，就可以進行團體訴訟？ ① 5 人 ② 10 人 ③ 15 人 ④ 20 人。

4. (2) 關於個人資料保護法之敘述，下列何者「錯誤」？ ①公務機關執行法定職務必要範圍內，可以蒐集、處理或利用一般性個人資料 ②間接蒐集之個人資料，於處理或利用前，不必告知當事人個人資料來源 ③非公務機關亦應維護個人資料之正確，並主動或依當事人之請求更正或補充 ④外國學生在臺灣短期進修或留學，也受到我國個人資料保護法的保障。

5. (2) 下列關於個人資料保護法的敘述，下列敘述何者錯誤？ ①不管是否使用電腦處理的個人資料，都受個人資料保護法保護 ②公務機關依法執行公權力，不受個人資料保護法規範 ③身分證字號、婚姻、指紋都是個人資料 ④我的病歷資料雖然是由醫生所撰寫，但也屬於是我的個人資料範圍。

6. (3) 對於依照個人資料保護法應告知之事項，下列何者不在法定應告知的事項內？ ①個人資料利用之期間、地區、對象及方式 ②蒐集之目的 ③蒐集機關的負責人姓名 ④如拒絕提供或提供不正確個人資料將造成之影響。

7. (2) 請問下列何者非為個人資料保護法第 3 條所規範之當事人權利？ ①查詢或請求閱覽 ②請求刪除他人之資料 ③請求補充或更正 ④請求停止蒐集、處理或利用。

8. (4) 下列何者非安全使用電腦內的個人資料檔案的做法？ ①利用帳號與密碼登入機制來管理可以存取個資者的人 ②規範不同人員可讀取的個人資料檔案範圍 ③個人資料檔案使用完畢後立即退出應用程式，不得留置於電腦中 ④為確保重要的個人資料可即時取得，將登入密碼標示在螢幕下方。

9. (1) 下列何者行為非屬個人資料保護法所稱之國際傳輸？ ①將個人資料傳送給經濟部 ②將個人資料傳送給美國的分公司 ③將個人資料傳送給法國的人事部門 ④將個人資料傳送給日本的委託公司。

10.(1) 下列有關智慧財產權行為之敘述，何者有誤？ ①製造、販售仿冒註冊商標的商品不屬於公訴罪之範疇，但已侵害商標權之行為 ②以 101 大樓、美麗華百貨公司做為拍攝電影的背景，屬於合理使用的範圍 ③原作者自行創作某音樂作品後，即可宣稱擁有該作品之著作權 ④著作權是為促進文化發展為目的，所保護的財產權之一。

11.(2) 專利權又可區分為發明、新型與設計三種專利權，其中發明專利權是否有保護期限？期限為何？ ①有，5 年 ②有，20 年 ③有，50 年 ④無期限，只要申請後就永久歸申請人所有。

12.(2) 受僱人於職務上所完成之著作，如果沒有特別以契約約定，其著作人為下列何者？ ①雇用人 ②受僱人 ③雇用公司或機關法人代表 ④由雇用人指定之自然人或法人。

13.(1) 任職於某公司的程式設計工程師，因職務所編寫之電腦程式，如果沒有特別以契約約定，則該電腦程式重製之權利歸屬下列何者？ ①公司 ②編寫程式之工程師 ③公司全體股東共有 ④公司與編寫程式之工程師共有。

14.(3) 某公司員工因執行業務，擅自以重製之方法侵害他人之著作財產權，若被害人提起告訴，下列對於處罰對象的敘述，何者正確？ ①僅處罰侵犯他人著作財產權之員工 ②僅處罰雇用該名員工的公司 ③該名員工及其雇主皆須受罰 ④員工只要在從事侵犯他人著作財產權之行為前請示雇主並獲同意，便可以不受處罰。

15.(1) 受僱人於職務上所完成之發明、新型或設計，其專利申請權及專利權如未特別約定屬於下列何者？ ①雇用人 ②受僱人 ③雇用人所指定之自然人或法人 ④雇用人與受僱人共有。

16.(4) 任職大發公司的郝聰明，專門從事技術研發，有關研發技術的專利申請權及專利權歸屬，下列敘述何者錯誤？ ①職務上所完成的發明，除契約另有約定外，專利申請權及專利權屬於大發公司 ②職務上所完成的發明，雖然專利申請權及專利權屬於大發公司，但是郝聰明享有姓名表示權 ③郝聰明完成非職務上的發明，應即以書面通知大發公司 ④大發公司與郝聰明之雇傭契約約定，郝聰明非職務上的發明，全部屬於公司，約定有效。

17.(3) 有關著作權的下列敘述何者不正確？ ①我們到表演場所觀看表演時，不可隨便錄音或錄影 ②到攝影展上，拿相機拍攝展示的作品，分贈給朋友，是侵害著作

權的行為　③網路上供人下載的免費軟體，都不受著作權法保護，所以我可以燒成大補帖光碟，再去賣給別人　④高普考試題，不受著作權法保護。

18.(3) 有關著作權的下列敘述何者錯誤？　①撰寫碩博士論文時，在合理範圍內引用他人的著作，只要註明出處，不會構成侵害著作權　②在網路散布盜版光碟，不管有沒有營利，會構成侵害著作權　③在網路的部落格看到一篇文章很棒，只要註明出處，就可以把文章複製在自己的部落格　④將補習班老師的上課內容錄音檔，放到網路上拍賣，會構成侵害著作權。

19.(4) 有關商標權的下列敘述何者錯誤？　①要取得商標權一定要申請商標註冊　②商標註冊後可取得 10 年商標權　③商標註冊後，3 年不使用，會被廢止商標權　④在夜市買的仿冒品，品質不好，上網拍賣，不會構成侵權。

20.(1) 下列關於營業秘密的敘述，何者不正確？　①受雇人於非職務上研究或開發之營業秘密，仍歸雇用人所有　②營業秘密不得為質權及強制執行之標的　③營業秘密所有人得授權他人使用其營業秘密　④營業秘密得全部或部分讓與他人或與他人共有。

21.(1) 甲公司將其新開發受營業秘密法保護之技術，授權乙公司使用，下列何者不得為之？　①乙公司已獲授權，所以可以未經甲公司同意，再授權丙公司使用　②約定授權使用限於一定之地域、時間　③約定授權使用限於特定之內容、一定之使用方法　④要求被授權人乙公司在一定期間負有保密義務。

22.(3) 甲公司嚴格保密之最新配方產品大賣，下列何者侵害甲公司之營業秘密？　①鑑定人 A 因司法審理而知悉配方　②甲公司授權乙公司使用其配方　③甲公司之 B 員工擅自將配方盜賣給乙公司　④甲公司與乙公司協議共有配方。

23.(3) 故意侵害他人之營業秘密，法院因被害人之請求，最高得酌定損害額幾倍之賠償？　①1 倍　②2 倍　③3 倍　④4 倍。

24.(4) 受雇者因承辦業務而知悉營業秘密，在離職後對於該營業秘密的處理方式，下列敘述何者正確？　①聘雇關係解除後便不再負有保障營業秘密之責　②僅能自用而不得販售獲取利益　③自離職日起 3 年後便不再負有保障營業秘密之責　④離職後仍不得洩漏該營業秘密。

25.(3) 按照現行法律規定，侵害他人營業秘密，其法律責任為：　①僅需負刑事責任　②僅需負民事損害賠償責任　③刑事責任與民事損害賠償責任皆須負擔　④刑事責任與民事損害賠償責任皆不須負擔。

26.(3) 企業內部之營業秘密，可以概分為「商業性營業秘密」及「技術性營業秘密」二大類型，請問下列何者屬於「技術性營業秘密」？　①人事管理　②經銷據點　③產品配方　④客戶名單。

27.(3) 某離職同事請求在職員工將離職前所製作之某份文件傳送給他，請問下列回應方式何者正確？ ①由於該項文件係由該離職員工製作，因此可以傳送文件 ②若其目的僅爲保留檔案備份，便可以傳送文件 ③可能構成對於營業秘密之侵害，應予拒絕並請他直接向公司提出請求 ④視彼此交情決定是否傳送文件。

28.(1) 行爲人以竊取等不正當方法取得營業秘密，下列敘述何者正確？ ①已構成犯罪 ②只要後續沒有洩漏便不構成犯罪 ③只要後續沒有出現使用之行爲便不構成犯罪 ④只要後續沒有造成所有人之損害便不構成犯罪。

29.(3) 針對在我國境內竊取營業秘密後，意圖在外國、中國大陸或港澳地區使用者，營業秘密法是否可以適用？ ①無法適用 ②可以適用，但若屬未遂犯則不罰 ③可以適用並加重其刑 ④能否適用需視該國家或地區與我國是否簽訂相互保護營業秘密之條約或協定。

30.(4) 所謂營業秘密，係指方法、技術、製程、配方、程式、設計或其他可用於生產、銷售或經營之資訊，但其保障所需符合的要件不包括下列何者？ ①因其秘密性而具有實際之經濟價值者 ②所有人已採取合理之保密措施者 ③因其秘密性而具有潛在之經濟價值者 ④一般涉及該類資訊之人所知者。

31.(1) 因故意或過失而不法侵害他人之營業秘密者，負損害賠償責任該損害賠償之請求權，自請求權人知有行爲及賠償義務人時起，幾年間不行使就會消滅？ ① 2 年 ② 5 年 ③ 7 年 ④ 10 年。

32.(1) 公司負責人爲了要節省開銷，將員工薪資以高報低來投保全民健保及勞保，是觸犯 刑法上之何種罪刑？ ①詐欺罪 ②侵占罪 ③背信罪 ④工商秘密罪。

33.(2) A 受僱於公司擔任會計，因自己的財務陷入危機，多次將公司帳款轉入妻兒戶頭，是觸犯 刑法上之何種罪刑？ ①洩漏工商秘密罪 ②侵占罪 ③詐欺罪 ④偽造文書罪。

34.(3) 某甲於公司擔任業務經理時，未依規定經董事會同意，私自與自己親友之公司訂定生意合約，會觸犯下列何種罪刑？ ①侵占罪 ②貪污罪 ③背信罪 ④詐欺罪。

35.(1) 如果你擔任公司採購的職務，親朋好友們會向你推銷自家的產品，希望你要採購時，你應該 ①適時地婉拒，說明利益需要迴避的考量，請他們見諒 ②既然是親朋好友，就應該互相幫忙 ③建議親朋好友將產品折扣，折扣部分歸於自己，就會採購 ④可以暗中地幫忙親朋好友，進行採購，不要被發現有親友關係便可。

36.(3) 小美是公司的業務經理，有一天巧遇國中同班的死黨小林，發現他是公司的下游廠商老闆。最近小美處理一件公司的招標案件，小林的公司也在其中，私下約小美見面，請求她提供這次招標案的底標，並馬上要給予幾十萬元的前謝金，請問小美該怎麼辦？ ①退回錢，並告訴小林都是老朋友，一定會全力幫忙 ②收下錢，將錢拿出來給單位同事們分紅 ③應該堅決拒絕，並避免每次見面都與小林談論相關業務問題 ④朋友一場，給他一個比較接近底標的金額，反正又不是正確的，所以沒關係。

37.(3) 公司發給每人一台平板電腦提供業務上使用，但是發現根本很少在使用，爲了讓它有效的利用，所以將它拿回家給親人使用，這樣的行爲是 ①可以的，這樣就不用花錢買 ②可以的，反正放在那裡不用它，也是浪費資源 ③不可以的，因爲這是公司的財產，不能私用 ④不可以的，因爲使用年限未到，如果年限到報廢了，便可以拿回家。

38.(3) 公司的車子，假日又沒人使用，你是鑰匙保管者，請問假日可以開出去嗎？ ①可以，只要付費加油即可 ②可以，反正假日不影響公務 ③不可以，因爲是公司的，並非私人擁有 ④不可以，應該是讓公司想要使用的員工，輪流使用才可。

39.(4) 阿哲是財經線的新聞記者，某次採訪中得知 A 公司在一個月內將有一個大的併購案，這個併購案顯示公司的財力，且能讓 A 公司股價往上飆升。請問阿哲得知此消息後，可以立刻購買該公司的股票嗎？ ①可以，有錢大家賺 ②可以，這是我努力獲得的消息 ③可以，不賺白不賺 ④不可以，屬於內線消息，必須保持記者之操守，不得洩漏。

40.(4) 與公務機關接洽業務時，下列敘述何者「正確」？ ①沒有要求公務員違背職務，花錢疏通而已，並不違法 ②唆使公務機關承辦採購人員配合浮報價額，僅屬僞造文書行爲 ③口頭允諾行賄金額但還沒送錢，尚不構成犯罪 ④與公務員同謀之共犯，即便不具公務員身分，仍可依據貪污治罪條例處刑。

41.(1) 與公務機關有業務往來構成職務利害關係者，下列敘述何者「正確」？ ①將餽贈之財物請公務員父母代轉，該公務員亦已違反規定 ②與公務機關承辦人飲宴應酬爲增進基本關係的必要方法 ③高級茶葉低價售予有利害關係之承辦公務員，有價購行爲就不算違反法規 ④機關公務員藉子女婚宴廣邀業務往來廠商之行爲，並無不妥。

42.(4) 廠商某甲承攬公共工程，工程進行期間，甲與其工程人員經常招待該公共工程委辦機關之監工及驗收之公務員喝花酒或招待出國旅遊，下列敘述何者正確？ ①公務員若沒有收現金，就沒有罪 ②只要工程沒有問題，某甲與監工及驗收等相關公務員就沒有犯罪 ③因爲不是送錢，所以都沒有犯罪 ④某甲與相關公務員均已涉嫌觸犯貪污治罪條例。

43.(1) 行（受）賄罪成立要素之一爲具有對價關係，而作爲公務員職務之對價有「賄賂」或「不正利益」，下列何者「不」屬於「賄賂」或「不正利益」？ ①開工邀請公務員觀禮 ②送百貨公司大額禮券 ③免除債務 ④招待吃米其林等級之高檔大餐。

44.(4) 下列有關貪腐的敘述何者錯誤？ ①貪腐會危害永續發展和法治 ②貪腐會破壞民主體制及價值觀 ③貪腐會破壞倫理道德與正義 ④貪腐有助降低企業的經營成本。

45.(4) 下列何者不是設置反貪腐專責機構須具備的必要條件？ ①賦予該機構必要的獨立性 ②使該機構的工作人員行使職權不會受到不當干預 ③提供該機構必要的資源、專職工作人員及必要培訓 ④賦予該機構的工作人員有權力可隨時逮捕貪污嫌疑人。

46.(2) 檢舉人向有偵查權機關或政風機構檢舉貪污瀆職，必須於何時爲之始可能給與獎金？ ①犯罪未起訴前 ②犯罪未發覺前 ③犯罪未遂前 ④預備犯罪前。

47.(3) 檢舉人應以何種方式檢舉貪污瀆職始能核給獎金？ ①匿名 ②委託他人檢舉 ③以眞實姓名檢舉 ④以他人名義檢舉。

48.(4) 我國制定何種法律以保護刑事案件之證人，使其勇於出面作證，俾利犯罪之偵查、審判？ ①貪污治罪條例 ②刑事訴訟法 ③行政程序法 ④證人保護法。

49.(1) 下列何者「非」屬公司對於企業社會責任實踐之原則？ ①加強個人資料揭露 ②維護社會公益 ③發展永續環境 ④落實公司治理。

50.(1) 下列何者「不」屬於職業素養的範疇？ ①獲利能力 ②正確的職業價值觀 ③職業知識技能 ④良好的職業行爲習慣。

51.(4) 下列何者符合專業人員的職業道德？ ①未經雇主同意，於上班時間從事私人事務 ②利用雇主的機具設備私自接單生產 ③未經顧客同意，任意散佈或利用顧客資料 ④盡力維護雇主及客戶的權益。

52.(4) 身爲公司員工必須維護公司利益，下列何者是正確的工作態度或行爲？ ①將公司逾期的產品更改標籤 ②施工時以省時、省料爲獲利首要考量，不顧品質 ③服務時首先考慮公司的利益，然後再考量顧客權益 ④工作時謹守本分，以積極態度解決問題。

53.(3) 身爲專業技術工作人士，應以何種認知及態度服務客戶？ ①若客戶不瞭解，就儘量減少成本支出，抬高報價 ②遇到維修問題，儘量拖過保固期 ③主動告知可能碰到問題及預防方法 ④隨著個人心情來提供服務的內容及品質。

54.(2) 因爲工作本身需要高度專業技術及知識，所以在對客戶服務時應如何？ ①不用

理會顧客的意見 ②保持親切、眞誠、客戶至上的態度 ③若價錢較低，就敷衍了事 ④以專業機密爲由，不用對客戶說明及解釋。

55.(2) 從事專業性工作，在與客戶約定時間應 ①保持彈性，任意調整 ②儘可能準時，依約定時間完成工作 ③能拖就拖，能改就改 ④自己方便就好，不必理會客戶的要求。

56.(1) 從事專業性工作，在服務顧客時應有的態度爲何？ ①選擇最安全、經濟及有效的方法完成工作 ②選擇工時較長、獲利較多的方法服務客戶 ③爲了降低成本，可以降低安全標準 ④不必顧及雇主和顧客的立場。

57.(4) 以下那一項員工的作爲符合敬業精神？ ①利用正常工作時間從事私人事務 ②運用雇主的資源，從事個人工作 ③未經雇主同意擅離工作崗位 ④謹守職場紀律及禮節，尊重客戶隱私。

58.(3) 小張獲選爲小孩學校的家長會長，這個月要召開會議，沒時間準備資料，所以，利用上班期間有空檔非休息時間來完成，請問是否可以？ ①可以，因爲不耽誤他的工作 ②可以，因爲他能力好，能夠同時完成很多事 ③不可以，因爲這是私事，不可以利用上班時間完成 ④可以，只要不要被發現。

59.(2) 小吳是公司的專用司機，爲了能夠隨時用車，經過公司同意，每晚都將公司的車開回家，然而，他發現反正每天上班路線，都要經過女兒學校，就順便載女兒上學，請問可以嗎？ ①可以，反正順路 ②不可以，這是公司的車不能私用 ③可以，只要不被公司發現即可 ④可以，要資源須有效使用。

60.(4) 彥江是職場上的新鮮人，剛進公司不久，他應該具備怎樣的態度 ①上班、下班，管好自己便可 ②仔細觀察公司生態，加入某些小團體，以做爲後盾 ③只要做好人脈關係，這樣以後就好辦事 ④努力做好自己職掌的業務，樂於工作，與同事之間有良好的互動，相互協助。

61.(4) 在公司內部行使商務禮儀的過程，主要以參與者在公司中的何種條件來訂定順序？ ①年齡 ②性別 ③社會地位 ④職位。

62.(1) 一位職場新鮮人剛進公司時，良好的工作態度是 ①多觀察、多學習，了解企業文化和價值觀 ②多打聽哪一個部門比較輕鬆，升遷機會較多 ③多探聽哪一個公司在找人，隨時準備跳槽走人 ④多遊走各部門認識同事，建立自己的小圈圈。

63.(1) 根據消除對婦女一切形式歧視公約 (CEDAW)，下列何者正確？ ①對婦女的歧視指基於性別而作的任何區別、排斥或限制 ②只關心女性在政治方面的人權和基本自由 ③未要求政府需消除個人或企業對女性的歧視 ④傳統習俗應予保護及傳承，即使含有歧視女性的部分，也不可以改變。

64.(1) 某規範明定地政機關進用女性測量助理名額，不得超過該機關測量助理名額總數二分之一，根據消除對婦女一切形式歧視公約 (CEDAW)，下列何者正確？ ①限制女性測量助理人數比例，屬於直接歧視 ②土地測量經常在戶外工作，基於保護女性所作的限制，不屬性別歧視 ③此項二分之一規定是為促進男女比例平衡 ④此限制是為確保機關業務順暢推動，並未歧視女性。

65.(4) 根據消除對婦女一切形式歧視公約 (CEDAW) 之間接歧視意涵，下列何者錯誤？ ①一項法律、政策、方案或措施表面上對男性和女性無任何歧視，但實際上卻產生歧視女性的效果 ②察覺間接歧視的一個方法，是善加利用性別統計與性別分析 ③如果未正視歧視之結構和歷史模式，及忽略男女權力關係之不平等，可能使現有不平等狀況更為惡化 ④不論在任何情況下，只要以相同方式對待男性和女性，就能避免間接歧視之產生。

66.(4) 下列何者「不是」菸害防制法之立法目的？ ①防制菸害 ②保護未成年免於菸害 ③保護孕婦免於菸害 ④促進菸品的使用。

67.(1) 按菸害防制法規定，對於在禁菸場所吸菸會被罰多少錢？ ①新臺幣 2 千元至 1 萬元罰鍰 ②新臺幣 1 千元至 5 千元罰鍰 ③新臺幣 1 萬元至 5 萬元罰鍰 ④新臺幣 2 萬元至 10 萬元罰鍰。

68.(3) 請問下列何者「不是」個人資料保護法所定義的個人資料？ ①身分證號碼 ②最高學歷 ③職稱 ④護照號碼。

69.(1) 有關專利權的敘述，何者正確？ ①專利有規定保護年限，當某商品、技術的專利保護年限屆滿，任何人皆可免費運用該項專利 ②我發明了某項商品，卻被他人率先申請專利權，我仍可主張擁有這項商品的專利權 ③製造方法可以申請新型專利權 ④在本國申請專利之商品進軍國外，不需向他國申請專利權。

70.(4) 下列何者行為會有侵害著作權的問題？ ①將報導事件事實的新聞文字轉貼於自己的社群網站 ②直接轉貼高普考考古題在 FACEBOOK ③以分享網址的方式轉貼資訊分享於社群網站 ④將講師的授課內容錄音，複製多份分贈友人。

71.(1) 下列有關著作權之概念，何者正確？ ①國外學者之著作，可受我國著作權法的保護 ②公務機關所函頒之公文，受我國著作權法的保護 ③著作權要待向智慧財產權申請通過後才可主張 ④以傳達事實之新聞報導的語文著作，依然受著作權之保障。

72.(1) 某廠商之商標在我國已經獲准註冊，請問若希望將商品行銷販賣到國外，請問是否需在當地申請註冊才能主張商標權？ ①是，因為商標權註冊採取屬地保護原則 ②否，因為我國申請註冊之商標權在國外也會受到承認 ③不一定，需視我國是否與商品希望行銷販賣的國家訂有相互商標承認之協定 ④不一定，需視商品希望行銷販賣的國家是否爲 WTO 會員國。

73.(1) 下列何者「非」屬於營業秘密？ ①具廣告性質的不動產交易底價 ②須授權取得之產品設計或開發流程圖示 ③公司內部管制的各種計畫方案 ④不是公開可查知的客戶名單分析資料。

74.(3) 營業秘密可分爲「技術機密」與「商業機密」，下列何者屬於「商業機密」？ ①程式 ②設計圖 ③商業策略 ④生產製程。

75.(3) 某甲在公務機關擔任首長，其弟弟乙是某協會的理事長，乙爲舉辦協會活動，決定向甲服務的機關申請經費補助，下列有關利益衝突迴避之敘述，何者正確？ ①協會是舉辦慈善活動，甲認爲是好事，所以指示機關承辦人補助活動經費 ②機關未經公開公平方式，私下直接對協會補助活動經費新臺幣 10 萬元 ③甲應自行迴避該案審查，避免瓜田李下，防止利益衝突 ④乙爲順利取得補助，應該隱瞞是機關首長甲之弟弟的身分。

76.(3) 依公職人員利益衝突迴避法規定，公職人員甲與其小舅子乙（二親等以內的關係人）間，下列何種行爲不違反該法？ ①甲要求受其監督之機關聘用小舅子乙 ②小舅子乙以請託關說之方式，請求甲之服務機關通過其名下農地變更使用申請案 ③關係人乙經政府採購法公開招標程序，並主動在投標文件表明與甲的身分關係，取得甲服務機關之年度採購標案 ④甲、乙兩人均自認爲人公正，處事坦蕩，任何往來都是清者自清，不需擔心任何問題。

77.(3) 大雄擔任公司部門主管，代表公司向公務機關投標，爲使公司順利取得標案，可以向公務機關的採購人員爲以下何種行爲？ ①爲社交禮俗需要，贈送價值昂貴的名牌手錶作爲見面禮 ②爲與公務機關間有良好互動，招待至有女陪侍場所飲宴 ③爲了解招標文件內容，提出招標文件疑義並請說明 ④爲避免報價錯誤，要求提供底價作爲參考。

78.(1) 下列關於政府採購人員之敘述，何者未違反相關規定？ ①非主動向廠商求取，是偶發地收到廠商致贈價值在新臺幣 500 元以下之廣告物、促銷品、紀念品 ②要求廠商提供與採購無關之額外服務 ③利用職務關係向廠商借貸 ④利用職務關係媒介親友至廠商處所任職。

79.(4) 下列何者有誤？ ①憲法保障言論自由，但散布假新聞、假消息仍須面對法律責任 ②在網路或 Line 社群網站收到假訊息，可以敘明案情並附加截圖檔，向法務部調查局檢舉 ③對新聞媒體報導有意見，向國家通訊傳播委員會申訴 ④自己或他人捏造、扭曲、竄改或虛構的訊息，只要一小部分能證明是眞的，就不會構成假訊息。

80.(4) 下列敘述何者正確？ ①公務機關委託的代檢（代驗）業者，不是公務員，不會觸犯到刑法的罪責 ②賄賂或不正利益，只限於法定貨幣，給予網路遊戲幣沒有違法的問題 ③在靠北公務員社群網站，覺得可受公評且匿名發文，就可以謾罵公務機關對特定案件的檢查情形 ④受公務機關委託辦理案件，除履行採購契約應辦事項外，對於蒐集到的個人資料，也要遵守相關保護及保密規定。

81.(1) 下列有關促進參與及預防貪腐的敘述何者錯誤？ ①我國非聯合國會員國，無須落實聯合國反貪腐公約規定 ②推動政府部門以外之個人及團體積極參與預防和打擊貪腐 ③提高決策過程之透明度，並促進公眾在決策過程中發揮作用 ④對公職人員訂定執行公務之行為守則或標準。

82.(2) 為建立良好之公司治理制度，公司內部宜納入何種檢舉人制度？ ①告訴乃論制度 ②吹哨者（whistleblower）保護程序及保護制度 ③不告不理制度 ④非告訴乃論制度。

83.(4) 有關公司訂定誠信經營守則時，以下何者不正確？ ①避免與涉有不誠信行為者進行交易 ②防範侵害營業秘密、商標權、專利權、著作權及其他智慧財產權 ③建立有效之會計制度及內部控制制度 ④防範檢舉。

84.(1) 乘坐轎車時，如有司機駕駛，按照國際乘車禮儀，以司機的方位來看，首位應為 ①後排右側 ②前座右側 ③後排左側 ④後排中間。

85.(4) 今天好友突然來電，想來個「說走就走的旅行」，因此，無法去上班，下列何者作法不適當？ ①打電話給主管與人事部門請假 ②用 LINE 傳訊息給主管，並確認讀取且有回覆 ③發送 E-MAIL 給主管與人事部門，並收到回覆 ④什麼都無需做，等公司打電話來卻認後，再告知即可。

86.(4) 每天下班回家後，就懶得再出門去買菜，利用上班時間瀏覽線上購物網站，發現有很多限時搶購的便宜商品，還能在下班前就可以送到公司，下班順便帶回家，省掉好多時間，請問下列何者最適當？ ①可以，又沒離開工作崗位，且能節省時間 ②可以，還能介紹同事一同團購，省更多的錢，增進同事情誼 ③不可以，應該把商品寄回家，不是公司 ④不可以，上班不能從事個人私務，應該等下班後再網路購物。

87.(4) 宜樺家中養了一隻貓，由於最近生病，獸醫師建議要有人一直陪牠，這樣會恢復快一點，因為上班家裡都沒人，所以準備帶牠到辦公室一起上班，請問下列何者最適當？ ①可以，只要我放在寵物箱，不要影響工作即可 ②可以，同事們都答應也不反對 ③可以，雖然貓會發出聲音，大小便有異味，只要處理好不影響工作即可 ④不可以，建議送至專門機構照護，以免影響工作。

88.(4) 根據性別平等工作法，下列何者非屬職場性騷擾？ ①公司員工執行職務時，客戶對其講黃色笑話，該員工感覺被冒犯　②雇主對求職者要求交往，作為僱用與否之交換條件　③公司員工執行職務時，遭到同事以「女人就是沒大腦」性別歧視用語加以辱罵，該員工感覺其人格尊嚴受損　④公司員工下班後搭乘捷運，在捷運上遭到其他乘客偷拍。

89.(4) 根據性別平等工作法，下列何者非屬職場性別歧視？　①雇主考量男性賺錢養家之社會期待，提供男性高於女性之薪資　②雇主考量女性以家庭為重之社會期待，裁員時優先資遣女性　③雇主事先與員工約定倘其有懷孕之情事，必須離職　④有未滿 2 歲子女之男性員工，也可申請每日六十分鐘的哺乳時間。

90.(3) 根據性別平等工作法，有關雇主防治性騷擾之責任與罰則，下列何者錯誤？　①僱用受僱者 30 人以上者，應訂定性騷擾防治措施、申訴及懲戒辦法　②雇主知悉性騷擾發生時，應採取立即有效之糾正及補救措施　③雇主違反應訂定性騷擾防治措施之規定時，處以罰鍰即可，不用公布其姓名　④雇主違反應訂定性騷擾申訴管道者，應限期令其改善，屆期未改善者，應按次處罰。

91.(1) 根據性騷擾防治法，有關性騷擾之責任與罰則，下列何者錯誤？　①對他人為性騷擾者，如果沒有造成他人財產上之損失，就無需負擔金錢賠償之責任　②對於因教育、訓練、醫療、公務、業務、求職，受自己監督、照護之人，利用權勢或機會為性騷擾者，得加重科處罰鍰至二分之一　③意圖性騷擾，乘人不及抗拒而為親吻、擁抱或觸摸其臀部、胸部或其他身體隱私處之行為者，處 2 年以下有期徒刑、拘役或科或併科 10 萬元以下罰金　④對他人為權勢性騷擾以外之性騷擾者，由直轄市、縣（市）主管機關處 1 萬元以上 10 萬元以下罰鍰。

92.(3) 根據性別平等工作法規範職場性騷擾範疇，下列何者為「非」？　①上班執行職務時，任何人以性要求、具有性意味或性別歧視之言詞或行為，造成敵意性、脅迫性或冒犯性之工作環境　②對僱用、求職或執行職務關係受自己指揮、監督之人，利用權勢或機會為性騷擾　③下班回家時被陌生人以盯梢、守候、尾隨跟蹤　④雇主對受僱者或求職者為明示或暗示之性要求、具有性意味或性別歧視之言詞或行為。

93.(3) 根據消除對婦女一切形式歧視公約（CEDAW）之直接歧視及間接歧視意涵，下列何者錯誤？　①老闆得知小黃懷孕後，故意將小黃調任薪資待遇較差的工作，意圖使其自行離開職場，小黃老闆的行為是直接歧視　②某餐廳於網路上招募外場服務生，條件以未婚年輕女性優先錄取，明顯以性或性別差異為由所實施的差別待遇，為直接歧視　③某公司員工值班注意事項排除女性員工參與夜間輪值，是考量女性有人身安全及家庭照顧等需求，為維護女性權益之措施，非直接歧視　④某科技公司規定男女員工之加班時數上限及加班費或津貼不同，認為女性能力有限，且無法長時間工作，限制女性獲取薪資及升遷機會，這規定是直接歧視。

94.(1) 目前菸害防制法規範，「不可販賣菸品」給幾歲以下的人？ ① 20 ② 19 ③ 18 ④ 17。

95.(1) 按菸害防制法規定，下列敘述何者錯誤？ ①只有老闆、店員才可以出面勸阻在禁菸場所抽菸的人 ②任何人都可以出面勸阻在禁菸場所抽菸的人 ③餐廳、旅館設置室內吸菸室，需經專業技師簽證核可 ④加油站屬易燃易爆場所，任何人都可以勸阻在禁菸場所抽菸的人。

96.(3) 關於菸品對人體危害的敘述，下列何者「正確」？ ①只要開電風扇、或是抽風機就可以去除菸霧中的有害物質 ②指定菸品（如：加熱菸）只要通過健康風險評估，就不會危害健康，因此工作時如果想吸菸，就可以在職場拿出來使用 ③雖然自己不吸菸，同事在旁邊吸菸，就會增加自己得肺癌的機率 ④只要不將菸吸入肺部，就不會對身體造成傷害。

97.(4) 職場禁菸的好處不包括 ①降低吸菸者的菸品使用量，有助於減少吸菸導致的健康危害 ②避免同事因爲被動吸菸而生病 ③讓吸菸者菸癮降低，戒菸較容易成功 ④吸菸者不能抽菸會影響工作效率。

98.(4) 大多數的吸菸者都嘗試過戒菸，但是很少自己戒菸成功。吸菸的同事要戒菸，怎樣建議他是無效的？ ①鼓勵他撥打戒菸專線 0800-63-63-63，取得相關建議與協助 ②建議他到醫療院所、社區藥局找藥物戒菸 ③建議他參加醫院或衛生所辦理的戒菸班 ④戒菸是自己意願的問題，想戒就可以戒了不用尋求協助。

99.(2) 禁菸場所負責人未於場所入口處設置明顯禁菸標示，要罰該場所負責人多少元？ ① 2 千 -1 萬 ② 1 萬 -5 萬 ③ 1 萬 -25 萬 ④ 20 萬 -100 萬。

100.(3) 目前電子煙是非法的，下列對電子煙的敘述，何者錯誤？ ①跟吸菸一樣會成癮 ②會有爆炸危險 ③沒有燃燒的菸草，不會造成身體傷害 ④可能造成嚴重肺損傷。

90008　環境保護

1. (1) 世界環境日是在每一年的那一日？ ①6月5日 ②4月10日 ③3月8日 ④11月12日。

2. (3) 2015年巴黎協議之目的為何？ ①避免臭氧層破壞 ②減少持久性污染物排放 ③遏阻全球暖化趨勢 ④生物多樣性保育。

3. (3) 下列何者為環境保護的正確作為？ ①多吃肉少蔬食 ②自己開車不共乘 ③鐵馬步行 ④不隨手關燈。

4. (2) 下列何種行為對生態環境會造成較大的衝擊？ ①種植原生樹木 ②引進外來物種 ③設立國家公園 ④設立自然保護區。

5. (2) 下列哪一種飲食習慣能減碳抗暖化？ ①多吃速食 ②多吃天然蔬果 ③多吃牛肉 ④多選擇吃到飽的餐館。

6. (1) 飼主遛狗時，其狗在道路或其他公共場所便溺時，下列何者應優先負清除責任？ ①主人 ②清潔隊 ③警察 ④土地所有權人。

7. (1) 外食自備餐具是落實綠色消費的哪一項表現？ ①重複使用 ②回收再生 ③環保選購 ④降低成本。

8. (2) 再生能源一般是指可永續利用之能源，主要包括哪些：A. 化石燃料 B. 風力 C. 太陽能 D. 水力？ ① ACD ② BCD ③ ABD ④ ABCD。

9. (4) 依環境基本法第3條規定，基於國家長期利益，經濟、科技及社會發展均應兼顧環境保護。但如果經濟、科技及社會發展對環境有嚴重不良影響或有危害時，應以何者優先？ ①經濟 ②科技 ③社會 ④環境。

10.(1) 森林面積的減少甚至消失可能導致哪些影響：A. 水資源減少 B. 減緩全球暖化 C. 加劇全球暖化 D. 降低生物多樣性？ ① ACD ② BCD ③ ABD ④ ABCD。

11.(3) 塑膠為海洋生態的殺手，所以政府推動「無塑海洋」政策，下列何項不是減少塑膠危害海洋生態的重要措施？ ①擴大禁止免費供應塑膠袋 ②禁止製造、進口及販售含塑膠柔珠的清潔用品 ③定期進行海水水質監測 ④淨灘、淨海。

12.(2) 違反環境保護法律或自治條例之行政法上義務，經處分機關處停工、停業處分或處新臺幣五千元以上罰鍰者，應接受下列何種講習？ ①道路交通安全講習 ②環境講習 ③衛生講習 ④消防講習。

13.(1) 下列何者為環保標章？

14.(2) 「聖嬰現象」是指哪一區域的溫度異常升高？ ①西太平洋表層海水 ②東太平洋表層海水 ③西印度洋表層海水 ④東印度洋表層海水。

15.(1) 「酸雨」定義為雨水酸鹼值達多少以下時稱之？ ① 5.0 ② 6.0 ③ 7.0 ④ 8.0。

16.(2) 一般而言，水中溶氧量隨水溫之上升而呈下列哪一種趨勢？ ①增加 ②減少 ③不變 ④不一定。

17.(4) 二手菸中包含多種危害人體的化學物質，甚至多種物質有致癌性，會危害到下列何者的健康？ ①只對 12 歲以下孩童有影響 ②只對孕婦比較有影響 ③只有 65 歲以上之民眾有影響 ④全民皆有影響。

18.(2) 二氧化碳和其他溫室氣體含量增加是造成全球暖化的主因之一，下列何種飲食方式也能降低碳排放量，對環境保護做出貢獻：A. 少吃肉，多吃蔬菜；B. 玉米產量減少時，購買玉米罐頭食用；C. 選擇當地食材；D. 使用免洗餐具，減少清洗用水與清潔劑？ ① AB ② AC ③ AD ④ ACD。

19.(1) 上下班的交通方式有很多種，其中包括：A. 騎腳踏車；B. 搭乘大眾交通工具；C. 自行開車，請將前述幾種交通方式之單位排碳量由少至多之排列方式為何？ ① ABC ② ACB ③ BAC ④ CBA。

20.(3) 下列何者「不是」室內空氣污染源？ ①建材 ②辦公室事務機 ③廢紙回收箱 ④油漆及塗料。

21.(4) 下列何者不是自來水消毒採用的方式？ ①加入臭氧 ②加入氯氣 ③紫外線消毒 ④加入二氧化碳。

22.(4) 下列何者不是造成全球暖化的元凶？ ①汽機車排放的廢氣 ②工廠所排放的廢氣 ③火力發電廠所排放的廢氣 ④種植樹木。

23.(2) 下列何者不是造成臺灣水資源減少的主要因素？ ①超抽地下水 ②雨水酸化 ③水庫淤積 ④濫用水資源。

24.(1) 下列何者是海洋受污染的現象？ ①形成紅潮 ②形成黑潮 ③溫室效應 ④臭氧層破洞。

25.(2) 水中生化需氧量 (BOD) 愈高，其所代表的意義為下列何者？ ①水為硬水 ②有

機污染物多　③水質偏酸　④分解污染物時不需消耗太多氧。

26.(1) 下列何者是酸雨對環境的影響？　①湖泊水質酸化　②增加森林生長速度　③土壤肥沃　④增加水生動物種類。

27.(2) 下列那一項水質濃度降低會導致河川魚類大量死亡？　①氨氮　②溶氧　③二氧化碳　④生化需氧量。

28.(1) 下列何種生活小習慣的改變可減少細懸浮微粒 ($PM_{2.5}$) 排放，共同爲改善空氣品質盡一份心力？　①少吃燒烤食物　②使用吸塵器　③養成運動習慣　④每天喝 500cc 的水。

29.(4) 下列哪種措施不能用來降低空氣污染？　①汽機車強制定期排氣檢測　②汰換老舊柴油車　③禁止露天燃燒稻草　④汽機車加裝消音器。

30.(3) 大氣層中臭氧層有何作用？　①保持溫度　②對流最旺盛的區域　③吸收紫外線　④造成光害。

31.(1) 小李具有乙級廢水專責人員證照，某工廠希望以高價租用證照的方式合作，請問下列何者正確？　①這是違法行爲　②互蒙其利　③價錢合理即可　④經環保局同意即可。

32.(2) 可藉由下列何者改善河川水質且兼具提供動植物良好棲地環境？　①運動公園　②人工溼地　③滯洪池　④水庫。

33.(2) 台灣自來水之水源主要取自　①海洋的水　②河川或水庫的水　③綠洲的水　④灌溉渠道的水。

34.(2) 目前市面清潔劑均會強調「無磷」，是因爲含磷的清潔劑使用後，若廢水排至河川或湖泊等水域會造成甚麼影響？　①綠牡蠣　②優養化　③秘雕魚　④烏腳病。

35.(1) 冰箱在廢棄回收時應特別注意哪一項物質，以避免逸散至大氣中造成臭氧層的破壞？　①冷媒　②甲醛　③汞　④苯。

36.(1) 下列何者不是噪音的危害所造成的現象？　①精神很集中　②煩躁、失眠　③緊張、焦慮　④工作效率低落。

37.(2) 我國移動污染源空氣污染防制費的徵收機制爲何？　①依車輛里程數計費　②隨油品銷售徵收　③依牌照徵收　④依照排氣量徵收。

38.(2) 室內裝潢時，若不謹慎選擇建材，將會逸散出氣狀污染物。其中會刺激皮膚、眼、鼻和呼吸道，也是致癌物質，可能爲下列哪一種污染物？　①臭氧　②甲醛　③氟氯碳化合物　④二氧化碳。

39.(1) 高速公路旁常見有農田違法焚燒稻草，除易產生濃煙影響行車安全外，也會產生下列何種空氣污染物對人體健康造成不良的作用？ ①懸浮微粒 ②二氧化碳 (CO_2) ③臭氧 (O_3) ④沼氣。

40.(2) 都市中常產生的「熱島效應」會造成何種影響？ ①增加降雨 ②空氣污染物不易擴散 ③空氣污染物易擴散 ④溫度降低。

41.(4) 下列何者不是藉由蚊蟲傳染的疾病？ ①日本腦炎 ②瘧疾 ③登革熱 ④痢疾。

42.(4) 下列何者非屬資源回收分類項目中「廢紙類」的回收物？ ①報紙 ②雜誌 ③紙袋 ④用過的衛生紙。

43.(1) 下列何者對飲用瓶裝水之形容是正確的：A. 飲用後之寶特瓶容器為地球增加了一個廢棄物；B. 運送瓶裝水時卡車會排放空氣污染物；C. 瓶裝水一定比經煮沸之自來水安全衛生？ ① AB ② BC ③ AC ④ ABC。

44.(2) 下列哪一項是我們在家中常見的環境衛生用藥？ ①體香劑 ②殺蟲劑 ③洗滌劑 ④乾燥劑。

45.(1) 下列哪一種是公告應回收廢棄物中的容器類：A. 廢鋁箔包 B. 廢紙容器 C. 寶特瓶？ ① ABC ② AC ③ BC ④ C。

46.(4) 小明拿到「垃圾強制分類」的宣導海報，標語寫著「分 3 類，好 OK」，標語中的分 3 類是指家戶日常生活中產生的垃圾可以區分哪三類？ ①資源垃圾、廚餘、事業廢棄物 ②資源垃圾、一般廢棄物、事業廢棄物 ③一般廢棄物、事業廢棄物、放射性廢棄物 ④資源垃圾、廚餘、一般垃圾。

47.(2) 家裡有過期的藥品，請問這些藥品要如何處理？ ①倒入馬桶沖掉 ②交由藥局回收 ③繼續服用 ④送給相同疾病的朋友。

48.(2) 台灣西部海岸曾發生的綠牡蠣事件是與下列何種物質污染水體有關？ ①汞 ②銅 ③磷 ④鎘。

49.(4) 在生物鏈越上端的物種其體內累積持久性有機污染物 (POPs) 濃度將越高，危害性也將越大，這是說明 POPs 具有下列何種特性？ ①持久性 ②半揮發性 ③高毒性 ④生物累積性。

50.(3) 有關小黑蚊敘述下列何者為非？ ①活動時間以中午十二點到下午三點為活動高峰期 ②小黑蚊的幼蟲以腐植質、青苔和藻類為食 ③無論雄性或雌性皆會吸食哺乳類動物血液 ④多存在竹林、灌木叢、雜草叢、果園等邊緣地帶等處。

51.(1) 利用垃圾焚化廠處理垃圾的最主要優點為何？ ①減少處理後的垃圾體積 ②去除垃圾中所有毒物 ③減少空氣污染 ④減少處理垃圾的程序。

52.(3) 利用豬隻的排泄物當燃料發電，是屬於下列那一種能源？ ①地熱能 ②太陽能 ③生質能 ④核能。

53.(2) 每個人日常生活皆會產生垃圾，下列何種處理垃圾的觀念與方式是不正確的？ ①垃圾分類，使資源回收再利用 ②所有垃圾皆掩埋處理，垃圾將會自然分解 ③廚餘回收堆肥後製成肥料 ④可燃性垃圾經焚化燃燒可有效減少垃圾體積。

54.(2) 防治蚊蟲最好的方法是 ①使用殺蟲劑 ②清除孳生源 ③網子捕捉 ④拍打。

55.(1) 室內裝修業者承攬裝修工程，工程中所產生的廢棄物應該如何處理？ ①委託合法清除機構清運 ②倒在偏遠山坡地 ③河岸邊掩埋 ④交給清潔隊垃圾車。

56.(1) 若使用後的廢電池未經回收，直接廢棄所含重金屬物質曝露於環境中可能產生那些影響？ A. 地下水污染、B. 對人體產生中毒等不良作用、C. 對生物產生重金屬累積及濃縮作用、D. 造成優養化 ① ABC ② ABCD ③ ACD ④ BCD。

57.(3) 那一種家庭廢棄物可用來作爲製造肥皂的主要原料？ ①食醋 ②果皮 ③回鍋油 ④熟廚餘。

58.(3) 世紀之毒「戴奧辛」主要透過何者方式進入人體？ ①透過觸摸 ②透過呼吸 ③透過飲食 ④透過雨水。

59.(1) 臺灣地狹人稠，垃圾處理一直是不易解決的問題，下列何種是較佳的因應對策？ ①垃圾分類資源回收 ②蓋焚化廠 ③運至國外處理 ④向海爭地掩埋。

60.(3) 購買下列哪一種商品對環境比較友善？ ①用過即丟的商品 ②一次性的產品 ③材質可以回收的商品 ④過度包裝的商品。

61.(2) 下列何項法規的立法目的爲預防及減輕開發行爲對環境造成不良影響，藉以達成環境保護之目的？ ①公害糾紛處理法 ②環境影響評估法 ③環境基本法 ④環境教育法。

62.(4) 下列何種開發行爲若對環境有不良影響之虞者，應實施環境影響評估：A. 開發科學園區；B. 新建捷運工程；C. 採礦。 ① AB ② BC ③ AC ④ ABC。

63.(1) 主管機關審查環境影響說明書或評估書，如認爲已足以判斷未對環境有重大影響之虞，作成之審查結論可能爲下列何者？ ①通過環境影響評估審查 ②應繼續進行第二階段環境影響評估 ③認定不應開發 ④補充修正資料再審。

64.(4) 依環境影響評估法規定，對環境有重大影響之虞的開發行爲應繼續進行第二階段環境影響評估，下列何者不是上述對環境有重大影響之虞或應進行第二階段環境影響評估的決定方式？ ①明訂開發行爲及規模 ②環評委員會審查認定 ③自願進行 ④有民眾或團體抗爭。

65.(2) 依環境教育法，環境教育之戶外學習應選擇何地點辦理？ ①遊樂園 ②環境教育設施或場所 ③森林遊樂區 ④海洋世界。

66.(2) 依環境影響評估法規定，環境影響評估審查委員會審查環境影響說明書，認定下列對環境有重大影響之虞者，應繼續進行第二階段環境影響評估，下列何者非屬對環境有重大影響之虞者？ ①對保育類動植物之棲息生存有顯著不利之影響 ②對國家經濟有顯著不利之影響 ③對國民健康有顯著不利之影響 ④對其他國家之環境有顯著不利之影響。

67.(4) 依環境影響評估法規定，第二階段環境影響評估，目的事業主管機關應舉行下列何種會議？ ①說明會 ②聽證會 ③辯論會 ④公聽會。

68.(3) 開發單位申請變更環境影響說明書、評估書內容或審查結論，符合下列哪一情形，得檢附變更內容對照表辦理？ ①既有設備提昇產能而污染總量增加在百分之十以下 ②降低環境保護設施處理等級或效率 ③環境監測計畫變更 ④開發行爲規模增加未超過百分之五。

69.(1) 開發單位變更原申請內容有下列哪一情形，無須就申請變更部分，重新辦理環境影響評估？ ①不降低環保設施之處理等級或效率 ②規模擴增百分之十以上 ③對環境品質之維護有不利影響 ④土地使用之變更涉及原規劃之保護區。

70.(2) 工廠或交通工具排放空氣污染物之檢查，下列何者錯誤？ ①依中央主管機關規定之方法使用儀器進行檢查 ②檢查人員以嗅覺進行氨氣濃度之判定 ③檢查人員以嗅覺進行異味濃度之判定 ④檢查人員以肉眼進行粒狀污染物排放濃度之判定。

71.(1) 下列對於空氣污染物排放標準之敘述，何者正確：A. 排放標準由中央主管機關訂定；B. 所有行業之排放標準皆相同？ ①僅 A ②僅 B ③ AB 皆正確 ④ AB 皆錯誤。

72.(2) 下列對於細懸浮微粒 ($PM_{2.5}$) 之敘述何者正確：A. 空氣品質測站中自動監測儀所測得之數值若高於空氣品質標準，即判定爲不符合空氣品質標準；B. 濃度監測之標準方法爲中央主管機關公告之手動檢測方法；C. 空氣品質標準之年平均值爲 $15\mu g/m^3$？ ①僅 AB ②僅 BC ③僅 AC ④ ABC 皆正確。

73.(2) 機車爲空氣污染物之主要排放來源之一，下列何者可降低空氣污染物之排放量：A. 將四行程機車全面汰換成二行程機車；B. 推廣電動機車；C. 降低汽油中之硫含量？ ①僅 AB ②僅 BC ③僅 AC ④ ABC 皆正確。

74.(1) 公眾聚集量大且滯留時間長之場所，經公告應設置自動監測設施，其應量測之室內空氣污染物項目爲何？ ①二氧化碳 ②一氧化碳 ③臭氧 ④甲醛。

75.(3) 空氣污染源依排放特性分為固定污染源及移動污染源，下列何者屬於移動污染源？ ①焚化廠 ②石化廠 ③機車 ④煉鋼廠。

76.(3) 我國汽機車移動污染源空氣污染防制費的徵收機制為何？ ①依牌照徵收 ②隨水費徵收 ③隨油品銷售徵收 ④購車時徵收。

77.(4) 細懸浮微粒 ($PM_{2.5}$) 除了來自於污染源直接排放外，亦可能經由下列哪一種反應產生？ ①光合作用 ②酸鹼中和 ③厭氧作用 ④光化學反應。

78.(4) 我國固定污染源空氣污染防制費以何種方式徵收？ ①依營業額徵收 ②隨使用原料徵收 ③按工廠面積徵收 ④依排放污染物之種類及數量徵收。

79.(1) 在不妨害水體正常用途情況下，水體所能涵容污染物之量稱為 ①涵容能力 ②放流能力 ③運轉能力 ④消化能力。

80.(4) 水污染防治法中所稱地面水體不包括下列何者？ ①河川 ②海洋 ③灌溉渠道 ④地下水。

81.(4) 下列何者不是主管機關設置水質監測站採樣的項目？ ①水溫 ②氫離子濃度指數 ③溶氧量 ④顏色。

82.(1) 事業、污水下水道系統及建築物污水處理設施之廢（污）水處理，其產生之污泥，依規定應作何處理？ ①應妥善處理，不得任意放置或棄置 ②可作為農業肥料 ③可作為建築土方 ④得交由清潔隊處理。

83.(2) 依水污染防治法，事業排放廢 (污) 水於地面水體者，應符合下列哪一標準之規定？ ①下水水質標準 ②放流水標準 ③水體分類水質標準 ④土壤處理標準。

84.(3) 放流水標準，依水污染防治法應由何機關定之：A. 中央主管機關；B. 中央主管機關會同相關目的事業主管機關；C. 中央主管機關會商相關目的事業主管機關？ ①僅 A ②僅 B ③僅 C ④ ABC。

85.(1) 對於噪音之量測，下列何者錯誤？ ①可於下雨時測量 ②風速大於每秒 5 公尺時不可量測 ③聲音感應器應置於離地面或樓板延伸線 1.2 至 1.5 公尺之間 ④測量低頻噪音時，僅限於室內地點測量，非於戶外量測。

86.(4) 下列對於噪音管制法之規定何者敘述錯誤？ ①噪音指超過管制標準之聲音 ②環保局得視噪音狀況劃定公告噪音管制區 ③人民得向主管機關檢舉使用中機動車輛噪音妨害安寧情形 ④使用經校正合格之噪音計皆可執行噪音管制法規定之檢驗測定。

87.(1) 製造非持續性但卻妨害安寧之聲音者，由下列何單位依法進行處理？ ①警察局 ②環保局 ③社會局 ④消防局。

88.(1) 廢棄物、剩餘土石方清除機具應隨車持有證明文件且應載明廢棄物、剩餘土石方之：A 產生源；B 處理地點；C 清除公司 ①僅 AB ②僅 BC ③僅 AC ④ ABC 皆是。

89.(1) 從事廢棄物清除、處理業務者，應向直轄市、縣（市）主管機關或中央主管機關委託之機關取得何種文件後，始得受託清除、處理廢棄物業務？ ①公民營廢棄物清除處理機構許可文件 ②運輸車輛駕駛證明 ③運輸車輛購買證明 ④公司財務證明。

90.(4) 在何種情形下，禁止輸入事業廢棄物：A. 對國內廢棄物處理有妨礙；B. 可直接固化處理、掩埋、焚化或海拋；C. 於國內無法妥善清理？ ①僅 A ②僅 B ③僅 C ④ ABC。

91.(4) 毒性化學物質因洩漏、化學反應或其他突發事故而污染運作場所周界外之環境，運作人應立即採取緊急防治措施，並至遲於多久時間內，報知直轄市、縣（市）主管機關？ ① 1 小時 ② 2 小時 ③ 4 小時 ④ 30 分鐘。

92.(4) 下列何種物質或物品，受毒性及關注化學物質管理法之管制？ ①製造醫藥之靈丹 ②製造農藥之蓋普丹 ③含汞之日光燈 ④使用青石綿製造石綿瓦。

93.(4) 下列何行為不是土壤及地下水污染整治法所指污染行為人之作為？ ①洩漏或棄置污染物 ②非法排放或灌注污染物 ③仲介或容許洩漏、棄置、非法排放或灌注污染物 ④依法令規定清理污染物。

94.(1) 依土壤及地下水污染整治法規定，進行土壤、底泥及地下水污染調查、整治及提供、檢具土壤及地下水污染檢測資料時，其土壤、底泥及地下水污染物檢驗測定，應委託何單位辦理？ ①經中央主管機關許可之檢測機構 ②大專院校 ③政府機關 ④自行檢驗。

95.(3) 為解決環境保護與經濟發展的衝突與矛盾，1992 年聯合國環境發展大會（UN Conference on Environment and Development, UNCED）制定通過： ①日內瓦公約 ②蒙特婁公約 ③ 21 世紀議程 ④京都議定書。

96.(1) 一般而言，下列那一個防治策略是屬經濟誘因策略？ ①可轉換排放許可交易 ②許可證制度 ③放流水標準 ④環境品質標準。

97.(1) 對溫室氣體管制之「無悔政策」係指： ①減輕溫室氣體效應之同時，仍可獲致社會效益 ②全世界各國同時進行溫室氣體減量 ③各類溫室氣體均有相同之減量邊際成本 ④持續研究溫室氣體對全球氣候變遷之科學證據。

98.(3) 一般家庭垃圾在進行衛生掩埋後，會經由細菌的分解而產生甲烷氣，請問甲烷氣對大氣危機中哪一些效應具有影響力？ ①臭氧層破壞 ②酸雨 ③溫室效應 ④煙霧（smog）效應。

99.(1) 下列國際環保公約，何者限制各國進行野生動植物交易，以保護瀕臨絕種的野生動植物？ ①華盛頓公約 ②巴塞爾公約 ③蒙特婁議定書 ④氣候變化綱要公約。

100.(2) 因人類活動導致「哪些營養物」過量排入海洋，造成沿海赤潮頻繁發生，破壞了紅樹林、珊瑚礁、海草，亦使魚蝦銳減，漁業損失慘重？ ①碳及磷 ②氮及磷 ③氮及氯 ④氯及鎂。

90009 節能減碳

1. (1) 依能源局「指定能源用戶應遵 之節約能源規定」，在正常使用條件下，公眾出入之場所其室內冷氣溫度平均值不得低於攝氏幾度？ ① 26 ② 25 ③ 24 ④ 22。

2. (2) 下列何者為節能標章？

①

②

③

④

3.(4) 下列產業中耗能佔比最大的產業為 ①服務業 ②公用事業 ③農林漁牧業 ④能源密集產業。

4.(1) 下列何者「不是」節省能源的做法？ ①電冰箱溫度長時間設定在強冷或急冷 ②影印機當 15 分鐘無人使用時，自動進入省電模式 ③電視機勿背著窗戶，並避免太陽直射 ④短程不開汽車，以儘量搭乘公車、騎單車或步行為宜。

5.(3) 經濟部能源局的能源效率標示分為幾個等級？ ① 1 ② 3 ③ 5 ④ 7。

6.(2) 溫室氣體排放量：指自排放源排出之各種溫室氣體量乘以各該物質溫暖化潛勢所得之合計量，以 ①氧化亞氮 (N_2O) ②二氧化碳 (CO_2) ③甲烷 (CH_4) ④六氟化硫 (SF_6) 當量表示。

7.(4) 國家溫室氣體長期減量目標為中華民國 139 年 (西元 2050 年) 溫室氣體排放量降為中華民國 94 年溫室氣體排放量的百分之多少以下？ ① 20 ② 30 ③ 40 ④ 50。

8.(2) 溫室氣體減量及管理法所稱主管機關，在中央為下列何單位？ ①經濟部能源局 ②環境部 ③國家發展委員會 ④衛生福利部。

9.(3) 溫室氣體減量及管理法中所稱：一單位之排放額度相當於允許排放多少的二氧化碳當量 ① 1 公斤 ② 1 立方米 ③ 1 公噸 ④ 1 公升 之二氧化碳當量。

10.(3) 下列何者「不是」全球暖化帶來的影響？ ①洪水 ②熱浪 ③地震 ④旱災。

11.(1) 下列何種方法無法減少二氧化碳？ ①想吃多少儘量點，剩下可當廚餘回收 ②選購當地、當季食材，減少運輸碳足跡 ③多吃蔬菜，少吃肉 ④自備杯筷，減少免洗用具垃圾量。

12.(3) 下列何者不會減少溫室氣體的排放？ ①減少使用煤、石油等化石燃料 ②大量植樹造林，禁止亂砍亂伐 ③增高燃煤氣體排放的煙囪 ④開發太陽能、水能等新能源。

13.(4) 關於綠色採購的敘述，下列何者錯誤？ ①採購由回收材料所製造之物品 ②採購的產品對環境及人類健康有最小的傷害性 ③選購對環境傷害較少、污染程度較低的產品 ④以精美包裝爲主要首選。

14.(1) 一旦大氣中的二氧化碳含量增加，會引起那一種後果？ ①溫室效應惡化 ②臭氧層破洞 ③冰期來臨 ④海平面下降。

15.(3) 關於建築中常用的金屬玻璃帷幕牆，下列敘述何者正確？ ①玻璃帷幕牆的使用能節省室內空調使用 ②玻璃帷幕牆適用於臺灣，讓夏天的室內產生溫暖的感覺 ③在溫度高的國家，建築物使用金屬玻璃帷幕會造成日照輻射熱，產生室內「溫室效應」 ④臺灣的氣候濕熱，特別適合在大樓以金屬玻璃帷幕作爲建材。

16.(4) 下列何者不是能源之類型？ ①電力 ②壓縮空氣 ③蒸汽 ④熱傳。

17.(1) 我國已制定能源管理系統標準爲 ① CNS 50001 ② CNS 12681 ③ CNS 14001 ④ CNS 22000。

18.(4) 台灣電力股份有限公司所謂的三段式時間電價於夏月平日 (非週六日) 之尖峰用電時段爲何？ ① 9：00~16：00 ② 9：00~24：00 ③ 6：00~11：00 ④ 16：00~22：00。

19.(1) 基於節能減碳的目標，下列何種光源發光效率最低，不鼓勵使用？ ①白熾燈泡 ② LED 燈泡 ③省電燈泡 ④螢光燈管。

20.(1) 下列的能源效率分級標示，哪一項較省電？ ① 1 ② 2 ③ 3 ④ 4。

21.(4) 下列何者「不是」目前台灣主要的發電方式？ ①燃煤 ②燃氣 ③水力 ④地熱。

22.(2) 有關延長線及電線的使用，下列敘述何者錯誤？ ①拔下延長線插頭時，應手握插頭取下 ②使用中之延長線如有異味產生，屬正常現象不須理會 ③應避開火源，以免外覆塑膠熔解，致使用時造成短路 ④使用老舊之延長線，容易造成短路、漏電或觸電等危險情形，應立即更換。

23.(1) 有關觸電的處理方式，下列敘述何者錯誤？ ①立即將觸電者拉離現場 ②把電源開關關閉 ③通知救護人員 ④使用絕緣的裝備來移除電源。

24.(2) 目前電費單中，係以「度」爲收費依據，請問下列何者爲其單位？ ① kW ② kWh ③ kJ ④ kJh。

25.(4) 依據台灣電力公司三段式時間電價 (尖峰、半尖峰及離峰時段) 的規定，請問哪個時段電價最便宜？ ①尖峰時段 ②夏月半尖峰時段 ③非夏月半尖峰時段 ④離峰時段。

26.(2) 當用電設備遭遇電源不足或輸配電設備受限制時，導致用戶暫停或減少用電的情形，常以下列何者名稱出現？ ①停電 ②限電 ③斷電 ④配電。

27.(2) 照明控制可以達到節能與省電費的好處，下列何種方法最適合一般住宅社區兼顧節能、經濟性與實際照明需求？ ①加裝 DALI 全自動控制系統 ②走廊與地下停車場選用紅外線感應控制電燈 ③全面調低照明需求 ④晚上關閉所有公共區域的照明。

28.(2) 上班性質的商辦大樓為了降低尖峰時段用電，下列何者是錯的？ ①使用儲冰式空調系統減少白天空調用電需求 ②白天有陽光照明，所以白天可以將照明設備全關掉 ③汰換老舊電梯馬達並使用變頻控制 ④電梯設定隔層停止控制，減少頻繁啓動。

29.(2) 為了節能與降低電費的需求，應該如何正確選用家電產品？ ①選用高功率的產品效率較高 ②優先選用取得節能標章的產品 ③設備沒有壞，還是堪用，繼續用，不會增加支出 ④選用能效分級數字較高的產品，效率較高，5 級的比 1 級的電器產品更省電。

30.(3) 有效而正確的節能從選購產品開始，就一般而言，下列的因素中，何者是選購電氣設備的最優先考量項目？ ①用電量消耗電功率是多少瓦攸關電費支出，用電量小的優先 ②採購價格比較，便宜優先 ③安全第一，一定要通過安規檢驗合格 ④名人或演藝明星推薦，應該口碑較好。

31.(3) 高效率燈具如果要降低眩光的不舒服，下列何者與降低刺眼眩光影響無關？ ①光源下方加裝擴散板或擴散膜 ②燈具的遮光板 ③光源的色溫 ④採用間接照明。

32.(4) 用電熱爐煮火鍋，採用中溫 50% 加熱，比用高溫 100% 加熱，將同一鍋水煮開，下列何者是對的？ ①中溫 50% 加熱比較省電 ②高溫 100% 加熱比較省電 ③中溫 50% 加熱，電流反而比較大 ④兩種方式用電量是一樣的。

33.(2) 電力公司為降低尖峰負載時段超載的停電風險，將尖峰時段電價費率 (每度電單價) 提高，離峰時段的費率降低，引導用戶轉移部分負載至離峰時段，這種電能管理策略稱為 ①需量競價 ②時間電價 ③可停電力 ④表燈用戶彈性電價。

34.(2) 集合式住宅的地下停車場需要維持通風良好的空氣品質，又要兼顧節能效益，下列的排風扇控制方式何者是不恰當的？ ①淘汰老舊排風扇，改裝取得節能標章、適當容量的高效率風扇 ②兩天一次運轉通風扇就好了 ③結合一氧化碳偵測器，自動啓動 / 停止控制 ④設定每天早晚二次定期啓動排風扇。

35.(2) 大樓電梯為了節能及生活便利需求，可設定部分控制功能，下列何者是錯誤或不正確的做法？ ①加感應開關，無人時自動關閉電燈與通風扇 ②縮短每次開門 / 關門的時間 ③電梯設定隔樓層停靠，減少頻繁啓動 ④電梯馬達加裝變頻控制。

36.(4) 爲了節能及兼顧冰箱的保溫效果，下列何者是錯誤或不正確的做法？ ①冰箱內上下層間不要塞滿，以利冷藏對流 ②食物存放位置紀錄清楚，一次拿齊食物，減少開門次數 ③冰箱門的密封壓條如果鬆弛，無法緊密關門，應儘速更新修復 ④冰箱內食物擺滿塞滿，效益最高。

37.(2) 電鍋剩飯持續保溫至隔天再食用，或剩飯先放冰箱冷藏，隔天用微波爐加熱，就加熱及節能觀點來評比，下列何者是對的？ ①持續保溫較省電 ②微波爐再加熱比較省電又方便 ③兩者一樣 ④優先選電鍋保溫方式，因爲馬上就可以吃。

38.(2) 不斷電系統 UPS 與緊急發電機的裝置都是應付臨時性供電狀況；停電時，下列的陳述何者是對的？ ①緊急發電機會先啓動，不斷電系統 UPS 是後備的 ②不斷電系統 UPS 先啓動，緊急發電機是後備的 ③兩者同時啓動 ④不斷電系統 UPS 可以撐比較久。

39.(2) 下列何者爲非再生能源？ ①地熱能 ②焦煤 ③太陽能 ④水力能。

40.(1) 欲兼顧採光及降低經由玻璃部分侵入之熱負載，下列的改善方法何者錯誤？ ①加裝深色窗簾 ②裝設百葉窗 ③換裝雙層玻璃 ④貼隔熱反射膠片。

41.(3) 一般桶裝瓦斯 (液化石油氣) 主要成分爲丁烷與下列何種成分所組成？ ①甲烷 ②乙烷 ③丙烷 ④辛烷。

42.(1) 在正常操作，且提供相同暖氣之情形下，下列何種暖氣設備之能源效率最高？ ①冷暖氣機 ②電熱風扇 ③電熱輻射機 ④電暖爐。

43.(4) 下列何種熱水器所需能源費用最少？ ①電熱水器 ②天然瓦斯熱水器 ③柴油鍋爐熱水器 ④熱泵熱水器。

44.(4) 某公司希望能進行節能減碳，爲地球盡點心力，以下何種作爲並不恰當？ ①將採購規定列入以下文字：「汰換設備時首先考慮能源效率 1 級或具有節能標章之產品」 ②盤查所有能源使用設備 ③實行能源管理 ④爲考慮經營成本，汰換設備時採買最便宜的機種。

45.(2) 冷氣外洩會造成能源之浪費，下列的入門設施與管理何者最耗能？ ①全開式有氣簾 ②全開式無氣簾 ③自動門有氣簾 ④自動門無氣簾。

46.(4) 下列何者「不是」潔淨能源？ ①風能 ②地熱 ③太陽能 ④頁岩氣。

47.(2) 有關再生能源中的風力、太陽能的使用特性中，下列敘述中何者錯誤？ ①間歇性能源，供應不穩定 ②不易受天氣影響 ③需較大的土地面積 ④設置成本較高。

48.(3) 有關台灣能源發展所面臨的挑戰，下列選項何者是錯誤的？ ①進口能源依存度高，能源安全易受國際影響 ②化石能源所占比例高，溫室氣體減量壓力大 ③自產能源充足，不需仰賴進口 ④能源密集度較先進國家仍有改善空間。

49.(3) 若發生瓦斯外洩之情形，下列處理方法中錯誤的是？ ①應先關閉瓦斯爐或熱水器等開關 ②緩慢地打開門窗，讓瓦斯自然飄散 ③開啓電風扇，加強空氣流動 ④在漏氣止住前，應保持警戒，嚴禁煙火。

50.(1) 全球暖化潛勢 (Global Warming Potential, GWP) 是衡量溫室氣體對全球暖化的影響，其中是以何者為比較基準？ ① CO_2 ② CH_4 ③ SF_6 ④ N_2O。

51.(4) 有關建築之外殼節能設計，下列敘述中錯誤的是？ ①開窗區域設置遮陽設備 ②大開窗面避免設置於東西日曬方位 ③做好屋頂隔熱設施 ④宜採用全面玻璃造型設計，以利自然採光。

52.(1) 下列何者燈泡的發光效率最高？ ① LED 燈泡 ②省電燈泡 ③白熾燈泡 ④鹵素燈泡。

53.(4) 有關吹風機使用注意事項，下列敘述中錯誤的是？ ①請勿在潮濕的地方使用，以免觸電危險 ②應保持吹風機進、出風口之空氣流通，以免造成過熱 ③應避免長時間使用，使用時應保持適當的距離 ④可用來作爲烘乾棉被及床單等用途。

54.(2) 下列何者是造成聖嬰現象發生的主要原因？ ①臭氧層破洞 ②溫室效應 ③霧霾 ④颱風。

55.(4) 爲了避免漏電而危害生命安全，下列「不正確」的做法是？ ①做好用電設備金屬外殼的接地 ②有濕氣的用電場合，線路加裝漏電斷路器 ③加強定期的漏電檢查及維護 ④使用保險絲來防止漏電的危險性。

56.(1) 用電設備的線路保護用電力熔絲 (保險絲) 經常燒斷，造成停電的不便，下列「不正確」的作法是？ ①換大一級或大兩級規格的保險絲或斷路器就不會燒斷了 ②減少線路連接的電氣設備，降低用電量 ③重新設計線路，改較粗的導線或用兩迴路並聯 ④提高用電設備的功率因數。

57.(2) 政府爲推廣節能設備而補助民眾汰換老舊設備，下列何者的節電效益最佳？ ①將桌上檯燈光源由螢光燈換爲 LED 燈 ②優先淘汰 10 年以上的老舊冷氣機爲能源效率標示分級中之一級冷氣機 ③汰換電風扇，改裝設能源效率標示分級爲一級的冷氣機 ④因爲經費有限，選擇便宜的產品比較重要。

58.(1) 依據我國現行國家標準規定，冷氣機的冷氣能力標示應以何種單位表示？ ① kW ② BTU/h ③ kcal/h ④ RT。

59.(1) 漏電影響節電成效，並且影響用電安全，簡易的查修方法爲 ①電氣材料行買支驗電起子，碰觸電氣設備的外殼，就可查出漏電與否 ②用手碰觸就可以知道有無漏電 ③用三用電表檢查 ④看電費單有無紀錄。

60.(2) 使用了 10 幾年的通風換氣扇老舊又骯髒，噪音又大，維修時採取下列哪一種對策最爲正確及節能？　①定期拆下來清洗油垢　②不必再猶豫，10 年以上的電扇效率偏低，直接換爲高效率通風扇　③直接噴沙拉脫清潔劑就可以了，省錢又方便　④高效率通風扇較貴，換同機型的廠內備用品就好了。

61.(3) 電氣設備維修時，在關掉電源後，最好停留 1 至 5 分鐘才開始檢修，其主要的理由爲下列何者？　①先平靜心情，做好準備才動手　②讓機器設備降溫下來再查修　③讓裡面的電容器有時間放電完畢，才安全　④法規沒有規定，這完全沒有必要。

62.(1) 電氣設備裝設於有潮濕水氣的環境時，最應該優先檢查及確認的措施是？　①有無在線路上裝設漏電斷路器　②電氣設備上有無安全保險絲　③有無過載及過熱保護設備　④有無可能傾倒及生鏽。

63.(1) 爲保持中央空調主機效率，每隔多久時間應請維護廠商或保養人員檢視中央空調主機？　①半年　② 1 年　③ 1.5 年　④ 2 年。

64.(1) 家庭用電最大宗來自於　①空調及照明　②電腦　③電視　④吹風機。

65.(2) 冷氣房內爲減少日照高溫及降低空調負載，下列何種處理方式是錯誤的？　①窗戶裝設窗簾或貼隔熱紙　②將窗戶或門開啓，讓屋內外空氣自然對流　③屋頂加裝隔熱材、高反射率塗料或噴水　④於屋頂進行薄層綠化。

66.(2) 有關電冰箱放置位置的處理方式，下列何者是正確的？　①背後緊貼牆壁節省空間　②背後距離牆壁應有 10 公分以上空間，以利散熱　③室內空間有限，側面緊貼牆壁就可以了　④冰箱最好貼近流理台，以便存取食材。

67.(2) 下列何項「不是」照明節能改善需優先考量之因素？　①照明方式是否適當　②燈具之外型是否美觀　③照明之品質是否適當　④照度是否適當。

68.(2) 醫院、飯店或宿舍之熱水系統耗能大，要設置熱水系統時，應優先選用何種熱水系統較節能？　①電能熱水系統　②熱泵熱水系統　③瓦斯熱水系統　④重油熱水系統。

69.(4) 如下圖，你知道這是什麼標章嗎？　①省水標章　②環保標章　③奈米標章　④能源效率標示。

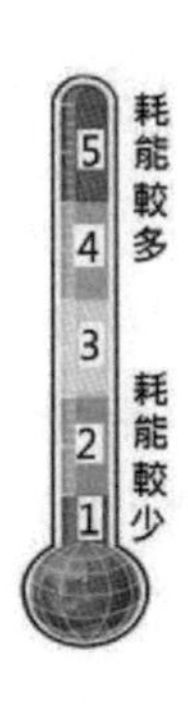

70.(3) 台灣電力公司電價表所指的夏月用電月份(電價比其他月份高)是為 ① 4/1~7/31 ② 5/1~8/31 ③ 6/1~9/30 ④ 7/1~10/31。

71.(1) 屋頂隔熱可有效降低空調用電，下列何項措施較不適當？ ①屋頂儲水隔熱 ②屋頂綠化 ③於適當位置設置太陽能板發電同時加以隔熱 ④鋪設隔熱磚。

72.(1) 電腦機房使用時間長、耗電量大，下列何項措施對電腦機房之用電管理較不適當？ ①機房設定較低之溫度 ②設置冷熱通道 ③使用較高效率之空調設備 ④使用新型高效能電腦設備。

73.(3) 下列有關省水標章的敘述中正確的是？ ①省水標章是環境部為推動使用節水器材，特別研定以作為消費者辨識省水產品的一種標誌 ②獲得省水標章的產品並無嚴格測試，所以對消費者並無一定的保障 ③省水標章能激勵廠商重視省水產品的研發與製造，進而達到推廣節水良性循環之目的 ④省水標章除有用水設備外，亦可使用於冷氣或冰箱上。

74.(2) 透過淋浴習慣的改變就可以節約用水，以下的何種方式正確？ ①淋浴時抹肥皂，無需將蓮蓬頭暫時關上 ②等待熱水前流出的冷水可以用水桶接起來再利用 ③淋浴流下的水不可以刷洗浴室地板 ④淋浴沖澡流下的水，可以儲蓄洗菜使用。

75.(1) 家人洗澡時，一個接一個連續洗，也是一種有效的省水方式嗎？ ①是，因為可以節省等待熱水流出之前所先流失的冷水 ②否，這跟省水沒什麼關係，不用這麼麻煩 ③否，因為等熱水時流出的水量不多 ④有可能省水也可能不省水，無法定論。

76.(2) 下列何種方式有助於節省洗衣機的用水量？ ①洗衣機洗滌的衣物盡量裝滿，一次洗完 ②購買洗衣機時選購有省水標章的洗衣機，可有效節約用水 ③無需將衣物適當分類 ④洗濯衣物時盡量選擇高水位才洗的乾淨。

77.(3) 如果水龍頭流量過大，下列何種處理方式是錯誤的？ ①加裝節水墊片或起波器 ②加裝可自動關閉水龍頭的自動感應器 ③直接換裝沒有省水標章的水龍頭 ④直接調整水龍頭到適當水量。

78.(4) 洗菜水、洗碗水、洗衣水、洗澡水等的清洗水，不可直接利用來做什麼用途？ ①洗地板 ②沖馬桶 ③澆花 ④飲用水。

79.(1) 如果馬桶有不正常的漏水問題，下列何者處理方式是錯誤的？ ①因為馬桶還能正常使用，所以不用著急，等到不能用時再報修即可 ②立刻檢查馬桶水箱零件有無鬆脫，並確認有無漏水 ③滴幾滴食用色素到水箱裡，檢查有無有色水流進馬桶，代表可能有漏水 ④通知水電行或檢修人員來檢修，徹底根絕漏水問題。

80.(3) 水費的計量單位是「度」，你知道一度水的容量大約有多少？ ① 2,000 公升 ② 3000 個 600cc 的寶特瓶 ③ 1 立方公尺的水量 ④ 3 立方公尺的水量。

81.(3) 臺灣在一年中什麼時期會比較缺水 (即枯水期) ？ ① 6 月至 9 月 ② 9 月至 12 月 ③ 11 月至次年 4 月 ④臺灣全年不缺水。

82.(4) 下列何種現象「不是」直接造成台灣缺水的原因？ ①降雨季節分佈不平均，有時候連續好幾個月不下雨，有時又會下起豪大雨 ②地形山高坡陡，所以雨一下很快就會流入大海 ③因爲民生與工商業用水需求量都愈來愈大，所以缺水季節很容易無水可用 ④台灣地區夏天過熱，致蒸發量過大。

83.(3) 冷凍食品該如何讓它退冰，才是既「節能」又「省水」？ ①直接用水沖食物強迫退冰 ②使用微波爐解凍快速又方便 ③烹煮前盡早拿出來放置退冰 ④用熱水浸泡，每 5 分鐘更換一次。

84.(2) 洗碗、洗菜用何種方式可以達到清洗又省水的效果？ ①對著水龍頭直接沖洗，且要盡量將水龍頭開大才能確保洗的乾淨 ②將適量的水放在盆槽內洗濯，以減少用水 ③把碗盤、菜等浸在水盆裡，再開水龍頭拼命沖水 ④用熱水及冷水大量交叉沖洗達到最佳清洗效果。

85.(4) 解決台灣水荒 (缺水) 問題的無效對策是 ①興建水庫、蓄洪 (豐) 濟枯 ②全面節約用水 ③水資源重複利用，海水淡化…等 ④積極推動全民體育運動。

86.(3) 如下圖，你知道這是什麼標章嗎？ ①奈米標章 ②環保標章 ③省水標章 ④節能標章。

87.(3) 澆花的時間何時較爲適當，水分不易蒸發又對植物最好？ ①正中午 ②下午時段 ③清晨或傍晚 ④半夜十二點。

88.(3) 下列何種方式沒有辦法降低洗衣機之使用水量，所以不建議採用？ ①使用低水位清洗 ②選擇快洗行程 ③兩、三件衣服也丟洗衣機洗 ④選擇有自動調節水量的洗衣機。

89.(3) 有關省水馬桶的使用方式與觀念認知，下列何者是錯誤的？ ①選用衛浴設備時最好能採用省水標章馬桶 ②如果家裡的馬桶是傳統舊式，可以加裝二段式沖水配件 ③省水馬桶因爲水量較小，會有沖不乾淨的問題，所以應該多沖幾次 ④因爲馬桶是家裡用水的大宗，所以應該儘量採用省水馬桶來節約用水。

90.(3) 下列的洗車方式，何者「無法」節約用水？ ①使用有開關的水管可以隨時控制出水 ②用水桶及海綿抹布擦洗 ③用大口徑強力水注沖洗 ④利用機械自動洗車，洗車水處理循環使用。

91.(1) 下列何種現象「無法」看出家裡有漏水的問題？ ①水龍頭打開使用時，水表的指針持續在轉動 ②牆面、地面或天花板忽然出現潮濕的現象 ③馬桶裡的水常在晃動，或是沒辦法止水 ④水費有大幅度增加。

92.(2) 蓮蓬頭出水量過大時，下列對策何者「無法」達到省水？ ①換裝有省水標章的低流量 (5~10L/min) 蓮蓬頭 ②淋浴時水量開大，無需改變使用方法 ③洗澡時間盡量縮短，塗抹肥皂時要把蓮蓬頭關起來 ④調整熱水器水量到適中位置。

93.(4) 自來水淨水步驟，何者是錯誤的？ ①混凝 ②沉澱 ③過濾 ④煮沸。

94.(1) 爲了取得良好的水資源，通常在河川的哪一段興建水庫？ ①上游 ②中游 ③下游 ④下游出口。

95.(4) 台灣是屬缺水地區，每人每年實際分配到可利用水量是世界平均值的約多少？ ① 1/2 ② 1/4 ③ 1/5 ④ 1/6。

96.(3) 台灣年降雨量是世界平均值的 2.6 倍，卻仍屬缺水地區，下列何者不是眞正缺水的原因？ ①台灣由於山坡陡峻，以及颱風豪雨雨勢急促，大部分的降雨量皆迅速流入海洋 ②降雨量在地域、季節分佈極不平均 ③水庫蓋得太少 ④台灣自來水水價過於便宜。

97.(3) 電源插座堆積灰塵可能引起電氣意外火災，維護保養時的正確做法是？ ①可以先用刷子刷去積塵 ②直接用吹風機吹開灰塵就可以了 ③應先關閉電源總開關箱內控制該插座的分路開關，然後再清理灰塵 ④可以用金屬接點清潔劑噴在插座中去除銹蝕。

98.(4) 溫室氣體易造成全球氣候變遷的影響，下列何者不屬於溫室氣體？ ①二氧化碳（CO_2） ②氫氟碳化物（HFCs） ③甲烷（CH_4） ④氧氣（O_2）。

99.(4) 就能源管理系統而言，下列何者不是能源效率的表示方式？ ①汽車－公里 / 公升 ②照明系統－瓦特 / 平方公尺（W/m2） ③冰水主機－千瓦 / 冷凍噸 (kW/RT) ④冰水主機－千瓦 (kW)。

100.(3) 某工廠規劃汰換老舊低效率設備，以下何種做法並不恰當？ ①可慮使用較高費用之高效率設備產品 ②先針對老舊設備建立其「能源指標」或「能源基線」 ③唯恐一直浪費能源，馬上將老舊設備汰換掉 ④改善後需進行能源績效評估。

中文參考文獻

1. 國家標準（CNS）檢索系統。
2. 行政院公共工程委員會公共工程施工規範。
3. 營造法與施工上下冊（2010）增訂版 吳卓夫 葉基棟 原著 茂榮書局。
4. 裝修工程施工概要（2005），王乙芳 詹氏書局。
5. 營建工程施工規劃與管理控制（2003），林耀煌 長松出版社。
6. 常用施工大樣（1985）臺北市建築師公會編印。
7. 室內設計材料與施工（2010）石正義 蔡國華 茂榮書局。
8. 基本電學（上）（下）郭震威 全華科技圖書股份有限公司。
9. 裝潢材料認識與應用（2012）吳琨祥 弘揚圖書有限公司。
10. 工業通風與換氣（2018）蕭森玉 新學林出版股份有限公司。
11. 設計的色彩心理 賴瓊綺 視傳文化事業有限公司。
12. 中古屋翻修與裝修材料的選配（2015），王乙芳 書泉出版社。
13. 自己動手做油漆塗裝，邱光博 全華科技圖書出版。
14. 玻璃設計與施工技術彙編，台北市玻璃公會編著。
15. 室內裝修能力本位訓練教材（2001）中華民國職業訓練研究發展中心。
16. 徐炳欽（2008），台灣裝潢木工技術變遷之研究，大葉大學設計研究所碩士論文。
17. 徐炳欽（2011），室內裝修地板技術變遷之研究，中華民國空間設計學會。
18. 蕭志舟（2013），台灣窗簾技術變遷之研究，大葉大學設計暨藝術學院碩士論文。
19. 林育德（2015），台中市空閒住宅修繕補助計畫之研究，大葉大學設計學院碩士論文。
20. 徐炳欽 徐千惠（2018）眼鏡門市空間設計變遷之研究，中華民國空間設計學會。
21. 徐炳欽（2021），複合板材製作與表面特性之研究，大葉大學工學院博士論文。
22. 李聯雄 莊坤遠 徐炳欽（2011）裝潢木工作業現場集塵裝置效能分析與應用研究 行政院勞工委員會　勞工安全衛生研究所。

網站參考資源

1. 全國法規資料庫 http://law.moj.gov.tw/fn.asp
2. 營建署全球資訊網站 http://www.cpami.gov.tw/web/index.php
3. 經濟部水利署全球資訊網 http://www.wra.gov.tw/default.asp
4. 行政院勞工委員會中部辦公室 http://www.labor.gov.tw/

國家圖書館出版品預行編目(CIP)資料

室內裝修工程實務(乙級學術科)/ 徐炳欽著. -- 七版.
-- 新北市 : 全華圖書股份有限公司 , 2024.01
面； 公分
ISBN 978-626-328-812-6(平裝)

1.CST: 建築工程 2.CST: 工程圖學

441.521 112021834

室內裝修工程實務(乙級學術科)

著 者 / 徐炳欽
發 行 人 / 陳本源
執 行 編 輯 / 林昆明
封 面 設 計 / 楊昭琅
出 版 者 / 全華圖書股份有限公司
郵 政 帳 號 / 0100836-1 號
印 刷 者 / 宏懋打字印刷股份有限公司
圖 書 編 號 / 0821306
七 版 一 刷 / 2024 年 1 月
定 價 / 新台幣 600 元
I S B N / 978-626-328-812-6
全 華 圖 書 / www.chwa.com.tw
全華網路書店 Open Tech / www.opentech.com.tw
若您對書籍內容、排版印刷有任何問題，歡迎來信指導 book@chwa.com.tw

臺北總公司(北區營業處)
地址：23671 新北市土城區忠義路 21 號
電話：(02)2262-5666
傳真：(02)6637-3695、6637-3696

中區營業處
地址：40256 臺中市南區樹義一巷 26 號
電話：(04)2261-8485
傳真：(04)3600-9806(高中職)
(04)3601-8600(大專)

南區營業處
地址：80769 高雄市三民區應安街 12 號
電話：(07)381-1377
傳真：(07)862-5562

歡迎加入

全華會員

● 會員獨享

會員享購書折扣、紅利積點、生日禮金、不定期優惠活動…等。

● 如何加入會員

掃 QRcode 或填妥讀者回函卡直接傳真（02）2262-0900 或寄回，將由專人協助登入會員資料，待收到 E-MAIL 通知後即可成為會員。

如何購買 全華書籍

1. 網路購書

全華網路書店「http://www.opentech.com.tw」，加入會員購書更便利，並享有紅利積點回饋等各式優惠。

2. 實體門市

歡迎至全華門市（新北市土城區忠義路 21 號）或各大書局選購。

3. 來電訂購

(1) 訂購專線：(02) 2262-5666 轉 321-324
(2) 傳真專線：(02) 6637-3696
(3) 郵局劃撥（帳號：0100836-1　戶名：全華圖書股份有限公司）
※ 購書未滿 990 元者，酌收運費 80 元。

全華網路書店 www.opentech.com.tw
E-mail: service@chwa.com.tw

※ 本會員制如有變更則以最新修訂制度為準，造成不便請見諒。

廣　告　回　信
板橋郵局登記證
板橋廣字第540號

行銷企劃部　收

23671 新北市土城區忠義路 21 號
全華圖書股份有限公司

讀者回函卡

掃 QRcode 線上填寫 ▶▶▶

姓名：＿＿＿＿ 生日：西元＿＿年＿＿月＿＿日 性別：□男 □女

電話：（ ）＿＿＿＿ 手機：＿＿＿＿

e-mail：（必填）＿＿＿＿

註：數字零，請用 Φ 表示，數字 1 與英文 L 請另註明並書寫端正，謝謝。

通訊處：□□□□□＿＿＿＿

學歷：□高中・職 □專科 □大學 □碩士 □博士

職業：□工程師 □教師 □學生 □軍・公 □其他

學校／公司：＿＿＿＿ 科系／部門：＿＿＿＿

・需求書類：

□ A. 電子 □ B. 電機 □ C. 資訊 □ D. 機械 □ E. 汽車 □ F. 工管 □ G. 土木 □ H. 化工 □ I. 設計 □ J. 商管 □ K. 日文 □ L. 美容 □ M. 休閒 □ N. 餐飲 □ O. 其他

・本次購買圖書為：＿＿＿＿ 書號：＿＿＿＿

・您對本書的評價：

封面設計：□非常滿意 □滿意 □尚可 □需改善，請說明＿＿＿＿

內容表達：□非常滿意 □滿意 □尚可 □需改善，請說明＿＿＿＿

版面編排：□非常滿意 □滿意 □尚可 □需改善，請說明＿＿＿＿

印刷品質：□非常滿意 □滿意 □尚可 □需改善，請說明＿＿＿＿

書籍定價：□非常滿意 □滿意 □尚可 □需改善，請說明＿＿＿＿

整體評價：請說明＿＿＿＿

・您在何處購買本書？

□書局 □網路書店 □書展 □團購 □其他＿＿＿＿

・您購買本書的原因？（可複選）

□個人需要 □公司採購 □親友推薦 □老師指定用書 □其他＿＿＿＿

・您希望全華以何種方式提供出版訊息及特惠活動？

□電子報 □ DM □廣告（媒體名稱＿＿＿＿）

・您是否上過全華網路書店？（www.opentech.com.tw）

□是 □否 您的建議＿＿＿＿

・您希望全華出版哪方面書籍？＿＿＿＿

・您希望全華加強哪些服務？＿＿＿＿

感謝您提供寶貴意見，全華將秉持服務的熱忱，出版更多好書，以饗讀者。

填寫日期： / /

2020.09 修訂

親愛的讀者：

感謝您對全華圖書的支持與愛護，雖然我們很慎重的處理每一本書，但恐仍有疏漏之處，若您發現本書有任何錯誤，請填寫於勘誤表內寄回，我們將於再版時修正，您的批評與指教是我們進步的原動力，謝謝！

全華圖書 敬上

勘 誤 表

書 號		書 名		作 者	
頁 數	行 數	錯誤或不當之詞句		建議修改之詞句	

我有話要說：（其它之批評與建議，如封面、編排、內容、印刷品質等・・・）